近地表电阻率与激发极化勘探
——理论与应用

〔英〕安德鲁·宾利（Andrew Binley）
〔英〕李·斯莱特（Lee Slater） 著

毛德强　刘士亮　施小清　张家铭 等　译

科 学 出 版 社
北　京

图字：01-2025-0540 号

内 容 简 介

电阻率和激发极化法广泛地应用于近地表环境领域，包括水文地质学、土木工程、考古学，以及农业和植物学等学科。本书详细介绍了电阻率和激发极化法的基础理论与实践应用，展示了如何在实验室和现场进行测量、建模和数据解译。内容涵盖了电法的发展历史、地质材料的电学性质、仪器设备、数据采集和建模以及实践案例研究。同时，本书还提供了一整套正演和反演软件，便于读者练习书中案例和开展相关研究。

本书可作为高等院校相关专业的高年级本科生和研究生用书，也可供近地表地球物理、水文地质、水资源、环境工程、工程地质、土木工程、考古学和生态学等相关学科的科研人员及技术人员参考。

图书在版编目（CIP）数据

近地表电阻率与激发极化勘探：理论与应用 / (英)安德鲁•宾利(Andrew Binley)，李•斯莱特(Lee Slater)著；毛德强等译. -- 北京 ：科学出版社，2025. 3. -- ISBN 978-7-03-080975-9

Ⅰ. O441.1；P631.3

中国国家版本馆 CIP 数据核字第 2024UN0749 号

责任编辑：韦 沁 / 责任校对：何艳萍
责任印制：肖 兴 / 封面设计：无极书装

科学出版社出版
北京东黄城根北街 16 号
邮政编码：100717
http://www.sciencep.com
北京厚诚则铭印刷科技有限公司印刷
科学出版社发行 各地新华书店经销
*
2025 年 3 月第 一 版 开本：787×1092 1/16
2025 年 3 月第一次印刷 印张：20 1/2
字数：486 000

定价：198.00 元

（如有印装质量问题，我社负责调换）

中 文 版 序

电阻率和激发极化法是两种使用最广泛的地球物理方法。这些方法起源于 20 世纪初，由油气和矿产勘探驱动而得到了持续发展。在过去几十年中，得益于计算资源的普及和仪器设备的改进，这些方法不断发展完善。这种发展在一定程度上是由于人们认识到地下介质的电学性质与孔隙空间内流体的一些物理和化学特性（如饱和度、盐度），以及岩性特性（如孔隙度、黏土含量）密切相关，而这些特性与水文学、污染水文地质学、土木工程、农学、法医学、考古学等多个领域的众多问题息息相关。现如今，我们可以在普通的个人电脑上生成时移电学特性三维图像，并且通过适当的数学物理关系，将这些图像转换成各个学科领域的研究属性和状态。此外，电阻率和激发极化法的可扩展性允许其应用于从厘米到千米的广泛空间尺度。

虽然目前许多已出版著作涵盖了电阻率和激发极化法的各个方面，但本书是第一本全面介绍天然地质材料的基本电学性质以及用于解释测量数据的建模方法基础理论的书籍。我们的目标是提供一个综合的参考书，向读者全面介绍这些方法、应用以及解译所需的基本关系。本书详细讲述了如何在实验室进行电学性质的测量，如何在现场应用这些方法，以及如何使用建模技术分析现场和实验室数据。我们的目标读者包括研究生、科研人员、高年级本科生和相关技术人员。

我们在本书的开头章节介绍了这些方法的部分历史背景，以便让读者了解电阻率和激发极化法几十年来的研究历程。为了展示书中方法概念的广泛应用，我们在书的末尾提供了几个案例研究。此外，本书中还包含了建模方法分析所使用的软件，读者可以利用自己的数据使用该软件开展应用研究。软件（包括专门为本书开发的 ResIPy 软件）和案例数据集可在 www.cambridge.org/binley 获取。

本书的英文版于 2020 年由剑桥大学出版社出版，以纪念 Conrad Schlumberger 电学方法重要文献发表 100 周年，该理论奠定了现代电阻率和激发极化法的基础。我们由衷感谢山东大学毛德强教授的支持和帮助，以及他的研究团队在本书中文翻译过程中所付出的巨大努力，特别感谢山东大学刘士亮副教授、南京大学施小清教授、北京建工环境修复股份有限公司张家铭工程师在专著翻译过程中的辛苦付出。我们也感谢多年来在我们的团队中工作的几位来自中国研究人员，特别感谢劳伦斯伯克利国家实验室的 Wu Yuxin 博士、维也纳大学的 Zhang Chi 博士、英国环境水文研究中心的 Michael Tso 博士、河海大学的程勤波博士、劳伦斯伯克利国家实验室的 Wang Chen 博士、中国农业大学的陈曦博士、香港理工大学的许舒婕、河海大学的陶敏和吉林大学的闫家贺。本书的中译版本将帮助更多的读者，希望能够激励新一代地球物理学家深入推进电阻率和激发极化技术的发展，并开拓新的应用领域。

Andrew Binley　　Lee Slater
兰卡斯特，英国　　纽瓦克，美国

2024 年 12 月

Foreword to the Chinese Edition

Resistivity and induced polarization (IP) methods are two of the most widely used geophysical techniques for probing the near-surface (upper few hundred metres of the Earth's crust). The origin of the methods dates back to the early 20th century, driven by hydrocarbon and mineral exploration. The methods have evolved, particularly over the past few decades, due to the widespread availability of computational resources and significant improvements in instrumentation. Such developments have, in part, been driven by the recognition that electrical properties of the subsurface can be linked to several physical and chemical properties of fluids within the pore space (e.g. saturation, salinity) and lithological characteristics (e.g., porosity, clay content) which can be relevant to an incredibly wide range of problems related to hydrology, contaminant hydrogeology, civil engineering, agronomy, forensic science, archaeology and others. We are now able to generate time-lapse 3D images of electrical properties on relatively modest personal computers, and with suitable relationships, translate these images into a variety of properties and states of interest. Furthermore, the inherent scalability of the methods allows the application to a wide range of spatial scales, from centimetres to kilometres.

Although many published texts cover aspects of resistivity and IP methods, this is the first text that provides a comprehensive account of the fundamental electrical properties of natural Earth materials along with the theoretical basis of modelling approaches used to interpret measurements. Our aim was to provide a single reference that provides the reader with full coverage of the methods, their use and the fundamental relationships necessary for interpretation. We show how measurements of electrical properties can be made in the laboratory, how we can apply the methods in the field, and how we can use modelling techniques to analyse field and laboratory data. Our target audience includes graduate students, researchers, advanced undergraduate students and practitioners.

We begin the text with some historical context for the methods covered to give the reader some appreciation of advances made decades ago that underpin many of the approaches used today. In order to showcase the breadth of application of the concepts covered in the main text, we provide, towards the end of the text, several case studies. In addition, as we wanted to provide a single comprehensive text, we also include software to allow the reader to analyse example datasets using some of the modelling approaches covered in the book and, more importantly, apply these techniques to their own datasets. Software (including ResIPy, a computer code developed specifically for our book) and example datasets are available from www.cambridge.org/binley.

The English version was published by Cambridge University Press in 2020, which marked the 100th anniversary of Conrad Schlumberger's publication on electrical methods, a document that serves as the foundation of modern-day resistivity and induced polarization methods. We are grateful to Prof. Mao Deqiang (Shandong University) for his vision and leadership and the immense effort of many members of his research group in developing a Chinese translation of our book, with special thanks to Ass. Prof. Liu Shiliang (Shandong University), Prof. Shi Xiaoqing (Nanjing University), Zhang Jiaming (BCEG Environmental Remediation Co., Ltd). We also acknowledge the relevant contributions over the years of several Chinese researchers working in our groups, particularly Dr. Wu Yuxin (Lawrence Berkeley National Laboratory), Dr. Zhang Chi (University of Vienna), Dr. Michael Tso (UKCEH), Dr. Cheng Qinbo (Hohai University), Dr. Wang Chen (Lawrence Berkeley National Laboratory), Dr. Chen Xi (Chinese Agricultural University, Beijing), Xu Shujie (Hong Kong Polytechnic University), Min Tao (Hohai University) and Yan Jiahe (Jilin University). This translation will help us reach a much wider audience, and hopefully inspire a new generation of geophysicists to further advance resistivity and induced polarization and develop new areas of application.

Andrew Binley　　Lee Slater

Lancaster, UK　　Newark, USA

December 2024

译 者 前 言

电阻率和激发极化法作为一种重要的地球物理勘探方法，被广泛地应用于涵盖水文地质学、土木工程、考古学，以及农业和植物学等学科的许多近地表环境领域，在我国生态文明建设中发挥了重要的作用。近年来，对于电阻率法，尤其是激发极化法的基础理论研究和应用越来越受到研究者的重视。

Resistivity and Induced Polarization: Theory and Applications to the Near-Surface Earth 由著名水文地球物理学家 Andrew Binley 和 Lee Slater 主编，被认为是目前国际上全面系统介绍电阻率和激发极化法研究历史、基础理论、仪器设备、测量技术、模拟方法、反演方法和应用案例的著作。

本书翻译团队长期以来从事地下水地球物理领域的教学和科研工作。翻译本书的初衷是为了更好地推广电阻率和激发极化法的应用，推动与水资源相关的跨学科研究，并为近地表地球物理、水文地质、水资源和生态学等学科研究生和高年级本科生提供匹配教材，推动双语教学，开拓国际化视野。

本书序言由王亚洵翻译，毛德强和施小清校对；第 1 章由朱若彤翻译，张家铭校对；第 2 章由毛德强翻译，强思远校对；第 3 章由马新民翻译，强思远校对；第 4 章由刘士亮翻译，张家铭校对；第 5 章由赵瑞珏翻译，康学远校对；第 6 章由孟健翻译、宋亚霖校对；第 7 章由施小清翻译，王亚洵和刘士亮校对；附录由张家铭翻译，孟健校对；插图由管晓磊翻译，晁琛校对；公式由晁琛编辑。全部译稿和插图由山东大学毛德强统稿。

感谢中国地质大学（北京）万力教授、中国地质大学（武汉）胡祥云教授、南京大学吴吉春教授对于翻译本书的鼓励和提出的宝贵意见；感谢原著者专门为本书中文版撰写序言。译者对所有为本书审订、修改和出版付出辛勤劳动的同志们致以衷心的感谢。

考虑到中文文字的通顺，同时兼顾原著，本书采取了逐句翻译和意译相结合的方式，同时原著附件的彩色图片采用扫描二维码的形式予以展现。由于译者水平有限，对原著作者的思想理解不一定全面和准确，书中疏漏和不妥之处在所难免，欢迎读者提出宝贵意见和建议。

译 者

2025 年 2 月

作者简介和部分书评

Andrew Binley 是兰卡斯特大学的水文地球物理学教授，研究领域是利用近地表地球物理电法表征水文地质信息，并开发了广泛使用的地电模型计算机软件。2012 年，获得了由勘探地球物理学家协会和环境与工程地球物理学会共同颁发的弗兰克 • 弗里施克奈希特领导奖（Frank Frischknecht Leadership Award），以表彰其对近地表地球物理学，特别是水文地球物理学领域的长期贡献。2013 年，鉴于其在不确定性建模和水文地球物理学研究的开创性工作，当选为美国地球物理学会会士。

Lee Slater 是罗格斯大学的亨利 • 罗格斯地球物理学讲席教授，围绕近地表地球物理研究领域，在电阻率和激发极化法方面开展了许多原创性的实验室和现场研究。2013 年，因其在近地表地球物理学领域的长期贡献，特别是在教育和专业推广方面，获得了由勘探地球物理学家协会和环境与工程地球物理学会共同颁发的哈罗德 • B. • 穆尼奖（Harold B. Mooney Award）。2018 年，因其在近地表地球物理学方面的开创性实验研究，当选为美国地球物理学会会士。

毫无疑问，这是关于地球物理电法的最全面最详尽的著作。这是一本非常出色的专著，涵盖了理论和实践应用，囊括了大量关于电阻率和激发极化的实际应用案例。这本书肯定是我向从事地电和近地表地球物理学领域的学生、科研人员和技术人员推荐阅读的首选。

——Jonathan Chambers，英国地质调查局

Binley 和 Slater 是世界上最优秀的两位电法地球物理学家，他们共同编写了一本全面、易懂的教科书，适合任何对电法感兴趣的学者阅读。通过分章节介绍方法历史、开源软件，相关理论、仪器设备、正演和反演建模及应用，两位作者创造了一个关于电法的一站式资源库。这本书从最基础的数学知识入手，逐步介绍了领域最新的科学进展，包括许多图表和补充信息。我强烈推荐任何想了解如何将地球物理电法技术应用于浅地表问题的学生或从业人员了解本书，并期待与我的研究生分享。

——Kamini Singha，科罗拉多矿业学院

Andrew Binley 和 Lee Slater 这两位在近地表地球物理学领域经验丰富的科学家编写了一本现代教材，详细描述了电阻率和激发极化技术的发展及其最新进展。该书深入探讨了基础理论，展示了这些地球物理方法的广泛应用。鉴于书中丰富的信息和清晰的呈现方式，本书不仅可以作为高等教育的教科书，还可以作为科研人员和技术人员的参考书。本书肯定会推动电阻率与激发极化法进一步的研究工作和实际应用。

——Andreas Weller，克劳斯塔尔工业大学

前　言

2020 年是 Conrad Schlumberger 电学方法重要文献发表 100 周年，该文献奠定了现代电阻率和激发极化法的基础。电阻率和激发极化法是目前探测近地表（地壳浅部几百米）的两种最常用的地球物理技术。虽然这两种方法最初是为油气和矿产勘探而研发，但在使用过程中，人们普遍认识到近地表特性和过程的电学性质与孔隙空间中流体的物理和化学性质（如饱和度、盐度）及岩性特征（如孔隙度、黏土含量）密切相关，因此这两种方法在近地表得到了迅速普及的应用，从而开辟了包括水文学、土木工程、农学、法医学和考古学等多个学科领域的应用。此外，电阻率和激发极化法的理论概念已经发展完善，现场测量技术具有高度的可扩展性，可开展从厘米到千米尺度的调查研究。测量可以在多种配置下进行，可实现从简单测绘到三维时移成像。与许多其他的近地表方法相比，电阻率和激发极化法的仪器成本相对较低且操作简单。除此之外，许多解译（建模）工具现在已经普及，并且还在持续地发展更新。

虽然已有许多关于电阻率和激发极化法的著作，但仍没有对天然地质材料的基本电学性质和用于解译测量数据的建模方法的理论基础提供全面的说明。此外，大多数参考书仅关注电阻率和激发极化的勘探应用，并未涵盖专门针对近地表应用技术的许多最新进展。这两种方法已积累了海量的相关文献和资料，可能会令一些科研人员和技术人员无从下手。基于 25 年的长期合作，我们编写了这本教科书，详细解释了电学性质如何与地质材料的其他特性相关，如何在实验室和现场进行电学性质的测量，以及如何分析信号以建立地电模型。我们的目标读者包括研究生、科研人员、高年级本科生和相关技术人员。在书中纳入了许多方法的历史背景，尽管这些概念和观测资料可能在当时并没有进行充分解译，但可以方便读者了解这些技术方法数十年的研究历程。本书深入阐述了方法概念，还附有相关的案例研究，以突出应用的广泛性和在新兴领域的适用性。本书还包含了书中介绍的建模方法使用的建模软件，读者可以利用自己的数据使用书中的方法开展应用研究。我们希望这本书能激励新一代地球物理学家，在 Schlumberger 和其他前人奠定的近地表地球物理探测技术百年基础上，推进电阻率和激发极化法的进一步发展。

前言

致　谢

本书的出版离不开许多人的帮助，我们对此深表感谢。Sina Saneiyan 为第 2 章、第 3 章及第 6 章制作了图表。Guillaume Blanchy 领导开发了本书中的 ResIPy 软件，并得到了 Sina Saneiyan、Jimmy Boyd 和 Paul McLachlan 的支持。我们还要感谢为本书提供案例的同事，特别是 Guillaume Blanchy、Jimmy Boyd、Jon Chambers、Baptiste Dafflon、Nikolaj Foged、Thomas Günther、Andreas Kemna、Kisa Mwakanyamale、Sina Saneiyan、Michael Tso、Florian Wagner、Ken Williams 和 Paul Wilkinson。Judy Robinson、Sina Saneiyan、Michael Tso、Chen Wang、Andreas Weller 和 Paul Wilkinson 完成了本书部分章节初稿的审查，我们非常感谢他们对文本改进的帮助，还要感谢 Konstantin Titov 和 Valeriya Hallbauer-Zadorozhnaya 提供了俄罗斯关于这些方法初期发展的建设性意见和相关信息。本书中还引用了许多我们团队的研究案例，这些工作得到了团队中过去和现在成员的大力支持，尤其是兰卡斯特大学：Siobhan Henry-Poulter、Ben Shaw、Roy Middleton、Peter Winship、Nigel Crook、Arash JafarGandomi、Lakam Mejus、Melanie Fukes、Heather Musgrave、Qinbo Cheng、Paul McLachlan、Michael Tso、Guillaume Blanchy、Jimmy Boyd；罗格斯大学：Dimitrios Ntarlagiannis、Judy Robinson、Sina Saneiyan、Chen Wang、Kisa Mwakanyamale、Yuxin Wu、Jeff Heenan、Pauline Kessouri、Fardous Zarif、Alejandro Garcia。多年来，我们有幸与许多同事合作，在此对其特别致谢。Andrew Binley 十分感激 30 年前首次向他介绍电阻率层析成像的 Maurice Beck 以及早期合作者 Fraser Dickin。Andrew Binley 与 Bill Daily、Abelardo Ramirez 和 Doug LaBrecque 有着长期成功合作的愉快经历。Andrew Binley 和 Andreas Kemna 在 20 世纪 90 年代中期开始了关于反演方面的合作，这种伙伴关系和友谊一直持续至今，Andreas Kemna 帮助完善了 Andrew Binley 开发的许多代码。Lee Slater 感谢 Fred Vine 引导他进入地球物理学领域，并感谢 Stewart Sandberg 鼓励他在博士后期间继续从事激发极化方面的实验。在 21 世纪初，与 David Lesmes 的一次富有成效且愉快的合作为 Lee Slater 提供了关于电学特性的宝贵见解。Lee Slater 十分感激与 Andreas Weller 的十余年密切合作，并慷慨地分享了他对激发极化机理的独到见解。最后，我们感谢朋友和家人在撰写本书期间的耐心支持和理解。

符 号 列 表

英文符号

A，正电流电极；

AB，电极 A 和 B 之间的距离；

AM，电极 A 和 M 之间的距离；

AN，电极 A 和 N 之间的距离；

a，电极偶极子间距；

B，负电流电极；

BM，电极 B 和 M 之间的距离；

BN，电极 B 和 N 之间的距离；

$\hat{B}$，Waxman 和 Smits（1968）模型中出现的交换离子的等效电导；

$C_{(c)}$，载流子浓度，单位为 mol/L 或 mol/m^3；

$\boldsymbol{C}_{\mathrm{m}}$，模型协方差矩阵；

CEC，阳离子交换容量；

c，科尔-科尔（Cole-Cole）模型指数；

c_{p}，描述双电层（electric double layer，EDL）化学对σ''的作用的特定极化率；

D，载流子的扩散系数；

D_{+}，斯特恩（Stern）层中离子的扩散系数；

d，层厚或距离；

$\boldsymbol{d}$，数据矢量；

$\boldsymbol{d}_{\mathrm{rat}}$，比率数据集（时移反演）；

d_0，粒径；

$\boldsymbol{E}$，电场；

e，元电荷（1.6022×10^{-19}C）；

F，描述 σ_{el} 的地层因子[当表面电导率为零时，等效于阿奇（Archie）定律中的 F]；

F，正演模拟算子；

F_{a}，测量（视）地层因子；

F_{s}，等效地层因子描述 σ_{surf}；

f，频率，单位为 Hz（s^{-1}）；

g，重力加速度；

h，层厚度；

i，$\sqrt{-1}$；

I，电流，单位为 A；

I_0，离子强度，单位为 mol/m^3；

I_r，阿奇第二定律中的饱和指数；

I_s，表面电导率的等效饱和指数；

$\boldsymbol{I}$，单位矩阵；

J_1，一阶贝塞尔（Bessel）函数；

J，电流密度；

$\boldsymbol{J}$，雅可比（Jacobian）矩阵；

$\boldsymbol{J}_{diff}$，扩散电流密度；

$\boldsymbol{J}_{mig}$，电荷迁移电流密度；

$\boldsymbol{J}_{reac}$，反应电流密度；

K，装置系数；

K_h，渗透系数；

K_s，斯特凡内斯科（Stefanesco）核函数；

k，渗透率；

k_w，波数或迭代次数；

k_B，玻尔兹曼（Boltzmann）常数，为 1.3806×10^{-23}J/K；

$k_{i,j}$，i 层和 j 层的层间界面反射系数；

L，电极之间的最长距离；

$L(\boldsymbol{m})$，参数向量 $\boldsymbol{m}$ 的似然估计；

l，比例常数，定义为 σ'' 与 σ_{surf} 的比值；

M，正电位电极；

M，s 参数向量的大小；

M_a，测量的视极化率；

$M_{n(a)}$，测量的归一化视极化率；

MF，金属因子；

m，阿奇第一定律中的胶结指数；

$\tilde{m}$，弛豫模型中的极化率；

$\hat{m}$，内在极化率；

m_n，归一化极化率（等价于 σ_∞–σ_0）；

$\boldsymbol{m}$，参数向量；

$\boldsymbol{m}_0$（$\boldsymbol{m}_{hom}$），参考参数集；

N，测量次数；

N，负电位电极；

N_A，阿伏伽德罗常数，为 6.022×10^{23}mol^{-1}；

n，阿奇第二定律中的饱和指数；向外法线方向；电极间距的倍数或求和指数；

$\hat{n}$，载流子密度；

n_r，科尔-科尔模型中的弛豫项数；

PFE，百分比频率效应；

$P(A|B)$，事件 A 给定事件 B 的概率；

p，表面电导率的饱和指数；

Q_v，描述表面传导所涉及的多余电荷的泥质因子；

q，电荷；

R，电阻，单位为 Ω；

R_N 和 R_R，正常测量电阻和互惠测量电阻；

$\boldsymbol{R}$，粗糙度矩阵；

$\boldsymbol{R}_m$，分辨率矩阵；

$\boldsymbol{R}_t$，粗糙度矩阵在时间维度上的分量；

$\boldsymbol{R}_x$（$\boldsymbol{R}_z$），粗糙度矩阵在 x（z）方向的分量；

r，电流和电位电极之间的距离；

r_i，虚拟电流与测量电极之间的距离；

$\boldsymbol{S}$，累积灵敏度矩阵；

S_{por}，孔隙体积归一化表面积；

S_w，饱和度（−）；

s，电流电极间距的一半（$=AB/2$）；

T，温度；

T_s，核函数；

T_e，电流曲折度；

T_h，水力曲折度；

T_p，波形周期；

t，时间；

V，电势，单位为 V；

V_a，均匀介质中电流源引起的一次电压场；

V_b，由于介质的不均匀性导致的二次电压场；

V_p，供电时的一次电压；

V_s，电流关断后的二次电压；

V_{DC}，施加无限长电流脉冲后的电压；

v，傅里叶变换空间中的电压；

$\hat{v}$，电子导电矿物的体积分数；

$\boldsymbol{W}_d$，数据权重矩阵；

x，y，z，笛卡儿坐标；

Z，阻抗，单位为 Ω；

$\hat{Z}$，价态。

希腊字符

α，正则化标量；

α_L，有限元的特征长度；

α_s，正则化标量；

α_t，时移反演的正则化标量；

α_x（或 α_z），x（或 z）方向的正则化标量；

β，载流子（如离子）的迁移率；

β_+，离子在斯特恩层中的迁移率；

β_P，POLARIS 模型中表面电导率实部的表面离子迁移率；

δ，狄拉克δ函数；

ε，介电常数；

ε_0，自由空间的介电常数，为 8.854×10^{-12}F/m；

ε_R，电阻测量误差；

ε_M，建模误差；

ε_{Ma}，极化率测量误差；

ε_Z，复阻抗测量结果的误差；

ε_φ，相位角测量误差；

η，流体的黏度；

η_d，微分极化率；

θ，体积含水率；

θ，角度；

κ，相对介电常数（$=\varepsilon/\varepsilon_0$）；

Λ，特征长度尺度（约为孔体积/孔表面积的两倍）；

λ，积分变量；

$\hat{\lambda}$，Vinegar 和 Waxman（1984）模型中交换离子的等效虚部电导率；

λ_A，非均质系数；

λ_P，POLARIS 模型中表面电导率虚部的表观离子迁移率；

λ_{LM}，Levenberg-Marquardt 阻尼因子；

μ，拉格朗日乘数；

ρ，电阻率，单位为 Ω·m；

ρ_a，视电阻率；

ρ^*，复电阻率；

ρ_w，孔隙流体（如地下水）的电阻率；

ρ_g，流体密度；

$\rho_{[ps]}$，部分饱和材料的电阻率；

$\rho_{\|}$，平行于地层走向的电阻率；

$\rho_{[s]}$，饱和材料的电阻率；

$\rho_\perp$，垂直于地层走向的电阻率；

Σ，表面电导，单位为 S；

Σ^{s}，斯特恩层的表面电导；

Σ^{d}，扩散层的表面电导；

σ，电导率，单位为 S/m；

σ^{*}，复电导率；

σ'，复电导率的实部；

σ''，复电导率的虚部；

$|\sigma|$，复电导率的幅值；

σ_{eff}，体积混合模型的有效电导率；

$\sigma_{[s]}$，饱和材料的电导率；

$\sigma_{[ps]}$，部分饱和材料的电导率；

σ_{w}，孔隙流体（如地下水）的电导率；

σ_{el}，流体填充的连通孔隙网络的电解电导率；

σ_{EDL}，双电层（EDL）的电导率；

σ_{surf}，与双电层中离子相关的表面电导率；

σ^{*}_{surf}，复表面电导率；

σ^{0}_{surf}，低频极限下的表面电导率；

σ^{∞}_{surf}，高频极限下的表面电导率；

σ_{0}，低频极限下的电导率；

σ_{∞}，高频极限下的电导率；

τ，频谱激发极化数据中的特征弛豫时间；

τ_{mean}，由德拜（Debye）分解得到的平均弛豫时间；

τ_{p}，由相位谱中的峰值定义的特征弛豫时间；

τ_{0}，弛豫模型（如科尔-科尔模型）中出现的时间常数；

$\tau(x, y, z)$，交叉梯度函数；

Φ_{d}，数据差别；

Φ_{m}，模型差别；

φ，复电导率或复电阻率（电导率为正，电阻率为负）的“相位差”或“相位”；

ϕ，连通孔隙度（−）；

ϕ_{eff}，通过电流流线探测的有效孔隙度（−）；

ϕ_{v}，体积含量；

χ_{d}，德拜屏蔽长度；

χ^{2}，卡方统计量；

ω，角频率，单位为 rad/s（$\omega=2\pi f$）。

目　录

第1章 绪　　言

1.1　地下介质的地球物理调查

百余年前，为了实现利用地表探测手段来探查地球内部结构，地球物理方法应运而生。利用这些方法所测得的地球物理特性，如密度、地震波速度和电阻率（本书关注的重点）等，对构成地球的固体与流体理化特性变化高度敏感。驱动地球物理学方法不断发展的核心，正是利用对上述敏感特性的测量，实现在距近地表几千米深度范围内探查大型矿产和石油储藏。随着第二次世界大战的爆发，地球物理方法的应用领域不断扩展，如用于探测未爆炸弹药（unexploded ordnance，UXO）和滩涂地雷等。在矿产和石油勘探领域，利用该技术可探测出相比于研究区正常背景值的显著“异常”区域，从而有效指导钻探点位布设在目标区域，极大降低了钻探成本，并有效促进了地球物理学方法的发展。

在过去的半个世纪中，地球物理方法得到了快速发展，使得科学家们能够利用该方法对近地表（即地壳最浅部几百米范围内）进行深入探查。其中，该工作大部分研究内容属于“水文地球物理学”领域（Binley et al.，2015），旨在将地球物理技术应用于水资源开发和保护，而不是常规的石油和矿产勘探。此外，其他应用领域还包括工程学（如评估地下工程结构的完整性和性能）、考古学和司法鉴定等领域。其中，一些针对地球近地表电阻率测量技术可以提供反映地下介质特征的更多关键信息，后文会详细介绍。测量电阻率的地球物理技术分为两类：一类是依赖于与地面接触的电法（直流）技术，另一类是依赖于电磁（electromagnetic，EM）感应物理学技术。此外，还可以根据高频（以 MHz 为单位）电磁波传播时的衰减程度，以及使用探地雷达（ground-penetrating radar，GPR）法的电磁波来推断电阻率的变化情况（Jol，2008）。

电磁仪分为两大类：一种是使用主动源，另一种是利用被动源（如大地电磁法）。在近地表地球物理调查中，（局部）主动源方法受到大量关注。频率域电磁法主要用来快速刻画土壤电导率分布（McNeil，1980），而时间域电磁法则主要用于获取地球垂向电导率分布的一维模型（Kaufman et al.，2014）。与电法相比，电磁法的主要优点是能够进行非接触式测量，可以更容易获得电导率变化的空间信息。这种非接触测量特点推动了多种移动电磁测量方法的发展，其可以应用于陆地、水面或空中。由于电传导法在测量时需要与地下介质直接接触，限制了其获取数据的速度，但水上测量较特殊，可以通过拖曳式测量与水直接接触进行连续的电法测量（Day-Lewis et al.，2006）。针对农业领域开发的地上移动电法测量系统也已被证明其有效性（Gebbers et al.，2009）。目前，虽然也开发了一些基于电容耦合概念的陆地移动平台（Geometrics，2001），但极少应用于工程实践中。

尽管地球物理电传导法测量存在局限性，但由于其能够最直接地测量地下介质的低频电特性，使其应用仍相当广泛，并且与 EM 方法相比，其理论也相对简单。电传导法测量容易实现高分辨率图像表征和监测，可以应用于多个不同尺度。值得关注的是，本书深入探讨了激发极化（induced polarization，IP）法通过电传导测量所揭示的地下低频储电特性，虽然电磁数据也能包含激发极化效应的数据信息（Flis et al.，1989），但目前依靠电磁数据解译激发极化数据仍非常困难。

虽然第 2 章第一部分所介绍的大量内容也与电磁测量的解译以及利用探地雷达（GPR）估算电磁波传播衰减的电阻率相关，但本书的关注重点仍是电传导方法。因为电传导法对地下介质和流体的性质和状态都较敏感，所以该方法仍然是目前使用最广泛的近地表地球物理方法之一，并广泛应用于环境和水文调查。虽然最初开发电传导方法的目的是为了勘探油气和矿物资源，但目前越来越多地应用于水资源评价，用于解决世界干旱地区的各种供水问题。在环境领域中的应用，主要出现在 20 世纪 80 年代的“绿色革命”中，包括刻画污染物羽和评估地下水污染修复技术。最近的全球问题，如粮食安全、能源安全、气候变化和海岸修复等，需要更多的近地表地球空间和时间（用于过程监测）信息，可以通过在多个尺度上绘制电阻率和激发极化图像以提供信息解决上述问题，第 6 章的案例研究就凸显了这一优势。

1.2　电性的重要性

地球物理电法测量之所以广泛应用于探查地下结构，很大程度上是因为电性与众多研究领域关注的一系列物理化学性质密切相关。地下结构和组分对电阻率的影响在第 2 章中有详细讨论。值得注意的是，地下介质的电阻率随组分的体积含量（如孔隙率和含水量）、粒度分布、结构（如颗粒的排列及其连通性）、孔隙水成分、矿物组成以及温度的变化而变化，其变化幅度可达 17 个数量级。电阻率的影响因素众多，使其有着广泛的潜在应用领域。然而，这也凸显了电阻率测量的“弱点”，即如果没有足够的信息支撑，很有可能对成像产生错误解释。一个典型的近地表应用实例是区分高矿化度地下水和细粒层（如黏土层），由于两者都会表现为相似的导电异常，如果没有进一步的参考信息，就无法区分两者。幸运的是，当使用相同或类似的仪器测量时，从激发极化（IP）测量中获得的额外信息可以减少这种不确定性。IP 最初是应用于矿产勘探，因为它对较低含量的导电矿物非常敏感（Bleil，1953）。同时与电阻率测量相比，IP 对岩石和土壤的组成结构也非常敏感，在不含电子导电矿物的情况下，IP 对孔隙水的敏感性较低。因此，通过激发极化法测量的电性特征有助于减少电阻率测量的不确定性。例如，IP 测量可以提供额外信息来帮助区分电阻率图像中黏土和高矿化度地下水的分布（Slater and Lesmes，2002a）。在矿产勘探领域中，IP 法的理论概念已经广为人知，其信号主要受含铁矿物的体积含量控制（Pelton et al.，1978b；Wong，1979）。在激发极化法发展的早期就确立了不含电子导体的土壤和岩石中的激发极化效应基础理论体系（Marshall and Madden，1959），在过去的 25 年里又得到了进一步发展。

电法之所以广受欢迎，另一个重要原因是其测量技术能覆盖从厘米级到千米级的多个尺度。实验室尺度，将电极阵列与实验箱、蒸渗仪以及其他相关仪器整合在一起，从而实现对研究对象演化过程的电法成像。野外尺度，可以利用四极阵列在多种测量配置下进行简单的测量（如考古），也可以在测井中布设电极进行地层结构的垂直剖面测量，还可以依靠布设永久（或长期）电极阵列实现四维（三维+时间）成像。与其他近地表测量方法相比，电法仪器的成本相对较低，操作简单。实际上，可以根据其基本原理自制一个基础的电阻率仪，其成本远低于一部智能手机的费用（Florsch and Muhlach，2017）。除了这些优势之外，稳定可靠的电法数据反演工具也在持续优化改进。理解这些优势很重要，本书重点是推动电阻率和激发极化方法的发展，更好地服务于近地表探测工作。此外，也可以考虑使用放置在钻孔中的电极来探查两个钻孔之间的电性结构。在早期刻画含高导电结构的地下介质过程中，该方法可通过钻孔注入电流，从而绘制出所产生的表面电势分布图，该方法被称为充电法（mise-à-la-masse method）（Beasley and Ward，1986）。近年来，广泛应用的还有跨孔电法，相对于仅使用地表测量方法，跨孔电法能够获得更高分辨率的近地表电性结构信息（Ramirez et al.，1993）。该方法虽然有助于读者理解第 2 章中介绍的电阻率与岩石性质间的关系，由于其在与石油勘探相关的著作中已被广泛地介绍和探讨（Ellis and Singer，2008）。因此，本书未对跨孔电法做详细介绍，仅在第 4 章中对它进行了简要讨论。

尽管电法测量能从地下介质获取丰富的物理、化学信息，但必须清楚地认识地球物理探测的内在局限性。电法测量结果只是地下介质物理、化学属性的整体响应，具有一定的不确定性，其解译结果的可靠性在很大程度上取决于对地下概念模型的约束程度，以及电法测量与目标属性之间的关联程度。在传统电测井案例中，如果地下水的矿化度已知，通过阿奇（Archie）经验公式（2.2.4.1 节）可以在高纯度（低黏土含量）的砂岩中准确地估算孔隙度。另外，一些从事环保行业的技术人员利用地球物理手段刻画污染场地和评价修复过程，如果仅根据电法测量获取的部分模糊信息可能会误导环境修复工作，如在概念模型不完善（污染场地往往复杂，地质和孔隙水化学成分不稳定）、重非水相液体（dense non-aqueous phase liquid，DNAPL）浓度与电阻率之间的关系也不完善的情况下，通过电阻率测量来估算地下水中 DNAPL 的浓度是不准确的。遗憾的是，这种由于地球物理方法的误用所导致的不良结果，会极大地影响地球物理方法的权威性和行业发展。

1.3 电法的发展历史

1.3.1 直流电阻率法

通常，在介绍电法的发展历史时，会先从石油和矿产勘探的视角出发，因为正是这些领域取得的经济效益促进了该方法的发展。Van Nostrand 和 Cook（1966）详细概述了 20 世纪 60 年代中期之前的电阻率方法的发展历程。关于电法勘探历史的其他综述性研究，详见 Barton（1927）、Rust（1938）和 Ward（1980）的工作。现代电阻率法的起源，普通认为是于 20 世纪初 Conrad Schlumberger 开展的石油和矿产勘探方面的研究（Schlumberger，1920），同时期英国和美国也开展了类似研究。

根据 Van Nostrand 和 Cook（1966），英国科学家 Stephen Gray 和 Granville Wheeler 于 1720 年首次报道了地球（和其他）材料的电学性质。直到 19 世纪初，另一位英国科学家 Robert Fox 强调了地电测量在矿物勘探中的潜在价值。Fox 在地球物理机制方面做出了许多重要贡献，包括观察到两个电极之间会由于矿脉的存在而产生自然电流流动，这是当今所知的第一份有关自然电位的文献。1830 年，Fox 记录了一些地下介质的电导性质（Van Nostrand and Cook，1966）。Carl Barus 在 1880 年发明了不极化电极（Rust，1938），极大提高了该技术的可靠性。

整个 20 世纪上半叶电阻率法的主要进展如图 1.1 所示。双电极自然电位法是在 19 世纪后期为找矿而建立起来的。到 19 世纪末，新技术的迅速发展为现代电法奠定了基础。在 20 世纪初，来自美国的 Fred Brown 和 Augustus McClatchey 申请了使用双电极阵列探测矿物的方法专利（Brown，1900，1901；McClatchey，1901a，1901b）。近地表电阻率调查技术实际上是由美国农业部（United States Department of Agriculture，USDA）在 19 世纪后期为农业服务而发展起来的。Gardner（1897）介绍了如何使用土壤中两个电极之间的电阻（通过适当的校准）来推断土壤湿度。但由于盐度和土壤成分等其他因素的影响，限制了该方法的应用，最终在 20 世纪 80 年代被介电式传感器取代。

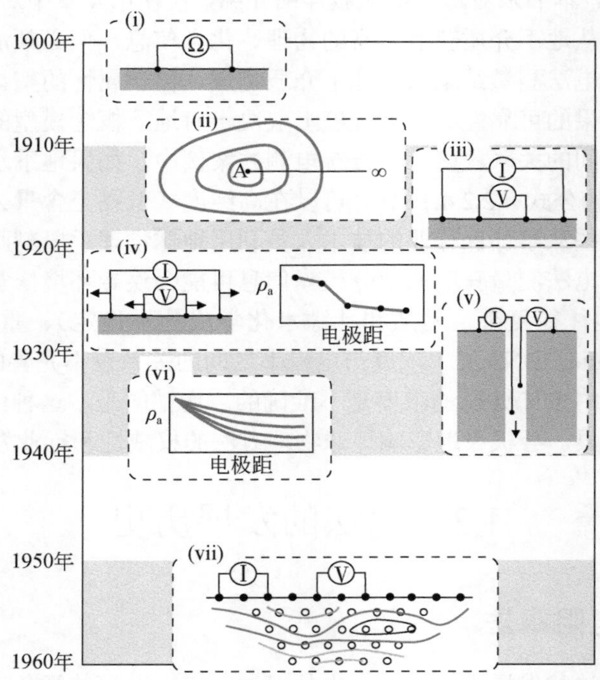

图 1.1 20 世纪上半叶电阻率法的发展历程图

（i）二极测量；（ii）电场分布；（iii）四极视电阻率测量；（iv）垂直电测深；（v）电阻率测井；（vi）垂直电测深曲线类型；（vii）视剖面

双电极测量受靠近电极的电阻（接地电阻）影响较大，在实际使用中受到了限制。19 世纪末，英国企业家 Leo Daft 和 Alfred Williams 开发了一种地电勘探方法，该方法基于在两个电极之间驱动电流，并利用连接到电话听筒的两个电极绘制电位差（电话听筒用于早期仪器中，使技术人员能够清楚地听到并评估电位器的平衡）。1901 年，Daft 和 Williams 在英格兰成立了 Electrical Ore-Finding 有限公司（Vemon，2008），并于 1906 年申请“用于探测和定位地下矿产的改进设备”的专利（Daft and Williams，1906）。尽管这种方法在英国、加拿大和澳大利亚进行了示范应用，但收效甚微。到了1905年，他们的公司不得不申请破产保护。不过，他们的方法在20世纪初被引入瑞典，并得到成功应用（Rust，1938）。

1912年，Conrad Schlumberger在位于诺曼底卡昂的家族庄园附近进行了一系列现场试验，绘制了供电电源产生的等电位线，并证明了矿体对势场的影响，为找矿提供了一种新方法。该方法于1915年成功申请了专利（Schlumberger，1915）。几年后，瑞典的Lundberg设计了一个全新的测量系统，该系统由两条1km长、相距1km的平行电缆构成，并通过设置规则间隔的两个电极来测量地下的异常（在均匀条件下获得的是平行等势场）（Van Nostrand and Cook，1966）。尽管这种方法在实际应用中充满挑战，但Lundberg成功使用该方法发现了多个矿区（Barton，1927）。值得注意的是，Lundberg使用的测量方法已于1938年在美国弗吉尼亚州威廉斯堡被用来进行考古电法探测，这也是第一次有记载的考古电法探测（Gaffney and Gate，2003）。直到1946年，通过英国Richard Atkinson的开创性工作，考古电法勘探才真正实现快速发展（Atkinson，1953）。

Schlumberger深刻认识到自然电位在电法测量技术中的作用，他和Frank Wenner得出了一致的结论，即电阻率测量在区分地下介质的工作中非常有价值（Wenner，1912，1915）。Wenner的研究对四极测量的贡献虽然在早期未受到足够重视，但实际上它奠定了现代电阻率方法的物理基础。Wenner（1912）的名字因与四极阵列关联而闻名于世，除此之外，他还提出了“视电阻率”（地面的等效电阻率）这一概念，并详细阐述了四极测量中电极可互换性的原理。Schlumberger采用了与Wenner所提出的四极阵列类似的一种装置，但其电位电极的间距设置的更短。这种阵列后来被称作施伦伯格（Schlumberger）阵列，由于它对横向电阻率变化的识别不敏感，且执行效率较高，因此被广泛用于垂直探测。

为了解决使用直流电源时出现的电极极化问题，Schlumberger 引入了一个创新方案：使用周期性换向的直流电源。该方法在1920年被Schlumberger应用于法国May-Saint-Andié地区的铁矿勘探，并取得了成功（Van Nostrand and Cook，1966）。1929年，Schlumberger进一步详细阐述了电阻率方法如何有效地定位含油层。1932年，Schlumberger（1933）对井中四极阵列的改进获得了专利。

在20世纪上半叶，电法勘探方法体系被建立起来，并且基本保留了它原有的基础理论与方法。Van Nostrand和Cook（1966）记录了该方法在欧洲和北美进行矿产勘探的早期成功案例。对于视电阻率测量，通常是使用“电位降比”（potential-drop-ratio）方法沿着电源场的横断面进行测量，或通过使用逐渐增大的电极间距进行垂直剖面探测。以Wenner和Schlumberger的交流电源设计为基础，测量仪器设备不断发展，尤其是Gish和Rooney（1925）提出的双换向器方法（最初是基于手动转向器来设计的，与今天大多数现场仪器采用的方法有所区别），一系列四极阵列开始涌现。“Leeportioning”阵列（以美国地质调查局的F. W. Lee命名）在温纳阵列的中间增加了第三个电位电极来提供更高的分辨率。Seigel等（2007）认为1954年Madden开发了偶极-偶极阵列，但实际上West（1940）早已使用了同样的阵列[他将其命名为“Eltran”（电磁瞬变）阵列，与使用独立的发射阵列和接收阵列的电磁方法相一致]。Ward（1980）指出，Lee和温纳阵列“没有经受住时间的考验”。然而，温纳阵列由于其高信噪比，相对低成本且使用低功率仪器的优点，在20世纪后期成为近地表探测应用中的主流方式。

Stefanesco 等（1930）开展了电阻率数据的早期解译工作，为随后的垂直测深工作奠定了理论基础。这些研究通常需要创建标准曲线来辅助电测深数据的解译，如由 Wetzel 和 McMurry（1937）开发的基于温纳阵列的三层模型。Slichter（1933 年）提出了一种直接从测量数据中获取垂直电阻率剖面的替代方法。到了 20 世纪 50 年代，数据解译方法进一步发展，但受到了当时计算效率的限制。在接下来的 20 年甚至更长时间里，为了解特定的电阻率问题，产生了许多灵活但高度复杂的解决方案（如 Keller and Frischknecht，1966；Koefoed，1970；Ghosh，1971）。尽管随着时间的推移，这些方法在很大程度上已经被更为灵活的数值方法所替代，但它们仍然在模拟地下介质电阻率结构的特定案例中，提供了有价值的解决方法。第 4 章将讨论这些分析方法在当前近地表问题中的应用情况。

在 20 世纪 70 年代，随着计算机的诞生，数值模拟技术得以开发并应用于解译电阻率数据，极大地扩展了传统方法的应用范围（图 1.2）。来自美国 Lawrence Livermore 国家实验室的 Lytle 和 Dines（1978）提出了基于多种四极测量装置的“阻抗成像”概念，这构成了现代电法成像系统的基础。20 世纪 80 年代，在野外尺度测量中首次使用了具备多路自动切换功能的电法仪，推动了多电极测量技术的应用（Griffiths et al.，1990）。过去几十年来电法仪发展历程，如图 1.3 所示。20 世纪 70～80 年代计算机技术的快速增长和普及，以及测量系统的发展，推动了正演建模工具的实用化。Madden（1972）提出了传输线方法，而 Coggon（1971）提出了用于解决二维直流电阻率正演问题的有限元方法。Hohmann（1975）提出了首个三维数值正演问题的解法。此外，Dey 和 Morrison（1979）也开发了一个三维数值模拟的解决方案，该方案后来被广泛应用于众多研究项目中。

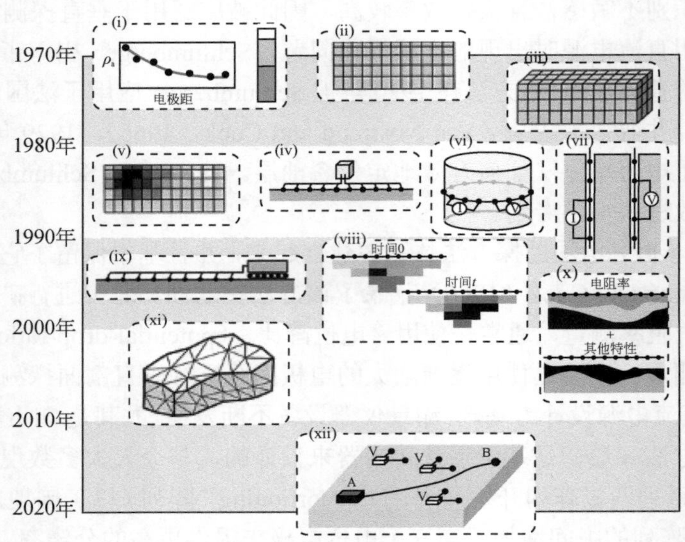

图 1.2　近期电阻率法的发展历程图

（i）垂直电测深数据的自动反演；（ii）结构化网格上的二维正演模拟；（iii）结构化网格上的三维正演模拟；（iv）多电极测量系统；（v）二维电阻率数据的自动反演；（vi）有界区域的电阻率成像；（vii）跨孔电阻率成像；（viii）时移电阻率成像；（ix）地上拖曳测量系统；（x）联合和耦合反演；（xi）非结构化网格上的三维反演模拟；（xii）分布式无线电阻率测量（A、B 代表供电电极；V 代表分布式电压测量装置）

(a) 20世纪50年代

(b) 20世纪80年代

(c) 20世纪90年代

(d) 21世纪第一个十年

(e) 21世纪第二个十年

图 1.3 过去几十年来电法仪的发展历程图

（a）早期手动发电的模拟仪（右侧的箱子）；（b）ABEM SAS300B 单通道四极电法仪；（c）Campus Geopulse 电法仪，附带独立的多路转换器（仪器右侧），允许连接 64 个电极（单通道）进行电阻率和激发极化测量；（d）Iris Instruments Syscal Pro 附带集成的多路转换器（96 个电极，10 个通道）；（e）ABEM LS 附带多路转换器，12 个通道，可显示视剖面图

到 20 世纪 80 年代末和 90 年代初，野外数据的反演（即计算一组与测量所得的视电阻率一致的电阻率分布）仍然受到计算效率的限制。例如，Pelton 等（1978a）提出了一种反演电阻率和激发极化数据的方法，该方法依赖于预先计算并存储在计算机中的模型，这与现代机器学习技术有着微妙的相似之处。

到 20 世纪 90 年代，随着高效反演工具的出现和个人电脑的普及，可以在不依赖远程主机的情况下分析成像数据。进入 21 世纪，功能强大的笔记本电脑能够在野外现场即时完成电阻率模型的计算。当前，甚至可以在数据采集完成之后立刻进行初步的三维成像。云计算的发展，无疑将使我们能够在野外现场处理更大规模的问题。

在地球物理学之外的领域，一个与地球物理技术极为类似的技术——电法成像，已经出现在生物医学成像领域。Barber 和 Brown（1984）将他们在谢菲尔德（英国）的电阻率成像系统命名为“应用电位层析成像”，不过，这种技术现在更普遍地被称为“电阻抗层析成像”（electrical impedance tomography，EIT）（Webster，1990）。此外，在化工领域也出现了类似的方法，即对容器中流体混合的特性进行成像。利用电极阵列测量电阻率的二维和三维成像通常被称为电阻率（或电阻）层析成像（electrical resistivity tomography，ERT）。

一些学者更喜欢“电阻率成像（electrical resistivity imaging，ERI）”这个术语，因为“层析”通常与围绕一个对象测量的 X 射线计算机体层成像（computed tomography，CT）扫描联系在一起。但从词源学上讲，“tomography”一词是由希腊语中的“tomos”（切片）和“graphe”（绘图）组成，所以即使测量并不是围绕着目标区域进行的，ERT 这个术语在技术上仍是恰当的。ERI 和 ERT 这两个术语都被广泛应用在二维和三维电阻率中，因此在本书中这两个术语均予以保留。

随着理论方法和数值模拟的发展，20 世纪在岩石电阻率与多孔介质几何结构之间的岩石物理关系方面的研究取得了重大突破。Sundberg（1932）可能是第一个发现岩石电阻率与孔隙中流体的电阻率成正比的人，其比例常数应该是相关联的孔隙度的函数。然而，壳牌石油公司的工程师 G. E. Archie 定义了“电性地层因子”来描述由于非导电介质的存在而导致岩石电阻率相对于孔隙流体电阻率增加的现象。他利用测井资料对岩心进行了详细的测量研究，并将研究成果发表在一篇经典论文中（Archie，1942），提出了地层因子与相关联的孔隙度和胶结程度（控制弯曲度）之间的关系定律。此外，他提出的第二个定律描述了电阻率与导电流体占据孔隙空间的饱和度之间的关系。

阿奇定律假定孔隙水是岩石导电的唯一路径。这一理念并不适用于解释含黏土矿物的岩石电导性，因为这类岩石表现出更高的导电性，偏离了阿奇定律。对土壤和岩石电性质研究的下一个重大突破是认识到在矿物-液体界面形成的双电层中的离子电荷也可以导电。Waxman 和 Smits（1968）引入了一个泥质砂页岩模型，该模型涉及电解质和与黏土矿物相关的双层中的导电途径，并假设这两种路径是并联的。第二种导电路径后来被认为存在于所有岩石和土壤中，通常被描述为界面或表面传导（Rink and Schopper，1974；Revil and Glover，1998）。这种并联导电模型仍然是解释电法测量的基础，基于该模型土壤科学家采用电阻率来估算含水量（Rhoades et al.，1976）。经过大量的岩石物理研究，人们已经建立了表面导电性与阳离子交换量（Waxman and Smits，1968）、表面积（Rink and Schopper，1974），以及岩石和土壤的粒径（Lesmes and Morgan，2001）等因素之间的密切关联特征。电阻率法和激发极化法的电性岩石物理模型的发展历程如图 1.4 所示。

1.3.2 激发极化法

激发极化（IP）法的发展主要受矿产勘查需求的推动。在矿产资源勘探中，仅仅依赖于电阻率测量通常难以探查到浸染状矿床，所以 IP 测量扮演了至关重要的角色。通过使用与电阻率测量相同的设备来捕捉储存电荷的效应能有效地探查到此类矿床，这是地球物理技术在矿产勘探方面的一个重大突破。Schlumberger（1920）在 20 世纪初期首次进行激发极化法野外测量时发现：当电流脉冲停止时，在金属硫化物存在的区域，电压并不是瞬间衰减，而是有一个缓慢的衰减过程（Seigel et al.，2007），这一现象被称作“激发极化效应”。该方法在 1912 年申请了专利（Schlumberger，1912），随后在 1924 年，Hermann Hunkel 提议使用交流电和相位角测量来进行矿产勘探（Hunkel，1924）。鉴于本书的研究重点是近地表，需要认识到的是，Schlumberger 除了在矿物沉积区域发现了显著的极化现象，在没有矿物沉积的岩石中，也能测量到电荷储存现象。值得一提的是，Schlumberger 测量到的背景激发极化信号产生的机制，在近 40 年后才得到进一步的深入研究。Ward（1980）认为，这主要是因为 Schlumberger 选择了自然电位法作为主要研究方向，而没有深入研究激发极化法。

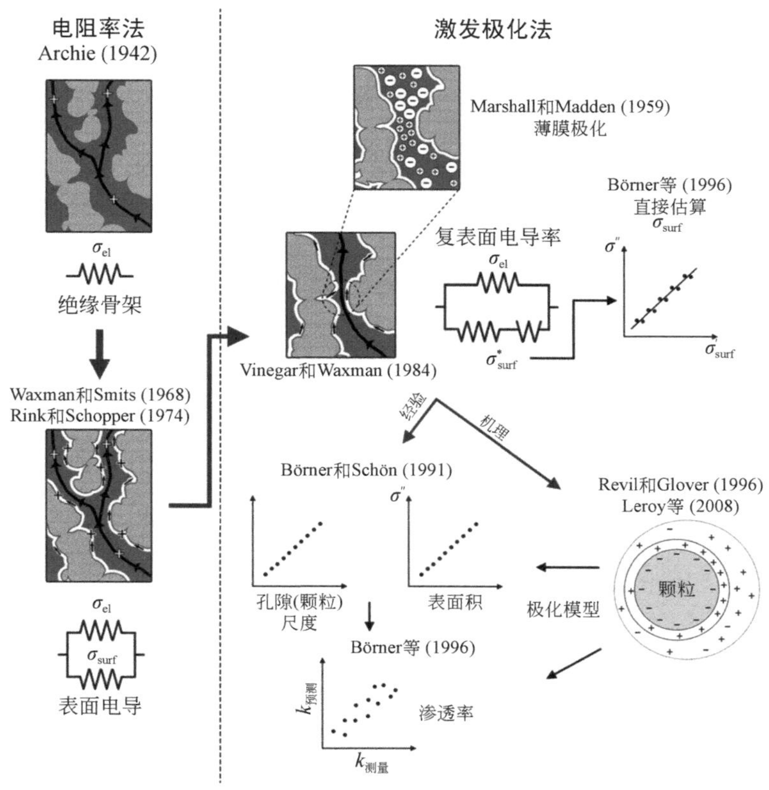

图 1.4 不含导电矿物的岩石与土壤的电阻率法和激发极化法岩石物理模型的发展历程图

在 20 世纪 30 年代，俄罗斯的科研人员开展了大量的研究，并且这些工作与西欧国家的相应研究以及美国海军在探测海滩雷区方面的工作共同推动了激发极化（IP）法的发展。Weiss（1933）指出，该方法能够探测地下介质中的电化学效应。1940 年，Potapenko（1940）基于实验室测量的阻抗频率依赖性[即如今所称的频谱激发极化（spectral induced polarization，SIP）] 法，将该方法申请为探测含油砂岩的专利。根据 Bertin 和 Loeb（1976），Potapenko 方法的场地测试并不成功。Bleil（1953）将激发极化技术应用于矿物识别中，极大地推动了激发极化法的发展，使得激发极化法在 20 世纪 70 年代成为一种成熟的矿产勘探地球物理技术。事实上，Bleil（1953）被认为是使用“激发极化”一词来描述该方法的第一人（Seigel et al.，2007）。

与其他大多数地球物理方法不同，激发极化信号来源于界面电化学现象，而非岩石与土壤的物理属性。电子导体与充满孔隙的电解质间独特的电化学界面，产生了强烈的激发极化信号，这也是该方法在矿产勘探工作中成功的原因。然而，正如上文所述，Conrad Schlumberger 发现在没有电子导体的情况下，背景极化现象依然存在。这些相对微弱的激发极化信号源于用来抵消矿物颗粒表面电荷而形成的双电层。在俄罗斯，IP 领域的先驱

Vladimir Komarov 展示了在含硫化物矿化存在的情况下，其激发极化信号总是大于无矿化时的背景信号（Komarov，1980）。到了 20 世纪 60 年代，IP 方法已成为俄罗斯矿产勘探的主要电法探测技术。

在 20 世纪 50 年代，随着激发极化（IP）技术成为划定黏土分布的一种常用方法，对背景激发极化信号的研究热度急剧上升（Vacquier et al.，1957）。进入 70 年代，人们认识到激发极化法是多孔介质渗透率估算的可靠方法，因此研究开始集中于探究激发极化信号与土壤及岩石中孔隙结构几何特性之间的联系。Vinegar 和 Waxman（1984）通过扩展 Waxman 和 Smits（1968）的并联表面电导模型，将复表面电导率纳入其中来解释激发极化现象，这一工作在岩石物理领域具有重要意义。由于测量的复电导率虚部完全来自表面电导率，因此激发极化测量被认为能够区分阿奇公式中的孔隙水电导率和表面电导率，从而可以解决电阻率测量解译中的内在不确定性（Börner，1992）。与此同时，实验室研究证实土壤和岩石的虚部导电率与表面积之间存在密切联系（Börner and Schön，1991）。其他研究者也证实了频谱激发极化测量中记录的弛豫时间与土壤和岩石的颗粒大小或孔隙大小之间的联系（Scott and Barker，2003）。鉴于表面积、粒度和孔隙尺寸是控制渗透性的关键几何特征，基于激发极化测量预测渗透性的工作得到了深入研究（Börner et al.，1996；Slater and Lesmes，2002b）。机理模型的发展帮助人们从 IP 测量数据中提取渗透性的特征信息，从而更好地解释电化学如何控制表面电导率（Revil and Glover，1998）以及其在产生 IP 效应中的作用（Leroy et al.，2008）。

虽然激发极化法起源于矿产勘探，但理论和实验的发展使得该方法在水文地球物理领域得到广泛研究（Binley et al.，2015）。其应用方向包括：地下水资源评估（Vacquier et al.，1957；Bodmer et al.，1968；Draskovits et al.，1990）、盐水与淡水界面的划分（Roy and Elliott，1980）、含水层脆弱性研究（Draskovits and Fejes，1994）、地下水污染监测（Deceuster and Kaufmann，2012）、矿产废弃物和垃圾填埋场成像（Yuval and Oldenburg，1996；Gazoty et al.，2012；Power et al.，2018）以及油气勘探（Veeken et al.，2009）。如今，IP 所提供的独特电化学界面信息，正推动着大量研究聚焦于土壤和岩石中因生物地球化学及微生物过程而产生或改变的界面信号（Zhang et al.，2014）。

像电阻率测量一样，IP 测量也仅仅是对所研究对象属性的一个间接反映。同样地，其可靠性取决于构建概念模型的精度，以及激发极化测量与目标属性的关联程度。在第 2 章中，我们将了解到，激发极化法在评估地下浸染性导电矿物含量方面表现出卓越的适用性，这是因为电子导电矿物的存在通常会使激发极化信号比不含导电矿物的岩石产生的“背景”信号增强一个数量级甚至更多。此外，极化率（激发极化信号的主要测量指标）与导电矿物的体积含量之间的关系几乎不受孔隙水性质（相对饱和度、离子组成、温度）的影响。近年来，利用激发极化测量对矿物-流体界面电化学变化的高灵敏度，IP 方法被应用到多个领域。例如，在 20 世纪 80 年代环境地球物理学的兴起期间，IP 方法作为地下 DNAPL 污染的探测技术得到了广泛的研究（Olhoeft，1985）。这些研究使得激发极化在复杂污染场地的具有广阔应用前景。但由于污染场地环境极其复杂，IP 测量数据具有很强的不确定性。近期的实验研究表明：微小的激发极化信号与人工合成土壤中生长细菌的浓度相关（Ntarlagiannis et al.，2005a）。尽管这些研究结果很有趣，并为理解土壤极化机制提供了进一步的见解，但这些研究目前还不足以实现在天然土壤中量化微生物。

1.4 最新研究进展

从 Conrad Schlumberger 早期通过测量沿剖面记录的电压来推断地下电阻率变化开始，发展到现代利用类似于医学多维层析成像的概念来确定地下高分辨率电阻率和激发极化模型的现代数据采集技术。地球物理电法学家已经充分利用了核心内存成本降低和并行计算平台带来的计算能力提升。这促进了三维反演技术的发展，使得利用数千个电极的数据计算超过百万个参数单元值成为可能。反演方法不断发展，已能够计算四维图像［如用于监测地下水修复技术的效果（Johnson et al.，2015）］。数据分析的进展包括将电阻率测量结果集成到基于过程的模型（如水文模型）中。

相比之下，在过去 20 年中电阻率与激发极化仪器的发展则相对缓慢。由于该技术需要与地下介质建立直接的电接触，其对电极、导线和绝缘材料的依赖性成为阻碍其产生重大技术变革的原因。虽然在电容耦合电极方面已经取得了一些进展，但这些仅限于在有限的配置范围内。20 世纪 70 年代，为了满足矿产勘察中采集数据高效性的需求，多通道采集器得以快速发展。20 世纪 80 年代，出现了第一批多路复用装置，但该方法大多数仍基于现场系统的基础机械开关（自 20 世纪 80 年代以来，高速电子开关已用于生物医学成像和过程层析扫描，但很少用于近地表地球物理应用，参见 Binley et al.，1996a）。一些包括更快速、可扩展的仪器在内的新技术逐步被用于现场测量仪器中，进一步扩展了地球物理技术的潜在应用范围。使用时间同步记录完整的发射器和接收器波形的分布式系统对于全面三维测量发展具有重要意义（Truffert et al.，2019）。一方面，它消除了常规测量对串联电极的电缆装置的依赖，使得在测量时仅通过简单装置（如垂直测深、二维成像）即可进行长时间的电阻率测量。另一方面，如果测量仪器没有实质性的改进，在实验室研究中使用激发极化测量到的许多生物地球化学和地球化学过程很难从现场尺度获取。在矿产勘探领域之外，野外尺度的激发极化测量在近地表中的前景应用领域还包括：①通过解析表面电导率来提高电阻率测量对岩性的解译；②刻画和监测涉及电子传导矿物转化的环境过程。

1.5 本 书 概 要

本书着重介绍直流电阻率和激发极化两种地球物理方法。虽然第 2 章所提供的内容同样可以解释基于电磁感应原理的地球物理技术，但这些方法并未包含在本书之中。感兴趣的读者可以查阅其他文献中关于电磁（EM）法的专业介绍（如 Kaufman et al.，2014）。同样，本书也没有介绍自然电位法，尽管有时它也会与电阻率法和激发极化法一并提及。自然电位法用于测量微小电压，这种微小电压源于地球内部流体运动、热量、离子成分与电荷耦合产生的电流。自然电位法是一种简单而具有吸引力的地球物理探测技术，它通过测量一对电极之间的电压差来推断流体、热量和离子的流动。对此感兴趣的读者可以参考 Revil 和 Jardani（2013），该书对自然电位法进行了详细介绍。

由于一些读者可能更关心常用的电阻率法，而非激发极化法，因此，每章分为两个主要部分，第一部分仅从直流电阻率的角度介绍，第二部分则扩展到激发极化法。由于激发极化法是电阻率方法的延伸，根据它可以获得关于电荷在电场响应中的附加信息。正如下文所述，激发极化法通常被称为“复电阻率”法，其结果是一个复数变量，包含实部和虚部两个分量而不仅仅是一个“实数”。从本质上讲，激发极化法给出了两个属性信息（频谱激发极化法提供的数据信息可能更多），而电阻率只能提供一个属性信息。

在本章“绪言”之后，本书分多个章节，分别介绍涉及土壤和岩石的电学性质、仪器设备、野外数据采集、正演和反演模拟，以及与这些方法相关的案例研究。本书侧重过去25年来由近地表环境和工程需求所驱动的技术方法发展。虽然一些电法相关的经典、详细而又严谨的著作已被大家熟知（Telford et al.，1990），但这些大都是20世纪90年代或更早的研究。这些著作涵盖了大量基础技术理论，至今仍然具有重要的参考价值。然而，电法层析成像技术的出现，彻底改变了这些地球物理技术，而这些在上述文献中并未反映。电法技术相关的专著（如 Keller and Frischknecht，1966）包含了许多复杂的解析解，如刻画主要地质结构基本特征的层状模型（一维模型）或简单二维和三维模型。如第 4 章所示，部分解析解至今仍具有重要价值，但由于年代久远，只包含非常简单的数值方法用来模拟复杂的二维和三维结构，实现对野外电阻率和激发极化测量数据的自动成像。本书重点介绍电阻率正演模拟的数值方法和电阻率反演技术。除了对电性参数静态分布进行正演建模外，还考虑了监测（四维时移）数据集的正演和反演计算。重点关注电法成像技术中的反演方法这一核心内容，特别是数据质量对反演图像结果的影响。第 5 章还讨论了一些新发展的反演方法，如贝叶斯建模和联合反演，以及不确定性估计和其他反演成像方法。

相较于之前著作，本书的应用背景不同。已有文献主要集中于将这些方法应用于地质结构成像，主要突出了这些方法在矿产勘探和大尺度水资源调查中的作用。然而，自20世纪90年代以来，电法成像技术在地球科学、医学以及过程层析领域也同样得到发展。虽然这本书主要考虑近地表地球物理应用成像，但考虑到近地表与医学领域应用方法的相关性和相似性，医学和过程断层扫描技术在本书中也有所涉及。本书考虑的地球科学应用相比于之前的文献报道的更多样化，突出了过去25年来浅层环境和海洋环境领域的快速发展，同时也包含了使用跨孔电法成像和时移调查技术。

本书的一个重要关注点是激发极化法，这与早期关于该方法的文献有所不同。以往专门讨论激发极化法的文献（Sumner，1976）主要是从矿产勘探的角度编写的。这些文献从20世纪60年代到80年代该方法的发展入手，介绍了方法的发展历程。然而，在20世纪90年代，人们对激发极化现象的认识发生了重大转变，部分原因是测井领域使用了Schlumberger和Komarov定义的“背景极化”，来估算控制流体运移的孔隙空间的物理参数。这促使人们重新评估缺乏导电矿物的土壤和岩石中的激发极化机制，并在过去20年中研发了大量的理论模型。激发极化法的近地表环境应用已经取得了许多进展，如用于估算渗透率的相关研究（Börner et al.，1996）。其他人也研究了由矿物转化（如沉淀和溶解）和一些微生物过程产生的微弱但有重要意义的激发极化信号（Ntarlagiannis et al.，2005b）。近十年来，激发极化法在环境领域中的应用，推动了对存在导电矿物的情况下已有激发极化模型的重新评估，从而更好地理解铁矿物含量和粒径分布的激发极化响应机理（Revil et al.，2015）。本书主要从过去 25 年来发展起来的技术框架介绍激发极化法，同时强调了该方法与早期开创性研究的联系。

本书附带了一个电阻率正演和反演软件包，该软件包涵盖第一作者开发的R2、cR2、R3t、cR3t代码（附录A）。此外，附录还提供了一个用Python开发的图形用户界面，称为ResIPy（附录A），以及Jupyter库的范例数据集，旨在帮助对本书所涵盖关键理论的学习。ResIPy的设计直观、易用，同时为用户提供全面的建模选项和评估数据质量的方法。该代码已作为开源软件发布，感兴趣的用户可以根据自己的需求开发和定制程序。提供的示例数据集可以让用户有机会更好地了解电阻率和激发极化数据集的反演，并进一步探讨书中提供的案例。

第 2 章　近地表地层的电学性质

2.1 引　言

土壤和岩石等多孔介质的电学特性受其组成（固相、液相和气相）的电性特征、体积含量以及组合方式控制。下文中我们将提到，这些组成之间的界面在影响激发极化（IP）信号方面也扮演着重要的角色。几十年的实验测试和理论的发展，使得人们能更好地利用土壤和岩石的物理化学性质来解译电阻率和激发极化测量数据。这些进展主要依赖于对控制流体运动的土壤和岩石的主要物理特性以及流体所运载组分的量化分析。此外，准确定位具有高经济价值的矿产资源位置是促进对岩石电学特性理解的另一个重要驱动因素。近年来，研究人员不断深入开展受生物地球化学过程影响的土壤和地层电学性质的研究，以实现对地下污染物和其产物的刻画（Atekwana and Atekwana，2009）。

关于多孔介质电学特性的早期研究是由美国农业部（USDA）开展。科学家们致力于推动电阻率与农业土壤的水分含量和盐分之间的量化关系研究（Gardner，1897，1898；Whitney et al.，1897）。然而，在岩石性质的电阻率响应方面的重大突破主要依赖石油勘探中电阻率测井方法的发展。Conrad Schlumberger 将激发极化法作为测量油气储层井技术引入苏联（Seigel et al.，2007）。油藏勘探和经济可采储量的估算，密切依赖于能够提供有关油藏孔隙率和渗透率，以及储层流体中油的相对浓度的技术。Gustave Archie（1950）引入岩石物理学这一术语，以描述对于岩石物理特性和流体的研究。岩石物理分析体系的核心是岩石的孔隙分布，因为孔隙分布控制着流体运动和地球物理特性。

从电学性质的角度来看，岩石物理学反映的是电阻率与岩石孔隙几何特征和孔隙充填流体属性的函数关系，其对于解译测井电阻率数据是至关重要的。在这一领域最有影响力的工作是 Archie（1907～1978 年）的研究，他在壳牌石油公司开展了大量实验研究，为岩石电阻率测量数据的解译奠定了基础（Thomas，1992）。电法数据的解译至今仍沿用基础的阿奇经验定律（Archie，1942），并得到了经验方程的理论证明（Sen et al.，1981）。20 世纪 50～60 年代，岩石物理学领域在矿物-孔隙流体界面上的电传导与细粒土壤和岩石的电学性质间的紧密关联研究取得重大进展，尤其是阿奇定律中没有考虑的孔隙中充满相对低导电性流体时的电导率变化。Waxman 和 Smits（1968）提出了一个得到广泛认同的模型，该模型将阿奇定律与另一个由矿物-孔隙流体界面的物理和化学属性控制的附加电导率项结合起来。

尽管石油勘探行业在推动我们对电学特性认知上起到了主导作用，但自 20 世纪 70 年代以来，土壤科学在推进电法探测应用的发展同样重要。Rhoades 等（1976）提出了一个广泛应用的经验模型（已被修正）来描述土壤的电导率，该模型中的参数是基于土壤学家最感兴趣的特性，而非石油工程师主要关注的特性。

与支持石油行业发展的服务行业推动了电阻率测量方法的发展一样，对岩石电性与激发极化测量的研究也先是从定位矿产的需求中发展起来的。Schlumberger（1920）被认为是第一个测量到由电流注入引起地下介质低频极化的人，早在 1913 年他就在初步测量中得出存在极化的结论（Seigel et al.，2007）。第二次世界大战加速了激发极化法的发展，其潜在的军事应用价值被发掘（例如定位埋在饱和海滩沉积物中的地雷）。Seigel（1949）和 Bleil（1953）发表了最早使用激发极化进行地下探测的英文文献。其中，即使是导电矿物重量占 3%的浸染型矿床也可以被探测到（Bleil，1953）。这些研究极大地推动了作为矿产勘探技术的激发极化法的发展，并催生了一个专注于研究岩石中矿物电学属性的石油物理学新分支。几十年的实验研究揭示了激发极化测量与岩石中的矿物含量以及矿物尺寸相关机理，其中一些关键的工作是由凤凰地球物理公司的 William Pelton 和犹他大学的 Stan Ward 主导。矿物中激发极化效应的复杂性限制了解释这一现象的理论模型的发展。值得注意的是，多伦多大学的物理学家 Joe Wong 所做的开创性工作，他从基本原理出发，提出了一个电化学模型来描述电子导电颗粒的激发极化响应（Wong，1979）。直到近年来，随着激发极化法在环境应用方面遇到困难，电子导体的极化理论（也常称为电极极化）才得以进一步发展（Revil et al.，2015a）。

Schlumberger（1920）观察到土壤和岩石在没有电子导电介质存在的情况下出现微小的背景极化现象。20 世纪 90 年代，人们对这一背景效应的兴趣并不浓厚，直到来自德国弗莱贝格矿业大学地球物理与地理信息学研究所的 Frank Börner 和 Jürgen Schön 开展的精细岩石物理研究，揭示了这种极化与岩石中绝缘矿物与流体界面总表面积之间存在强相关（Börner and Schön，1991）。这些关系加强了电性参数与渗透性之间的联系。岩石渗透性是理解地下流体流动和运移的关键属性。在此之前，单独的渗透性与电阻率关联的分析研究大多以失败告终，主要是由于电阻率随着孔隙度和表面积的增加而降低，而渗透性虽然随着孔隙度的增加而增加，但随着表面积的增加而降低（Purvance and Andricevic，2000）。附加的激发极化测量似乎提供了一种独立的表征表面积的方法，为直接利用电阻率和激发极化测量综合估算渗透性的研究指明了方向（Börner et al.，1996）。

本章将探讨土壤和岩石的电性性质。首先，介绍电荷传导的基本原理，并定义电阻率的基础性质。随后，从控制流体电导率的因素开始介绍多孔介质中的导电过程。为了理解土壤或岩石的导电性，探讨了相互连通的孔隙、表面积及电子导电矿物对导电性的影响。重点关注双电层（electric double layer，EDL），因为它引起表面导电并且也是激发极化效应的来源。此外，概述了一个普遍认可的导电模型，用于解释多孔介质电导性，该模型中导电路径包含相互连通的孔隙并联通道和通过双电层中的离子在矿物-流体界面上的导电通道。本章的后半部分将重点关注激发极化法，并展示如何在并联导电模型中添加一个复表面电导率项，该项同时解释了表面导电和激发极化效应背后的界面极化。此外，探讨了激发极化测量的频率依赖性，以及频谱形状与土壤和岩石的颗粒（孔隙）大小之间的关系；讨论了激发极化响应的经验、表观和机理模型；还研究了利用激发极化测量可靠地估算土壤和岩石渗透性这个关键问题。

2.2　直流电阻率法

电阻率法以直流（direct current，DC）导电理论为基础。在等效电路中，多孔材料被假定为单一电阻。这通常是一个合理的假设，因为该方法通常应用于忽略位移电流的低频交变电场。然而，本章的第二部分扩展到激发极化方法时，会考虑多孔介质中电荷的短暂反向存储。

2.2.1　电导

直流电阻率法本质上是测量多孔介质对电荷传输的阻力。这种响应电场（$\boldsymbol{E}$）的电荷传输称为电迁移。为了确定电阻率，必须测量作用于电荷的力以及响应该力移动的电荷量。一个带电体会对另一个电荷施加力，参见知识点 2.1。这个力的大小由电场确定，电场等于某一点的力除以单位电荷（q）。场的强度通过电势差来测量［物理国际单位制单位为伏特(V)］。

电导（或电迁移）是用来描述电荷传输的术语，它定义了电流［物理国际单位制单位为安培（A），即单位面积上每秒 1C 电荷的移动］。库仑（C）是电荷的 SI 单位（1C=1A·s），为 1s 内由 1A 的恒定电流所传输的电荷。在金属中，这些电荷是由移动的电子携带的，但在离子溶液中，如盐水中，电荷也可由离子携带。构成电流的移动带电粒子被称为电荷载流子，参见知识点 2.2。

知识点 2.1　电场与电势能

一个带电体会对其他带电体（q）施加一个力（$\boldsymbol{F}$），当两者电性相同时，该力使得两者相互排斥；当电性相反时，则相互吸引。这个力的强度由电场（$\boldsymbol{E}$）来描述：

$$\boldsymbol{E}=\frac{\boldsymbol{F}}{q}$$

电场在某一点的方向被定义为单位正电荷在该点的运动方向。

$$\boldsymbol{E}=\frac{\boldsymbol{F}}{q}$$

电场可以通过描述在某个点上放置一个单位正电荷所受到的力来表示

由带电体产生的电场存在于其周围空间的各处。在电场中将一个电荷从一点移动到另一点（$a\rightarrow b$）所做的功（W）由两点间电场的势能（U）差来定义。

$$W_{\mathrm{a}\rightarrow\mathrm{b}}=U_{\mathrm{a}}-U_{\mathrm{b}}$$

任何一点的势能通过单位电荷（q）来归一化，并以电势（V）表示，其单位为 V（相当于 J/C），

$$V=\frac{U}{q}$$

连接空间中电势相同的点成为等势线（在二维空间中）或等势面（在三维空间中），用于直观展示与带电体相关的电场。

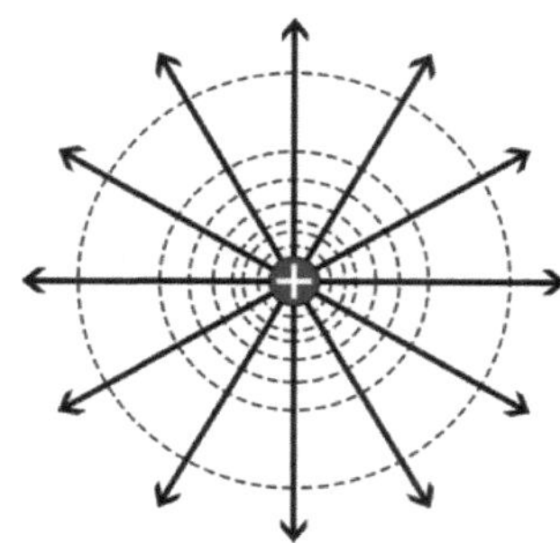

等势线描述了电场在二维空间中的分布（场的方向由箭头指示）

知识点 2.2　电流和电流密度

电流（I）的存在源于施加电场（$\boldsymbol{E}$）引起的电荷（q）传输，这种传输称为电迁移。电流等于单位时间（Δt）内流动的净电荷（ΔQ）。

$$I=\frac{\Delta Q}{\Delta t}=\frac{\hat{n}qvA\Delta t}{\Delta t}=\hat{n}qvA$$

式中，$\hat{n}$ 为载流子密度（每体积单位内的带电荷数）；q 为单个载流子的电荷量；v 为载流子的移动速度；A 为导电介质的横截面积。

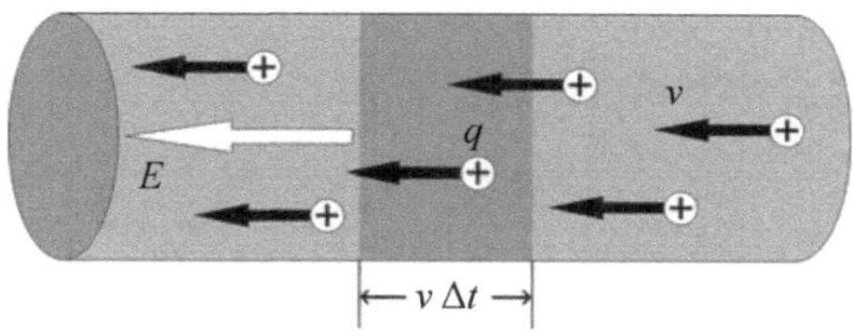

响应电场的电荷运输

电流密度（J），其物理单位为 A/m²，定义为单位横截面积上的电流。

$$J=\frac{I}{A}=\hat{n}qv$$

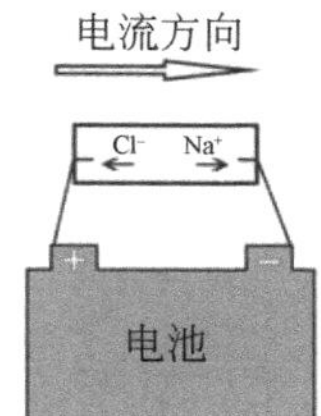

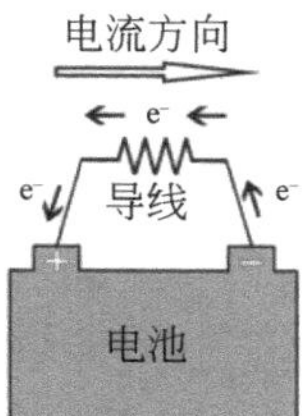

金属导线中的电子传导与离子溶液中的离子传导

载流子可以是电子，就像电流沿导线传导。电子可以是地下载流子，如高含量的矿体或埋藏物体（如钢管）等。然而，载流子也可以是离子，这是近地表流体中电荷传输的常见情景。

2.2.2　电阻率和电导率定义

欧姆定律是描述导体中两点间的电流（I，单位为 A）与这两点间的电势（或电压）差（ΔV，单位为 V）成正比的本构方程。

$$I=\frac{\Delta V}{R} \tag{2.1}$$

式中，R 为比例常数，称为电阻，单位为欧姆（Ω）。欧姆定律表明，R 与电流无关。

电流密度（J）是由通过某个截面 A 的电流 I 定义的，该截面垂直于电荷运动的方向。

$$J=\lim_{A\to 0}\frac{I(A)}{A} \tag{2.2}$$

电流密度矢量 $\boldsymbol{J}$ 的值大小为 J，并且指向电荷运动的方向。它通常被假定与电场强度成正比，电场强度等于电势梯度（$\boldsymbol{E}=-\nabla V$）。

$$\boldsymbol{J}=\sigma\boldsymbol{E}=\frac{1}{\rho}\boldsymbol{E} \tag{2.3}$$

常数σ代表材料的电导率（单位为 S/m），而电阻率（ρ，单位：Ω·m）则是该电导率的倒数。

$$\rho=\frac{1}{\sigma} \tag{2.4}$$

电导率和电阻率是介质材料的固有属性，量化材料传导电荷的能力。多孔介质的导电性取决于构成介质的三相（固相、液相和气相）随温度变化的固有电属性，以及不同相的体积占比和空间排列。由此可见，多孔介质的固有导电性质可以用电导率或电阻率来描述。传统的地球物理学出版物中，电阻率一直是描述导电方程的首选属性。本书倾向采用电导率，这是因为①它与描述流体和热量传输的等效属性直接相关；②它简化了控制激发极化测量和电阻率测量性质的综合属性。

2.2.3　地下介质的电传导过程

土壤和岩石矿物的电导率跨度范围很大（几乎覆盖了 18 个数量级），这一范围比任何其他的物理性质变化都要大（Van Nostrand and Cook，1966）。常见矿物（如硅酸盐、碳酸盐和硫酸盐）实际上是绝缘体，从高岭土到石英其电阻率值分布从约 10^7Ω·m 到约 10^{14}Ω·m 不等（Schön，2011）。氧化物和硫化物的电阻率变化范围较广，如电阻率为 10^{-3}Ω·m 的硫化铁矿物黄铁矿和电阻率为 10^{-4}Ω·m 的氧化铁矿物磁铁矿，有的是绝缘体（如闪锌矿），有的则是半导体。这些电子导体矿物在后续讨论激发极化（IP）机制时将非常重要。Schön（2011；表 8.1）全面总结了常见矿物电阻率的分布范围。

如果忽略电子导电矿物的存在，近地表的电荷主要是通过离子在介质中的运动来传导。这种离子传导电荷的机制主要包括两部分：①通过充满连通孔隙空间的孔隙流体中溶解的离子来导电；②通过在矿物-流体界面形成的双电层中的离子来导电。第一种机制更为直观，

Barus（1882）可能是最早得出“岩石电导率主要（甚至可以说是完全）受孔隙水控制，因而具有电解性”结论的学者（Van Nostrand and Cook，1966）。第二种机制，通常被称为“表面”或“界面”导电，在 20 世纪中叶之前并未完全被理解（Hill and Milbum，1956）。究竟是孔隙水中离子传导还是双电层中的离子传导占主导地位，这要由孔隙水的矿化度（也就是离子浓度）与矿物-流体表面积大小的相对影响程度来决定。在低界面表面积的土壤-岩石中，高矿化度促进孔隙水中的离子导电，而在低矿化度孔隙水和高界面表面积的条件下，就会促进双电层中的离子导电。

任何介质材料的导电性都取决于电荷的数量和载流子的运移特性。对于单一的载流子 i 来说，

$$\sigma_i = \hat{n}_i \hat{Z}_i e \beta_i \tag{2.5}$$

式中，$\hat{n}_i$ 为载流子 i 的密度；$\hat{Z}_i$ 为载流子 i 的价态；e 为元电荷，1.6022×10^{-19}C；β_i 为载流子 i 的迁移率，$m^2/(s\cdot V)$。电导率与载流子的上述三种性质之间的正比关系适用于地下介质的所有电传导过程。

2.2.3.1　流体的离子导电

浅地表中水的存在意味着离子导电是控制电荷移动并决定电导率的最主要过程（对于地球深部就不是这种情景，地球深部由于压力阻断了孔隙连通并且随着深度增加导致温度也升高）。当有电场存在时，离子导电还包括离子的迁移。例如，在 NaCl 的水溶液中，Na^+ 和 Cl^- 离子负责电荷迁移。

离子电荷的迁移能力对于确定流体导电性至关重要。单个离子的迁移率与其在孔隙水中的 $\hat{Z}_i$ 和扩散系数（D_i，单位：m^2/s）成正比，与温度（T，单位：K）成反比。

$$\beta_i = \frac{\hat{Z}_i e D_i}{k_B T} \tag{2.6}$$

式中，k_B 为玻尔兹曼常数，$1.3806\times10^{-23} m^2\cdot kg/(s^2\cdot K)$。离子的迁移性还与流体的黏度（$\eta$，单位：Pa·s）相关。

$$\beta_i = \frac{\hat{Z}_i e}{6\pi \eta r_i} \tag{2.7}$$

式中，r_i 为水合离子的半径。式（2.7）表明，相较于体积较小的阳离子，阴离子的迁移性较低，这一点在后续讨论的某些激发极化机制中将显得尤为重要。溶液中离子的电导率可通过 Nernst-Einstein 关系来描述，

$$\sigma_i = \frac{D_i \hat{Z}_i^2 e^2 N_A C_{(c)i}}{k_B T} \tag{2.8}$$

式中，N_A 为阿伏伽德罗常数，$6.022\times10^{23} mol^{-1}$；$C_{(c)i}$ 为载流子 i 的浓度，mol/L。在较低温度下（如低于 200℃），电导率随着温度的升高而增加［这与式（2.8）所示的温度对电导率的反比关系相矛盾］，这是因为 D_i 对温度的依赖性，比式（2.8）所显示的温度对电导率反比的影响更显著（Glover，2015）。

将式（2.7）代入式（2.5）中，得到另一个关于离子溶液电导率的表达式（Glover，2015）。

$$\sigma_i = \frac{\hat{n}_i \hat{Z}_i^2 e^2}{6\pi \eta r_i} \tag{2.9}$$

上式表明，溶液的电导率与电荷浓度、电荷的平方成正比，与流体的黏度和离子的水合半径成反比（Glover，2015）。式（2.9）将由电阻率法探测到的土壤（岩石）孔隙流体的电导率（σ_w）与流体的水化学性质联系起来。

通过分析各个离子的相对贡献，可以用式（2.9）来确定天然地下水（孔隙流体）的电导率（σ_w）。然而，地下水通常由复杂且往往定义不明确的离子成分组成，以至于式（2.9）中参数是未知的。因此，通常使用经验公式来估算某种溶液（通常为NaCl）的电导率随两个容易测量的矿化度和温度参数的变化（Hilchie，1984；Sen and Goode，1992）。例如，Bigelow（1992）给出了NaCl溶液的电阻率为

$$\rho_{\text{NaCl}} = \left[0.0123 + \frac{3467.5}{(C_{\text{NaCl}})^{0.96}}\right]\frac{81.77}{1.8T + 38.77} \tag{2.10}$$

式中，C_{NaCl}为NaCl的浓度，ppm[①]；温度（T）以摄氏度（℃）表示。

此类经验方程是基于单一盐溶液［在式（2.10）中为NaCl］而定，对于由复杂离子混合物组成的地下水需作相应调整。这可以通过定义一个等效的NaCl溶液来实现，其导电性与σ_w相当。Dunlap系数是溶液中除了Na^+和Cl^-以外离子的乘积，用来补充这些离子相对于Na^+和Cl^-在矿化度导电性依赖性上的影响（Dunlap and Hawthorne，1951）。然而，该方法没有考虑到离子间的相互作用，没有考虑温度的影响，因此其得到的是近似解（Glover，2015）。

尽管在地热、部分环境修复监测（如原位热修复）以及监测地下水与地表水的交换过程的应用中，温度的影响也很重要，但在地下水常规矿化度和温度的范围内，离子浓度通常是控制σ_w的主导因素。在低矿化度地下水条件下，矿化度（离子浓度）的增加会使得σ_w上升。在高矿化度条件下，随着矿化度的增加，由于载流子的离子迁移性降低，σ_w的增加速率减缓。σ_w对矿化度的依赖性主要随着溶液离子成分的不同而变化，在解释电法测量数据时应予以考虑。

在天然地下水的温度范围内，σ_w对温度的依赖性主要与黏度有关。黏度随温度升高而降低，从而使得σ_w增加［式（2.9）］，其在水文地球物理的电法应用中必须要考虑。在一个有限的低温范围内（T＜100℃），可以利用下列近似公式将$\sigma_{w[T]}$修正到参考温度（T_{ref}）：

$$\sigma_{w[T_{\text{ref}}]} = \frac{\sigma_{w[T]}}{1 + \alpha_T (T - T_{\text{ref}})} \tag{2.11}$$

式中，α_T为一个经验系数，其典型值介于0.02K^{-1}至0.025K^{-1}之间（Keller and Frischknecht，1966；Bairlein et al.，2016）。该经验近似公式被用来校正电法数据中的温度变化，以便更好地将σ_w与矿化度变化关联起来。在高温下（T＞400℃），黏度随温度的升高而增加，导致σ_w随着温度的升高而降低，在地热领域的电法应用中必须要考虑此效应。

① ppm表示10^{-6}。

2.2.3.2　双电层（EDL）导电

矿物表面的电荷会吸引并吸附来自孔隙液体的带电离子，从而形成双电层（EDL）。以石英为例，它是近地表非固结沉积物中含量最丰富的矿物（图 2.1）。当 $pH < pH_{pzc}$［零电荷点（point of zero charge，pzc）的 pH］时，石英表面的反应会形成带正电的 $>SiOH^{2+}$ 位点（“>”表示表面）；而当 $pH > pH_{pzc}$ 时，会形成带负电的 $>SiO^{-}$ 位点。这些固定在空间中的带电位点形成于矿物表面附近。在该层中存在两种电荷，当 $pH < pH_{pzc}$ 时，$[SiOH^{2+}] > [SiO^{-}]$；而当 $pH > pH_{pzc}$ 时，$[SiO^{-}] > [SiOH^{2+}]$；当 $pH = pH_{pzc}$ 时，$[SiOH^{2+}] = [SiO^{-}]$，此时石英矿物的 pH 约为 3。

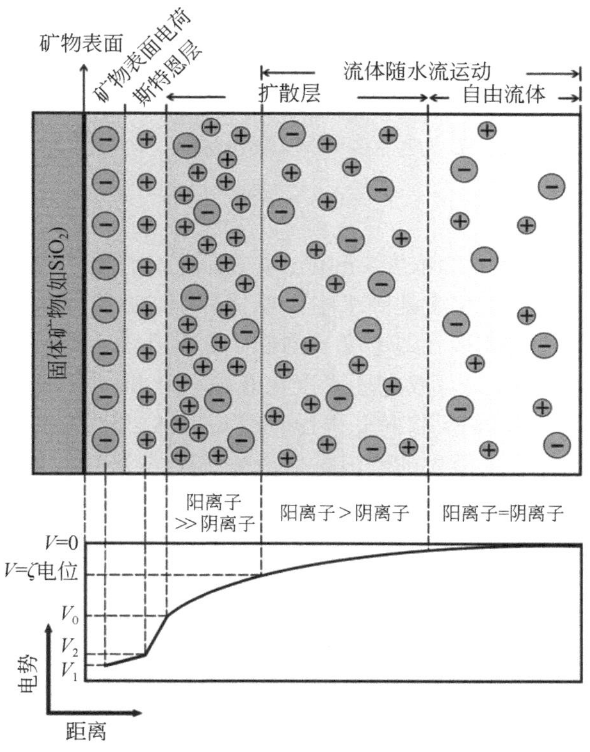

图 2.1　带负电荷矿物表面形成的双电层（修改自 Glover，2015）

当地下水 $pH > pH_{pzc}$ 时最为常见，显示了电势从矿物表面随距离的分布情况

这些石英位点会与溶液中的带电离子发生反应。具体反应取决于溶液的离子组成。对于 1∶1 离子溶液（每个离子都带单电荷），如 NaCl，在天然地下水的 pH 范围内（pH=6～8）会发生以下表面反应（Davis et al.，1978；Revil and Glover，1997；Glover，2015）

$$>SiOH^0 \underset{}{\overset{K_-}{\rightleftarrows}} >SiO^- + H^+ \tag{2.12}$$

$$>SiOH^0 + Me^+ \overset{K_{Me}}{\rightleftarrows} >SiOMe^0 + H^+ \tag{2.13}$$

式中，Me^+ 为金属阳离子；H^+ 为质子；K_- 和 K_{Me} 分别为描述这两个反应平衡位置的常数。当 pH 大于 6 时，$>SiOH^{2+}$ 位点的占比非常低（Glover，2015）。因此，表面由两个中性位点

（$SiOH^0$ 和 $SiOMe^0$）和一个负电位点（SiO^-）构成。斯特恩层由参与这些表面吸附反应的金属阳离子组成。

表面位点总密度定义为各表面位点密度的总和。一般在地下水中，其 pH 常大于零电荷点的 pH（pH_{pze}），此时矿物表面带有负电荷，吸引了来自孔隙水的阳离子，从而形成了双电层中的扩散层，该层的阴离子非常稀疏，并且这种情况在斯特恩层表面附近最为显著。随着与该层的距离增加，阴离子的稀疏程度呈指数衰减（Glover，2015）。所有岩石矿物表面都会形成双电层，而对于黏土矿物表面的电性特征的全面描述需要更复杂的三层模型（Leroy and Revil，2004）。

斯特恩层的厚度相当于一个水合金属离子的量级（约 10^{-10}m，见 Glover，2015）。双电层扩散层的厚度通常假定等于德拜（Debye）屏蔽长度（χ_d）的两倍。

$$\chi_d = \sqrt{\frac{\varepsilon k_B T}{2N_A e^2 I_0}} \tag{2.14}$$

式中，I_0 为离子强度，以 mol/m^3 为单位，可以表示为

$$I_0 = 0.5\sum_i^n \hat{Z}_i^2 C_{(c)i} \tag{2.15}$$

式中，$C_{(c)i}$ 表示溶液中载流子 i 的浓度，mol/m³。在低矿化度条件下，扩散层会比高矿化度条件下更厚。这是因为在低矿化度孔隙水中，单位体积的阳离子数量相对于高矿化孔隙水来说较少。因此，需要更大体积（即厚度）的低矿化度孔隙水来提供阳离子，以补偿矿物表面的负电荷（Glover，2015）。双电层厚度在孔喉极化机制（薄膜极化）中起重要作用（Bücker and Hördt，2013a），稍后将对此进行介绍（2.3.5.2 节）。在具有窄孔喉的低矿化度孔隙水中，喉道两侧的两个扩散层的宽度被假设为等于或大于孔喉厚度。扩散层含有净电荷（在与天然地下水条件下通常为正电荷），作为阳离子选择区。

2.2.3.3 电子导电

当地下介质的金属矿物含量较高时，电子导电将变得重要。虽然所有介质都含有电子，但电子只有在良导体中才可自由移动，如金属，它们占据部分填充的能带（绝缘体中的能带被完全占据）。外部电场会驱动电子在这些部分填充的能带中移动或跳跃到更高的能带中。电子的导电性依赖于能带之间的距离和温度，因为这两者共同控制了可以移动并用于导电的电子数量。金属的导电性之所以随着温度的升高而增强，主要源于可传导的电子数量的增加。电子的迁移率取决于电子之间碰撞的时间间隔。随着温度的升高，碰撞次数增加，导致电子迁移率随之减少。半导体中也发生电子导电（伴随着由“空穴”主导的电荷传输）。在 2.3 节讨论激发极化（IP）时，地下介质中的导体和半导体矿物扮演着重要的角色。

2.2.4 多孔介质中的电传导

多孔介质中的固体通常是绝缘体，例如，硅酸盐和碳酸盐矿物的电阻率超过 $1\times10^9\Omega\cdot m$（Schön，2011）。然而，当硫化物或氧化矿物的含量较高时，这些固体则多为半导体。这些半导体矿物通常含量较低，因此固体介质通常会阻碍电流流动。在所有固体介质均为绝缘体并忽略双电层存在的情况下，电流仅通过填充在孔隙网络中的孔隙水进行离子传导。与

该孔隙网络相关的多孔介质电导率的组成部分称为电解电导率（σ_{el}），其部分受到σ_w 的控制，因此，它受到前文讨论的控制电流因素（离子浓度、温度）的影响。

在多孔介质中，由于前述矿物-流体界面处的双电层，出现了第二种离子导电机制。当施加电场时，双电层中的离子沿着这个界面传输。多孔介质的总电导率通常由电解电导率（σ_{el}）和与矿物-流体界面相关的表面电导率（σ_{surf}）组成。

$$\sigma = \sigma_{el} + \sigma_{surf} \tag{2.16}$$

式（2.16）假设多孔介质的总电导率是通过孔隙水和沿着矿物表面的传导路径的叠加（Waxman and Smits，1968；Rink et al.，1974），这个概念最初是为了解释岩石中存在导电矿物（而不是离子导电界面）（Wyllie and Southwick，1954；Marshall and Madden，1959）。虽然 Revil（2013）提出了质疑，认为这可能并不总是准确反映导电介质的实际几何分布，但从理论上讲，将两种导电项叠加的做法是合理的，并且这一假设已被广泛接受。

地下介质的电阻率变化范围很大，其主要受孔隙水电导率、饱和度、孔隙几何形状以及孔隙水和表面导电的矿物特征的控制。地下介质的含水量对岩石的电性特征有着显著影响（图 2.2）。

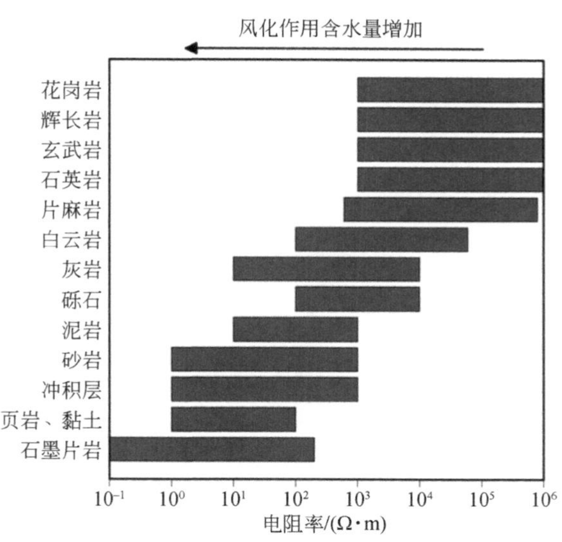

图 2.2　主要岩石和沉积物的电阻率分布范围（修改自 Schön，2011）

箭头表示含水量的影响方向

2.2.4.1　孔隙水电导率与阿奇定律

由于多孔介质的固相通常是良好的绝缘体，如果表面导电性不显著（$\sigma_{surf}\approx 0$），则饱和多孔介质的电解电导率（$\sigma_{el[s]}$）显然应低于孔隙水电导率（σ_w）。可以通过地层因子（F）来量化此时电导率的降低（Archie，1942）：

$$F = \frac{\sigma_w}{\sigma_{el[s]}} = \frac{\rho_{el[s]}}{\rho_w} \tag{2.17}$$

式中，下标［s］是为了提醒读者，在本书中的多孔介质指的是完全饱和的岩石多孔介质。

导电性的降低来自于导电介质体积含量的减少，即孔隙水被绝缘固体所取代。因此，地层因子应与土壤和岩石的孔隙度（ϕ）有关：

$$\phi = \frac{V_{\text{v-i}}}{V_{\text{T}}} \tag{2.18}$$

式中，$V_{\text{v-i}}$ 为连通孔隙的体积；V_{T} 为多孔介质的总体积。Sundberg（1932）首先提出如式（2.17）所示的比值与孔隙度有关。然而，Archie（1942）首先提出了描述 F 与ϕ相关性的实验数据，证明了二者之间存在幂指数关系：

$$F = \phi^{-m} \tag{2.19}$$

式中，m 为胶结指数，反映了 Archie 对胶结砂岩油气储层的浓厚兴趣（详见知识点 2.3）。式（2.17）和式（2.19）共同描述了阿奇第一定律。虽然阿奇定律最初是以砂岩为研究对象得出的经验关系公式，但该式很好地构建了电法地球物理中主要参数关系的理论基础（Accerboni，1970；Sen et al.，1981）。胶结指数表明电导率值降低不仅取决于绝缘固体介质，还受到孔隙水传导路径的连通性和曲折度影响。由于颗粒形状、排列方式、角度和压实度等因素都会影响其连通性，因此都会对 m 值产生影响（Jackson et al.，1978；Mendelson and Cohen，1982）。m=1.5 表征由标准球状颗粒组成的土壤（Sen et al.，1981），并且 m 随椭圆度和颗粒优选方向的增加而增加。Sen（1984）用颗粒形状表示 m：

$$m = \frac{5 - 3\tilde{N}_i}{3(1 - \tilde{N}_i^2)} \tag{2.20}$$

式中，$\tilde{N}_i$ 为去极化因子。对于平行于电场排列的非球形粒子，

$$\tilde{N} = \frac{1}{1 + 1.6(a/b) + 0.4(a/b)^2} \tag{2.21}$$

式中，a/b 为颗粒的纵横比。当 m=1 时，孔隙通道可看作是一个穿过样品的直管。m 越高意味着孔隙网络的连通性越差，这一特性导致多孔介质的电解电导率（$\sigma_{\text{el[s]}}$）对孔隙度的变化更加敏感。

知识点 2.3　阿奇定律

随着全球对石油储备开发需求的增长，自 20 世纪 30 年代起，地球物理勘探方法得以迅速发展。新发展的地球物理测井技术能够测量钻井附近地层的电阻率。明确岩石物理关系，根据地球物理测井数据可靠地估算岩石性质，从而评估石油储藏的经济价值，这在当时是石油地质学的一个主要研究领域。该研究往往通过对比地球物理属性（如电阻率）与重要的岩石属性（如孔隙率和渗透性），提取钻井获得的岩心，结合实验室的精准测量来完成。Archie（1907～1978 年）基于实验室的研究工作获得了重要的岩石物理关系，被称为阿奇定律。Archie 当时在壳牌（Shell）石油公司工作，他首次展示了如何利用测井数据来识别"生油层"（这是一个石油地质学术语，指的是石油和天然气储量丰富的岩层）。Archie 在 1941 年美国矿业、冶金和石油工程师学会的会议上介绍了这一发现，他的研究成果随后发表在该会议的会刊上（Archie，1942）。截至本书（英文原著）撰写时，该论文已被引 8085 次（谷歌学术），是应用或勘探地球物理文献中被引次数最多的。

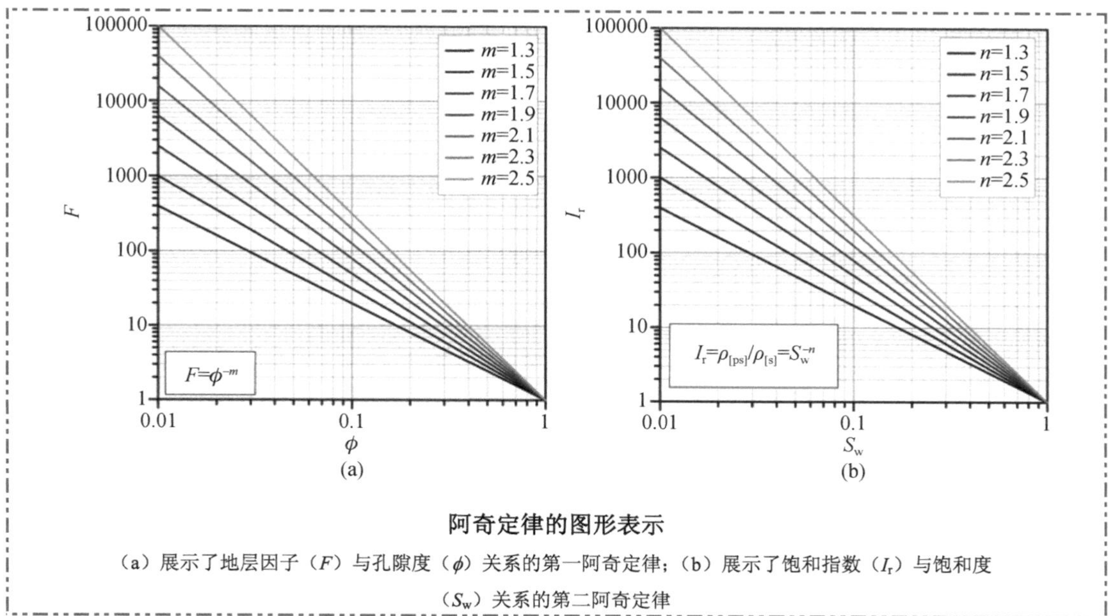

阿奇定律的图形表示

（a）展示了地层因子（F）与孔隙度（ϕ）关系的第一阿奇定律；（b）展示了饱和指数（I_r）与饱和度（S_w）关系的第二阿奇定律

Glover（2009）重新解读了阿奇定律，他将 F^{-1} 定义为介质的“连通性”，而 m 则定义了该参数随孔隙率以及孔隙空间排列（即连通性）的变化率。该解释为建立 m 与连通性的关系提供了物理基础。知识点 2.3 展示了 F 随孔隙度和胶结指数的变化。图 2.3 展示了对砂岩和砂岩-白云岩混合岩心测试获得的实验数据库确定的阿奇定律。阿奇定律很好地描述了 F 和ϕ之间的关系，m 的最佳估计值为 1.86。拟合关系附近的散点说明 m 在各个样本之间变化很大。

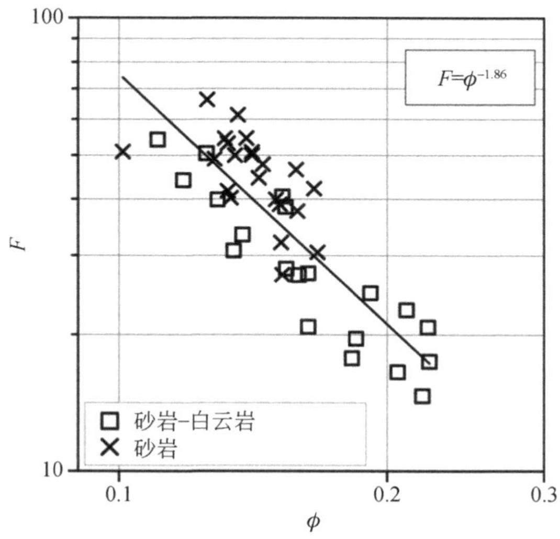

图 2.3　阿奇定律拟合岩心实验数据集（m=1.86）

饱和溶液选用 80S/m 的 NaBr 溶液，因此表面导电性影响微弱的假设是合理的；F 和 ϕ 均无量纲

拓展的阿奇定律额外增加了一个拟合参数 a，该参数最初是为了改善阿奇定律对实验数据集的拟合度。

$$F = a\phi^{-m} \tag{2.22}$$

这种最早在储层岩石物理学中提出的阿奇定律修正（Winsauer et al.，1952），直到今天仍在土壤物理学文献中出现（Shah and Singh，2005）。然而，只有在 a=1 的条件下，当孔隙率为 100%时，$\sigma_{el}=\sigma_w$ 才会成立，这种条件要求介质必须完全由水相组成。因此，式（2.22）在理论上是不正确的，尽管 Glover（2016）认为它可以有效评估岩石物理调查中阿奇定律拟合后的数据质量，但也应该避免使用（Revil，2013；Glover，2015）。

离子导电只能发生在充满孔隙水且互相连通的孔隙中。岩石的孔隙度可以用多种方法测量。一些测量方法，如薄切片图像分析法，可能会高估孔隙度。电流传输与孔隙水通过相互连接的孔隙流动相比，不可避免地存在着很强的相似性。因此，根据将流体侵入孔隙空间（如压汞法）的方法获得的孔隙度可以很好地代表阿奇定律中的孔隙度参数。

用于描述流体在多孔介质中流动的毛细管束模型已被用于模拟电流的传导（Mualem and Friedman，1991）。这些模型都强调了曲折度的重要性，该参数定义了介质与直毛细管的偏差。曲折度为大于等于 1 的无量纲参数。从毛细管束模型获得电流曲折度（T_e）并应用于修正的阿奇方程，其表达式为（Wyllie and Rose，1950）：

$$\sigma_{el[s]} = \sigma_w \frac{\phi}{T_e} \tag{2.23}$$

由此得到地层系数的定义如下：

$$F = \frac{T_e}{\phi} \tag{2.24}$$

上述公式从几何角度定义了 F，即ϕ和 T_e 是几何项。这种导电曲折度通常被认为等于流体流动的曲折度，稍后将进一步讨论。基于在适当边界条件下求解整个多孔介质的归一化电势分布的理论方法（Pride，1994），地层因子有了新的定义方式：

$$F = \phi_{eff}^{-1} \tag{2.25}$$

式中，ϕ_{eff}为有效孔隙度，它只是总孔隙度（ϕ）的一部分（Revil，2013）。有效孔隙度是指电流探测到的相互连通的孔隙空间，不包括电流无法流经的死端孔隙（图 2.4）。

由式（2.17）、式（2.19）和式（2.25）可知，饱和多孔介质仅通过离子传导的电解电导率为

$$\sigma_{el[s]} = \frac{1}{F}\sigma_w = \phi^m \sigma_w = \phi_{eff}\sigma_w \tag{2.26}$$

当孔隙被绝缘流体（如气体或非水相液体）而不是导电液体填充时，多孔介质的导电性将降低。这种电导率的下降同样是由于导电液体体积的减少和绝缘流体填充孔隙空间而增加的曲折度（连通性的降低）造成的。Archie（1942）表明，在恒定温度下，部分饱水岩石的孔隙水电导率与饱和岩石的电导率成反比：

$$\frac{\sigma_{el[ps]}}{\sigma_{el[s]}} = \frac{1}{I_r} \tag{2.27}$$

式中，I_r 为电阻率饱和指数，描述电导率随饱和度增加而增加的速率（阿奇第二定律）。

Archie（1942）发现 $1/I_r$ 与含水饱和度（S_w）存在幂指数关系。

$$\frac{1}{I_r}=S_w^n \tag{2.28}$$

式中，n 为饱和指数，与 m 类似，它与孔隙空间连通性的曲折度减小有关，但实际上其与绝缘流体取代导电水溶液有关。图 2.5 展示了四个取自 Sherwood 砂岩样品电阻率随含水饱和度的变化，图中提供了拟合的饱和度指数和不确定性区间。

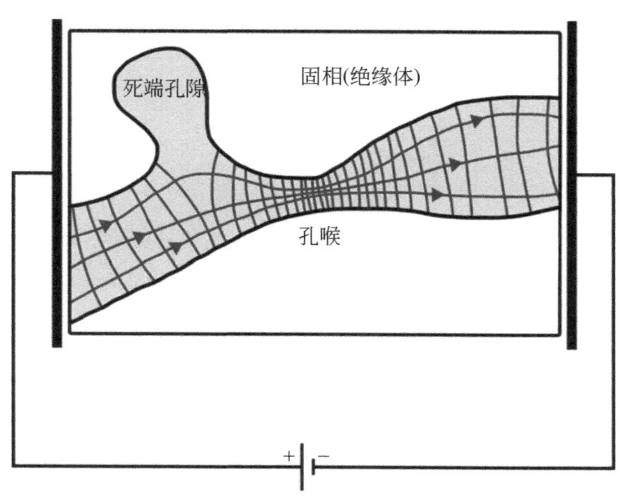

图 2.4　基于电阻率的有效孔隙度概念模型

有效孔隙度为总孔隙度的一部分，该定义由 Revil（2013）改进

结合式（2.26）～式（2.28），部分饱和多孔介质仅通过离子传导的电导率为

$$\sigma_{el[ps]}=\frac{1}{F}\sigma_w S_w^n=\phi^m\sigma_w S_w^n=\phi_{eff}\sigma_w S_w^n \tag{2.29}$$

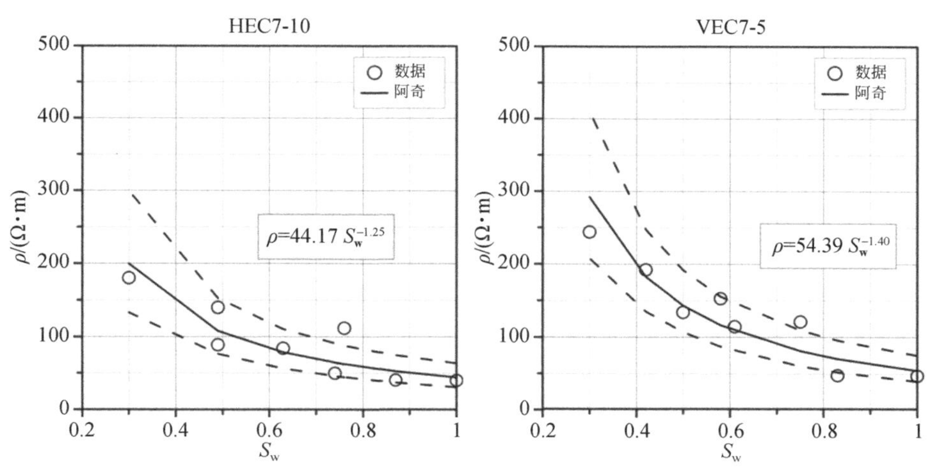

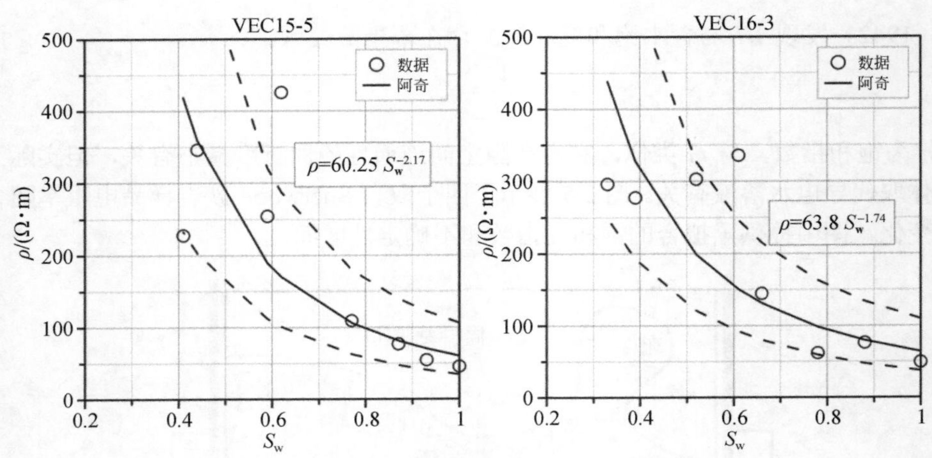

图 2.5　电阻率随含水饱和度（S_w）变化的实验结果图

图中也给出了拟合的不确定性范围，四个砂岩岩心数据来自 Tso et al.，2019

对于砂岩，n 的取值往往与 m 相似，通常假设 $n\approx 2$。Glover（2015）指出，当水以均匀的方式从初始饱和的岩石中排出时，水的体积分数从ϕ减小到ϕS_w，导致 $\sigma_{el[ps]}=\sigma_w(\phi S_w)^m$。然而，其假设导电相$\phi S_w$的连通性与之前的导电相$\phi$相同，这种假设不太可能成立。因此，通常假设 $n\neq m$。

2.2.4.2　表面传导与并行传导路径模型

接下来，我们考虑表面传导的物理解释，通常认为表面传导与孔隙水传导并行（Waxman and Smits，1968；Rink and Schopper，1974）（图 2.6）。前文中提到，阿奇定律包含了导电相的电导率（σ_w）和地层因子（F），地层因子决定了导电相的体积和连通性（或曲折度），表面电导率也是如此。由式（2.16），再次考虑饱和多孔材料（下标［s］）的情况：

$$\sigma_{[s]}=\sigma_{el[s]}+\sigma_{surf[s]}=\frac{1}{F}\sigma_w+\frac{1}{F_s}\sigma_{EDL} \tag{2.30}$$

式中，F_s 为等效地层因子，用于描述孔隙连通空间内双电层的导电性；σ_{EDL} 为双电层的电导率。通常假设 $F_s=F$（注意，这里的 F 并不同于阿奇定律中定义的 F，因为阿奇定律假设中没有考虑表面导电性），这意味着同一连通孔隙既支持离子溶液导电，也支持双电层导电。该假设是对 Waxman 和 Smits（1968）提出的泥质砂岩并行传导模型的推广。该模型认为，通过孔隙内黏土层双电层中反离子的电流，沿着与填充孔隙电解液的电流相同的路径行进。

式（2.30）强调了所测饱和材料的电导率（$\sigma_{[s]}$）的内在模糊性，因为每次测量的是孔隙水电导率和表面导电率之和。这在解译大规模电法地球物理数据集时容易产生疑惑，如 σ_{el} 和 σ_{surf} 的变化对实测电导率 $\sigma_{[s]}$ 变化的影响程度各是多少？多孔介质连通孔隙的表面积对 σ_{surf} 影响较大。细颗粒材料每单位孔隙体积具有更多的连通表面，因此具有更高的表面导电性。这种表面导电效应最初与泥质砂岩中的黏土有关（Waxman and Smits，1968；Clavier et al.，1984），但后来人们认识到，包括干净的砂岩在内的所有土壤和岩石都表现出表面导电性（Rink and Schopper，1974；Revil and Glover，1998）。

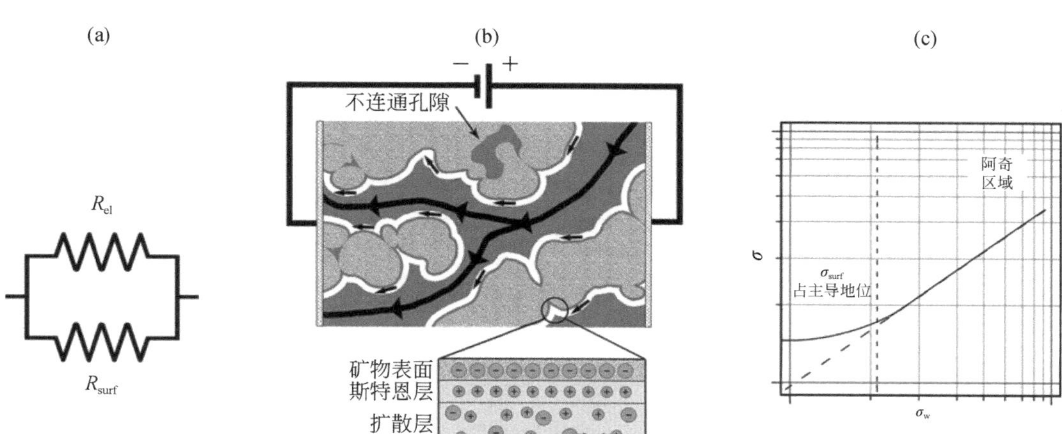

图 2.6　多孔介质中离子和表面的并行电导路径

（a）等效电路图；（b）多孔介质中离子电导和表面电导的并行路径概念图；（c）实测电导率与孔隙水电导率的对比，图中显示了孔隙水中离子电导和表面电导占主导地位的区域（双对数坐标系）

传统将表面电导率与孔隙水电导率分离是基于忽略 σ_{EDL} 对 σ_w 的依赖前提，将测量的 $\sigma_{[s]}$ 拟合为 σ_w 的线性函数，由此来确定 F 和 $\sigma_{surf[s]}$ [式（2.30）]。这需要在一系列不同矿化度盐溶液条件下，对 $\sigma_{[s]}$ 进行仔细、长时间的实验室测量。地层因子（F）则根据这一线性关系斜率的倒数来确定，其截距则给出了与矿化度无关的单一 $\sigma_{surf[s]}$ 的估计。在 $F_s=F$ 的假设下，可以用截距和斜率来估计 σ_{EDL}。$\sigma_{[s]}$ 与 σ_w 的双对数图突出了表面电导率与孔隙水电导率对于 σ_w 的相对重要性 [图 2.6（c）]。

在高矿化度下，可以定义一个“双电层域”，其中表面电导率不显著，$\sigma_{[s]}$ 与 σ_w 的关系近似服从斜率≈$1/F$ 的双电层定律。在低矿化度下，表面电导率的重要性增加，当 σ_w 接近零时，双对数图渐近趋于 $\sigma_{surf[s]}$。Rink 和 Schopper（1974）测量的四个砂岩样品如图 2.7 所示。泥质砂岩（样品 B49/2）与两种干净砂岩（样品 B53/3 和样品 B66/2）之间的表面电导率变化非常明显。稍后，我们将讨论通过激发极化测量来减少 $\sigma_{[s]}$ 测量的不确定性以及实现 $\sigma_{surf[s]}$ 独立估计的方法。

在解释电阻率测量时，一个常见的错误是忽略表面传导。该方法在环境调查中的普遍应用是用来确定流体电导率的变化（如刻画污染羽、调查咸水入侵）。在石油勘探行业中，电阻率被用来从测井曲线中估算孔隙度。在这两种情况下，如果仅通过测量电阻率来准确估算这些目标参数，需要满足表面电导率低且对测量的电阻率信号影响小的条件。表面电导率是否可以忽略，主要取决于表面电导率与孔隙水电导率的相对比例（图 2.6）。人们通常认为松散沉积层的表面电导率在粗粒度介质中可以忽略不计。

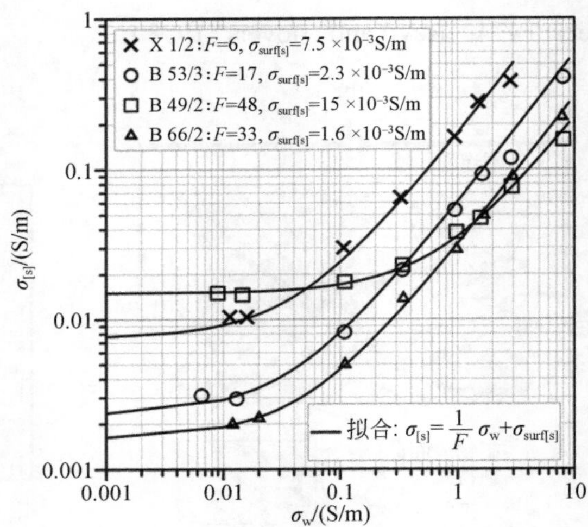

图 2.7　四种饱和砂岩样品的电导率（$\sigma_{[s]}$）与孔隙水电导率（σ_w）对比图（引自 Rink and Schopper，1974）

根据式（2.30）的线性关系估算 F 和与矿化度无关的表面电导率（$\sigma_{surf[s]}$），双对数图突出了低矿化度下 $\sigma_{surf[s]}$ 的重要性

在测井中，通常认为在盐水饱和的清洁（无黏土）砂岩中，表面电导率可以忽略不计。事实上，在解译电阻率数据集时，表面导电性的影响经常被低估。其重要程度可以根据给定矿化度下的测定地层因子（F_a）随矿化度变化规律来评估（Lesmes and Frye，2001；Weller et al.，2013）。

图 2.8 显示了该比率：

$$\frac{F_a}{F}=\frac{\sigma_w(\sigma_{el[s]}+\sigma_{surf[s]})^{-1}}{\sigma_{[w]}\sigma_{el[s]}^{-1}}=\frac{\sigma_{el[s]}}{(\sigma_{el[s]}+\sigma_{surf[s]})} \tag{2.31}$$

在 0～0.1S/m 的不同表面电导率值下，孔隙水电导率的函数如图 2.8 所示（F 为无表面电导率时的阿奇地层因子）。忽略表面导电性的影响会导致阿奇地层因子被低估。这种低估在低矿化度和高表面电导率的情况下尤为突出。然而，在较大的孔隙水电导率范围下，有时即使是在较小的表面电导率值下，这种被低估的情况也普遍存在。同样，如果假设阿奇定律［式(2.19)］成立，忽略表面导电将导致胶结指数出现误差，甚至在极端情况下导致胶结指数变为负值（Worthington，1993）。

进一步考虑双电层的电学性质，强调与矿化度无关的 $\sigma_{surf[s]}$［式（2.30）和图 2.7］的假设只是一阶近似。事实上，σ_{EDL} 与载流子的电化学性质（取决于流体化学和温度）和界面几何形状有关。这种几何形状可以通过特征长尺度系数（Λ）（Johnson et al.，1986）来量化，它大约相当于孔隙体积除以孔隙表面积的两倍（正好等于圆柱形孔隙的半径）。基于该概念：

$$\sigma_{EDL}=\frac{2\Sigma}{\Lambda} \tag{2.32}$$

式中，Σ 为表面电导，S。描述 Σ 的一种简单方法是使用式（2.5），Σ 主要受双电层中离子的电荷密度（$\hat{n}$）、价态（$\hat{Z}$）和迁移率（β）的影响（Glover，2015）。对于单个表面离子 i：

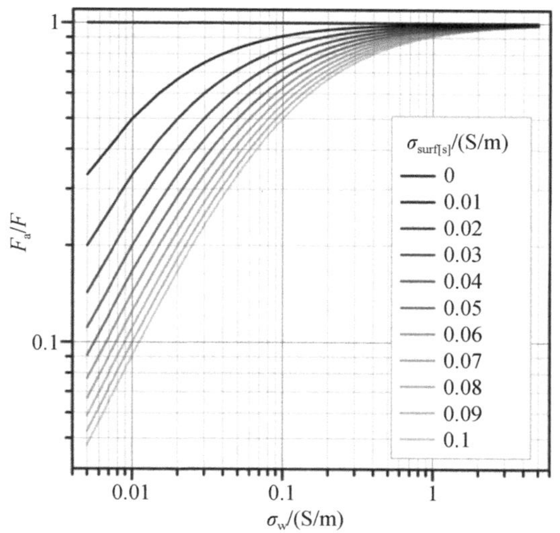

图 2.8　测定地层因子与阿奇地层因子比值与基于式（2.31）计算孔隙水电导率和表面电导率的函数关系图

$$\Sigma_i = \hat{n}_{(\text{s})i}\hat{Z}_{(\text{s})i}e\beta_{(\text{s})i} \tag{2.33}$$

式中，下标(s)表示矿物表面双电层中的电荷。描述表面电导率更复杂的模型考虑了扩散层和斯特恩层中离子的相对贡献，以及质子和矿物表面与流体之间的电化学反应而产生的额外贡献（Revil and Glover，1998）。这些模型将在 2.3.5.1 节用于介绍激发极化（IP）机制模型（如 Leroy et al.，2008）。由式（2.33）可知，由于孔隙流体中不平衡离子的驱动发生离子交换和吸附过程，因此 Σ 是 σ_w 的函数，同时双电层也会使 Σ 改变。如 2.2.3.1 节所述，温度会影响离子迁移率，因此 Σ 也与温度有关。未固结沉积层和砂岩的实验室数据表明，在低矿化度下，σ_{EDL} 随 σ_w 降低有上升的趋势，但当矿化度达到 1S/m 以上时，趋向于高矿化度条件下的渐近线（Weller et al.，2013）。然而，σ_w 的增加往往伴随着 $\sigma_{\text{el[s]}}$ 的增加［根据式（2.17）预测其为线性关系］，其次，常被忽略的是 $\sigma_{\text{surf[s]}}$ 也会出现细微的增加。我们将在本章后面讨论激发极化特性时（见 2.3.3 节）继续探讨表面电导率对矿化度的依赖性。

假设 $F_s=F$，

$$\sigma_{[\text{s}]} = \frac{1}{F}\left(\sigma_w + \frac{2\Sigma}{\Lambda}\right) \tag{2.34}$$

值得注意的是，只有当表面电导率（括号中的第二项）为 0 时，式（2.34）中的 F（以及本章中的后续方程）才等于由 Archie（1942）定义的 F。其他基于几何学的模型提出表面电导率 σ_{surf} 与多孔介质的孔隙体积归一化表面积（S_{por}）有关。S_{por} 可以用气体吸附法测量，它是渗透率估算的重要参数（见 2.3.6 节）。Rink 和 Schopper（1974）使用毛细管束模型，将 σ_{EDL} 归因于扩散层，得出

$$\sigma_{\text{EDL}} = S_{\text{por}}\delta\sigma_{\text{diff}} \tag{2.35}$$

式中，σ_{diff} 为扩散层的本征电导率；δ为双层的厚度。值得注意的是，在毛细管束模型中，

$\Lambda=2/S_{por}$（Weller and Slater，2012），

$$\sigma_{EDL}=\frac{2\Sigma}{\Lambda}\cong S_{por}\Sigma \tag{2.36}$$

因此，式（2.34）可以改写为

$$\sigma_{[s]}=\frac{1}{F}\left(\sigma_w+\frac{2\Sigma}{\Lambda}\right)\cong\frac{1}{F}(\sigma_w+S_{por}\Sigma) \tag{2.37}$$

$\sigma_{[s]}$的另一种表达式来自于石油勘探中广泛使用的模型，该模型用于解释"过量"导电性（即超出了阿奇定律的预测）（Waxman and Smits，1968），

$$\sigma_{[s]}=\frac{1}{F}(\sigma_w+\sigma_{surf[s]})=\frac{1}{F}(\sigma_w+\hat{B}Q_v) \tag{2.38}$$

式中，F 为泥质砂的地层因子；$\hat{B}$ 为钠-黏土交换阳离子的等效电导率，S·cm^2/meq；Q_v 为描述表面传导所涉及的多余电荷的泥质因子。与式（2.37）类似，假设黏土矿物双电层中通过反离子传输的电流与通过孔隙水传输的电流沿着相同的曲折路径行进。$\hat{B}Q_v/F$ 表示超过离子传导的"过量导电性"。$\hat{B}$ 是 σ_w 的函数，也取决于钠离子的迁移率（也受温度影响），代表了流体化学成分对表面电导率的影响。该模型强调了黏土矿物-电解质界面的离子交换的重要性。当固相密度（ρ_s，单位为 g/cm^3）和孔隙度（ϕ）已知时，Q_v［单位体积的阳离子交换容量（cation exchange capacity，CEC），单位为 meq/cm^3］可由 CEC（对于干黏土的单位为 meq/g）估算。CEC 是衡量黏土矿物释放阳离子能力的指标。

$$Q_v=\text{CEC}\left(\frac{1-\phi}{\phi}\right)\rho_s \tag{2.39}$$

因此，在 Waxman 和 Smits 模型中，阳离子交换是黏土-水界面电导的物理基础。比表面积与 CEC 之间存在很强的相关性：CEC 是一种基于表面的现象，因为阳离子主要在断裂键处或黏土矿物的表面进行交换（Schön，2011）。$\hat{B}$ 项的作用是将 CEC（通过 Q_v）转化为电导率项。

因为很难分离出与饱和度相关的孔隙水电导率对 $\sigma_{[s]}$ 的影响，所以 σ_{surf} 对饱和度（S_w）的依赖性很难通过实验直接确定。根据阿奇第二定律，在电流恒定的情况下，表面电导率的等效饱和指数（I_s）可以定义为

$$\frac{\sigma_{surf[ps]}}{\sigma_{surf[s]}}=\frac{1}{I_s} \tag{2.40}$$

式中，$\sigma_{surf[ps]}$ 为部分饱和岩石的表面导电性。正如 2.3.3 节所述，激发极化测量可有效评估表面电导率对饱和度的影响。这些测量以及将激发极化测量与表面电导率联系起来的理论机理表明，与孔隙水电导率类似，表面电导率也应与饱和度存在幂律关系，即

$$\sigma_{[ps]}=\frac{1}{F}\left(\sigma_w S_w^n+\frac{2\Sigma}{\Lambda}S_w^p\right)\cong\frac{1}{F}\left(\sigma_w S_w^n+S_{por}\Sigma S_w^p\right) \tag{2.41}$$

式中，p 为表面电导率的饱和指数。Vinegar 和 Waxman（1984）对泥质砂岩进行了激发极化测量：

$$1/I_s=S_w^p\approx S_w^{n-1} \tag{2.42}$$

Waxman 和 Smits（1968）的部分饱和（或含烃）页岩砂模型为

$$\sigma_{[\mathrm{ps}]}=\frac{1}{F}(\sigma_{\mathrm{w}}S_{\mathrm{w}}^{2}+\hat{B}Q_{\mathrm{v}}S_{\mathrm{w}}) \quad (2.43)$$

即假设阿奇指数为 2 时 $p=n-1$ 的特殊情况。

2.2.4.3　冻土的传导

考虑到气候变化，了解冻土的电学特性变得越来越重要。在高纬度地区，永久冻土覆盖了大约 20%的地球陆地表面。永久冻土至少连续两年处于零度以下的状态，甚至更长时间。随着一年中时间的不同，会形成一层浅部的活动层，含有未冻结的土壤，其厚度各不相同。地球物理研究的重点是描述永久冻土和活动层的特性，特别是永久冻土中冻结水和未冻结水的相对含量。

冻土电阻率的降低部分与 2.2.3.1 节讨论的温度效应有关。然而，随着孔隙流体从液态水过渡到冰（绝缘体），土壤和沉积层的电导率急剧下降［图 2.9（b）］。纯冰是绝缘体，因此用冰代替孔隙水，类似于用空气、天然气或石油代替孔隙水。永久冻土层在介质颗粒表面保留了一层连续的未冻结的吸附水，因此依靠它可以继续传导电流［图 2.9（a）］。

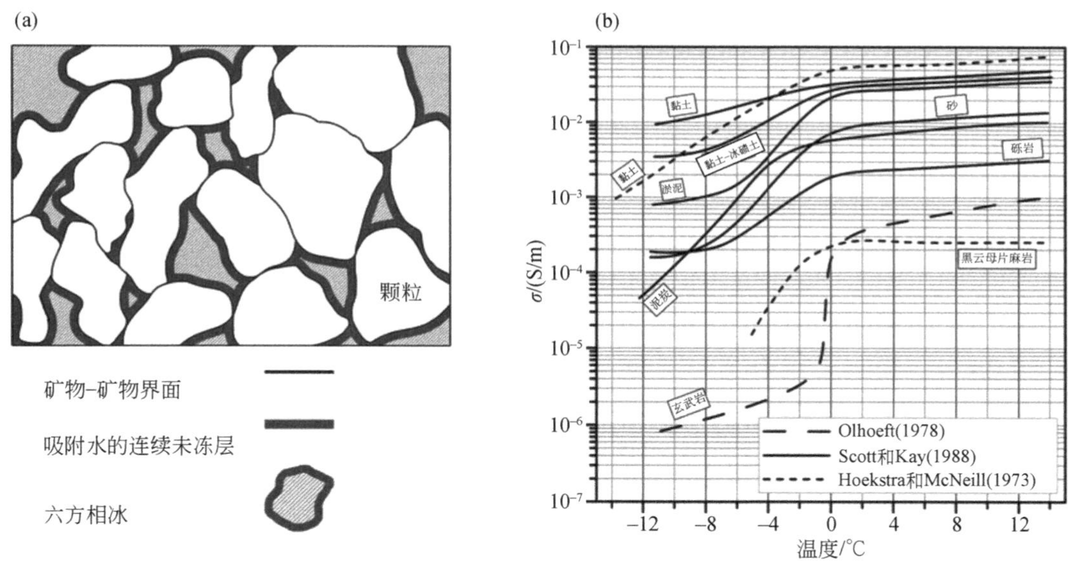

图 2.9　永久冻土层示意图和前人研究测量的一系列材料电导率变化图

（a）显示了保持在冰点以下的未冻水层，据 King et al.，1988；（b）改自 Scott et al.，1990

使用 0℃左右的冰代替未冻结的水而导致的电导率的变化可以用修正的阿奇定律来表示，该定律阐明了未冻结水的饱和度降低的原因。土壤冻结时，饱和度（液态水相）降低，并且由于水冻结后析出离子，孔隙水电导率也增加。含有冻结水和未冻结水的冻土的电学性质［图 2.9（a）］可以用以下阿奇型表达式表示（King et al.，1988；Oldenborger and LeBlanc，2018）：

$$\sigma_{\mathrm{F}}=\sigma_{\mathrm{w[F]}}\phi^{m}S_{\mathrm{F}}^{n}=\sigma_{\mathrm{w[0]}}\phi^{m}S_{\mathrm{F}}^{n-1}=\sigma_{0}S_{\mathrm{F}}^{n-1} \quad (2.44)$$

式中，$\sigma_{w[F]}$ 为冻结状态下水的电导率；$\sigma_{w[0]}$ 为冻结前水的电导率；σ_0 为未冻结状态下的电导率；S_F 为冻土中孔隙空间含水饱和度。该方程假设未冻土层饱和度（S_0）等于 1，$\frac{\sigma_{w[0]}}{\sigma_{w[F]}} = S_F / S_0$，同时假设不遵循线性电性介质关系，没有密度效应。式（2.44）预测范例见图 2.10，其中包含了土壤类型，以及对冻结固结砂岩的测量（King et al.，1988）。砂岩的测量结果不符合理论曲线，这可能是由于对该简单模型做了太多简化，如忽略了表面传导。

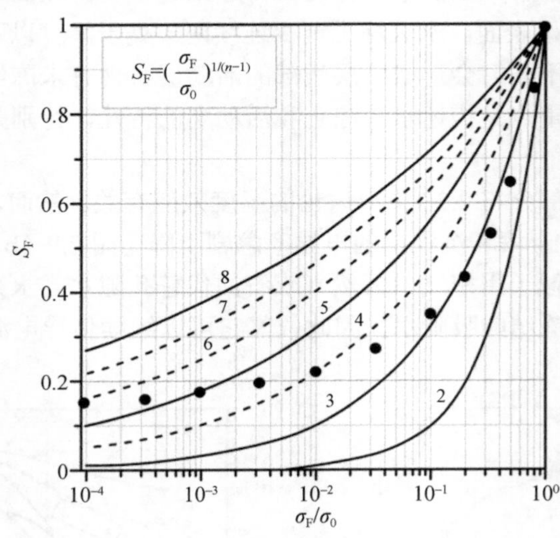

图 2.10　冻土中孔隙空间含水饱和度（S_F）与冻结（σ_F）、未冻结（σ_0）状态电导率比值关系图

在恒定冻结温度下由式（2.44）预测，展示了不同整数值的饱和指数 n 的情况（改自 King et al.，1988），冰冻砂岩样品的测量值（Pandit and King，1979）用实心圆表示

2.2.4.4　预测土壤和岩石导电性的其他模型

2.2.4.4.1　土壤物理学领域中的经验模型

在石油勘探行业经济发展的推动下，阿奇定律和并行表面（孔隙）水离子传导模型构成了建模和解译电导率数据的最常用框架。然而，在其他学科领域中也有不同的研究方法。在土壤科学界，Rhoades 等（1976）的模型（以及此后的推导）很受欢迎，它将部分饱和材料的电导率（$\sigma_{[ps]}$）与土壤体积含水量（$\theta = S_w \varphi$）联系起来。该模型的理论部分假设孔隙水离子传导和表面传导的并行路径由孔隙几何形状的简单几何描述定义。

由式（2.44）预测的冻土中孔隙空间含水饱和度（S_F）随冻结（σ_F）、未冻结（σ_0）状态电导率比值（冻结时温度恒定）的变化，展示了不同整数值的饱和指数 n（改自 King et al.，1988）。图 2.10 中，冰冻砂岩样品的测量值（Pandit and King，1979）用实心圆表示。

为简单起见，假设表面电导率与 θ 和 σ_w 无关。使用经验公式来定义无量纲传导系数 $T_c(\theta)$，表示与土壤弯曲孔隙几何形状相关的体积含水量影响因子，得到以下预测方程：

$$\sigma_{[ps]} = \sigma_w \theta T_c(\theta) + \sigma_{surf} \tag{2.45}$$

该半经验模型对土壤研究者很有吸引力，因为传导系数可以通过校准水分含量测量［如用时域反射仪（time domain reflectometry，TDR）探针］来确定。假设传导系数与 θ 线性相关：

$$T_c(\theta) = a\theta + b \tag{2.46}$$

式中，参数 a 和 b 是针对不同土壤类型定义的。该经验方法通过使用参数 a 和 b 来移除要求已知孔隙度（和胶结指数）的限制，这些参数可以根据土壤分类来定义（例如，黏土 a=2.1，b=−2.5）。Rhoades 等（1976）表明，该经验模型可以描述 0.25～5.6S/m 范围内孔隙水电导率的土壤数据。Nadler 和 Frenkel（1980）提出新增加一个依赖于矿化度的参数来作为表面电导率的乘数，从而解释表面电导率随矿化度增加的现象。而 Rhoades 等（1976）模型经过进一步改进后，使我们对该模型中的参数有了进一步物理上的认识。例如，传导系数（T_c）主要与连通良好（大）孔隙中水的比例有关（Rhoades et al.，1989）。其他方面的模型改进包括三路径并行传导模型，该模型区分了土壤骨架中相对连接良好和连接不良的孔隙（Rhoades et al.，1989）。该模型去除了式（2.45）和式（2.46）中的经验项，用更容易测量的土壤物理参数来代替。

2.2.4.4.2　混合模型

土壤和岩石电导率的理论混合模型被广泛应用于各个学科。例如，根据单个成分（如土壤颗粒、水和空气）的电导率预测混合物（如土壤）电导率，以及介质几何排列与电导率关系研究。这些理论模型为解答土壤（岩石）结构对其导电性的影响提供了有价值的见解。然而，由于引入模型参数的约束效果差，这些模型在现场尺度上的应用往往受到限制。

最简单的混合模型考虑了导电相的平行、垂直或随机几何排列。在平行情况下，混合介质的有效电导率为

$$\sigma_{\text{eff}} = \sum_{i=1}^{n} (\phi_{\text{v}})_i \sigma_i \tag{2.47}$$

式中，ϕ_{v} 为混合介质的体积分数；下标 i 为第 i 相；n 为总相数。该并联传导模型是 2.2.4.2 节和图 2.6 所述的两相并联表面和孔隙水传导模型的基础。不太常用的垂直传导模型假设土壤（岩石）的导电成分是串联起来的：

$$\sigma_{\text{eff}}^{-1} = \sum_{i=1}^{n} (\phi_{\text{v}})_i \sigma_i^{-1} \tag{2.48}$$

这种垂直排列相关性主要出现在固相为导体而不是阿奇定律中假定绝缘体的情况下。例如，lsamvy 等（2018）通过添加一系列的导体来解释富含黏土的火山岩导电性，其中由于存在高导电性的间隙水，蒙脱石被认为是导体。

导电相的其他排列和多个导电相的存在可以用 Lichtenecker-Rother 方程来模拟（Lichtenecker and Rother，1931）。该方程最初是为两个介电参数定义的，但 Glover（2015）提出了电导率方面的广义形式：

$$\sigma_{\text{eff}} = \left[\sum_{i=1}^{n} \sigma_i^{1/d} (\phi_{\text{v}})_i \right]^d \tag{2.49}$$

式中，d 取决于导电介质的排列方式，当 d=1 时，式（2.49）等于式（2.47）所表示的平行

排列，当 $d=-1$ 时，式（2.49）等于式（2.48）所表示的垂直排列。Glover（2015）指出，对于两组分（孔隙流体、岩石骨架）介质，当其中一组分（岩石骨架）的电导率为零时，式（2.49）等价于阿奇定律（$d=m$）。这再次强调了 m 与导电相的几何排列（即连通性）的关系。Singha 等（2007）采用了不同的方法来描述由相对连接良好（可联通到流体中）和相对连接较差（不可联通到流体系统中）的区域组成的双孔隙系统，该方法取两个导电相的并行平均值，每个导电相都由阿奇定律单独描述。假设单个共同胶结指数（m）：

$$\sigma_{\text{eff}}=(\phi_{\text{m}}+\phi_{\text{lm}})^{m-1}(\phi_{\text{m}}\sigma_{\text{m}}+\phi_{\text{lm}}\sigma_{\text{lm}}) \tag{2.50}$$

式中，下标 m 表示连接（可移动）的区域，下标 lm 表示连接差（不移动）的区域。Day-Lewis 等（2017）改进了混合公式，来改进两个具有相同 m 值区域约束的不确定性。

另一类流行的混合模型是由有效介质理论引出的，这些模型提供了复合土壤（岩石）电导率的理论近似解，其基础是计算单一成分的多个电导率的平均值。最初的理论是在均匀的基础介质中嵌入其他球形介质。Bruggeman（1935）和 Landauer（1952）提出的自洽（self-consistent，SC）有效介质理论可以表示为

$$\sum_{i=1}^{N}\phi_{\text{v}i}\frac{\sigma_i-\tilde{\sigma}_{\text{eff[sc]}}}{\sigma_i+2\tilde{\sigma}_{\text{eff[sc]}}}=0 \tag{2.51}$$

式中，ϕ_{v1}，…，$\phi_{\text{v}N}$ 为电导率 i_1，…，i_N 的组分的体积分数；$\tilde{\sigma}_{\text{eff[sc]}}$ 为真实有效电导率（σ_{eff}）的近似值。式（2.51）必须迭代求解。

通过微分有效介质（differential effective medium，DEM）方法对在骨架中添加其他介质的过程进行迭代计算，从而更新有效电导率，其中初始状态为单一成分的均匀骨架。对于一个双组分系统，其中 y 为夹杂物的体积分数，并从条件 $\tilde{\sigma}_{\text{eff}}$（$y$=0）$=\sigma_1$ 开始迭代计算，DEM 方法如下（Berryman，1995）：

$$\left[\frac{\sigma_2-\tilde{\sigma}_{\text{eff}}(y)}{\sigma_2-\sigma_1}\right]\left[\frac{\sigma_1}{\tilde{\sigma}_{\text{eff}}(y)}\right]^{1/3}=1-y \tag{2.52}$$

通过利用沿椭球介质的三个主轴定义的去极化因子，有效介质理论可以推广到添加非球形介质情况。Sen 等（1981）通过使用椭球轴线与外加电场方向排列的去极化因子来替代球形混合介质的 DEM［式（2.52）］中的指数“1/3”，排列椭球介质可表征各向异性多孔介质。

有效介质理论已被证明可有效提高对土壤和岩石电学性质的理解。例如，Sen 等（1981）使用 DEM 方法为阿奇的经典经验定律提供了理论依据，作为研究工作的一个重要结论，其提出预测球形颗粒的胶结系数为 1.5。

2.2.4.4.3　电路模型和孔隙网络模型

等效电路模型易于与孔隙网络模型相结合，也被用于描述土壤和岩石的电阻率（Fatt，1956）。该方法通过将相互连接的多孔介质的几何形状表示为已知尺寸的导电管道网络。欧姆定律用于描述单个管道中流过的电流与相应电场的关系。假设整个网络中存在电位差，并利用基尔霍夫定律来确定通过网络中单个通道连接处的电位差。计算流经所有管道的总电流，并与样品上的总压降一起使用，以确定电阻和电阻率。

Greenberg 和 Brace（1969）展示了二维和三维几何排列的电阻如何再现与阿奇定律预测相符的岩石响应。他们证明了这种方法的价值，即当孔隙通道被阻塞（断开）时（如被

压缩），岩石的电阻率如何变化。Suman 和 Knight（1997）使用三维孔隙网络模型来更好地描述岩石的电特性与饱和度间的函数关系。随着饱和度的降低，通过从导电网络中逐渐去除较小的孔隙来模拟不同的饱和状态。该方法有助于深入了解润湿性在控制电阻率中的作用，以及电阻率-饱和度曲线中的滞后性。

孔隙网络模型也常应用于模拟流体流动（而不是电流）和确定多孔材料的运移性质（Bernabé，1995）。Bernabé 等（2010）建立了渗透率（流体流动阻力）的孔隙网络模型，该模型将渗透率与涉及临界配位数（z_c）的幂指数关系联系起来，定义了达到渗透率阈值（当多孔介质在较大间距保持连续）时网络中节点的连通性。Bernabé 等（2011）将这种孔隙网络模型应用于电流流动，并论证了其“通用”幂指数关系的存在。

$$\frac{1}{F} \propto (z - z_c)^{\gamma} \tag{2.53}$$

式中，z 为平均配位数，网络中附着在节点（孔）上的孔导管（喉道）的平均值；γ 为孔半径分布的函数。该孔隙网络模型更好地强调了连通性在控制多孔介质电性能方面的重要性（在阿奇定律中不明显）。

孔隙网络模型是将电学性质与水文地质性质耦合的一种行之有效的方法。Day-Lewis 等（2017）通过将流过多孔介质的电流和流体耦合来更好地说明双孔隙系统中的溶质输运，其通过在相对可移动和不移动（流体）域之间的扩散进行质量传递。该孔隙网络模型使用初级管单元表示颗粒之间移动域的孔隙空间，使用次级单元表示与颗粒本身相关的颗粒内部孔隙度（图 2.11）。该模型表明，Singha 等（2007）的假设及式（2.50）表示的混合模型，即移动和不移动区域的电连通性是相同的，并且利用单个地层因子代表两个区域，并不完全正确。因此，Day-Lewis 等（2017）基于 DEM 理论［式（2.52）］开发了一种改进的混合模型，该模型考虑了移动和非移动域的不同连通性。考虑到地球物理在水文地质学中的应用越来越多，利用地球物理数据更好地分析流体和运移的需求也日益增长，孔隙网络模型在电阻率建模中的应用将会越来越多（也适用于激发极化，见 Maineult et al.，2017a）。

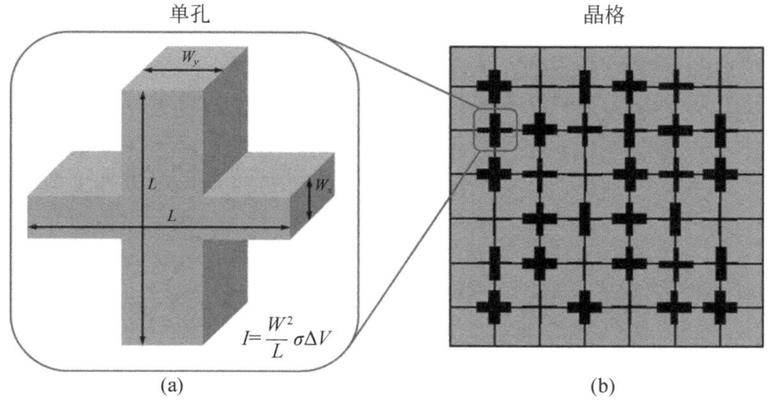

图 2.11　模拟岩石电导率的孔隙网络模型方法示意图

（a）电流（I）由充满孔隙流体的电导率（σ）、孔隙宽度（W）和电场强度（$\Delta V/L$）根据欧姆定律计算；（b）应用基尔霍夫定律的不同宽度孔隙的二维晶格模型（已获得美国地质调查局 Frederick Day-Lewis 的版权许可）

2.2.4.4.4 基于分形理论的模型

多孔介质的不规则性质表现出分形特征（统计自相似）。因此，分形理论被广泛用于分析多孔介质中的孔隙几何和孔隙尺度过程。电流通过地质材料的分形模型对阿奇模型参数的物理意义产生了更多见解，证明了它们依赖于多孔介质的微观结构特性（Cai et al.，2017）。

2.3 激发极化法

为了引入激发极化，需要进一步扩展电学性质来描述除了前面提到的电荷迁移传导外，还存在多孔介质电荷的短暂反向存储。类比于电路，可以将多孔介质视为电阻（传导）-电容器（电荷存储）网络（知识点 2.4）。事实上，将其与真实电容器进行类比在技术层面上并非完全正确。我们实际上需要考虑一种“有漏电现象”的电容器。尽管如此，这种基本的类比在现阶段仍是适用的。可以将测量的电导率表示为有效复电阻率（σ^*），其中实部（σ'）表示电荷迁移项，虚部（σ''）表示与不同频率下占主导地位的各种机制相关的短暂的可逆电荷存储。

知识点 2.4 电荷极化

在电场中，“极化”是指受交变外电场影响的束缚电荷的位移。与传导不同，电荷在介质中自由移动受到限制，正电荷沿电场方向上移动，负电荷沿电场相反的方向移动，从而产生电偶极矩（$\Delta\boldsymbol{p}$）。极化通常是指介电材料（一种可以被电场极化的绝缘体）的行为，其中带电单元与分子结合（即分子尺度极化）。这个概念同样适用于发生在其他尺度上电荷的约束运动。

在激发极化现象中，是多孔介质而非介电材料发生极化。这种极化的尺度（电荷位移的距离）相比在导体中观察到的电荷位移的分子尺度大得多。此外，极化过程相比在导体中观察到的要慢，部分原因是电荷移动的距离变大。在多孔介质中观察到的低频（低于 1000Hz）极化主要是由双电层中的离子电荷造成的（电子的附加作用将在 2.3.7 节中讨论）。为了发生极化现象，必须限制离子的迁移率，因此在与多孔材料几何形状相关的长度尺度上的传输受到限制。常用的表示长度尺度的方法是极化机械模型中使用的颗粒粒径。该模型将极化归因于每个颗粒周围非常薄的斯特恩层中的固定离子电荷。每个单独颗粒的斯特恩层被认为是断开的，从而限制了电荷的运动。其他模型则认为多孔材料的极化是由离子选择区导致的。与电容器的类比只是部分正确，因为它涉及电荷的扩散传递，而不是真正的介电极化。我们将用“漏电容”来表示多孔介质的这种极化。

极化强度（P）由下式给出：

$$\boldsymbol{P}=\frac{\Delta\boldsymbol{p}}{\Delta V_{\mathrm{a}}}$$

式中，$\Delta\boldsymbol{p}$ 为感应偶极矩对电场的响应；ΔV_{a} 为材料的体积。感应偶极矩是正电荷和负电荷分离的量度（SI 单位为库仑米）。它在导体介质中被正式定义，但同样的概念可用于量化其他机制的极化强度。

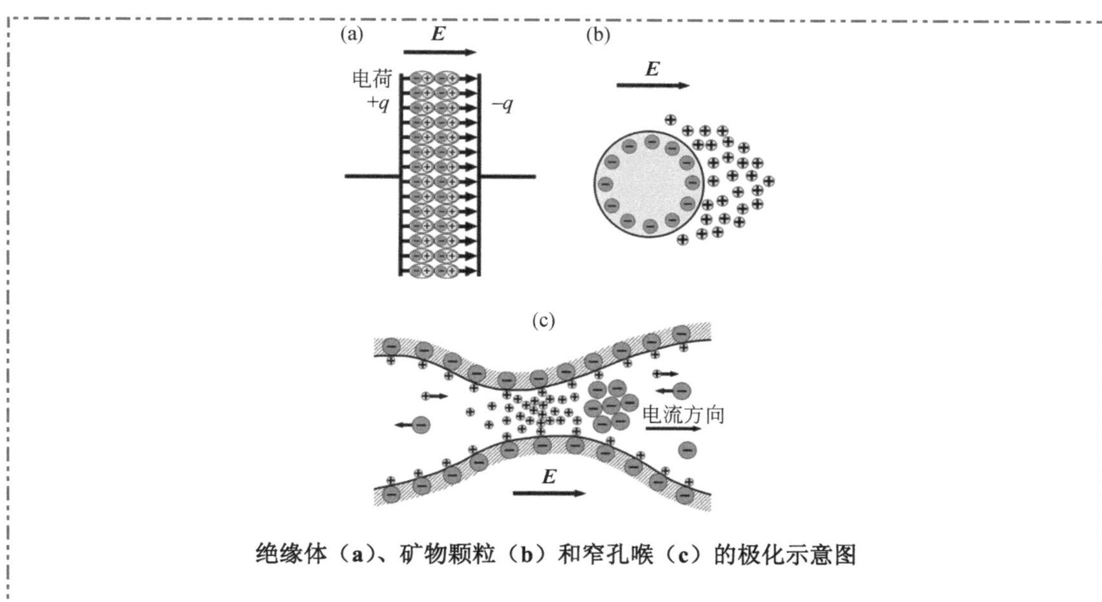

绝缘体（a）、矿物颗粒（b）和窄孔喉（c）的极化示意图

值得注意的是，有效复电导率的定义可以包括基于频率的多种基本电荷存储机制（f 为频率，单位为 Hz，角频率 $\omega=2\pi f$，单位为 rad/s）。在低频（$f\leqslant10^3$Hz）条件下，测量的电阻率和激发极化，其主要机制是本节关注的双电层扩散导致的极化。在更高的频率（10^2Hz $<f<10^8$Hz）下，主要考虑 Maxwell-Wagner 机制（由电导率不连续引起的界面空间电荷极化）（知识点 2.5）。在极高的频率下（$f>10^8$Hz）下，水分子的偶极极化占主导地位。一般来说，对激发极化数据的解释本质上是将测量到的极化现象归因于下文所述的扩散双电层机制。

知识点 2.5　Maxwell-Wagner 极化

如正文中详细讨论的，多孔介质的激发极化响应最初被认为是由相互连接的孔隙空间中矿物–流体界面上的双电层极化引起的。然而，频谱激发极化（SIP）测量的研究人员有时会引用“Maxwell-Wagner”（MW）极化机制来部分解释在高频（超过 100Hz）测量中观察到的频散曲线。MW 极化取决于土壤和岩石组分的整体电学性质，与矿物表面的复表面电导率无关。相反，这种极化机制是由于多孔介质的不同相（固、液、气）界面上电导率的不连续性造成的。在外加电场的作用下，多孔介质两相之间的界面附近形成自由电荷分布。该效应与多孔介质中不同相的几何排列有关，其与扩散受限的双电层极化不同，主要受激发极化信号影响。利用有效介质理论（Chelidze and Gueguen，1999），可以从单一成分的局部体积和电性特征以及它们的微观结构来预测。根据频谱激发极化数据很难确定是否测量到 MW 极化，特别是当这种效应在更高的频率范围内占据主导地位时，由于电极效应（在第 3 章中将讨论）导致的测量误差会变大。事实上，许多频谱激发极化数据中所测量到的额外的频散现象很可能源于与电极和仪器相关的误差，并被误归因于 MW 效应。在频率高于 1×10^8Hz 时，超过频谱激发极化测量范围，水分子的偶极极化占主导地位。

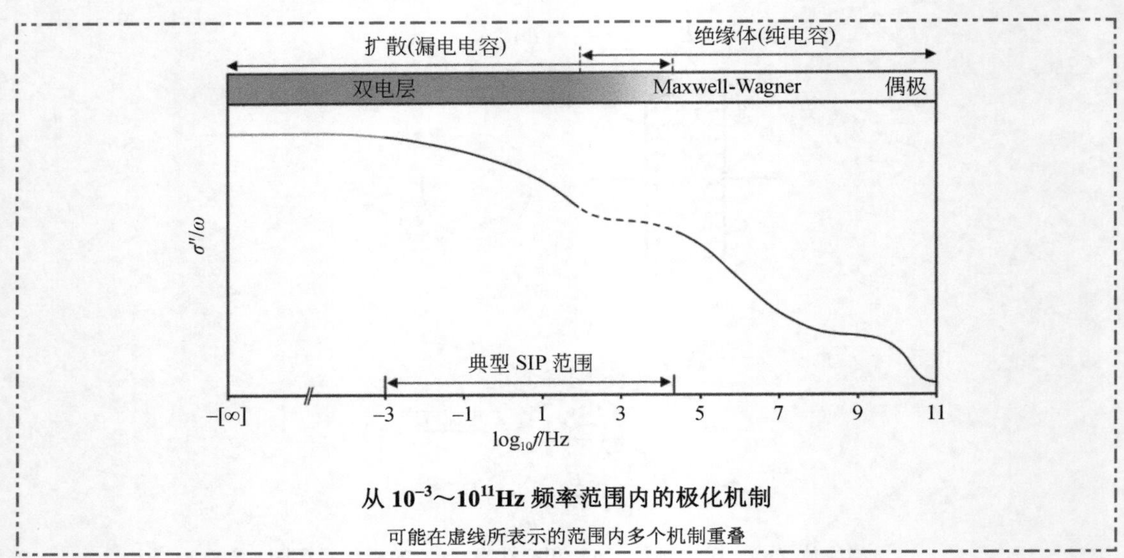

从 10^{-3}～10^{11}Hz 频率范围内的极化机制

可能在虚线所表示的范围内多个机制重叠

2.3.1 复电阻率（电导率）的定义

对于有效复电导率，式（2.3）可表示为

$$\boldsymbol{J} = \sigma^* \boldsymbol{E} = \frac{1}{\rho^*}\boldsymbol{E} = \omega\varepsilon^* \boldsymbol{E} = \omega\kappa^* \varepsilon_0 \boldsymbol{E} \tag{2.54}$$

式中，ρ^*为等效的有效复电阻率；ε^*为等效的有效复介电常数；ε_0为自由空间的介电常数（8.854×10^{-12}F/m）；κ^*为等效的有效复相对介电常数。从式（2.54）可以看出有效特性随频率变化。它们不涉及特定的经典极化机制，而是代表了在土壤和岩石上实际测量到的可能包含的多种机制（Fuller and Ward，1970；Vinegar and Waxman，1984）。因此，选择（复）电导率、电阻率或介电常数来表示测量的有效特性。在每种情况下，有效特性都可以分为实分量和虚分量（知识点 2.6）。就激发极化最常用的σ^*定义为

$$\sigma^* = |\sigma| \mathrm{e}^{\mathrm{i}\varphi_c} = \sigma' + \mathrm{i}\sigma'' \tag{2.55}$$

式中，$|\sigma|$为电导率大小；φ_c为相位（下标 c 表示相位是用电导率空间来表示，因此为正）；i 为虚数，等于$\sqrt{-1}$。相位表示激发交流电场相对于输入交流电流的滞后量。σ^*的实部与电荷迁移有关，虚部与所有电荷存储机制有关，即极化效应。式（2.54）和式（2.55）指的是有效性质而不是具体机制，这一点有时会被误解。例如，一个常容易混淆的观点是将测量的有效复电导率转换为等效的有效介电常数而产生非常大的有效介电常数值。有效介电常数的实部ε'与σ''有关

$$\kappa' = \frac{\varepsilon'}{\varepsilon_0} = \frac{\sigma''}{\omega\varepsilon_0} \tag{2.56}$$

与分子极化相关的高频相对介电常数（κ_∞）（Chelidze and Gueguen，1999）在空气中为 1，而在水中大约为 80。相对于κ_∞，κ'在 Maxwell-Wagner（知识点 2.5）和双电层（我们用激发极化测量的）极化机制（κ'高达 10^9）均存在低频条件下的值将偏大。

知识点 2.6　复数和复电导率

使用复数表示多孔材料的有效电性能，形式是 $a+bi$，其中 a 是实部，b 是虚部，虚数 $i=\sqrt{-1}$。虚数一词来源于方程 $x^2=-1$，虚数 i 是该方程的解。尽管这个术语很难理解，但虚数和实数一样重要。复数为表示物理和电气工程概念提供了一个框架，包括对时间、变化电压和解释电阻、电容器和电感所需的电流的分析。电气工程师用 j 代替 i 来表示复数（主要是为了避免与表示电流的符号混淆）。

理解复数最简单的方法是从几何上使用二维复平面。在复平面空间，复数由一对数字(a，b）表示，这对数字描述了绘制在 Argand 图上的向量。实数值绘制在 x 轴上，虚数值绘制在 y 轴上。纯实数在平面的横轴上，纯虚数在平面的纵轴上。然后，复数也可以使用极坐标来量化，其中复数的大小由与原点的矢量距离给出，相位（φ）由矢量相对于水平（实）轴的角度给出。在激发极化测量中，仪器记录振幅和相位，并计算实部（表示传导或离子迁移）和虚部（表示极化）。就复电导率而言，φ是正的（如下图所示），但大多数激发极化仪器报告的原始读数为复电阻率或阻抗，在这种情况下，相位为负（$-\varphi$）。

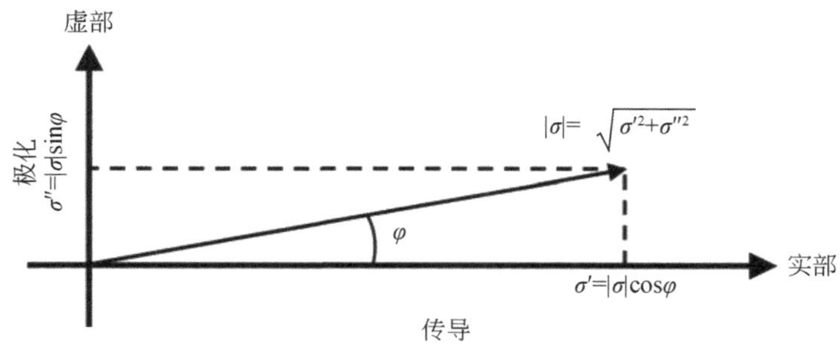

复电导率（σ^*）示意图

实部表示导电能力（本质上是用电阻率法测量的，$|\sigma|\approx\sigma'$），虚部表示极化能力（激发极化效应的直接测量）

幅值和相位与复电导率的实部和虚部有关：

$$|\sigma|=\sqrt{(\sigma')^2+(\sigma'')^2} \tag{2.57}$$

$$\varphi=\tan^{-1}\left[\frac{\sigma''}{\sigma'}\right] \tag{2.58}$$

复电导率的实分量和虚分量可表示为（知识点 2.6）

$$\sigma'=|\sigma|\cos\varphi \tag{2.59}$$

$$\sigma''=|\sigma|\sin\varphi \tag{2.60}$$

实部电导率代表导电（离子迁移）强度（本质上是用电阻率法测量的，因为$|\sigma|\approx\sigma'$），而虚部电导率是极化强度的基本测量，即对激发极化效应强度的直接衡量。

电阻率和激发极化测量时如果使用低频，电荷存储则相对于离子迁移较小，因此，

$$\varphi=\tan^{-1}\left[\frac{\sigma''}{\sigma'}\right]\approx\left[\frac{\sigma''}{\sigma'}\right] \tag{2.61}$$

式（2.61）的近似适用于φ<0.1rad 的情况，这通常适用于多孔介质。当存在电子导体（如金属矿物）时，这一近似不太适用，因为存在电子导体引起的极化过程（在 2.3.7 节中讨论）可以轻易导致φ>0.1rad。式（2.61）表明，相位角与介质的极化强度和介质的离子迁移强度之比成正比。在第 3 章中，通过现场仪器记录的激发极化响应的其他测量值，就像相位一样，与介质的极化强度和介质的离子迁移强度之比成正比。

该方法历史悠久，在矿产勘探文献中经常使用有效复电阻率（ρ^*）来描述激发极化：

$$\rho^* = \frac{1}{\sigma^*} = \rho' - \mathrm{i}\rho'' \tag{2.62}$$

复电阻率的幅值（$|\rho|$）和相位（φ_r）与复电导率的幅值（$|\sigma|$）和相位（φ_c）直接相关。

$$|\rho| = \frac{1}{|\sigma|} = \sqrt{(\rho')^2 + (\rho'')^2} \tag{2.63}$$

$$\varphi_r = -\varphi_c = \tan^{-1}\left(\frac{-\rho''}{\rho'}\right) \approx \left(\frac{-\rho''}{\rho'}\right) \tag{2.64}$$

式（2.64）中的近似同样适用于φ_c<0.1 rad。注意$\rho' \neq 1/\sigma'$和$\sigma'' \neq 1/\rho''$。

2.3.2　极化机制

在较宽的频率范围内（如从 10^{-3}Hz 到 10^{11}Hz）测量时，需要许多不同的极化机制来解释复合极化现象。在频率高于 10^4Hz 时，极化机制主要由组分的整体电学特性、相对体积和组分的配置决定。这些极化机制可以通过 2.2.4.4.2 节中模拟电阻率所描述的有效介质方法的扩展来计算。例如，Hanai（1968）扩展了 Bruggeman（1935）定义的有效介质模型，用各组分的复介电常数来描述双组分系统的复有效介电常数：

$$\frac{\varepsilon^* - \varepsilon_2^*}{\varepsilon_1^* - \varepsilon_2^*}\left(\frac{\varepsilon_1^*}{\varepsilon^*}\right)^{1/3} = 1 - \phi_{v2} \tag{2.65}$$

式中，ϕ_{v2}为第二个组分所占体积分数。当频率高于 10^8Hz 时，MW 极化机制变得不重要，取而代之的是水分子的偶极极化。

在高频谱激电测量中，MW 机制可能会被捕捉到，但与之完全不同的极化效应和离子浓度梯度扩散衰减有关，这些离子浓度梯度由外加电场产生，这也是激发极化法在低频段感知到的极化现象的原因。这些扩散衰变是离子从激发态重新分布到平衡位置的结果。有两种主要的机制，都与双电层有关，被用于驱动这种在没有电子导电矿物的岩石中的离子浓度梯度（Vinegar and Waxman，1984）。这些机制包括：①在矿物表面形成双电层的斯特恩层中，反离子的切向位移（斯特恩层极化，Stern layer polarization，SLP）；②在相互连接的孔隙空间内的位置，离子在扩散层中阻塞，这些位置发生了局部浓度过剩和不足（薄膜极化）。在 Marshall 和 Madden（1959）的早期激发极化模型中，这两种效应都被认为与岩石的富黏土区和无黏土区有关，其中富黏土区高浓度的稳定负电荷增强了阳离子传输。然而，这两个概念已经被推广到解释各种岩石类型的激发极化特征。这两种机制都被用来解释与频率无关的激发极化测量以及与频率相关的频谱激发极化测量。SLP 一直被认为主导着激发极化测量，除非在非常高的矿化度下，薄膜极化可能占主导地位（Vinegar and Waxman，1984；Revil，2012）。

在存在导电矿物的情况下，矿物传输电子的倾向需要更复杂的电化学模型来描述激发极化信号。这些电子导体极化模型（通常称为电极极化）将在 2.3.7 节中单独讨论。

多孔介质中电流流动的等效电路描述如图 2.6 所示，以表示不同的激发极化机制（SLP，膜和电极）的概念。高频介电极化（MW 和偶极）机制可以作为电容器和电阻的组合集成到电路中，而用激发极化测量的扩散驱动的双电层机制并不表现为完美的电容，而是必须作为"漏"电容集成到电路模型中。地球物理学家已经采用瓦尔堡（Warburg）阻抗（Grahame，1952）来描述离子在双电层上的纯扩散。这个阻抗与频率的平方根成反比（而一个完美的电容器与频率成反比）。虽然最初是用来描述与电子导电矿物相关的极化（Marshall and Madden，1959），但瓦尔堡阻抗电路元件随后也被用来表示薄膜极化机制（Dias，1972，2000）。最近，瓦尔堡阻抗被用来生成斯特恩层极化模型的等效电路表示。图 2.12 对比了（a）电极或薄膜极化的等效电路模型，其中极化单元基本上阻挡了孔喉（Dias，1972，2000）；（b）斯特恩层极化，其中极化单元基本上与孔喉平行（Revil et al.，2017a）。由这些组分组成的多孔介质的激发极化响应的频率依赖性将取决于土壤或岩石中不同大小的这些组分的相对丰度。接下来我们考虑频率无关的（通常是近似值）和频率相关的极化模型。

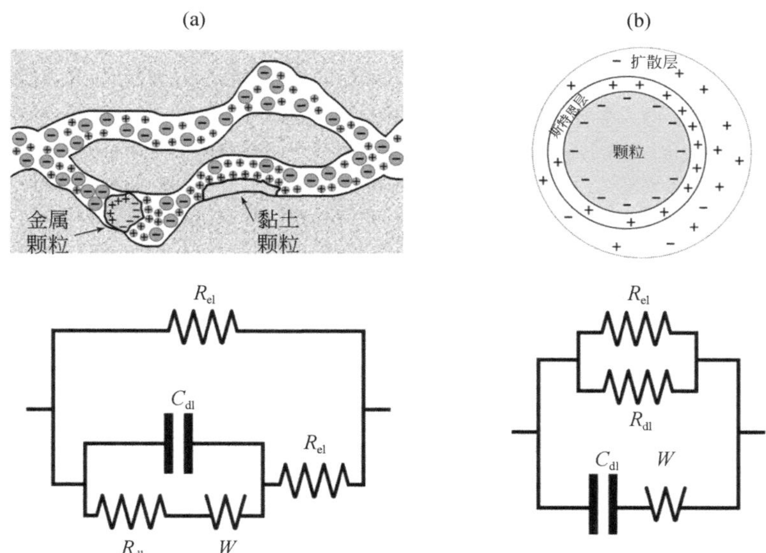

图 2.12　土壤和岩石可极化单元的等效电路模型

（a）与封闭孔隙单元相关的电极或薄膜极化（Dias，1972，2000）；（b）与孔隙平行单元的斯特恩层极化（修改自 Revil et al.，2017a）。两者都使用瓦尔堡阻抗（W）描述漏电电容，其中阻抗与频率的平方根成反比。R_{el}. 电解液纯电阻；C_{dl}. 双电层法向电容；R_{dl}. 双电层欧姆电阻的纯电阻

2.3.3　无导电粒子的不随频率变化 IP 模型

激发极化观测到的以扩散为主导的可逆双电层极化机制发生在一定的范围内，该长度范围表征了离子在响应外加电场时扩散的距离（并在去除激发信号后衰减回平衡状态）。在土壤或岩石中，当存在一个较窄的长度尺度分布时，极化效应可能在表征电荷扩散所需时

间的频率处显示出一个峰值。在这种情况下，有必要在激发极化模型中考虑弛豫时间［由时间常数（τ）表示］和长度范围。这些模型将长度范围与粒径（适用于未固结的沉积物和土壤）或孔径（更适用于固结的岩石）联系起来，如图 2.13 所示。这些模型将在 2.3.5 节中进一步描述。然而，常常发现土壤和岩石中模拟的极化过程与频率无关。当多孔介质的长度范围（粒度、孔径）分布较广时，就会出现上述情况，因为多个单极化峰会合并形成平坦的（或至少是对频率依赖较小）极化响应（Vinegar and Waxman，1984）。本书将讨论激发极化响应中这些与频率无关的模型。

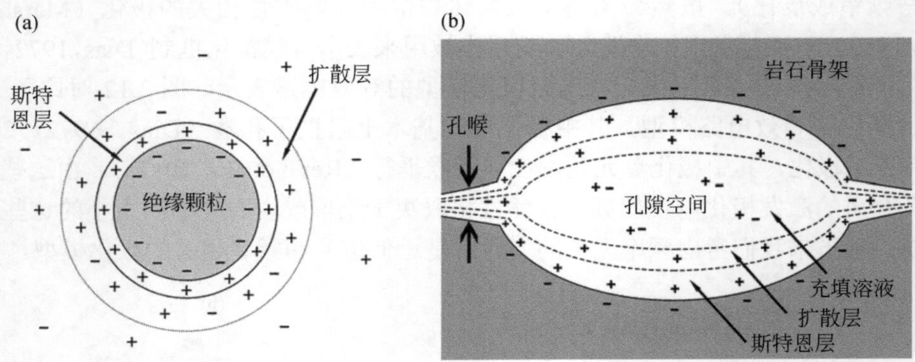

图 2.13 多孔介质中两种可能极化单元的双电层极化概念模型

（a）可极化矿物颗粒的概念模型，其中斯特恩层在颗粒之间是不连续的；（b）与孔喉相连的可极化孔隙概念模型，孔喉的收缩由于双电层的融合而限制了电荷的自由运动，由于斯特恩层和扩散层非常薄，没有按等比例尺绘制

不管准确的机制是什么，最终激发极化信号反映的是双电层响应。考虑到双电层是导致 2.2.4.2 节电阻率测量解释中描述的表面电导率产生的原因，重新构建包括表征双电层中发生传导和极化的复表面电导率 σ^*_{surf} 的电荷传输的基本模型非常有必要。

当介质中没有导电粒子时，可以将式（2.30）中并行添加的电解和表面传导的基本模型推广到考虑表面极化的情况（Vinegar and Waxman，1984；Lesmes and Frye，2001）。

$$\sigma^* = \sigma_{\text{el}} + \sigma^*_{\text{surf}} = \sigma_{\text{el}} + \sigma'_{\text{surf}} + \mathrm{i}\sigma''_{\text{surf}} \tag{2.66}$$

式中，表面电导率的实部（σ'_{surf}）表示双电层中的电荷迁移，虚部（σ''_{surf}）表示可逆的瞬时电荷存储。假设相互连接的孔隙网络中，与充满流体的孔隙相关的电解（Archie）电导率是非极化的。这是一个合理的假设，因为当频率小于 1000Hz，水分子的偶极极化非常弱（知识点 2.5）。

利用该基本模型，有效（测量）复电导率的实部和虚部与离子和表面电导率机制的关系如下：

$$\sigma' = \sigma_{\text{el}} + \sigma'_{\text{surf}} \tag{2.67}$$

$$\sigma'' = \sigma''_{\text{surf}} \tag{2.68}$$

式（2.67）与直流电阻率部分中的式（2.30）一致，其中测量的电导率是多孔介质内并行孔隙水离子导电和表面导电路径产生的电导率之和。式（2.68）给出了一个重要的表述，强调了激发极化测量的价值，即虚部电导率只与表面传导有关，因此其独立于孔隙水离子（阿奇）传导途径。式（2.67）和式（2.68）表明，如果 σ''_{surf} 和 σ'_{surf} 之间存在很强的关系，则可以求解得到表面电导率对测量总电导率的相对贡献，因此激发极化测量可以解决直流电阻率测量固有的模糊性。这表明了激发极化的潜在作用，即其作为直流电阻率方法的扩展，可以帮助改善电阻率数据的解译（参见第 6 章的示例应用）。

Vinegar 和 Waxman（1984）是第一批利用激发极化测量来解决泥质砂岩激发极化响应模型这种模糊性的研究者之一，根据获得的参数 Q_v 来量化泥质含量，该参数独立于 Waxman 和 Smits 模型中出现的其他参数［式（2.38)］。Vinegar 和 Waxman（1984）使用 Waxman 和 Smits 模型来表示复电导率的实部为

$$\sigma' = \frac{1}{F}(\sigma_w + \hat{B}Q_v) \tag{2.69}$$

虚部为

$$\sigma'' = \frac{1}{F_q}\hat{\lambda}Q_v \tag{2.70}$$

式中，与使用单一地层因子来描述实部和虚部电导率对孔隙几何形状的依赖相比，$F_q = \varphi F$ 提供了更好的拟合数据。在式（2.70）中，$\hat{\lambda}$ 表示黏土矿物双电层中离子的等效虚部电导，与 Waxman 和 Smits 模型中 $\hat{B}$ 表示的黏土矿物双电层中离子的电导相同。式（2.70）强调了 σ'' 对 Q_v 的依赖，有助于减少 Waxman-Smits 方程单独应用于电阻率测量解释时固有的模糊性。

显而易见，表面电导率的实部和虚部是相关的。这种关系不容易验证，因为它需要准确地估算地层因子来确定可靠的 σ'_{surf} 估算值。Börner（1992）首先证实了它们之间的经验关系：

$$\sigma''_{surf} = l\sigma'_{surf} \tag{2.71}$$

式中，l 为比例因子，Börner 等（1996）发现，基于有限的砂岩样本数据库中，比例因子从 0.01 到 0.15 不等。Weller 等（2013）对来自不同数据集的样本的综合数据库进行了关系验证，其中 l=0.042，其决定系数（R^2）为 0.91（图 2.14）。其他实验数据集证实了式（2.71）给出的线性比例，如图 2.14 增加的新数据（未用于校准）所示，以及从土壤到火山岩的各种材料类型的测量，其中 l 会发生变化（Revil et al.，2017b）。

上述关系对于使用激发极化数据集来改进常规电阻率测量的解译具有重要意义，因为 σ''_{surf} 可以从 σ'' 的测量中获得，当同时测量电阻率和激发极化时，可以分离出 σ_{el} (Börner et al.，1996)。

依赖于两个传导途径的单一测量模糊性的关键。将式（2.71）代入式（2.67)，得

$$\sigma' = \sigma_{el} + \sigma'_{surf} \approx \sigma_{el} + \frac{\sigma''_{surf}}{l} \tag{2.72}$$

$$\sigma_{el} = \frac{1}{F}\sigma_w \approx \sigma' - \frac{\sigma''_{surf}}{l} = \sigma' - \frac{\sigma''}{l} \tag{2.73}$$

式（2.73）表明：①在已知地下水电导率的情况下，可以直接用电阻率和激发极化测量 F；②在已知地层因子的情况下，可以确定 σ_W（Weller et al.，2013）。

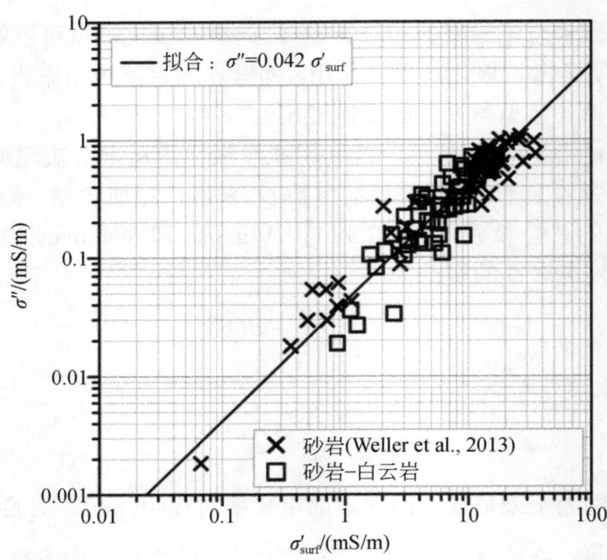

图 2.14　1Hz 的虚部电导率与表面电导率关系图

数据来源于 Weller 等（2013）最初分析的 63 个样品（包括砂岩和未固结沉积物）以及 58 个新增的砂岩和砂岩-白云岩样品，所有的测量均在孔隙水电导率为 0.1S/m 的条件下进行，Weller 等（2013）的 63 个样本拟合值为 l=0.042（R^2=0.911），此校准值与新增样品非常吻合

根据式（2.71），σ''_{surf} 是 σ'_{surf} 的一个缩放版本。所以，σ''_{surf} 可以与式（2.34）～式（2.38）中描述表面电导率的物理化学性质直接相关。因此，可以推导得

$$\sigma''_{[s]} = \sigma''_{\text{surf}[s]} \approx l\frac{1}{F}\frac{2\Sigma}{\Lambda} \approx l\frac{1}{F}S_{\text{por}}\Sigma \tag{2.74}$$

机理模型进一步验证了表面电导率和测量的虚部电导率之间的密切联系。Revil（2012）的 POLARIS 模型用于泥质砂的复电导率，该模型扩展了 Vinegar 和 Waxman（1984）的模型。该模型是基于有效介质理论所计算的与频率无关的复电导率的解，该解适用于包含双电层和溶液中的颗粒。在该模型中，表面电导率的实部主要与扩散层相关，因为假设黏土颗粒斯特恩层中反离子的迁移率仅为扩散层中反离子迁移率的 1/350，同时也假设了孔隙水溶液中离子的迁移率。将极化（以及由此产生的虚部电导率信号）归因于斯特恩层。该模型给出了表面电导率的实部和虚部的表达式如下：

$$\sigma'_{\text{surf}} = \frac{2}{3}\frac{\phi}{1-\phi}\beta_{\text{p}}Q_{\text{v}} \tag{2.75}$$

$$\sigma''_{\text{surf}} = \frac{2}{3}\frac{\phi}{1-\phi}\lambda_{\text{p}}Q_{\text{v}} \tag{2.76}$$

式中，β_{p} 和 λ_{p} 为视离子迁移率，其作用类似于 Vinegar 和 Waxman（1984）方程中出现的离子电导项［式（2.69）、式（2.70）］。式（2.75）和式（2.76）满足式（2.71），$l = \lambda_{\text{p}} / \beta_{\text{p}}$。

Revil（2012）还根据对 S_{por} 的线性依赖重新确定了 POLARIS 模型，

$$\sigma''_{\text{surf}} = \frac{2}{3}\frac{\phi}{1-\phi}\lambda_{\text{p}}Q_{\text{s}}S_{\text{por}} \tag{2.77}$$

式中，Q_s 为表面电荷密度。从式（2.74）和式（2.77）中预测的 $\sigma''_{[s]}$ 对 S_{por} 的线性依赖性可以通过气体吸附技术（Brunauer et al.，1938）对 S_{por} 的测量进行测试，尽管基于水性染料吸附的更复杂的方法可以更好地分辨黏土矿物之间的内表面积（Yukselen and Kaya，2008）。Börner 和 Schön（1991）首先通过实验证实了 σ'' 与表面积之间的关系，尽管他们曾经利用总样本体积（S_{tot}）建立了其与归一化表面积之间的关系。基于来自九个独立数据集的 114 个样本，Weller 等（2010a）编制了砂岩和松散沉积物的数据库，以确认在孔隙水电导率接近恒定（0.1S/m）时 $\sigma''_{[s]}$ 和 S_{por} 之间存在很强的线性关系（图 2.15）。随后的许多研究结果都支持这种关系，包括对火山岩的测量（Revil et al.，2017a）。Weller 等（2010a）引入了“比极化率”的概念来说明双电层化学性质对极化的影响与孔隙几何无关，也即单位 S_{por} 的极化强度，

$$c_p = \frac{\sigma''}{S_{por}} \tag{2.78}$$

然而，式（2.74）表明，c_p 也应该是与 F 相关的孔隙空间连通性的函数（Börner et al.，1996）。对 F 范围较宽的固结岩石的测量证实，定义极化量级的正确孔隙几何参数为 S_{por}/F（Niu et al.，2016a），从而修正了比极化率的定义（Weller and Slater，2019），

$$c_p = \frac{F\sigma''}{S_{por}} \tag{2.79}$$

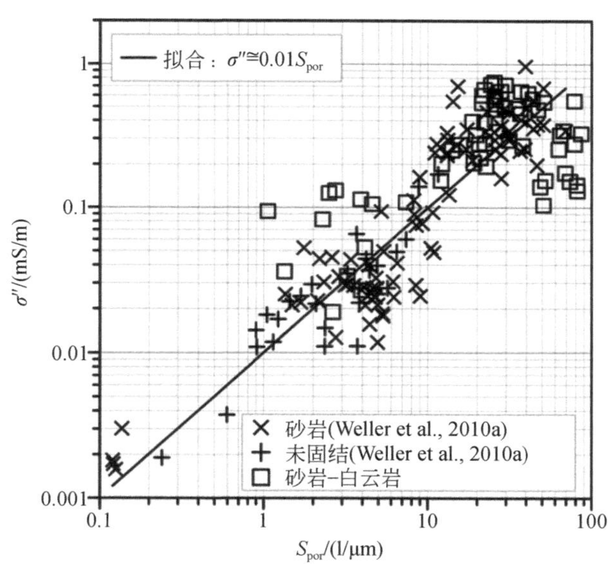

图 2.15　样本数据库中虚部电导率（σ''）与孔隙体积归一化表面积（S_{por}）的关系图

砂岩（×）和未固结（+）样本来自 Weller 等（2010a）搜集的数据库，砂岩-白云岩（□）是校正中未使用的新增样本，用来阐述式（2.78）的预测能力

比极化率（即对于孔隙几何不变的单一土壤或岩石的 σ''）应首先取决于 Σ_s，因此反映了 σ'' 对双电层化学的依赖性。之前有观点认为 σ'' 本质上是 σ_{surf} 的一个比例估计，这表明 σ'' 对双电层化学的依赖性也代表了 σ_{surf} 对化学的依赖性。

Lesmes 和 Frye（2001）研究了孔隙水导电性和 pH 对干净砂岩 σ'' 的影响，发现在低矿化度条件下，σ'' 增加。然而，高矿化度下，这种增加逐渐缓慢，并达到一个固定值，甚至随着矿化度的进一步增加而开始减少。Lesmes 和 Frye（2001）认为，在低矿化度条件下，随着矿化度的增加，由于自由流体与双电层之间发生吸附（离子交换）时电荷密度增加的影响导致 σ'' 的升高。他们认为，在高矿化度条件下，随着 σ_w 的增加，σ'' 的增加速率降低，有时会出现 σ'' 随着 σ_w 的增加而减少的现象，这是由于电荷的迁移率随着 σ_w 的增加而降低。实验发现，在低矿化度条件下，σ'' 随 σ_w 的增长近似于以指数约为 0.5 的幂律增加（Weller et al.，2011），如图 2.16（a）所示。

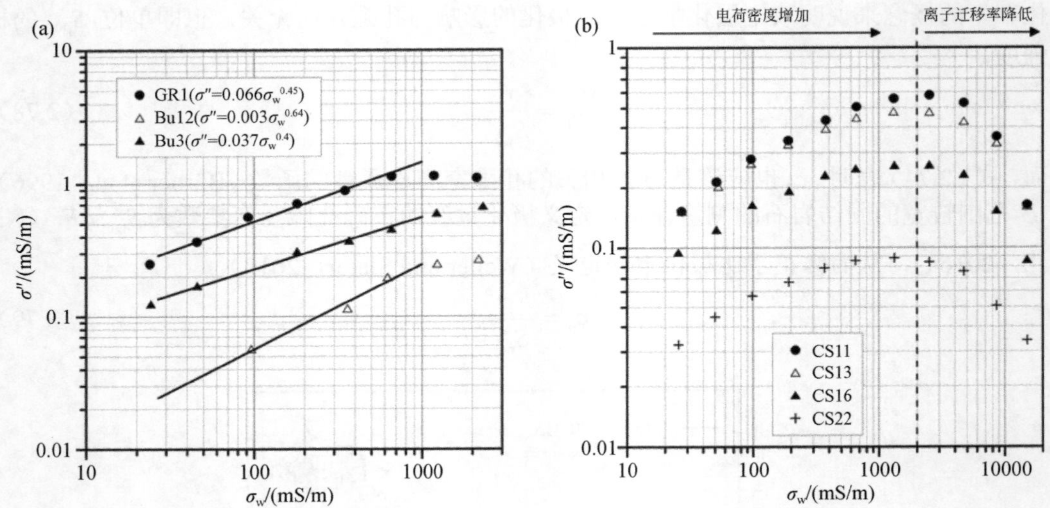

图 2.16　砂岩样品的虚部电导率（σ''）与孔隙水电导率（σ_w）的关系

（a）σ'' 随矿化度变化小，与 σ_w 的平方根近似（数据来自 Weller et al.，2011）；（b）σ'' 与 σ_w 的矿化度相关性较强，在高矿化度条件下 σ'' 减小（数据来自 Weller et al.，2015a）

在较高的矿化度下，随着 σ_w 的增加，σ'' 受表面电荷密度的增加和离子迁移率的降低共同影响。而在低矿化度下，假设电荷密度的影响占主导地位，而离子迁移率的影响仅在非常高的矿化度下才占主导地位。获取这两种效应需要在较大矿化度范围内进行高矿化度测量，如图 2.16（b）所示（Weller et al.，2015a）。由于 σ'' 本质上是 σ_{surf} 的缩小值，因此 σ_{surf} 对 σ_w 的依赖性与 σ'' 相同（Weller et al.，2013；Niu et al.，2016b）。根据斯特恩层和扩散层之间的离子交换过程，Niu 等（2016b）将 σ'' 和 σ_{surf} 之间比例的轻微变化作为矿化度函数进行建模。如图 2.16（b）所示，在薄膜极化模型中重现了 σ'' 依赖 σ_w 的特征（Bücker et al.，2016）。

在部分饱和介质的情况下，对于 $p=n-1$ 的特殊情况，参照式（2.41），

$$\sigma''_{[ps]} = \sigma''_{surf[ps]} \approx l\frac{1}{F}\left(\frac{2\Sigma}{\Lambda}S_w^{n-1}\right) \approx l\frac{1}{F}\left(S_{por}\Sigma S_w^{n-1}\right) \tag{2.80}$$

在含油砂岩的测量中发现 $\sigma''_{[ps]}$ 对 S_w^{n-1} 的依赖性，并与理论模型一致（Vinegar and Waxman，1984；Schmutz et al.，2010）。其他关于松散沉积物的研究表明，尽管不一定有确切的 $n-1$

依赖关系，但虚部电导率的饱和度指数小于实际测量电导率的饱和度指数，并且还取决于样品是蒸发干燥还是压力排水（Ulrich and Slater，2004）。未来我们需要更多的研究来更好地约束表面电导率对饱和度的依赖。

2.3.4　复电导率的频率依赖性

在前面章节中，忽略了电性对频率的依赖关系。在描述电阻率方法相关的电性时基于直流电阻率理论，将σ_{el}和σ_{surf}视为直流项。2.3.3 节同样考虑了与频率无关的激发极化测量。然而，描述激发极化现象的复电导率实际上与频率相关。从频率依赖性中提取有关多孔介质物理化学性质的额外信息是频谱激发极化的目标。孔隙尺度极化机制导致有效复电导率频散的机理描述，仍然是一个活跃的研究领域。目前已经提出许多相关的模型，下面将讨论这些模型并重点关注那些综合表面导电性机理的模型。首先，考虑简单的经验拟合模型来描述 SIP 数据中记录的$\sigma^*(\omega)$现象。

最简单的描述复电导率频率依赖性的是常相位角（constant phase angle，CPA）模型（Dissado and Hill，1984；Börner et al.，1993，1996），

$$\sigma^*(\omega) = \sigma_n (i\omega)^{1-q} \tag{2.81}$$

其中，

$$\varphi = \frac{\pi}{2}(1-q) \tag{2.82}$$

频率指数 1−q 描述了复电导率实部和虚部的幂律比例关系。最常见的是，ω被归一化，用1s^{-1}来表示，此时使得σ_n'和σ_n''是频率无关的变量，等于在 1Hz 下测量的σ_n'和σ_n''。当土壤和岩石的介质颗粒或孔隙尺寸分布广泛时，常数相位角模型通常是一个很好的近似模型。在这种情况下，2.3.3 节中描述的与频率无关的极化模型是有效的。CPA 模型对弛豫时间分布范围较大的数据集拟合如图 2.17 所示。

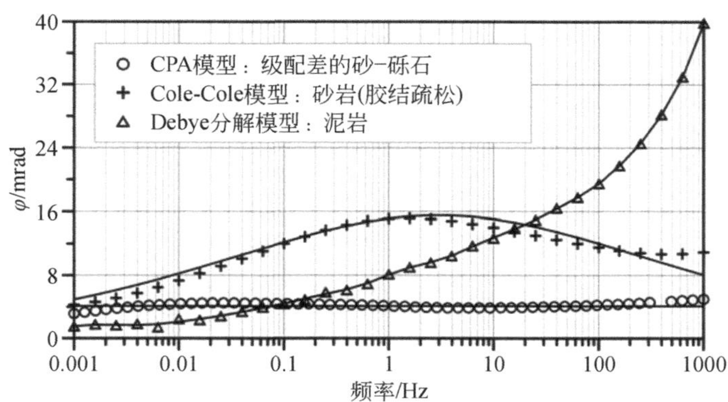

图 2.17　表征相位（电导率空间，$+\varphi$）与频率关系的不同经验模型拟合示意图

常相位角（CPA）模型拟合适用于级配差的砂或砾石（Slater et al.，2014）；Cole-Cole 模型拟合适用于具有不同特征孔径的砂岩样品（Robinson et al.，2018）；Debye 分解模型拟合适用于低渗透性的泥岩样品（未发表的数据集）

然而，在许多情况下，σ^*的频率依赖性并不符合 CPA 模型。不同依赖性的示例数据

集（以及稍后讨论的两种模型的拟合）如图 2.17 所示。相位响应通常包含一个频散峰，这是由与极化机制相关的主要长度范围引起的（图 2.17，Cole-Cole 模型）。这样的激发极化谱需用极化强度来描述，而且还必须用特征弛豫时间（τ）来描述，该弛豫时间定义了极化机制最强的时间尺度。在稍后讨论的机理模型中，这类的时间尺度与扩散系数和矿物-流体界面的长度有关，在该界面上电荷进行短暂的重新分布。发生在短距离上的极化过程具有较小的弛豫时间（在高频下观察到），而发生在较大距离上的极化过程具有较大的弛豫时间（在低频下观察到）。这些弛豫时间与饱和多孔介质的颗粒大小（Pelton et al.，1978a；Klein and Sill，1982）和孔径（Scott and Barker，2003；Binley et al.，2005；Niu and Revil，2016）相关。在部分饱和介质中，弛豫时间也是饱和度的函数（Binley et al.，2005），并且也会表现出滞后效应（即在相同饱和度下，排水或吸水会导致不同的 τ 值）（Maineult et al.，2017b）。扩散系数增加了进一步的复杂性，导致弛豫时间对矿化度的依赖性在没有电子导电矿物时很弱，但在有类似矿物时很明显（Slater et al.，2005）。对于非电子导电（Olhoeft，1974；Zisser et al.，2010a；Bairlein et al.，2016）和电子导电矿物（Revil et al.，2018a）极化机制，扩散系数也使得温度对弛豫时间具有依赖性。在这两种情况下，特征弛豫时间都随温度的升高而减小。从分析频率相关的复电导率数据得到的特征弛豫时间可能会令人困惑，因为它们可以用不同的方法得出并且取不同的值。知识点 2.7 讨论了这个问题。

弛豫模型最初是用来表征电介质的宽频率范围的电响应（Cole and Cole，1941），现已广泛应用于拟合观测到的多孔材料复杂电性的变化，这些材料含有一个主要的弛豫峰（Pelton et al.，1978a）。它们可用于定义有效（测量到的）时间常数（$\tau_0 = \dfrac{1}{2\pi f_0}$），其中 f_0 是临界频率），该常数可表征多孔介质中发生的极化过程的主要长度范围。这些模型通常用有效复介电常数 $\varepsilon^*(\omega)$、有效复电阻 $\rho^*(\omega)$ 或有效复电导率 $\sigma^*(\omega)$ 来表示。

常用的复电导率 Cole-Cole 表达式（Cole and Cole，1941；知识点 2.8）：

$$\sigma^*(\omega) = \sigma_\infty - \frac{\sigma_\infty - \sigma_0}{1 + (\mathrm{i}\omega\tau_0)^c} \tag{2.83}$$

式中，σ_0 和 σ_∞ 为电导率的低频值和高频值；c 为描述频散陡峭程度的 Cole-Cole 模型指数；$\sigma_\infty - \sigma_0$ 量化了极化强度，又称归一化极化率。

知识点 2.7　弛豫时间和时间常数

基于频率响应特征，频谱激发极化测量提供了极化强度之外的附加信息。最有价值的信息是对特征弛豫时间（τ）的测量，它与电荷短暂位移的特征长度尺度有关（通过扩散系数）。特征时间可以用多种方法根据频率相关测量的频谱定义。当测量值在相位谱中有一个清晰的峰值时，可以定义 $\tau_\mathrm{p} = 1/(2\pi f_\mathrm{p})$，其中 f_p 为峰值出现的频率。

经验弛豫模型（见知识点 2.8）通常适合于频率相关的激发极化数据。尽管已经提出了常见模型的许多变体，但是最常见的模型依然是 Debye，Cole-Cole 和 Davidson-Cole 模型（Dias，2000）。这些模型包含一个时间常数，它取决于所选模型的形式。Cole-Cole 模型［式(2.83)］中 τ_0 为虚部电导率峰值处对应角频率的倒数［$\tau_0 = 1/(2\pi f_{\sigma''})$］（Tarasov and Titov,

2013）。相位谱中的频率峰值为

$$f_{p[CC]}=\frac{1}{2\pi\tau_0}(1-\tilde{m})^{1/2c}$$

式中，$\tilde{m}$ 和 c 为前文中描述的模型参数。Pelton 等（1978a）的模型广泛用于拟合激发极化数据，结果显示 f_p 与模型参数之间存在截然不同的关系（Tarasov and Titov，2013）。

$$f_{p[P]}=\frac{1}{2\pi\tau_0}\frac{1}{(1-\tilde{m})^{1/2c}}$$

当使用更灵活的曲线拟合方法（Debye 分解方法，见 Nordsiek and Weller，2008）来描述频率相关数据集时，会产生另一种时间参数。此时，通过将每个测量分配对应频率相关的德拜弛豫来计算单个弛豫时间的谱。计算这些弛豫时间的加权平均值（权重由极化强度来确定）可以作为定义平均弛豫时间（τ_{mean}）的积分参数。虽然 τ_p、τ_0 和 τ_{mean} 密切相关，但重要的是，它们在数值上并不相等。因此，在比较不同文献结果时必须小心，应提前了解文献中时间常数或平均弛豫时间的定义。

Cole-Cole 模型预测得到 $|\sigma|$ 与 φ 的依赖关系见图 2.18。相位峰值出现在 $|\sigma|$ 增加曲线的拐点处。频谱激发极化数据在测量频率范围方面受到限制，因此通常只能通过拟合测量范围的低频和高频获得 $\sigma_\infty-\sigma_0$ 的估算值。然而，大多数多孔介质材料具有特征时间常数 τ_0，因此式（2.83）可以可靠地拟合实验数据。Cole-Cole 模型的扩展包括一个额外的拟合参数，以解释特征时间常数周围频散的不对称性：

$$\sigma^*(\omega)=\sigma_\infty-\frac{\sigma_\infty-\sigma_0}{[1+(\mathrm{i}\omega\tau_0)^c]^b} \tag{2.84}$$

当 b=1 时得到原始 Cole-Cole 模型，并得到对称相位曲线。假设式（2.84）中的 c=1，则得到 Davidson 和 Cole（1951）模型。

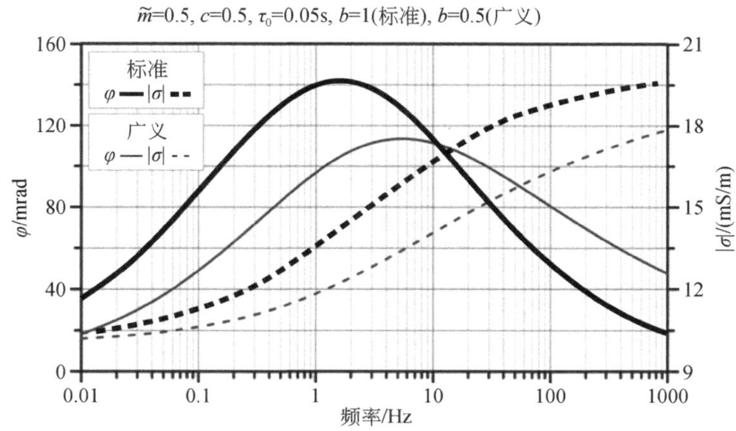

图 2.18　基于极化率 $\tilde{m}$（知识点 2.8）参数化的 Cole-Cole 模型电导率幅值与相位（电导率空间中，$+\varphi$）示意图

展示了 b=1 时的标准对称形式和 b=0.5 时的广义不对称形式

虽然上述模型没有理论基础，主要表征曲线拟合过程，但模型参数已成功地与土壤和岩石的孔隙几何特性相关联。$\sigma_\infty - \sigma_0$ 被称为归一化极化率（m_n），反映总体极化强度。类似于σ''（特定频率下的极化强度），它与表面电导率和控制它的因素（如S_{por}）有关。相比之下，对于许多介质材料来说，它与颗粒或孔隙大小有很强的相关性（Pelton et al.，1978a）。如知识点 2.8 所述，这些模型通常用极化率（Seigel，1959）来表示，这与 2.3.7 节所述的岩石中电子导体的含量（Pelton et al.，1978a）密切相关。

知识点 2.8　经验弛豫模型

经验模型为描述频率相关激发极化数据提供了一种方便的方法，将测量数据拟合到由几个参数定义的曲线上，这些参数用于表示在复杂电性能中观察到的频散。这些模型最初是在材料科学中开发的，用于描述电介质的电性，但后来被地球物理学家采用，作为拟合频率相关激发极化数据集的方法。Cole 和 Cole（1941）的介电模型构成了这些杂糅测量数据模型的基础，

$$\varepsilon^*(\omega) = \varepsilon^* + \frac{\Delta\varepsilon}{1+(\mathrm{i}\omega\tau_0)^{1-\alpha}}$$

式中，$\Delta\varepsilon = \varepsilon_0 - \varepsilon_\infty$ 为确定极化强度的介电增量；τ_0 为特征时间常数；拟合参数 α 描述了特征频率周围的弛豫特征，具体来说，描述了 τ_0 周围相位曲线的陡峭程度。Cole-Cole 模型已被广泛用于描述频率相关的激发极化数据，并被改写为复电导率：

$$\sigma^*(\omega) = \sigma_\infty - \frac{\sigma_\infty - \sigma_0}{1+(\mathrm{i}\omega\tau_0)^c}$$

式中，c=1−a；τ_0 与虚部电导率峰值的临界频率直接相关。

在激发极化中，Cole-Cole 模型通常采用如下形式：

$$\sigma^*(\omega) = \sigma_0\left\{1+\frac{\tilde{m}}{1-\tilde{m}}\left[1-\frac{1}{1+(\mathrm{i}\omega\tau_0)^c}\right]\right\}$$

式中，$\tilde{m}$ 为极化率：

$$\tilde{m} = \frac{\sigma_\infty - \sigma_0}{\sigma_\infty}$$

相位峰中最大值的频率（$f_{\mathrm{p}|CC|}$）与时间常数的关系式为（Tarasov and Titov，2013）

$$f_{\mathrm{p}[CC]} = \frac{1}{2\pi\tau_0}(1-\tilde{m})^{1/2c}$$

Pelton 等（1978a）对传统的 Cole-Cole 模型进行了简单改进，根据激发极化研究中广泛的复电阻率公式提出了修订。Tarasov 和 Titov（2013）从复电导率的角度重写了该模型：

$$\sigma^*(\omega) = \sigma_0\left\{1+\frac{\tilde{m}}{1-\tilde{m}}\left[1-\frac{1}{1+(\mathrm{i}\omega\tau_0)^c(1-\tilde{m})}\right]\right\}$$

在上述表达式中，相位峰中最大值的频率（$f_{\mathrm{p}|P|}$）与时间常数相关（Tarasov and Titov，2013）。

$$f_{\mathrm{p}[P]} = \frac{1}{2\pi\tau_0}\frac{1}{(1-\tilde{m})^{1/2c}}$$

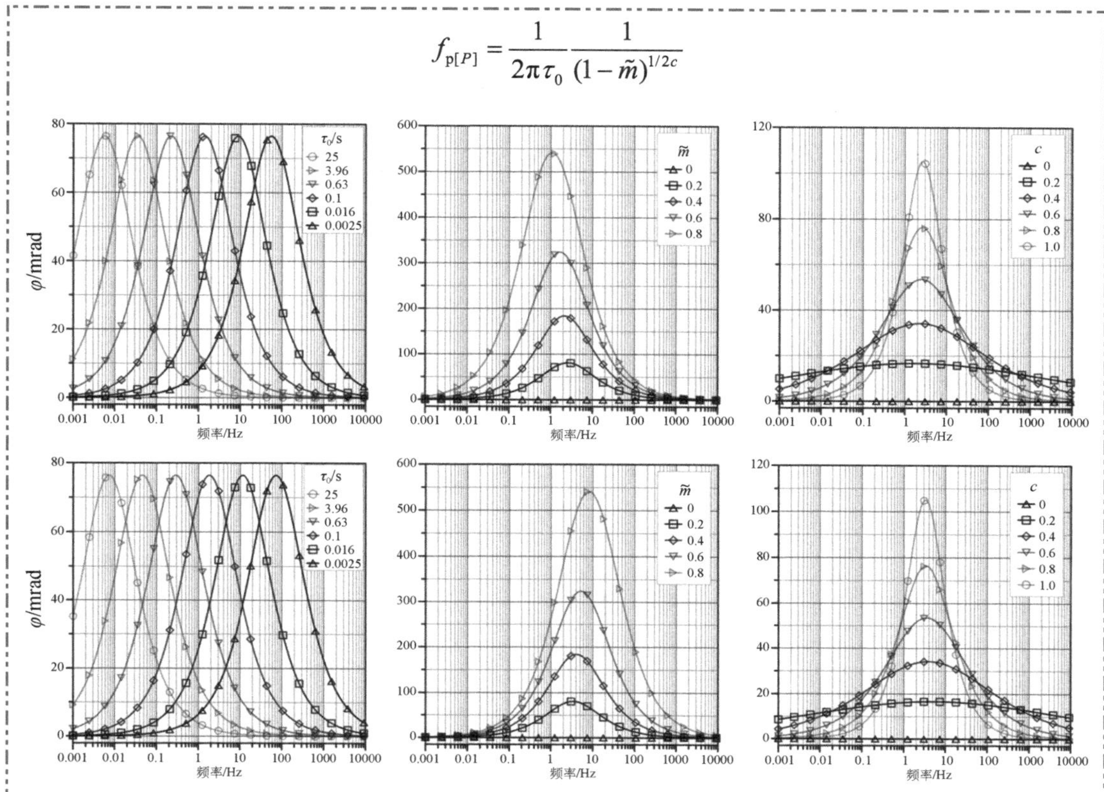

Cole-Cole 模型（第一行图）和 Pelton 模型（第二行图）在不同参数值（电导率空间的相位，$+\varphi$）下的示例

常数参数值为 σ_0 =0.00166Sm^{-1}，$\tilde{m}$ =0.19，τ_0 =0.05386s，c =0.8

上图显示了弛豫模型参数的变化对相位谱的影响。

第一行图显示了 Cole-Cole 模型，而第二行图显示了 Pelton 等（1978a）根据复电导率对模型的修订。通过比较表明，弛豫模型可以根据模型的不同定义公式得到不同的参数估计。这将对根据这些参数预测物理和水文地质性质产生影响。以 Cole-Cole 模型为例，随着 $\tilde{m}$ 增加，相位峰值移至略低的频率，而在 Tarasov 和 Titov（2013）公式中观察到相反的情况，尽管对于较小的 $\tilde{m}$，这种差异可以忽略不计。最近，Fiandaca 等（2018a）基于模型参数之间较弱的等效性，重新定义了 Cole-Cole 模型，用最大虚部电导率代替 $\tilde{m}$。

在其他情况下，经常出现 $|\sigma|$ 和 φ 测量不符合 Cole-Cole 模型或 CPA 模型的情况。在某些情况下，可以叠加两个 Cole-Cole 模型来描述 φ 频谱中有两个不同峰的测量结果。然而，为了适应任意形状的 SIP 数据集，Nordsiek 和 Weller（2008）开发了一种被他们称之为“Debye 分解”的方法。这种方法将频谱拟合到 Debye 模型上，Debye 模型代表了 c=1 情况下 Cole-Cole 模型的一种特定形式，根据弛豫时间（τ）的连续分布 $g(\tau)$（Fuoss and Kirkwood，1941；Weigand and Kemna，2016a），

$$\sigma^*(\omega)=\sigma_\infty+(\sigma_0-\sigma_\infty)\int_0^\infty\frac{g(\tau)}{1+\mathrm{i}\omega\tau}\mathrm{d}\tau \tag{2.85}$$

其中，

$$\int_0^\infty g(\tau)\mathrm{d}\tau=1 \tag{2.86}$$

有限弛豫时间 N 的分布函数 $g(\tau)$ 的离散形式由狄拉克 δ 函数的组合给出：

$$g(\tau)=\sum_{k=1}^{N}g_k\delta(\tau-\tau_k)\Delta\tau_k \tag{2.87}$$

其中，$\sum_k^M p_k=1$ 和 $p_k=g_k\Delta\tau_k$（Ustra et al.，2015）。式（2.87）的离散形式为

$$\sigma^*(\omega)=\sigma_\infty+\Delta\sigma\sum_{k=1}^{N}p_k\left(\frac{1}{1+\mathrm{i}\omega\tau_k}\right) \tag{2.88}$$

式中，$\Delta\sigma=\sigma_\infty-\sigma_0$。

积分参数可用于确定总极化强度的测度和反映极化机制的平均代表性弛豫时间。在式（2.85）和式（2.86）中，总极化强度为 $\Delta\sigma=\sigma_\infty-\sigma_0$，即归一化极化率（$m_{\mathrm{n}}$）。Nordsiek 和 Weller（2008）使用 k 个弛豫时间的加权对数值（$\ln\tau_k$）来定义式（2.8）情况下的平均弛豫时间：

$$\tau_{\mathrm{mean}}=\exp\left(\frac{\sum_{k=1}^{N_\tau}\Delta\sigma_k\ln\tau_{\mathrm{k}}}{\sum_{k=1}^{N_\tau}\Delta\sigma_k}\right) \tag{2.89}$$

Ustra 等（2015）提出了一种替代方法，其中少量的主导弛豫时间与特定机理相关联，以充分代表整个频谱。需要强调的是，本节介绍的所有模型并没有提供对激发极化响应频率依赖性的机制理解。

2.3.5　无电子导电条件下的频率域复电导率机理模型

将单频激发极化测量理论扩展到多频测量，需要对 $\sigma^*(\omega)$ 的频率依赖性进行机理解释。2.3.3 节解释了与频率无关的激发极化响应的大小和可极化互联孔隙空间的总表面积之间的关系。频率相关激发极化响应的机制描述是基于解释 σ^* 随频率如何变化。拓展这种机理的关键是理解电荷迁移电流密度（$\boldsymbol{J}_{\mathrm{mig}}$）在导致离子浓度梯度产生中发挥的作用，以及由此产生的反向扩散电流密度（$\boldsymbol{J}_{\mathrm{diff}}$），它会随这些浓度梯度的变化而变化，并可以表征极化响应。如 2.3.4 节所述，频率依赖性与多孔介质中的长度范围有关，该长度尺度定义了源于极化的主要弛豫时间。支持极化（即支持扩散电流密度）的空间不连续概念在理解这一现象的机理中是非常重要的。

虽然极化强度的测量（单频为 σ''，频谱测量为 m_{n}）主要与有助于传导和极化的孔隙空间的总界面表面积有关，但时间依赖性与总极化响应在长度范围的分布相关。机理模型将这些地球物理长度范围的分布与描述多孔介质的几何长度范围联系起来。这些模型可分

为两类长度尺度模型：①基于粒度或基于孔径的复表面电导率；②基于孔喉模型。这些模型的不同之处不仅在于它们如何定义控制极化的多孔介质的长度范围，还在于它们如何将表面传导和极化机制归因于在矿物-流体界面形成的双电层的扩散层与斯特恩层。通常将极化首先归因于斯特恩层（Schwarz，1962；Leroy et al.，2008），因为扩散层被假设为与相连接的孔隙空间具有相同的连续相，因此只支持离子传导电流（图 2.19）。其他模型认为极化发生在扩散层（Dukhin and Shilov，1974）。一些学者考虑了斯特恩层和扩散层的共同作用（Lima and Sharma，1992；Lesmes and Morgan，2001；Bücker et al.，2019）。另一些学者认为，由于双电层和孔隙水之间的电荷通量与粒子两侧的表面垂直，导致孔隙水中出现扩散电荷云，因此可以大幅增强极化效应（Chelidze and Gueguen，1999）。

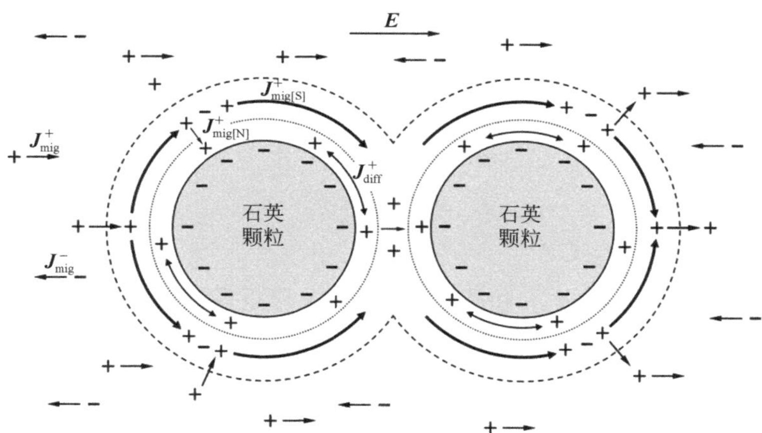

图 2.19　基于 1∶1 电解液中石英颗粒的 Leroy 等（2008）极化模型示意图（修改自 Okay et al.，2014）

外加电场 $\boldsymbol{E}$ 产生导电和极化电流密度，离子的电迁移在自由电解质中产生导电电流密度 ($\boldsymbol{J}^{+}_{\mathrm{mig}}$)，双电层的扩散部分会产生导电电流密度 ($\boldsymbol{J}^{+}_{\mathrm{mig[S]}},\boldsymbol{J}^{+}_{\mathrm{mig[N]}}$)，离子在斯特恩层中的反向扩散产生扩散电流密度 $\boldsymbol{J}^{+}_{\mathrm{diff}}$ 和由此引起的极化。由于扩散层在颗粒之间是连续的，而斯特恩层是不连续的，因此假定扩散中的离子没有极化效应。

2.3.5.1　基于粒径和孔径的表面电导率模型

基于粒径模型计算单个矿物颗粒的 $\sigma^*(\omega)$ 响应，然后结合粒度分布，进行材料的整体 $\sigma^*(\omega)$ 响应的卷积计算（Lesmes and Morgan，2001；Leroy et al.，2008）。这些模型是 2.3.3 节中描述的表面电导率理论的延伸，即反映复表面电导率的频率依赖性与颗粒尺寸相关的长度尺度关系。Lesmes 和 Morgan（2001）认为，根据 Schwarz（1962）模型（知识点 2.9），矿物颗粒周围斯特恩层的极化比 Fixman（1980）模型的扩散层极化强得多。因此，颗粒极化模型是在 Schwarz（1962）模型及 Schurr（1964）对该模型的扩展基础上，解释扩散层，虽然该扩散层具有表面导电性，但由于其电荷容易与孔隙水离子间进行交换而不产生极化（de Lima and Sharma，1992）。极化完全归因于斯特恩层中的扩散电流密度（$\boldsymbol{J}_{\mathrm{diff}}$），而斯特恩层和扩散层中的离子也可以促进电荷迁移电流密度（$\boldsymbol{J}_{\mathrm{mig}}$）（图 2.19）。这类模型被拓展到利用卷积计算来解释颗粒大小的分布，这种卷积计算将颗粒体积分布与弛豫时间分布联系起来（Lesmes and Morgan，2001）。这些模型通常假设存在光滑的矿物颗粒。颗粒表面高粗糙度可能导致出现额外的、更小的长度范围，表现出高频极化的增强（Lesmes and Morgan，2001；Leroy et al.，2008）。这些模型还假定介质完全饱和。

De Lima 和 Sharma（1992）为矿物颗粒的复表面导电性提供了一个表达式，该表达式具有单一特征时间常数（τ_0），与有导电固定层包裹的单一颗粒尺寸（直径）相关联，可以写成（Leroy et al.，2008）

$$\sigma^*_{\mathrm{surf}[d_0]} = \frac{4}{d_0}\left(\Sigma^{\mathrm{d}} + \Sigma^{\mathrm{S}}\right) - \frac{4}{d_0}\frac{\Sigma^{\mathrm{S}}}{1 + \mathrm{i}\omega\tau_0} \tag{2.90}$$

式中，Σ^{d} 为扩散层的表面电导；Σ^{S} 为斯特恩层的表面电导。式（2.90）具有 Debye 弛豫的形式，其特征值 τ_0 可以表示为

$$\tau_0 = \frac{d_0^2}{8D_+} \tag{2.91}$$

式中，D_+为离子在斯特恩层中的扩散系数，$\mathrm{m^2/s}$（Leroy et al.，2008；Revil and Florsch，2010）。扩散系数与离子在斯特恩层的迁移率 β_+［单位为 $\mathrm{m^2/(s{\cdot}V)}$］通过 Nernst-Einstein 关系描述为

$$D_+ = k_B T \beta_+ / |\, q_{(+)} \,| \tag{2.92}$$

式中，$q_{(+)}$ 是反离子的电荷，C。

表面电导率的低频（$\sigma^0_{\mathrm{surf}[d_0]}$）和高频（$\sigma^\infty_{\mathrm{surf}[d_0]}$）渐近值分别为（de Lima and Sharma，1992；Revil and Florsch，2010）

$$\sigma^0_{\mathrm{surf}[d_0]} = \frac{4}{d_0}\Sigma^{\mathrm{d}} \tag{2.93}$$

$$\sigma^\infty_{\mathrm{surf}[d_0]} = \frac{4}{d_0}(\Sigma^{\mathrm{d}} + \Sigma^{\mathrm{S}}) \tag{2.94}$$

式（2.90）就变成（Revil and Florsch，2010）

$$\sigma^*_{\mathrm{surf}[d_0]} = \sigma^\infty_{\mathrm{surf}} + \frac{\sigma^0_{\mathrm{surf}[d_0]} - \sigma^\infty_{\mathrm{surf}[d_0]}}{1 + \mathrm{i}\omega\tau_0} \tag{2.95}$$

在这种描述频率相关激发极化测量机理中，一个重要且潜力巨大的发展是将矿物颗粒复表面电导率的这种表达式与双（或三）电层的电化学模型结合（Leroy et al.，2008；Leroy and Revil，2009）。这种方法提供了 Σ^{d} 和 Σ^{S} 的严格电化学描述，从而深入研究复电导率谱对矿化度、pH 和价态的依赖关系。Leroy 等（2008）使用三层电（electrcial triple layer，ETL）模型描述与二元对称电解质（如 NaCl）接触的石英，以模拟玻璃珠的复电导率响应。Leroy 和 Revil（2009）通过整合 Leroy 和 Revil（2004）开发的高岭石 ETL 模型，修改了考虑黏土矿物复杂导电性的方法。结合 ETL 模型来描述矿物（流体）表面反离子的分布，特别是通过分配系数表示位于斯特恩层的反离子与所有反离子的比例（该模型中的关键参数）。Revil 和 Skold（2011）使用该方法模拟了砂岩中所记录的虚部电导率对矿化度的依赖性，ETL 模型的解析解以表面电荷的总位置密度、pH 和斯特恩层中阳离子的吸附系数为参数。

将式（2.90）与双层或三层电化学模型耦合，可以更好地理解吸附过程对 σ^* 测量值的影响（图 2.20）。Vaudelet 等（2011）在他们的矿物颗粒复表面电导率模型中纳入了铜和钠

离子在石英上吸附的络合模型，并将该模型用于测量砂介质中铜和钠离子吸附过程中的 σ^*。这种耦合斯特恩层极化 ETL 模型的进一步发展会促进激发极化在土壤和岩石中的电化学过程探测中的应用。

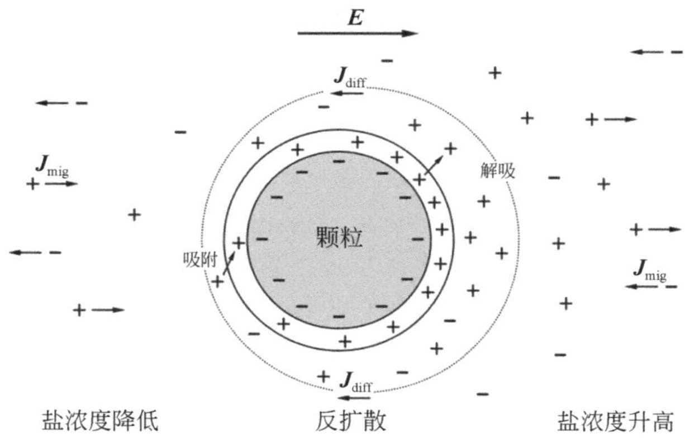

图 2.20　矿物颗粒在电场（ $\boldsymbol{E}$ ）作用下的双电层极化示意图（修改自 Revil and Florsch，2010）
发生在斯特恩层和扩散层中的扩散电流（ $\boldsymbol{J}_{diff}$）源于电荷浓度梯度，吸附、扩散发生在长期尺度上

一旦确定单个颗粒的复表面电导率表达式［如式（2.95）］，随后就可以根据样品的粒度分布，对单个颗粒尺寸的表达式进行卷积计算来确定颗粒状多孔介质的总复表面电导率（Lesmes and Morgan，2001；Leroy et al.，2008），

$$\sigma_{surf}^* = \sigma_{surf[d]}^{\infty} + \left(\sigma_{surf[d]}^{0} - \sigma_{surf[d]}^{\infty}\right)\int_0^{\infty}\frac{g(\tau)}{1+\mathrm{i}\omega\tau}\mathrm{d}\tau \tag{2.96}$$

$$\int_0^{\infty} g(\tau)\mathrm{d}\tau = 1 \tag{2.97}$$

假设表面和孔隙水离子传导路径并行，参考式（2.66）所示孔隙水电导率的贡献，即可得到多孔介质复电导率的完整表达式。或者可以使用 2.2.4.4.2 节中讨论的混合模型，将与粒度分布相关的复表面电导率嵌入到整个岩石或土壤样品的有效介质中。例如，使用 Bruggeman-Hanei-Sen（BHS）有效介质模型（Bruggeman，1935；Hanai，1960；Sen et al.，1981）给出（Leroy et al.，2008），

$$\sigma^* = \sigma_w \phi^m \left[\frac{\left(1-\sigma_{surf}^*/\sigma_w\right)}{1-\sigma_{surf}^*/\sigma^*}\right]^m \tag{2.98}$$

知识点 2.9　胶体悬浮液极化的 Schwarz（1962）模型

Schwarz（1962）提出了 EDL 中反离子极化理论，该理论平衡了导电电解质溶液（即胶体悬浮液）中带电球形粒子表面固定层中的电荷。该理论假定，在施加电场时，反离子（电荷）只会向球形粒子表面切向移动。该模型具有 Debye 弛豫形式，复电导率表达形式为

$$\sigma^*(\omega)=\frac{\sigma_\infty-\sigma_0}{1+(\mathrm{i}\omega\tau_0)}$$

其中，

$$\tau_0=\frac{R^2}{2\beta k_\mathrm{B}T}=\frac{R^2}{2D}$$

式中，R 为球体半径；D 为反离子的扩散系数；β 为反离子的迁移率。Schurr（1964）扩展了该模型，将直流表面电导率的作用纳入其中。

虽然该式针对胶体悬浮液，但将时间常数 τ_0 与 R 和 D 联系起来的表达式已被广泛用来解释与多孔介质频率相关的激发极化响应。Lesmes 和 Morgan（2001）将单个粒子的 Schwarz 理论嵌入有效介质理论中，建立了一个基于粒度分布来预测沉积岩复导电性的模型。他们假设斯特恩层中的反离子主导了双电层极化。Leroy 等（2008）采用了相同的方法来模拟玻璃珠的激发极化响应，并将其扩展为三层电化学模型，并考虑了 Maxwell-Wagner 极化（知识点 2.5）。然而，实验数据集表明，在多孔介质中，实际上控制弛豫时间的可能是孔隙大小，而不是颗粒大小（Scott and Barker，2003）。毕竟，岩石与胶体悬浮液是完全不同的。从那时起，研究者就假设，在 Schwarz 模型中出现的时间常数的表达式可以转换为代表孔隙而不是颗粒的极化。例如，Revil 等（2014）将时间常数（在本例中是通过拟合 Cole-Cole 模型得出的）与动态孔喉半径（Λ）联系起来，

$$\tau_0=\frac{\Lambda^2}{2D_+}$$

扩散系数（D_+）与斯特恩层中的离子有关。

通常情况下，我们假设多孔介质的时间常数与反离子受到外加电场时在主要长度范围（l_e）上迁移，并且与该界面上反离子的扩散系数相关。

$$\tau_0\propto\frac{l_\mathrm{e}^2}{D}$$

这个极化模型则认为，与地球物理长度范围控制的 τ_0 相比，多孔材料的粒度可能不是最佳的几何长度控制范围。对固结岩石的测量表明，弛豫时间的分布可能与孔隙大小的分布有更好的联系，并且主要的弛豫时间可能与主要的孔隙大小有关（Scott and Barker，2003）。在这些模型中，式（2.99）用特征孔径或长度（a_0）取代特征粒径，

$$\tau_0=\frac{a_0^2}{2D_+}\tag{2.99}$$

与式（2.96）和式（2.97）描述粒度分布的方法相同，根据孔径分布，可以通过单孔的复表面电导率表达式的卷积计算来确定孔隙介质的 σ^*_surf（Niu and Revil，2016）。

无论是考虑颗粒大小还是孔径，这些复表面电导率的机理表明了弛豫时间（或时间常数）与多孔介质几何形状之间的直接联系。然而，式（2.91）和式（2.92）强调了一个事实，即弛豫时间不仅取决于孔隙几何形状，还取决于双电层的电化学性质，并通过扩散系数（D_+）来体现这一点。扩散系数直接取决于斯特恩层 β_+ 离子的迁移率［式（2.92）］。Revil（2012）认为，对于黏土矿物，β_+ 比孔隙水中离子的迁移率低 350 倍，而对于石英，β_+ 与孔隙水中离

子的迁移率大致相等。由此引入了富黏性土（D_+ =3.8×10^{-12}m^2/s）与无黏性土（D_+ =1.3×10^{-9}m^2/s）材料 D_+ 的参考值，以便根据多孔介质的几何特性更好地分析弛豫时间（Revil，2012，2013）。然而，实验测量发现，由于岩性变化，扩散系数可能会发生多个数量级的变化，这使得通过弛豫时间确定颗粒直径或孔径的工作变得更加复杂（Kruschwitz et al.，2010；Weller et al.，2016）。此外，扩散系数与温度有关，导致弛豫时间随着温度的升高而减少（Zisser et al.，2010a）。

2.3.5.2　基于孔喉的模型

第二种基于孔喉类型的机理模型是基于 2.3.2 节中讨论的经典“薄膜极化效应”的扩展，其中极化是由于电流路径上离子选择区的存在和施加电场时盐浓度梯度的积累产生（Marshall and Madden，1959）。在原始模型中，富含黏土的区域具有离子选择性，小孔喉、狭窄通道或黏土矿物导致连通孔隙空间的收缩，被认为是导致离子选择性区域的原因，这些区域中阴离子和阳离子的迁移率不相等（知识点 2.10）。其建模方法主要是由俄罗斯激发极化领域的研究人员开发的，Kormiltsev（1963）在 Marshall 和 Madden 模型的基础上开发了毛细管介质中激发极化响应的时域解。Titov 等（2002）利用这些概念开发了一个短窄孔（short narrow pores，SNP）模型来解释时间域激发极化数据。Hallbauer-Zadorozhnaya 等（2015）建立了基于薄膜极化的数学模型来估计岩石的孔径分布。Bücker 和 Hördt（2013b）建立了柱坐标的解析模型，以短窄孔隙模型来描述频谱激发极化响应。此时离子选择特性与双电层密切相关。当双电层厚度相对于孔半径较大时，双电层表现为离子（通常是阳离子）选择区。这些离子选择区中阳离子和阴离子具有不同的迁移量，当施加电场时产生局部浓度梯度。经典薄膜极化模型与修正后的模型对比如图 2.21 所示。

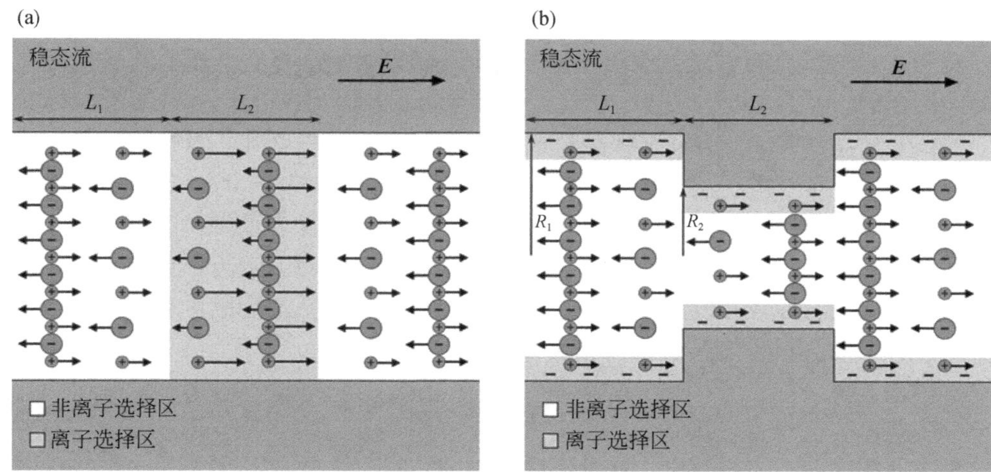

图 2.21　Marshall 和 Madden（1959）（a）与 Bücker 和 Hördt（2013a）（b）薄膜极化模型的比较示意图（修改自 Leroy et al.，2019）

（a）离子选择性与两种孔隙类型的自由电解液离子迁移率的变化有关；（b）离子选择性与双电层性质有关，当双电层厚度相对于孔喉半径较大时，离子选择性变大。箭头长度表示相对离子迁移率

在 Bücker 和 Hördt（2013b）模型中，频率响应与两个（i=2）孔隙长度（L_1 和 L_2）相关的两个时间常数有关。

$$\tau_i = \frac{L_i^2}{8D_{pi}t_{ni}} \tag{2.100}$$

式中，t_{ni} 代表两个迁移量，由每个孔隙中阴离子和阳离子的迁移率差异（阴离子选择性的量度）决定；D_{pi} 为每个孔隙的扩散系数，

$$D_{p(i)} = \frac{\beta_p \overline{c}_{(p)i} k_B T}{e} \tag{2.101}$$

式中，$\overline{c}_{(p)i}$ 为每个孔隙中标准化的综合阳离子浓度；β_p 为阳离子的迁移率。因此，类似于基于表面电导率的模型，该模型还根据几何长度范围（L_i）和扩散系数（D_p）来表示复电导率随频率变化的特点，该几何长度范围和扩散系数描述了取决于流体化学和温度的极化电化学。

2.3.6　无电子导电条件下的基于电属性获取水力参数

到目前为止，多孔介质的电学性质在很大程度上取决于孔隙空间的几何性质。这些与控制流体通过多孔介质流动的几何性质相同。因此，大量的研究致力于通过电法测量来确定水力特性（Katz and Thompson，1986；Bernabe，1995）。本章中提出的方程式强调了从电法测量中估算孔隙度、颗粒尺寸和表面积的可能性。这项工作的延伸是利用电法估算土壤和岩石的渗透率（k）或渗透系数（K_h）。

在均质、各向同性多孔材料中，K_h（m/s）反映了流体通量（$\boldsymbol{q}$，m/s）与水力梯度（h）之间的关系：

$$\boldsymbol{q} = -K_h \nabla h \tag{2.102}$$

式中，负号表示流体流动方向为水头减小方向。渗透系数是由多孔介质的几何性质和流体性质共同决定的。

$$K_h = \frac{k\rho_g g}{\eta} \tag{2.103}$$

式中，ρ_g 为流体密度，kg/m³；g 为重力加速度，m/s²；η 为动力黏度，N·s/m²。

k 的几何模型最初是通过 Kozeny-Carman 关系将多孔材料表示为一束毛细管来确定的（Carman，1939；Bear，1972）。考虑几何特性并应用 Hagan-Poiseuille 方程求解长圆柱形管道的流动，k 与有效孔隙半径（r）的相关（Pape et al.，1999）。

$$k = \frac{\phi r^2}{8T_h} \tag{2.104}$$

式中，T_h 为毛细管的水力曲折度。假设电性曲折度（T_c）与水力曲折度相同，Φ/T_h 可代入 F［式（2.24）］。其中，$2/S_{por}$ 等于毛细管的水力半径，可以将式（2.104）重新表述为

$$k = \frac{1}{2FS_{por}^2} \tag{2.105}$$

该模型假定圆柱形毛细管具有光滑表面。Pape 等（1987）考虑了沉积岩内表面的分形性质，

得出了一种基于 Kozeny-Carmen 的改进的渗透率预测模型，即 PaRiS 方程：

$$k_{\text{PaRiS}} = \frac{a_{\text{PaRiS}}}{FS_{\text{por}}^{3.1}} \tag{2.106}$$

式中，a_{PaRiS}=475；当渗透率以 10^{-15}m^2 为单位时，S_{por} 以 1/μm 为单位。毛细管束的 S_{por} 指数比理论预测的要大，恰好与实验观察结果一致（Börner et al.，1996）。

另一个预测 k 的模型是将渗流理论应用于多孔介质中的流动（Katz and Thompson，1986）。渗流模型描述了一个具有广泛水力传导分布的随机系统，其中运移取决于超过阈值的水力传导（Ambegaokar et al.，1971）。这个水力传导特征阈值定义了最大的水力传导值，使得水力传导形成一个无限连接的簇。该扰动计算方法在多孔介质渗透率预测中的应用是根据概念来定义渗透率的特征长度尺度（Katz and Thompson，1986）：

$$k = \frac{l_c^2}{cF} \tag{2.107}$$

式中，c=226；l_c 为特征长度尺度，通过标度常数与 2.2.4.2 节中介绍的描述表面电导率的动力长度尺度（Λ）相关联，并且可以通过压汞法估计（Katz and Thompson，1987）。于是可得出下面的渗透率方程：

$$k = \frac{\Lambda^2}{8F} \tag{2.108}$$

由于Λ定义了孔隙半径（2.2.4.2 节），式（2.108）等价于式（2.104）。

研究人员致力于建立电阻率和渗透率之间的经验关系（Huntley，1986）。然而，由于电阻率-渗透率关系会因表面传导还是孔隙水离子传导占主导地位而变化（Purvance and Andricevic，2000），因此，二者间的关系并没有成功建立。当表面导电性占主导地位时，导电性与渗透率呈负相关，因为细颗粒材料降低了渗透系数，但提高了导电性。当孔隙水电导率占主导地位时，电导率往往与 k 直接相关，因为电导率和渗透系数都随着孔隙率的增加而增加。

知识点 2.10　薄膜极化

“薄膜极化”传统上是指粒子周围双电层中反离子切向迁移的另一种激发极化机制。这种机制源于在相互连接的孔隙空间中形成离子选择区（与离子浓度变化有关）。Marshall 和 Madden（1959）提出了针对特定区域的激发极化理论，这些区域中孔隙之间离子迁移的变化导致离子浓度梯度的出现。他们假设形成了阳离子选择区，其中电流主要由阳离子迁移产生。具有不同离子迁移量的区域主要发生在高离子浓度区域，如孔隙收缩处或黏土颗粒局部区域。与这些区域周围离子浓度梯度相关的扩散电流与外加电场驱动的电流相反，从而产生与频率相关的电导率。通过类似的离子选择性效应，该概念已扩展到孔喉的极化（Titov et al.，2002）。Revil 等（2014）提出了一种更广义的“薄膜极化效应”，这是由双电层中的切向电荷运动以及双电层和自由电解质中离子之间发生的所有吸附（扩散）过程引起的自由电解质中离子浓度差异引起的。薄膜极化模型类似于双电层模型，其激发极化也受频率影响，其可以用特征长度范围和扩散系数来描述。

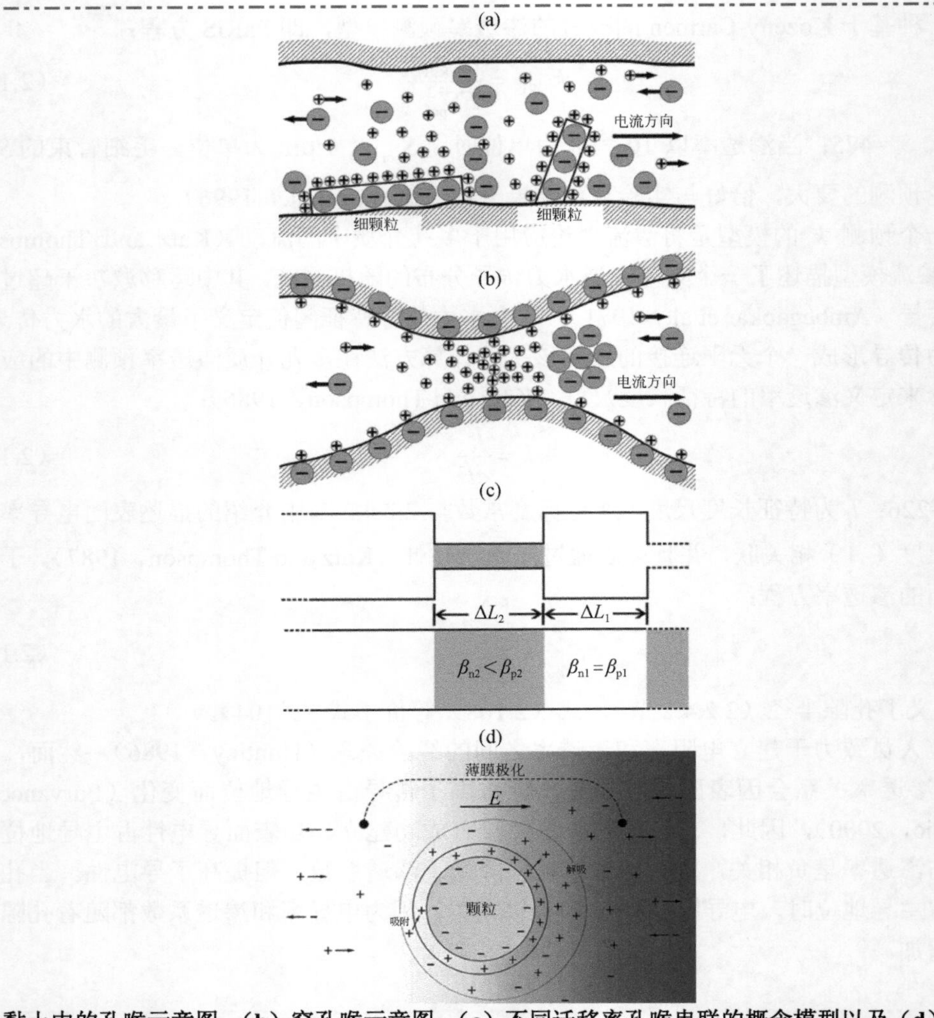

（a）黏土中的孔喉示意图、（b）窄孔喉示意图、（c）不同迁移率孔喉串联的概念模型以及（d）由矿物颗粒双电层极化产生的孔隙水中盐浓度梯度而导致的薄膜极化机制

（a）修改自 Ward and Fraser，1967；（a）和（b）都导致局部阳离子浓度增加和迁移率降低；（c）中阴离子迁移率（β_n）小于阳离子迁移率（β_p）；（d）修改自 Revil et al.，2014

式（2.104）～式（2.108）表明，k 的经典估算需要测量几何长度尺度以及曲折度（与 F 相关）。基于 Kozeny-Carman 的模型使用 $1/S_{por}$ 作为可测量的长度尺度，而基于渗透阈值的模型使用压汞法测得的特征孔隙半径。这些几何长度尺度的性质不能直接在原位测量，需要对样品进行破坏性的实验室分析。从电阻率和激发极化测量中估算 k 是基于等效的地球物理长度尺度，取代了几何长度尺度，并同时估算了等效 F（Börner et al.，1996；Slater and Lesmes，2002b；Robinson et al.，2018）。

Kozeny-Carman 模型中用（地球物理长度尺度）代替 $1/S_{por}$（几何长度尺度）的电学等效代替是合理的，因为在 σ'' 和 S_{por} 之间观测到很强的经验关系（Weller et al.，2010a），如

图 2.15 所示。基于虚部电导率的经验 k 预测模型的广义形式

$$k=\frac{a}{F^{b}(\sigma'')^{d}} \tag{2.109}$$

式中，a、b、d 为拟合常数（Börner et al.，1996；Weller et al.，2015b）。该模型依赖于孔隙水电导率，因为其对特定极化率施加了控制。利用该模型，Weller 等（2015b）对具有恒定孔隙水电导率（常数 c_{p}）饱和固结沉积岩样品的数据进行拟合，在 1Hz 下测量 σ''，得到 b=5.35，d=0.66。Weller 等（2015b）也利用式（2.109）拟合松散沉积物数据，发现 b=1.12，d=2.27（同样是常数 c_p 和 σ'' 在 1Hz 下测量）。砂岩数据与未合并样本数据的幂律指数之间的巨大差异表明，这种经验模型仅在应用于与校正数据相似的材料时才能提供可靠的 k 预测估算。

式（2.109）的使用是基于 σ'' 的单频率测量，因此，σ'' 的频率依赖性会影响预测。因此可以对模型进行修改，通过利用将频谱激发极化数据拟合到 2.3.4 节中描述的弛豫模型中得出总极化强度的“全局”估算。例如，Weller 等（2015b）使用频谱（2.3.4 节）的 Debye 分解拟合得出的归一化极化率（$m_{\mathrm{n}}=\sigma_{\infty}-\sigma_{0}$），式（2.83）代替单频下的 σ''，给出了以下等效 k 预测模型：

$$k=\frac{a}{F^{b}(m_{\mathrm{n}})^{d}} \tag{2.110}$$

对于固结岩石和松散样品的综合数据库，b=3.68，d=1.19。真实 k 值与式（2.110）预测值的比较如图 2.22 所示。尽管模型较好地拟合了数据，但一些异常值与真实 k 仍存在一个数量级以上的误差。

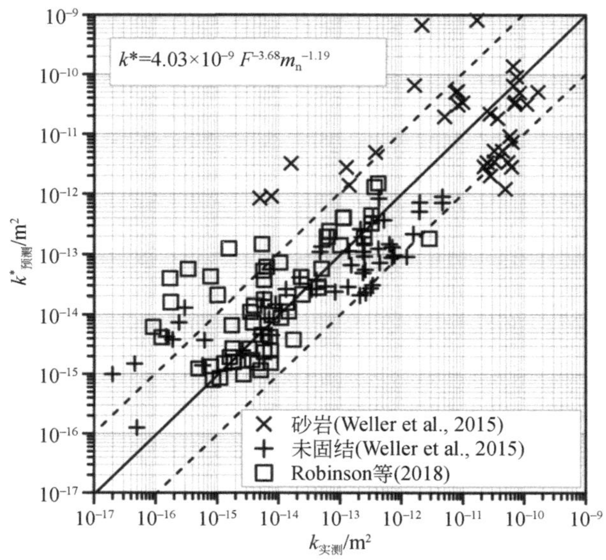

图 2.22　预测渗透率与实测渗透率对比图

数据由 Weller 等（2015b）在大量数据集校正所得的经验模型中获取；空心正方形表示的数据未用于校正，从而可以表示模型的预测能力

上述经验预测方程获取的 F 的指数［式（2.110）中的 3.68］比几何模型预测的［式（2.105）～式（2.108）中的 1］要大得多（Weller et al.，2015b）。Weller 和 Slater（2019）提出了理论证据，证明在多孔介质中，系数 b 的值大于式（2.110）的预测值，其中曲折度（或者 F）对虚部电导率有很强的影响，不可忽视［式（2.74）］。事实上，在沉积岩中，次生作用（如胶结作用）导致了高曲折度的传导路径，F 可能对 k 起着决定性作用。相比之下，在松散的沉积物和干净的砂岩中，由于地层因子通常很低，而且变化范围相对有限，σ'' 似乎对 k 的控制更强。最近的现场尺度研究也证明这种模型在应用于松散沉积物时具有良好的预测能力。

Katz 和 Thompson（1986）模型的电学等效方法［式（2.108）］利用由时间常数和扩散系数的乘积定义的地球物理长度尺度来代替 l_c。该方法依据弛豫时间和渗透率之间的强相关性（Binley et al.，2005；Tong et al.，2006）。这种方法的机理遵循 Schwartz 模型（知识点 2.9），其中地球物理定义的孔隙长度（或半径）Λ_{IP} 由下式给出：

$$\Lambda_{IP} = \sqrt{2D_{+}\tau_0} \tag{2.111}$$

将式（2.111）代入式（2.108），得到以下基于时间常数的渗透率预测机理模型（Revil et al.，2015b）：

$$k = \frac{\Lambda_{IP}^2}{8F} = \frac{\tau_0 D_{+}}{4F} \tag{2.112}$$

这是种非常有效的方法，并不涉及拟合参数的经验校准。然而，应用该模型的一个限制是扩散系数的不确定性。D_{+}的值已被确定，对于洁净砂为 $1.3\times10^{-9}m^2/s$，黏土为 $3.8\times10^{-12}m^2/s$（Revil，2012，2013）。然而，估算的扩散系数的取值范围很广，特别是存在低渗透率材料的情况下（Kruschwitz et al.，2010）。Weller 等（2016）进行了跨越六个数量级的扩散系数估算，高表面积材料的值低于黏土的 $3.8\times10^{-12}m^2/s$。当地下存在大范围的岩性变化时，这种不确定性将限制渗透率估算的准确性。

这两种地球物理长度尺度都为非侵入性估算渗透率提供了途径。实验研究表明，地球物理长度尺度可以提供与几何长度尺度相似的预测精度（Osterman et al.，2016；Robinson et al.，2018；Weller and Slater，2019）。k 预测方程的实验室校准强调了在地球物理长度尺度上出现的电化学参数变化将导致的不确定性。然而，在研究中 c_p 变化大约只跨越了一个数量级，而 D_{+} 变化似乎跨越了 5～6 个数量级（Weller et al.，2016）。另一个不确定性来自于复电导率和 k 对黏土介质的不同依赖性（分散与聚集）（Osterman et al.，2019），这里讨论的 k 预测模型没有考虑到这一点。

利用本节描述的关系，可以实现精确到一个数量级的现场尺度的渗透率估算。基于 σ'' 的方法更容易转移到现场尺度，因为它使用单频极化强度测量，比较容易在现场激发极化数据集中获得。Fiandaca 等（2018b）使用式（2.109）和 Weller 等（2015b）研究中的松散沉积物的拟合参数来预测随钻测井数据的渗透率。Maurya 等（2018）使用相同的方程来预测松散沉积物中二维激发极化成像测量的渗透率。相比之下，基于模型要求在足够宽的范围内进行激发极化测量，以获取频谱中的弛豫峰值。正如第 3 章所讨论的，使用现有的现场仪器测量是一项具有挑战性的任务。

2.3.7　含有导电粒子的土壤和岩石的极化

早期对激发极化效应的研究忽略了导电粒子的作用。在这种情况下，通过在矿物-流体界面的双电层描述的复表面电导率概念，以及孔隙空间的阿奇型孔隙水导电性能，为联合解释电阻率和激发极化数据提供了统一的框架。正如本章引言所述，激发极化效应实际上起源于矿产勘探，在矿产勘探中，孔隙水中与导电粒子相关的强感应偶极矩导致其相对于绝缘矿物具有非常大的极化值。这种效应通常被描述为“电极极化”，因为电子导电颗粒被认为是贯穿岩石的电极。为了说明这种影响，在相同的砂体介质上混合 4%（按体积计）黏土矿物（高岭土）和相同体积浓度的磁铁矿（一种导电矿物）的激发极化测量（作为相位）结果见图 2.23。同时，也给出了纯砂样品的响应。在每种情况下孔隙度为 38%±2%，黏土矿物的极化增强（相对于砂）是由于黏土的表面积越大，双电层极化越强。磁铁矿物的极化增强是由于电子导体的存在以及该电子导体在电场作用下影响其周围离子电荷分布（双电层和孔隙水中）。

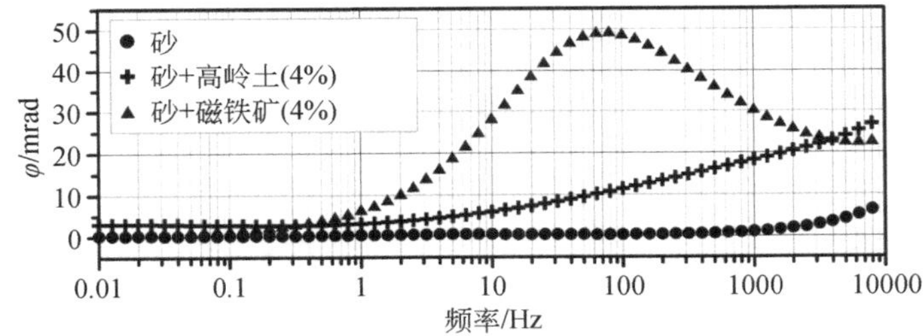

图 2.23　含 4%（体积）磁铁矿和 4%（体积）高岭土的相同砂混合介质以及纯砂介质的相位频谱（电导率空间中，$+\varphi$）对比图

两种不同类型的传导发生在含有导电粒子的多孔介质中：①矿物内部的导电，在导体中，电子是载流子，而在半导体中，电子和空穴都是载流子，如黄铁矿（Revil et al.，2015a，2015c）；②孔隙水离子导电，其中离子是孔隙水中的载流子。在外电场存在的情况下，极化机制发生在孔隙水和导电粒子之间的界面上，他们成为孔隙水中的离子和粒子中的电子的屏障。

电化学在理解电子导体和孔隙水界面极化响应方面起着重要的作用。受到孔隙水中金属电化学研究的启发，Seigel（1959）将激发极化响应归因于“过电压”效应。等效电路模型由于提供了一个可以简单表示界面电学性质的铁矿物而广受欢迎（Angoran and Madden，1977）。其中一个例子是 Randles 的电路（Randles，1947），它描述了与流体接触的单个电极（图 2.24）。电路的每个元件代表电极处双电层的一部分。R_s 是由孔隙中流体引起的阻力，而其他三项与金属界面上形成的双电层有关。这些是双电层的介电容量（C_{dl}），代表由扩散控制过程引起的泄漏电容的瓦尔堡阻抗（W）（见 2.3.2 节）和归因于电极表面有限电子转移速率的电荷转移电阻（R_{ct}）。然而，与基于电化学的单电极测量不同，电荷不一定通过分布在岩石中的导电颗粒的界面传递。下面描述的一些激发极化模型在本质上假设发生这种电荷转移过程。另一些学者认为，在离子存在的情况下，可能会促进颗粒表面的氧化还原反应，但这不是产生激发极化效应的必要条件。

由于存在导电粒子时极化机制的复杂性，20 世纪 70 年代和 80 年代支持矿物勘探的激发极化研究主要集中在将经验弛豫模型拟合到测量结果上，或使用等效电路来表示通过矿体的电流传输。图 2.25 是 Pelton 等（1978a）早期广泛引用的一个范例，其中假设电子导电颗粒阻断离子电流传导路径。等效电路模型包括一个复阻抗$[(\mathrm{i}\omega X)^{-c}]$来模拟电子导体-离子界面的损耗电容（$c<1$）。在 $c=0.5$ 的情况下给出了瓦尔堡阻抗。考虑到其假设电子导电颗粒堵塞孔隙通道，并且骨架是绝缘体，这个概念模型表明电荷通过氧化还原反应在电子导体-流体界面上传输。电荷从孔隙水离子传导到电子传导的巨大极化阻抗产生了激发极化效应。

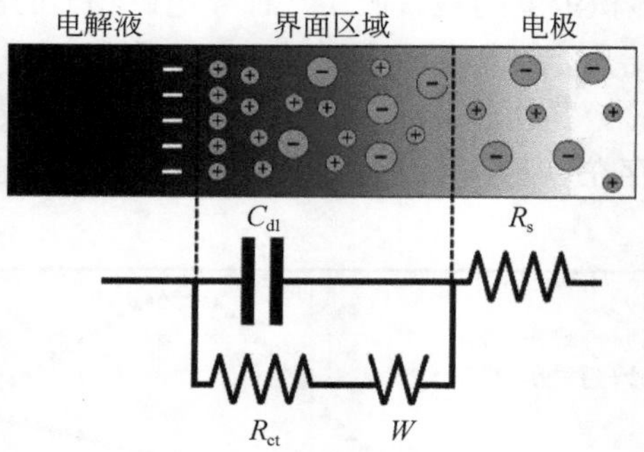

图 2.24　基于 Randles 电路的电荷通过电极-孔隙水界面的阻抗

R_{s}. 孔隙水的电阻；C_{dl}. 表示双电层电容；R_{ct}. 表示电荷传导产生的电阻；W. 瓦尔堡阻抗

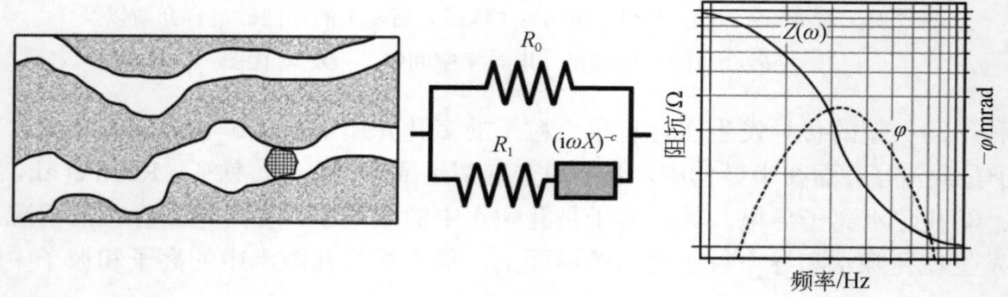

图 2.25　含导电矿物的岩石极化概念模型与等效电路模型（修改自 Pelton et al.，1978a）

频率相关的激发极化数据由改进的 Cole-Cole 公式描述（此处表示为复阻抗）

Pelton 等（1978a）用等效电路复阻抗的修正 Cole-Cole 表达式介绍了他们的概念模型（知识点 2.8）：

$$Z(\omega)=R_0\left\{1-\tilde{m}\left[1-\frac{1}{1+(\mathrm{i}\omega\tau_0)^c}\right]\right\} \tag{2.113}$$

知识点 2.8 给出了与式（2.113）等效的复电导率公式。正如 Macnae（2015）指出的，当该模型的参数表述为复电导率与复电阻率（或阻抗）时，该模型的参数将以不同的方式影响频谱。式（2.113）的模型参数与等效电路有关。

$$\tilde{m} = \frac{1}{1 + \frac{R_1}{R_0}} \tag{2.114}$$

以及，

$$\tau_0 = X\left(\frac{R_0}{\tilde{m}}\right)^{1/c} \tag{2.115}$$

与电子导电矿物相关的激发极化机制模型最初是在流体-矿物界面上的电流传输理论的基础上开发的。DeWitt（1979）引入了一个机理模型，将极化归因于孔隙水和矿物颗粒之间的扩散层内发生的电荷分离。该模型首次预测了导电矿物极化的一些重要特征。这些特征包括：①极化率主要由电子导电颗粒的体积含量控制；②时间常数与粒子直径的平方和骨架的电阻率（流体化学）成正比；③时间常数还取决于与极化相关的电化学的第三个参数，在这种情况下由瓦尔堡阻抗量化。

Wong（1979）引入了一种电化学模型来解释导体和半导体矿床的激发极化响应。该模型描述了在非极化介质中无限导电粒子的稀释悬浮液的极化。Wong（1979）认为，该模型可以应用于电导率高于背景电导率 100 倍及以上的粒子，尽管它假设粒子具有无限导电性。Wong 和 Strangway（1981）在激发极化理论上取得了重大进展，并将其扩展到更复杂的细长电子导电颗粒的情况。Wong 模型解决了 Poisson-Nernst-Planck 微分方程系统的极化问题，该微分方程包含嵌入孔隙水中的单个无限电子导电颗粒的扩散电流和迁移电流，以及在电活性阳离子存在的情况下穿过粒子-流体界面的反应电流。Wong 使用混合模型（见 2.2.4.4.2 节）来确定低含量（体积比小于 10%）分散颗粒表征的介质的宏观响应。

Wong 模型同时考虑了颗粒的大小和孔隙水的组成。与先前讨论的模型不同，尽管该模型的背景假设是在溶液中存在氧化还原活性离子的情况下，但其并不考虑电荷在电子导体-流体界面上的传输。Bücker 等（2018）指出，Wong（1979）没有对其理论中涉及的不同极化机制的作用进行全面描述，也没有充分描述机制与关键模型参数之间的关系。Bücker 等（2018）重新评估并扩展了 Wong（1979）的原始模型，从两种同时作用的极化机制方面提供了更完整的概念理解：①在电子导体两极激发的扩散层极化以及相关的扩散电流密度（$\boldsymbol{J}_{\mathrm{diff}}$）；②在氧化还原活性阳离子存在的情况下，反应电流密度（$\boldsymbol{J}_{\mathrm{reac}}$）穿过电子导体-流体界面产生体积扩散（图 2.26）。Bücker 等（2018）研究表明，在不存在活性阳离子的情况下，扩散层机制主导宏观反应，但在存在活性阳离子的大粒径情况下，体积扩散效应会更显著。

Wong 模型的电化学部分共使用十个参数来描述分布有电子导电球体的孔隙水中有效电导率，几何参数是球体的直径和体积含量。同时还需考虑粒子嵌入的非极化背景的复导电率。其余参数描述了孔隙水的化学性质以及矿物-流体界面的电化学性质。它们包括孔隙水中阳离子的背景浓度，孔隙水中离子的迁移率，活性离子和非活性离子的扩散系数，以及描述在电子导电颗粒和背景介质界面上发生的电化学反应的三个系数。使用 Wong 模型的挑战在于它的许多电化学模型参数的约束性很差。然而，该模型确实产生了一个简单的重要预测，即本质上极化率（$\tilde{m}$）仅取决于背景介质的极化率（$\tilde{m}_{\mathrm{b}}$）和电子导电颗粒的体积分数（$\hat{v}$）（Gurin et al.，2015），

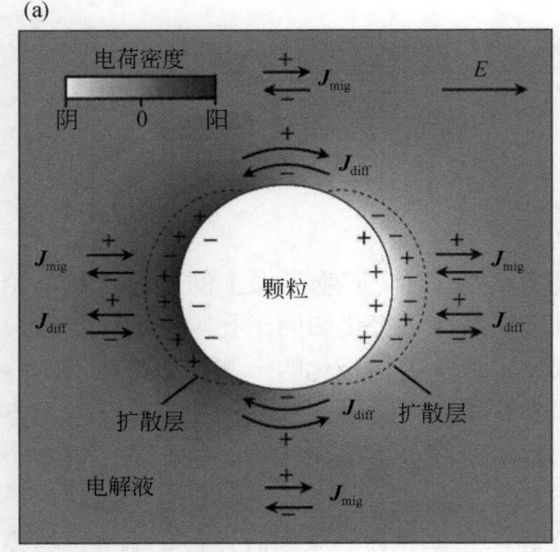

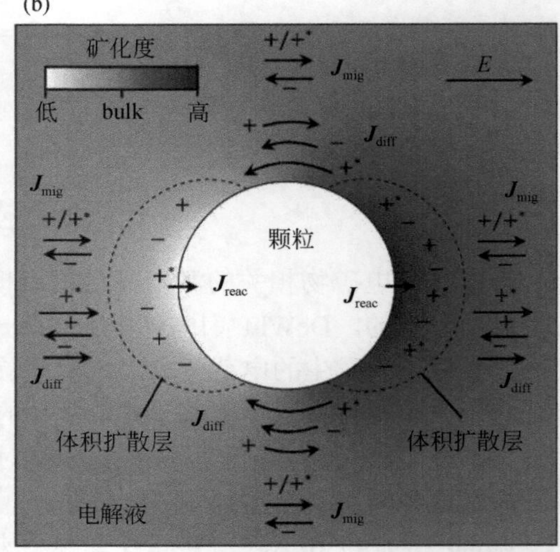

图 2.26　基于 Wong（1979）的电化学模型重新解释与电子导电粒子相关的两种极化机制

（a）扩散层极化机制，即电荷迁移电流密度（$\boldsymbol{J}_{mig}$）使得扩散层中的离子局部降低，为扩散层充电并在粒子上形成激发电荷，扩散电流密度（$\boldsymbol{J}_{diff}$）由产生的浓度梯度驱动；（b）体积扩散机制，反应电流密度（$\boldsymbol{J}_{reac}$）和迁移电流改变活性阳离子（+*）的浓度，使孔隙水中的浓度梯度驱动扩散电流

$$\tilde{m} = 1 - (1 - \tilde{m}_b)\frac{2(1-\hat{v})^2}{(2+\hat{v})(1+2\hat{v})} \tag{2.116}$$

在非极化背景介质的情况下，式（2.116）简化为

$$\tilde{m} = \frac{9v}{2+5\hat{v}+2\hat{v}^2} \tag{2.117}$$

例如，极化率只是电子导体体积含量的函数，与流体化学无关。Revil 等（2015a）指出，这个表达式可以简化为

$$\tilde{m} = \frac{9}{2}\hat{v} \tag{2.118}$$

当导电电子粒子的体积浓度低于 10%时有效。在非极化背景下［式（2.117）］，Wong 模型的预测与实验数据集的拟合如图 2.27（a）所示。Wong 模型的这一预测表明，IP 测量在确定地下电子导电矿物的体积含量方面具有非常强大的潜在用途。

Wong（1979）没有推导出弛豫时间与导电粒子大小之间的直接预测关系。然而，他提出了相位峰值的频率与大粒子的粒子半径平方成反比，与小粒子的粒子半径成反比。在这两种情况下，弛豫峰值频率也与离子扩散系数成正比。在对 Wong 模型的重新评价中，Bücker 等（2018）推导出了主要扩散层机制的弛豫时间表达式，以及在活性阳离子存在下可能对较大颗粒很重要的体积扩散机制表达式。在扩散层机制中，弛豫时间与粒子半径成正比，在体积扩散机制中，弛豫时间与粒子半径的平方成正比，这与 Wong（1979）的表述一致。

Revil 等（2015a）和 Misra 等（2016）引入了一个在没有氧化还原反应离子情况下的半导体粒子模型，该模型消除了 Wong（1979）假设的无限粒子电导率的固有限制。并推导了 Poisson-Nernst-Planck 方程的近似解，以模拟与孔隙水接触的单个电子导电颗粒和非导电粒

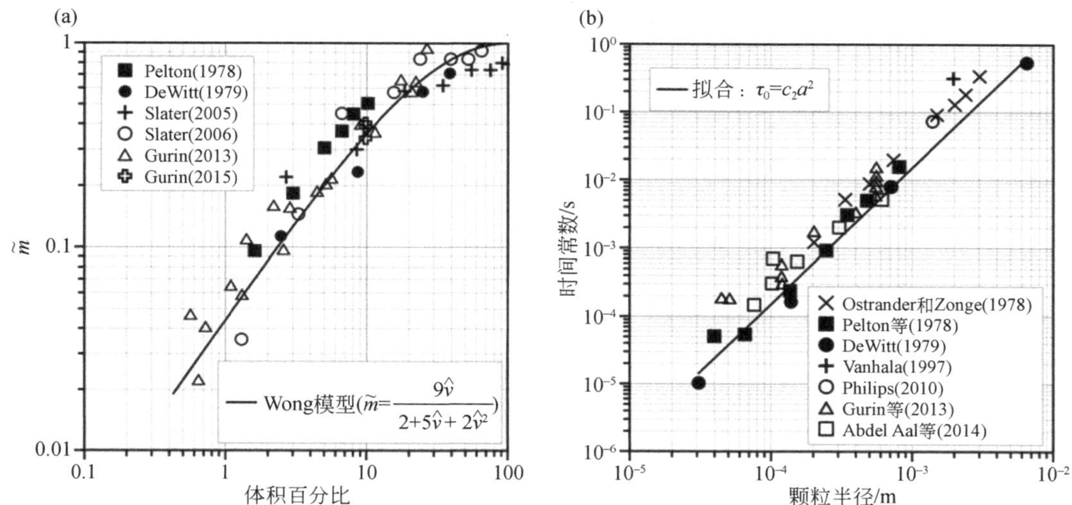

图 2.27　（a）符合 Wong（1979）对非极化介质的预测的极化率与导电矿物含量的关系和（b）时间常数与导电粒子半径的关系示意图

不同数据源的孔隙水电导率不同，导致局部数据的离散现象

子的感应偶极矩。与 Wong（1979）一样，稀释溶液的有效介质理论用于提高含有半导体颗粒的多孔介质的响应。Wong 模型只考虑了电子导体外载流子的极化，而 Revil 等（2015a）还考虑了半导体内载流子（p 和 n）的极化（图 2.28）。该模型的预测结果与 Wong（1979）的模型非常相似，预测了极化率对电子导体体积浓度的依赖性。Revil 等（2015a）的模型也预测了弛豫时间与粒子半径平方的联系。基于从弛豫时间确定的较大的有效扩散系数（约 $10^{-6}m^2/s$），Revil 等（2015a）假设 p 和 n 载流子的弛豫现象［图 2.28（d）］而非粒子外部的离子弛豫现象［图 2.28（c）］（扩散系数通常约为 $10^{-11}m^2/s$），会主导测量的弛豫时间。Revil 等（2018a）认为载流子的内部弛豫现象将在大粒子中占主导地位，而外部离子的弛豫现象将在小粒子中占主导地位。该模型还假设，在施加电场后（或在高频时），粒子立即体现出导体特征［图 2.28（a）］，但在长时间施加电场后（或在低频时），粒子表现为绝缘体［图 2.28（b）；根据 Wong（1979）的模型］。

通常需要用实验数据来验证这些电子导电颗粒的激发极化模型。对代表矿体形态的人工材料和矿石本身进行的岩石物理测量可以追溯到 20 世纪 70 年代，这种测量显示了体积含量和电子导电颗粒大小对 SIP 数据的影响（Pelton et al.，1978b；DeWitt，1979；Revil et al.，2015）。根据 Wong 模型［式（2.117）］的预测，极化率与电子导电颗粒的体积有很大的关系。尽管极化率在一定程度上取决于颗粒形状（Wong and Strangway，1981；Gurin et al.，2018），但是与孔隙水电导率和温度相对独立（Revil et al.，2018a）。

时间常数与颗粒半径（r）的平方成正比［图 2.27（b）］，但与孔隙水电导率（σ_w）成反比，说明电化学在控制电子导电矿物的极化响应方面具有强大作用（Slater et al.，2005；Gurin et al.，2015）。与非导电矿物的极化情况类似，时间常数随着温度的升高而降低（Revil et al.，2018a）。如图 2.27（b）所示数据的离散情况可能部分归因于不同数据源之间孔隙水电导率和温度的差异。相反，对于非导电矿物的极化，时间常数几乎与孔隙水电导率无关。

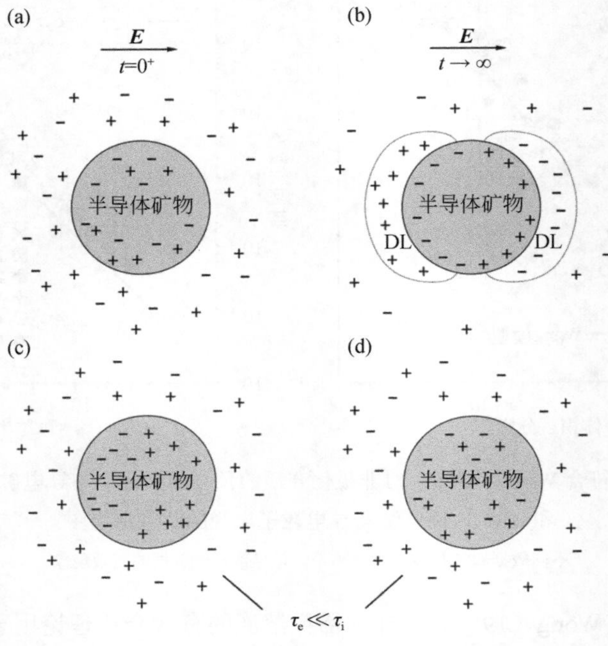

图 2.28　由 Revil 等（2015a）提出的大半导体粒子模型中极化机制的概念模型（修改自 Revil et al.，2018a）

（a）施加电场 $\boldsymbol{E}$ 后短时间内的导电粒子；（b）施加电场 $\boldsymbol{E}$ 后长时间的完全绝缘极化粒子（DL=由表面电荷产生的双电层）；（c）孔隙水随时间 τ_e 的弛豫现象；（d）对于小粒子 $\tau_e \gg \tau_i$，半导体中电荷随时间 τ_i 的弛豫现象

为了说明导电矿物和绝缘矿物极化之间的显著差异，含有 4%（体积）磁铁矿的均匀砂介质与含有 4%（体积）高岭石黏土的相同砂介质的相位频谱见图 2.29。在每种情况下，测量都是在样品被具有三种不同孔隙水导电性的电解质饱和的情况下进行的：50μS/cm、500μS/cm 和 5000μS/cm。导电矿物的典型极化反应见图 2.29（a），随着孔隙水电导率的增加，相位峰值向更高的频率移动；它还表明，相位的大小几乎与孔隙水的导电性无关。从图 2.29（b）可以看出，相位频谱的形状与绝缘矿物极化的盐度无关。然而，在这种情况下，相位的大小很大程度上取决于孔隙水导电性。

为解释导电矿物中的激发极化反应而提出的对比模型，相关学者开展了大量的电化学实验，以更好地揭示矿物-流体界面微观弛豫机制。一些实验集中研究了活性离子与非活性离子在控制极化中的相对重要性，同时也研究了孔隙水中电荷的扩散与表面扩散（吸附）现象对于激发极化响应的帮助。在一些研究中采用了金属-流体界面电化学研究的标准技术（Angoran and Madden，1977；Klein et al.，1984）。该工作主要是为了确定岩石的矿物组成，尽管这仍是一个挑战（Seigel et al.，2007；Hupfer et al.，2016）。

Gurin 等（2015）采用半经验方法描述了电子导电矿物极化的弛豫时间与颗粒尺寸和孔隙水电导率的关系，

$$\tau = a_s \frac{r^2}{\sigma_w} \tag{2.119}$$

式中，a_s 为比体积电容，F/m^3，描述颗粒矿物学和表面化学对激发极化响应的作用。这种对孔隙水电导率的反向线性依赖在图 2.29（a）中表现得很明显，孔隙水电导率每增加一个数量级，相峰位置就会相应降低一个数量级。然而，界面极化控制的电化学性质是不确定的，在导电矿物存在的情况下，电化学对激发极化效应的控制还需要做更多的工作。当然，电子导电矿物的矿物学在频谱激发极化测量中的作用值得更多的关注。Abdulsamad 等（2017）描述了在没有任何氧化还原活性物质的情况下，单一电解质中单个半导体颗粒的数值研究，其中弛豫时间受矿物影响。事实上，几十年来，使用频谱激发极化来探测矿物一直是矿产勘探领域的热点（Pelton et al.，1978b），最近的研究又回到了这一问题上（Bérubé et al.，2018）。

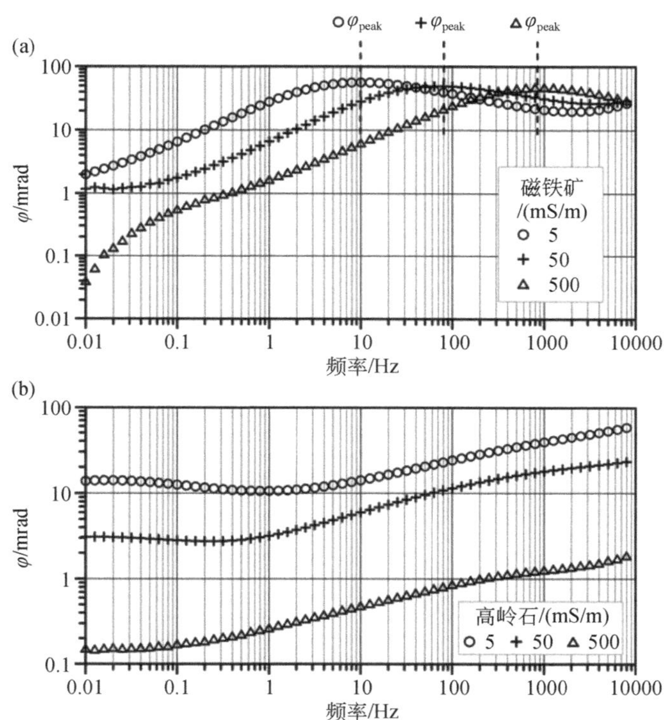

图 2.29　孔隙水电导率对激发极化频谱弛豫时间分布（即形状）影响的比较图

（a）砂-磁铁矿混合物（磁铁矿体积比为 4%）；（b）砂-黏土混合物（高岭石体积比为 4%）。孔隙水电导率对电子导电矿物（磁铁矿）相位 φ 峰值［式（2.119）］位置的影响较大，可以根据相位（电导率空间，$+\varphi$）峰值（φ_{peak}）的位移看出

2.3.8　污染土壤和岩石的电学性质

孔隙中的污染物会影响土壤和岩石的电学性质。由于需要探测和刻画污染羽，环境地球物理研究在 20 世纪 80 年代有所增加。污染物改变电性能的程度在本质上是复杂的，这取决于许多因素，包括污染物类型（如水相或非水相）、污染物在地下的浓度和时间，以及通过生物地球化学过程降解的时间（Atekwana and Atekwana，2009）。一些污染物以一种可预测的、常见的方式改变电学性质。例如，无机污染物（如无机盐污染羽）增加孔隙水电

导率（σ_w），可以使用阿奇定律［式（2.17）］来估算多孔介质电导率的变化。有机污染物，如碳氢化合物泄漏，会引起电性的变化（Sauck，2000）。泄漏早期碳氢化合物具有很高的电阻性，由于富含离子的地下水被碳氢化合物取代，会降低土壤的导电性。电阻率和激发极化测量对土壤孔隙中非水相液体（non-aqueous phase liquid，NAPL）的存在很敏感（Olhoeft，1985；Börner et al.，1993）。激发极化测量已成功地用于表征场地 NAPL 污染（Chambers et al.，2005）。然而，随着时间的推移，碳氢化合物的自然衰减使电性特征从低电导率转变为高电导率（相对于原生土壤）。复杂的生物地球化学过程涉及将碳氢化合物转化为无机化合物，释放离子并产生有机酸，从而随着时间的推移电导率增加（Atekwana et al.，2000；Sauck，2000）。Heenan 等（2014）认为，存在碳氢化合物污染的土壤的电学性质演变遵循一条代表降解进程曲线（图 2.30）。这条曲线还表明，在污染物降解到一定程度时，污染物对电性的影响可能很弱（甚至没有），其一般发生在污染物早期（电阻性）泄漏到后期降解完成（导电）之间的中间时间（图 2.30 中的垂直虚线）。激发极化测量对阳离子的吸附（解吸）很敏感（2.3.5.1 节），为监测与地下污染物相关的反应与运移过程提供了可能（Hao et al.，2015）。

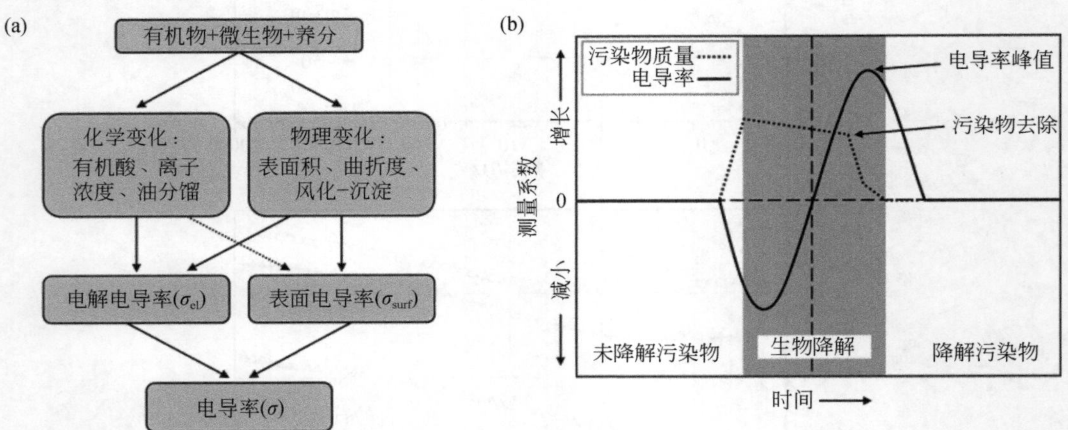

图 2.30　（a）有机污染物转化引起电导率随时间的变化和（b）有机物泄漏的电导率理想演化过程示意图（修改自 Heenan et al.，2014）

垂直虚线表示有机物降解过程电性参数无异常的时间点

2.3.9　非线性激发极化效应

在 20 世纪 70～80 年代激发极化法的发展过程中，由于可能将非线性测量与涉及电子导电矿物、黏土和有机污染物的电化学过程（伴随氧化还原反应和离子交换的电荷转移反应）联系起来，因此非线性激发极化效应的研究或将成为热点问题（Olhoeft，1985）。非线性意味着系统输出与输入过程不成比例关系，在电法测量中，这意味着激发极化响应强度和施加电压之间不是线性关系。目前已有的用于评估频谱激发极化数据中非线性信号处理技术首先是基于评估样本上记录的电压的谐波失真（Olhoeft，1979）。相关研究在矿化岩石的测量中发现了非线性激发极化效应（Anderson，1981；Olhoeft，1985），推断其与有机污染物和黏土之间的相互作用相关（Olhoeft，1985）。然而，其他研究并未发现在黏土矿物存在情况下的非线性激发极化效应现象（Klein and Sill，1982）。21 世纪初，由于非线性激发极化效应结果不确定，人们对它的研究兴趣减弱。然而，Hallbauer-Zadorozhnaya 等（2015）最近提出了基于薄膜极化的测量结果和建模框架来支持非线性激发极化效应。尽管对同一样品的独立测量没有显示非线性的证据（A. Weller，非正式发表文献），他们仍然提出由欧姆定律表示电流密度和施加电压之间的线性关系［式（2.1）］可能并不总是成立。尽管我们对电学性质的讨论仅限于假设其是线性相关的，但非线性激发极化响应仍可能在电法测量中得到证实和利用。然而，重要的是要确保测量数据结果来自实际样品，而不是由于实验样品设计不合理无法准确测量电性能或者甚至使用有缺陷的仪器从而导致的错误数据。这些问题将在第 3 章中讨论。

2.4 小　　结

具有非导电骨架（即不含导电矿物）的多孔材料的电学性质与孔隙网络的几何形状（孔隙度、连通性、表面积）和孔隙水（相对浓度、分布和温度）有关。电子传导介质提供了对电性的额外影响，这使得电阻率和激发极化法成为研究地下性质和地下过程的高效工具。然而，这些不同因素对电阻率测量的影响相当复杂，可能导致较高不确定性以及对电阻率测量数据的错误解读。但是当结合激发极化测量时，这种不确定性可以显著降低。孔隙网络的双电层极化完全由复电导率的虚部来表征。基于这些额外的信息，具有非导电骨架的多孔材料的复电导率可以分解为两个与导电和极化相关的参数项：一是充满流体互连孔隙空间的导电性；二是孔隙与矿物颗粒界面处双电层的导电性和极化。这样的分解使得所谓的阿奇型传导从表面传导中分离出来，从而减少了解译的模糊性，可以更准确地解释孔隙水电导率与土壤结构（如黏土含量）的变化。相比之下，研究学者对非饱和土壤的电学性质了解较少，特别是表面电导率和电导率与饱和程度的关系以及饱和流体在孔隙空间中的分布情况。

由于电子在矿物中传递而产生的较强极化响应，激发极化对于研究涉及电子导电矿物的地下性质和过程特别有效。矿物的体积含量和粒子大小都可根据激发极化测量获取，因此，长期以来，激发极化法一直是一项有价值的矿产勘查技术。在过去的 25 年里，由于激发极化法在研究涉及金属转化方面环境问题的应用价值，人们对使用该方法研究近地表问题的兴趣有所增长。最近的创新应用包括环境修复中使用纳米级铁颗粒产生的孔隙堵塞问题的监测研究（Flores Orozco et al.，2019a），以及冲洪积扇沉积物由还原反应引起的铁矿物沉淀相关的生物地球化学活跃区的刻画（Wainwright et al.，2016）。然而，对矿物在激发极化响应中的影响研究仍然需要完善。长期以来，电子导电颗粒中的矿物影响一直是矿物勘探研究人员关注的重点，同时，越来越明确的是矿物对非导电岩石中的激发极化机制影响较大（Chuprinko and Titov，2017）。较大的矿物组分变化可能导致一些关键的岩石物理关系失效，如本章讨论的极化和表面传导之间的线性比例关系（Revil et al.，2018b）。

原位估算渗透率非常具有挑战性，但电阻率和激发极化测量数据却可以用来估算渗透率。用地球物理方法估算渗透率将为水文地质学家提供一种强大的新技术，使他们能够在现场尺度上了解地下水流动和运移过程。激发极化测量提供的附加信息能够改善电学测量对渗透率的估算，并使我们能够运用机理和经验公式描述电学性质和渗透率之间的关系。尽管通过激发极化测量来限制表面导电性可以改善地层因子的估算，但渗透率计算方程中存在的地层因子使得现场应用仍然具有挑战性（Weller et al.，2013）。然而，将激发极化测量值与渗透率联系起来的公式并不通用，并且可能会在新数据集的应用效果上表现不佳（Razavirad et al.，2018）。

在第 3 章中，我们将介绍电阻率和激发极化仪器，这些仪器用于获得本章所述岩石物理关系所需的测量数据。我们将分别介绍实验室测量和现场仪器测量，前者已经建立或验证了大多数基本的岩石物理关系，后者则可以利用这些关系将现场测量与地下物理化学特性的变化联系起来。

第 3 章　测量仪器与实验室测量

3.1　引　　言

地球物理仪器已经发展到可以在多个尺度上测量地下的电学性质。研发的实验室仪器，也为研究人员提供土壤样品和岩心电学特性所需的表征工具。此类实验室仪器已广泛应用于获取第 2 章中介绍的岩石物理关系所需的数据。虽然电导率（和复电导率）与地下电荷传输（导电和极化）机制直接相关，但地球物理学家多数测量的是电阻（或阻抗），并用电阻率参数来描述电性。为遵循习惯，在描述本章所涉及的仪器和测量时使用电阻率术语。测量的电阻率是电导率的倒数（$\rho_{\mathrm{m}}^{*}=1/\sigma_{\mathrm{m}}$）。同样，测量的复电阻率是复电导率的倒数（$\rho_{\mathrm{m}}^{*}=1/\sigma_{\mathrm{m}}^{*}$）。

电阻率测量的基本方法相对简单（图 3.1），利用电源向地下供电，并记录供电所需的电场强度。矿产勘探行业主要推动了初期的电阻率和激发极化仪器的发展。研发了大功率供电仪用以驱动足够的电流进入地下，以便解译相对大范围内的深层（＞100m）结构。早期使用的是单通道接收器，之后则使用多通道（通常多达 10 个）接收器，用于记录有限个电极的电势。这些仪器获取的数据通常包括一维测深、一维剖面或二维视电阻率伪剖面（4.2.2.5 节）。在过去的几十年里，场地尺度仪器的主要技术进步是由二维（然后是三维）成像算法的发展推动的，这些算法需要从布置在地表和（或）钻孔中的大量电极中获取多维数据。这些成像算法的发展恰逢环境调查-修复行业的快速发展，人们对浅层地下水文过程和水资源的兴趣日益浓厚。因此，测量工具从只能通过少量（通常只有一个）测量通道对有限数量的电极进行测量的高功率仪器，发展到可对大量电极进行测量的便携式、低功率电阻率成像系统。这些成像仪器使用多通道和多路复用（在电极之间切换的能力）的组合来自动定位通过多芯电缆连接到仪器的电极网络（通常为 100 个）。这一发展使得二维甚至三维电阻率（激发极化）成像变得高效且经济可行，至少在浅层（<100m）勘探中是如此。20 年前可能需要几天才能完成的一项测量，现在只需要大约几小时就能完成。

其他的技术进步还包括通过牵引电极阵列进行连续电法成像仪器的发展。在水中拖曳电极阵列时，连续电法成像是最容易实现的。这导致电法成像越来越多地用于浅海调查，其中比较流行的应用是调查海水入侵和地下水-地表水交换（Day-Lewis et al.，2006；Mansoor et al.，2006）。拖曳阵列也被开发用于地表探测，尽管这对于依赖标准电极提供的传统接地方式具有挑战性。对高阻地面区域［如沥青（混凝土）和冻土］进行的连续测量需求促进了测量仪器的发展，并克服了通过电容耦合电极进行电流接触的需要（Geomeics，2001；Kuras et al.，2007）。另一个进步是电阻率监测系统的发展，可以通过自动数据采集系统，持续收集数据并推断监测阵列勘测范围内的地下过程（Bevc and Morrison，1991；

Van et al.，1991）。

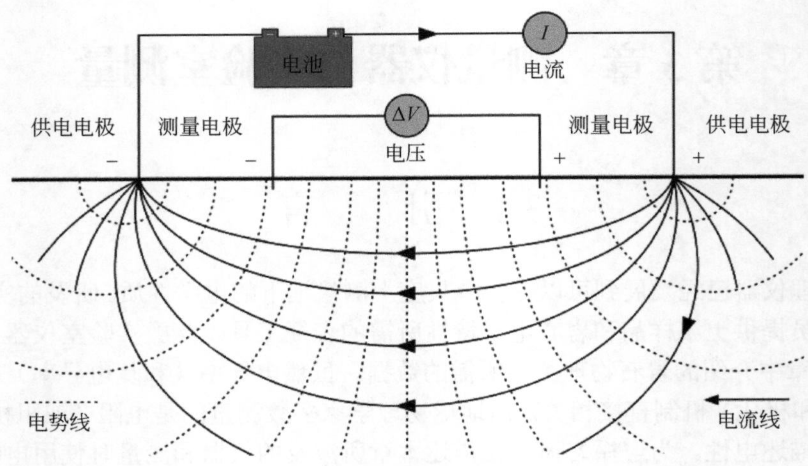

图 3.1　电阻率测量的基本要素示意图

需要着重强调的是，激发极化的响应测量比电阻率测量要困难得多。一些从业人员可能会认为，激发极化测量可以和电阻率测量同步进行，因为大多数电阻率仪器都会记录激发极化测量，这是“免费”的附加信息。事实上，获取有效的激发极化数据需要花费大量精力并且需要关注一些测量细节。考虑到测量激发极化数据会延长数据采集时间（相对于单独的电阻率测量），因此需要完善测量方式，以便记录高质量的数据。否则，很容易将调查时间浪费在记录大量无用的信息上。激发极化数据采集的另一个挑战是其信噪比（signal-to-noise ratio，SNR）较小，通常比电阻率信号小 100～1000 倍。其次，场地尺度的激发极化测量数据很容易受到地面测线和相关测量组件的耦合效应影响。最近有关激发极化方法的综述论文（Kemna et al.，2012；Zarif et al.，2017）介绍了避免此类问题的现场数据采集建议。

在实验室中，测量仪器可以获取一定频率范围内的频谱激发极化（SIP）响应。然而，获得精确的实验室频谱激发极化测量需要严格注意电极布置、样品装置的几何形状以及必须考虑的其他复杂因素（Vanhala and Soininen，1995；Kemna et al.，2012）。场地尺度的 SIP 系统是为矿产勘探而开发的，此时可以观察到非常大的相位信号，这是与仪器相关的重要误差源。最新研发的一款仪器，可以在没有电子导电矿物的情况下对较小的频谱信号进行场地尺度的近地表测量（施伦伯格背景效应）（Radic et al.，1998；Radic，2004）。

开展可靠的激发极化测量需要充分了解仪器的测量结果与目标物理特性（主要是极化响应的大小）之间的关系（2.3 节）。将电法仪测量的信息直接转换为电阻率估算值很容易，但激发极化测量数据却并非如此。用时间域激发极化仪器采集数据不仅取决于地下介质的物理性质，还取决于仪器的配置。在进行频率域测量时，该问题就会得到缓解，但仍需采取必要的处理从而将测量结果转化为相关的物理特性。

本章描述了用于获取电阻率和激发极化数据的主要原理。我们考虑整个测量系统，包括功率发射器、接收器、用于地面供电和测量的电极阵列。与本书其他章节一样，首先考虑电阻率测量，然后在本章后半部分将这一方法扩展到激发极化测量。这不仅要介绍测量仪器，还要介绍测量的激发极化数据与相关特性之间的关系，尤其关注与激发极化数据采集相关的难点问题。

3.2　电阻率测量

3.2.1　电阻、电阻率和装置系数

电阻率是介质材料的固有特性，用于描述对电流传导的电阻。这种固有特性是由传导电阻（$\Delta V/I$）和装置系数（K）的测量结果所决定：

$$\rho = R \cdot K = \frac{\Delta V}{I} K \tag{3.1}$$

传导电阻是通过测量两点之间的电压差（ΔV）来确定的，它是由于电流（I）注入介质材料而产生的。装置系数 K 通过获取①电流注入和电压测量的相对位置和②介质中电流流线的几何形状来确定。在某些情况下，如均质材料中的一维电流和到某一点的径向电流（同样在均质材料中），可以得到 K 的简单解析式（见第 4 章）。在更复杂的情况下，装置系数可以通过室内实验或现场测量数据来确定。这种情况将在后面讨论，但在这里，首先关注一维电流流动的情况，这是实验室中最常见的用于确定地下介质电阻率的情况。该测量通常用于评估样品的固有电阻率，然后可以将其与样品的物理和化学性质相关联。这些测量为第 2 章介绍的岩石物理关系奠定了基础。

3.2.2　实验室测量

3.2.2.1　测量单元和四电极测量

实验室电阻率测量通常使用能够产生一维电流和相关电场的电源。McCollum 和 Logan（1915）提供了使用该方法测量圆柱形土壤样品的例子。这种情况类似于电流在导线中流动，其中电阻率与电阻有关：

$$\rho = R \cdot K = R\frac{A}{L} = \frac{\Delta V}{I}\frac{A}{L} \tag{3.2}$$

式中，A 为导线的截面积；L 为测量得到电压降差（ΔV）的两点之间的导线长度。在这种情况下，装置系数有一个简单的解析表达式，$K = A/L$。同样的公式通常用于确定土壤或岩石的电阻率（图 3.2）。

通常电压差（ΔV）用一对单独电极来测量，而不使用供电电极。这种做法是必要的。因为在低频电流注入时，与金属电极-电解质接触的电极接触电阻相对于样品电阻可能很大。这种电极-电解质接触表现为阻抗（$Z^* = R + \mathrm{i}X$）的特征，是电阻的复值化，其中实部是电阻（R），虚部是电抗（X），其描述了电荷传输过程的非电阻特性（电容或电感效应）。为了简单起见，这里只考虑电阻。当测量供电电极上的电压降时，需测量样品电阻和两个电极接地电阻的总和。电极-电解质界面的供电电流会使电极极化，并使这些接地电阻非常大，以至于它们会对总电阻产生决定性影响。这个问题可以通过使用四极装置来解决，其

中 ΔV 是在一对测量电极之间获取的（知识点 3.1）。每个测量电极上都存在接地电阻（其在稍后的激发极化讨论中很重要），但它们并不在总阻抗中占主导地位，主要由于电法仪的测量路径具有高阻抗，使得流过这些电极的电流可以忽略不计。因此，测量的电压降准确地反映了沿土壤样品长度两点之间的电压差，并可获得电流流过材料的电阻。四极测量是实验室和现场电阻率测量的标准方法。

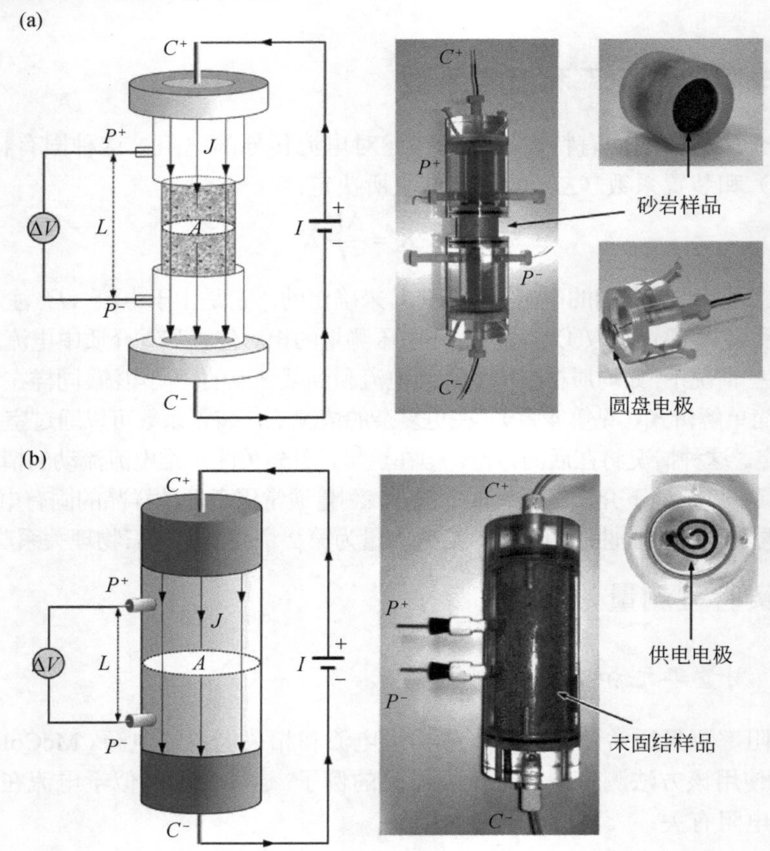

图 3.2　采用一维电流单元进行实验室电阻率测量

（a）岩心样品装置示例，其中供电电极和测量电极均置于端盖中；（b）未固结样品装置示例，其中测量电极位于未固结样品中

针对土壤和松散沉积物，四个电极可以插入样品［图 3.2（b）］。然而，在样品中插入电极并不总是可行的，如岩心。另一种方法是将样品放置在包含供电电极和测量电极的双电极端盖之间［图 3.2（a）］。通过式（3.2）得出单一的电阻率值，代表土壤（岩石）在该测量尺度下的“真实”固有电阻率。土壤（岩石）内部的任何非均质性都不会被考虑在内，而是被有效地整合为单一的电阻率估算值。

虽然必须注意电极的设计和布置，但进行这种实验室电阻率测量相对简单。如图 3.2 所示的样品装置主要用于产生一维电场（即电流沿着样品装置的长轴向一个方向流动）。最好的方法是使供电电极覆盖样品装置的整个横截面，其可以通过设置金属丝网来实现，但有时会由于网格中存在的气泡而产生一些问题。另一种选择是使用螺旋式［图 3.2(b)］，从而使供电电压在样品装置的整个横截面上均匀分布。产生点电流的电极必须谨慎使用，因为靠近电极处的电场可能不符合一维假设。

测量电极可以是点电极、环形电极（沿着样品装置的圆周形式）或覆盖样品支架横截面的网状/螺旋电极（后者不适用于 3.3.1 节中讨论的激发极化测量）。如图 3.2 所示的标准实验室测量，给出了均匀样品的等效电阻率。在样品表现出明显非均匀性的情况下，电流流线可能会扭曲，并导致点电极之间的偏压电位差。使用覆盖样品装置的整个横截面测量电极可以均分这种偏差。与点电极相比，环形电极可以达到类似的效果，但改善程度要小一些，因为电位的测量只是在样品的圆周而不是整个横截面。然而，点电极在进行激发极化测量方面也提供了一些重要的优点，稍后将在 3.3.1 节中讨论。

供电电极处的阻抗必须足够低，使供电间的总电阻（R_{tot}）不超过仪器的限制。实验室仪器的工作原理是在供电电极之间提供恒定的电流或电压。在恒定电压的情况下，根据欧姆定律（$I=\Delta V/R$），R_{tot} 的增加会使得电路中的电流减小。在恒定电流的情况下，R_{tot} 的增加将使 ΔV 增大到可能超过仪器提供的最大电压。

知识点 3.1　四极测量

在双电极测量中，测量的电阻是供电电极处的接地电阻（R_{C}）和电极间样品电阻（R_{sample}）的总和。当电流通过供电电极时，电极极化，并在电极接触界面上形成电流阻抗。为了克服这个问题，我们采用了四极测量法，直接测量 R_{sample}。尽管仍然存在与两个测量电极相关的接地电阻，但没有明显的电流流过该电极接触界面（由于测量通道的阻抗非常高），因此，样品的电阻被准确地记录下来。电极-样品接触实际上可表示为阻抗（$Z^*=R+\mathrm{i}X$），其为电阻的复值泛化，其中实部是电阻（R），虚部是电抗（X），其描述电荷运移的所有非电阻项。当处于电阻率测量的低频时，电阻是主要参数项。

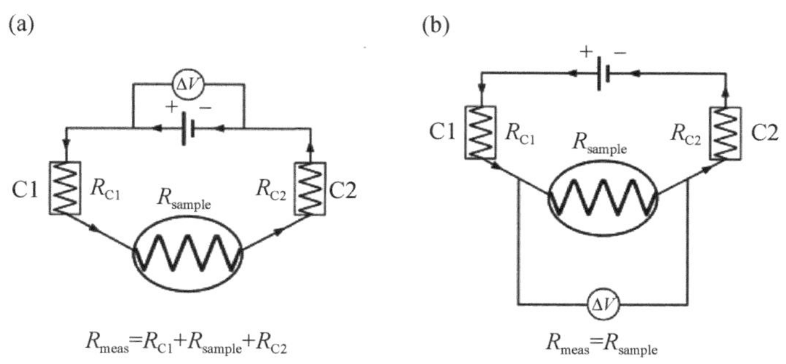

双电极与四极测量装置的比较

（a）除了测量样品的电阻外，还测量了与电极-电解质界面相关的接地电阻；（b）直接记录样品的电阻

3.2.2.2　样品装置类型

用于电阻率测量的样本装置具有两种基本类型（图 3.2）：一种是专为扰动后松散的非

固结材料设计的装置，另一种是专为岩心和（或）未受扰动的松散沉积物设计的装置。对于扰动后松散的非固结沉积物，样品装置可以将供电电极插入沉积物中［图 3.2（b）］。测量电极也可以插入沉积物中，或者对于完全饱和的样品，可以将测量电极放置在边缘充满液体的腔体中，以确保电流接触。样品的装置系数基于一维电流假设，即 $K = A / L$（图 3.2）。直接将电极插入样品中可以测量未饱和样品，但由于供电电极的接地电阻较大，尤其是在粗粒介质中，这种方法在饱和度相对较低时可能会失败。解决该问题的一种方法是将多孔陶瓷与电极结合使用，电极放置在样品边缘的充满流体的腔室中（Ulrich and Slater，2004）。陶瓷在样品的非饱和孔隙空间中能保持电极与电解质之间的导电。

岩心和未受扰动的未固结材料的样品装置将供电电极和测量电极插入附着在样品两侧的端盖中［图 3.2（a）］。端盖通常充满电解质（液体或凝胶），用以与样品建立电流接触。理想情况下，端盖的内径应等于岩心的直径，以保持一维电流传导。未饱和样品使用电解凝胶在端盖上测量（Taylor and Barker，2002；Binley et al.，2005）。端盖是获得岩心测量数据的最实用的方法，也可以防止受到在钻井过程中获得的“未受扰动的”松散材料的干扰。测量电极应尽可能靠近样品的边缘，否则需要对测量电极对之间的额外电阻进行校正，其主要受到测量电极和岩心边缘之间电解质造成的（如 3.2.2.3 节所述）。

当使用端盖时，饱和样品可以简单地包裹在封口膜（或其他保水膜）中，并放置在端盖之间。另外，还可以将样品浇铸在树脂中，或放入名为 Hassler 套管的高强度橡胶中。在岩心渗透率测量中，这种设置用于确保水流经岩心（而不是沿着岩心的侧面）。它对于确保电流通过岩心的传导也是有效的。施加在套筒外部的侧向压力将套筒牢牢地压在岩心上。用树脂浇铸样品对于胶结不良（脆性较差）的岩心非常有用（Binley et al.，2005）。端盖的一个难题是准确地确定装置系数。除非测量电极能够准确地靠在岩心边缘，否则一般不可能从一维电流的解析式中精确计算装置系数。

3.2.2.3 装置系数的确定

准确地确定装置系数是可靠估算电阻率的关键。电阻率误差达到或超过百分之几，就会导致岩石物理参数（如阿奇胶结指数）估算的误差过大。如前所述，在处理一维电流装置时，装置系数有一个简单的解析表达式。然而，该解析表达式可能无法准确反映样品的真实装置系数。其误差与测量电极位置的不确定性有关：电极的尺寸有限，意味着要准确确定装置系数所需的测量电极之间距离（L）是具有挑战性的。如果使用的装置不能使样品柱产生一维电流，如使用点电极进行供电，会导致靠近电极的地方出现三维电流分布，导致的问题就会更严重。

更可靠的方法是通过室内实验确定装置系数。具体做法是在样品装置中注入一些已知电导率的不同流体。最简单的流体是不同浓度的盐（如氯化钠）溶液，其通常会产生几个数量级的电导率变化。记录每种溶液的流体电导率（σ_w），然后用电阻率仪记录测量电极对之间的电阻。理想情况下，该测量应在环境试验箱中进行，以避免与温差相关的误差或需要进行温度校正（见 2.2.3.1 节）。一旦进行了足够多的测量，就可根据拟合线性斜率的倒数确定 K 的最佳估算值［式（3.3）］，该过程与校准特定电导探头的“单元常数”的过程相同。

$$R=\left(\frac{1}{K}\right)\frac{1}{\sigma_{\mathrm{w}}} \tag{3.3}$$

计算装置系数的另一种选择是使用泊松方程的三维解进行数值确定，特别是当样品装置不支持一维流动时。通过这种方式，模拟了样品内的三维电流通道，并根据给定样品电阻率下测量电极之间 R 的数值解确定 K（图 3.3）。

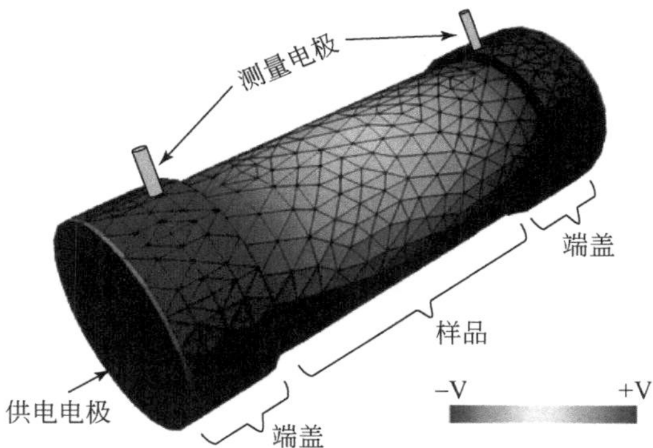

图 3.3　砂柱和端盖内电势场数值模型示例（彩色图件见封底二维码）

样品（均匀电阻率）长 2cm，直径 1cm；端盖长 5mm，直径 11mm；端盖的电阻率为样品的 20%，因此端盖内的电位梯度较低

当测量电极不能正对着样品放置时，准确确定 K 值会面临特殊的挑战。因为在这种情况下，端盖将与样品电阻串联增加额外的电阻（图 3.4）。此时，如果使用已知导电性的流体实验确定的 K 值会不准确，因为在测量未知电阻率的样品时，岩心末端存在电阻率差异，这会导致电流弯曲。在这种情况下，必须确定与端盖相关的电阻，并从测量的总电阻中减去，以得到样品装置上的校正电阻。端盖的装置系数可以通过实验校准来确定，其中端盖充满已知电阻率的液体，并且样品电阻率也已知。这样，可以通过测量用于填充端盖的流体（或凝胶）的电导率来计算电阻校正。

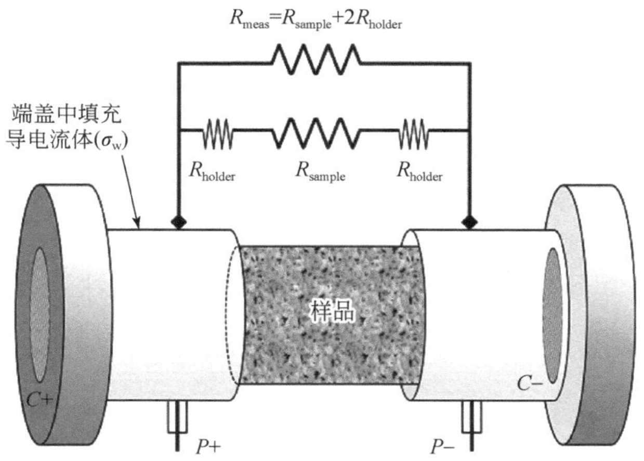

图 3.4　岩心样品装置

测量电极置于端盖中，使其尽可能靠近岩心边缘。从样品边缘到测量电极之间的有限距离所产生的附加电阻（R_{holder}）通常很小，但应进行校准，以获得尽可能精确的电阻率测量结果

3.2.2.4　实验室仪器

电阻率的实验室测量相对简单，可以购买专门设计用于测量土壤（岩石）电性的电阻率仪。这些仪器的包装上可能附有样品装置和（或）安装岩心（土壤）的配件。同时，有经验的话也可以用常规硬件定制组装电阻率测量系统（Florsch and Muhlach，2017）。随着硬件的不断普及，以及相应仪器运行所需软件的开发支持，这种定制组装方法越来越得到人们青睐。实验室电阻率仪的基本要求是有一个可控的电流源，并能精确记录样品两端和与样品串联的电阻器（R_{ref}）两端的电压差（ΔV）。根据欧姆定律，在电阻两端的电压差（ΔV_{ref}）可用于测量流过电路的电流：

$$I = \frac{\Delta V_{ref}}{R_{ref}} \tag{3.4}$$

小型电源（如几瓦）通常就可以提供精确的实验室土壤和岩石电阻率测量。恒定电压（如12V 以下）电源产生的几毫安电流就足够了。低电流密度不太可能改变样品的生物地球化学特征，这也是该方法在某些环境应用中需要考虑的因素。因此，实验室电阻率测量可以用具有恒压输出的数据测量仪。实验室电阻率仪可以是简单的单通道仪器，在单对电极之间只测量一个电阻，或者是多通道仪器，沿柱或实验槽同时测量任意数量的电阻。稍后介绍的现场仪器可用于获得实验室测量值，但是使用时必须慎重，通过使用最小功率输出设置和使用分流电阻器限制电流，以确保电流密度受到限制。过高的电流密度可能会在供电电极上引起不必要的电化学反应，甚至会使样品升温。电流密度是稍后讨论激发极化测量的一个考虑因素。

3.2.2.5　电流源

提供电流源的输出电压要么是低频（100Hz）交变方波或正弦波（频率域测量），要么是反复通、断电的直流源，直流源的方向在每个关断周期之间反复切换（时间域测量）（图 3.5）。在电流接通期间，记录由电流注入引起的电压（V_p），关断期对于测量非外加电流引起的电极之间的剩余（二次）电压差（V_{sp}）非常重要。这些结果来自①由测量电极之间的电化学不平衡引起的开路电位差和②样品中称为“自由电位”的自然电流源，将在 3.2.2.7 节中讨论。一个在时间域中使用的改进开关方波的例子见图 3.5（b）。两种方法提供的供电电流方向相反可以有效避免供电电极的过度极化，这种极化将在长时间沿单一方向连续驱动电流时发生。电流方向逆转的同时，也逆转了与金属-流体界面上电流传递相关的耦合阳极和阴极反应，并减少了供电电极处形成较大接地电阻的可能性。

3.2.2.6　电压测量

用于测量电极之间电压差的通道必须具有高输入阻抗，以避免电流通过电路流失，特别是在测量高阻样品时。电压测量通道的精度和分辨率应满足 0.1%或更高的测量精度。由于电阻率在多个数量级上变化，而电阻与电阻率成正比，因此仪器需要在很宽的范围内（即多数量级）精确测量电压差。由于测量分辨率是接收器全量程的函数，因此使用可变增益

（接收器上信号幅度的乘积）来更精确地测量宽范围的电压。对较小的电压采用较高的增益，以便在较窄的范围内对所有电压进行归一化处理，从而获得更高的分辨率。

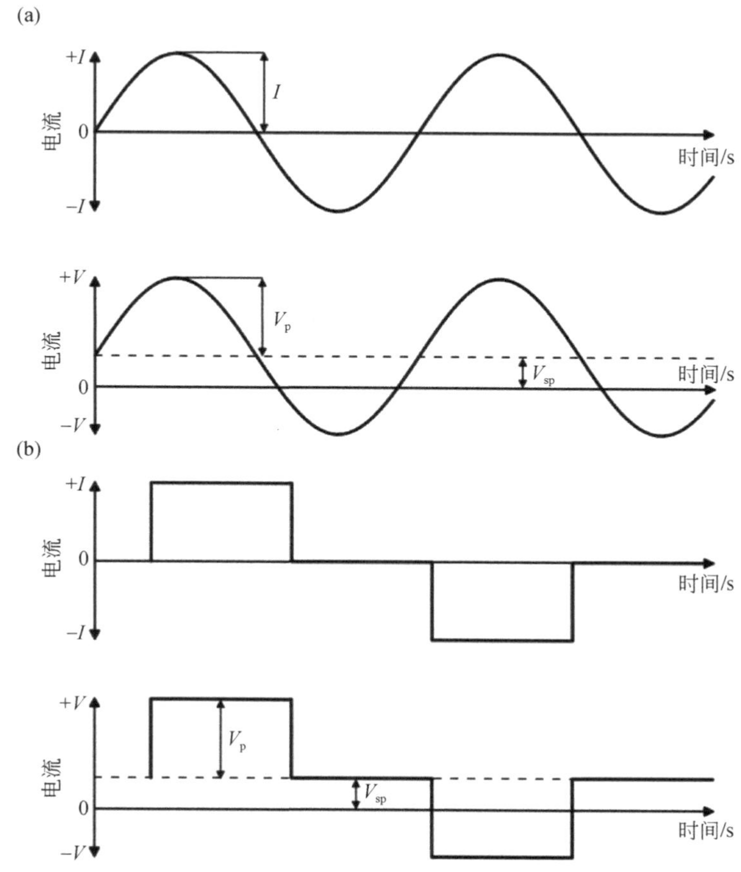

图 3.5　标准输出波形及电压信号

（a）用于频率域电阻率测量的正弦波信号源；（b）用于时间域电阻率测量的方波信号源，分别展示一次（V_p）和二次（V_{sp}）信号

3.2.2.7　实验室电极

电阻率测量很少考虑电极的组成。一些研究已经确定了数据质量的显著差异取决于电极组成（LaBrecque and Daily，2008），但在这个问题上没有形成普遍的共识。如 3.3 节所述，在考虑激发极化测量时，电极组成很重要。不锈钢电极通常作为一种相对惰性、廉价的金属电极使用；铜是另一种常见的选择。当进行涉及在金属表面引起氧化还原反应化学条件的实验时，金属的化学性质可能变得非常重要。电极可能会发生降解，但对电阻率测量的影响可能并不明显。石墨是元素碳的结晶形式，在腐蚀条件下是一种极好的电极。

无论使用何种电极材料，测量电极都不可避免地具有电压差，这种电压差是由电极表面局部液体中的可变氧化还原条件引起的。这种开路电位是在无电流源施加时产生的，当电阻率计关闭时，可以用电压表连接在测量电极上进行测量（Slater et al.，2008）。如果柱材料中存在与仪器供电电流无关的自然电流源，则叠加在电势上的是电压差的附加来源。这种电压差通常被称为自然电位，其概念是电势差与材料本身的电流源所产生的电场有关。自然电位地球物理技术（参见 Revil and Jardani，2013）依赖于测量这些自然电流源产生的电压。在电阻率测量中，电势和自然电势的总和代表噪声（V_{sp}），必须将其从供电时测量的总电压差中剔除，才能准确地知道外部电流注入时电位对上的电压差（图 3.5）。当使用频率足够高的连续方波或正弦波时，这些无效电压表示交流电压的直流误差［图 3.5（a）］。当使用依赖于长时间通、断电的时间域测量时，这些无效电压在断电期间测量［图 3.5（b）］。

3.2.3　野外测量仪器

野外电阻率仪器与 3.2.2 节中描述的实验室仪器类似。主要的区别是：①电流传导是三维而不是一维，②必须向地面注入更大的电流，③需要额外的组件将大量电极连接到仪器上。最简单的野外仪器是一个带有单通道接收器的发射器，直接连接到四个电极（两个供电电极和两个测量电极）。直到 20 世纪 80 年代末，这就是最常见的野外电法仪的设置（图 1.1），每次新的测量都需要把这四个电极全部移动。在 20 世纪 90 年代，商用单通道成像仪器只能实现有限数量（小于 100 个）供电电极和测量电极的切换。如今，更复杂的仪器使用多通道处理大量（100 个或更多）电极（图 3.6）。野外电阻率仪器最常使用前文描述的时间域测量方法［图 3.5（b）］。

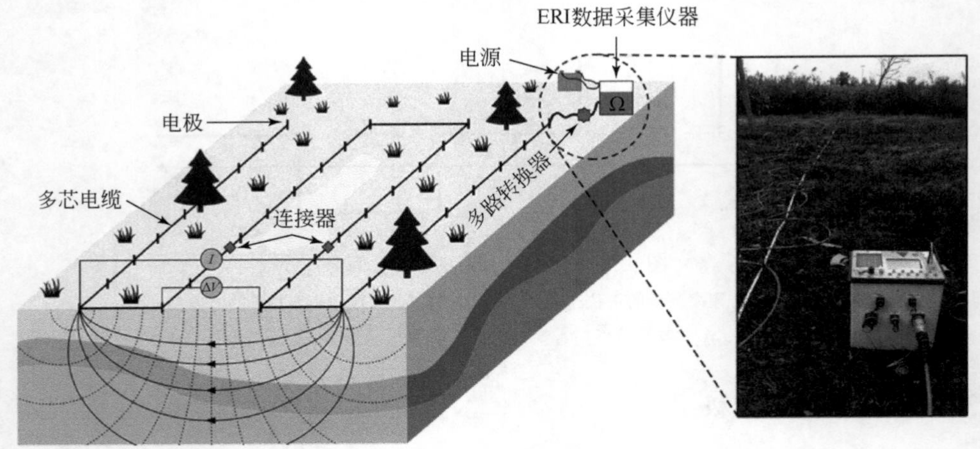

图 3.6　野外尺度电阻率（和激发极化）仪器的主要组成部分

现代电法仪的两个关键要素：①同时处理多个接收通道的能力；②多路复用能力。多通道和多路复用能力都支持快速获取适合进行二维或三维电阻率成像的大量测量数据（图 3.6）。有些仪器仅仅依靠大量通道（＞100）在一对电极之间注入电流时执行一组传递电阻。然而，它是更常见的发射机（接收机）合并一个多路复用器，这是一个机械开关单元。机械开关过程包括打开或关闭一组开关，其中每个开关与单个电极相关联。开关单元将电流转移到指定的一对注入电极，并确定哪对电极被用来测量接收器通道上的电压差。交换需要有限的时间，多路复用器的速度是决定数据采集速率的重要因素。

3.2.3.1　野外供电装置

野外电法仪的输出功率必须足够高，以确保注入足够的电流，在测量电极处产生可测量的（高于噪声的）电压。在野外电法仪中，输出功率大小通常由制造商来平衡调整。功率越大，可测量的电压信号（信噪比）就越高。但野外测量还需保持仪器的便携性，尽量减少安全风险、降低部件成本。大多数现代便携式电阻率仪被设计为可供个人携带。这些仪器将电源（即电池）、供电与测量部件整合在一起。这类仪器的输出功率通常为 200～250W，但对于近地表浅层应用（如考古）则使用较低功率的仪器。这些仪器以低于 1000V 的电压向地面注入几安培的电流。当电极放置在地面时，常用于调查地表埋深 50m 内的探测深度。通过使用与电阻率测量装置同步的高功率供电装置，可以实现更大的探测深度和更高的信噪比。这种供电装置能够提供大于 10kW 的功率，可提供大于 20A 的电流。这些外部供电装置很重，大大降低了野外便携性。使用大功率供电装置也大大增加了触电受伤的危险。在使用外部供电装置时，应制定健全的安全措施。

3.2.3.2　野外接收装置

与实验室仪器类似，接收装置的一个关键要求是高输入阻抗（通常大于 100MΩ）。现场接收装置还应具有一定分辨率、精度和可测量电压范围。所测量的基准电压分辨率通常优于 1μV，最大峰间电压在 10～15V。假设噪声水平足够低，以确保足够的信噪比，这意味着可以从几毫伏量级的电压差中进行可靠的电阻率测量。如前文所述，对于实验室仪器，测量分辨率是测量范围的函数，可变增益用于更准确地测量这个范围的电压。对于现场接收装置来说，面对的这种问题更大，因为用于获取现场数据的电极装置系数范围很广，导致测量电压差的范围很广。一些制造商认为，高分辨率测量（如 nV）和相关的信号处理可以弥补低功率供电装置的不足，从而获得与标准供电装置相当的结果。

电阻率接收装置配置有多个通道，允许在单次电流注入期间同时测量多个电压。根据制造商的不同，可能会对电极的配置有限制，这些限制可以通过使用多个接收装置来解决。例如，某些仪器只能在相邻通道（如通道 1 和通道 2，通道 2 和通道 3 等）共用一个电极时使用多个通道［图 3.7（a）、（b）］，这是因为此类仪器没有多个真差异电压输入通道，以降低仪器成本。已开发的其他工具甚至更具限制性，如将数据采集限制为单极—单极型测量，其中所有测量都参考单个测量电极，如图 3.7（c）所示（见第 4 章）。然而，一些具有全矩阵多通道能力的仪器，则具有真正的差分能力［如图 3.7（d）中选择的五个通道可以同时获得］。

3.2.3.3　多供电装置

野外电法成像的最新仪器发展涉及跨多个通道同时供电（Yamashita and Lebert，2015）。事实上，这一概念已经被生物医学层析成像领域广泛探讨（Gisser et al.，1987）。此类生物医学应用侧重于开发一套最佳的多电流供电，以提高目标的分辨率［另见 Lytle 和 Dines（1978）的开创性概念］。相比之下，目前野外仪器研发主要是通过改进电法仪在特定时间

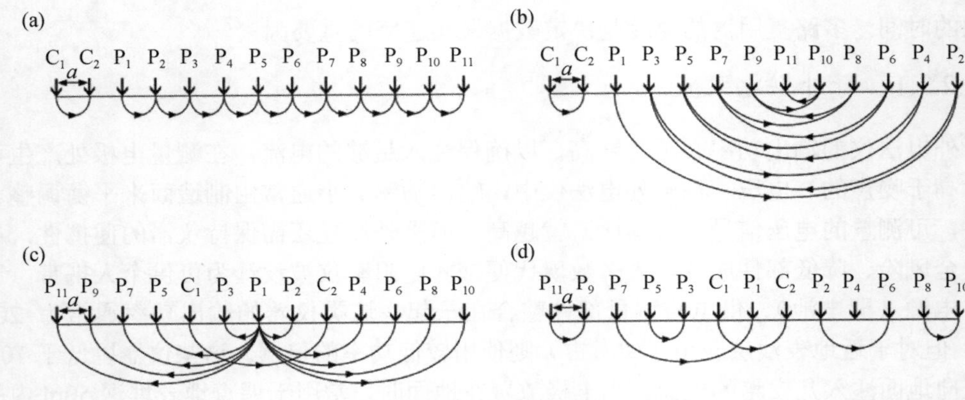

图 3.7　十通道电阻率系统的接收装置示例

一些接收装置需要在相邻通道上共用一个电极［如（a）～（c）]，接收装置（d）需要具备完全独立的差分通道

只能使用单对电极进行电流注入这一限制来减少数据采集时间。Yamashita 和 Lebert（2015）也认为信噪比是可以提高的。这种新颖且迄今很少使用的现场测量方法需要非常特殊的波形和码分多路复用（code-division multiple-access，CDMA）对供电电流进行编码，从而允许从测量电极组获取的总电压中确定每个电流的贡献（在特定的一对供电电极上传输）（Yamashita et al.，2014，2017）。Syscal Multi-Tx 仪器（Iris Instruments，France）采用三个通道在三个电极对之间同时注入，六个接收通道允许同时获得总共 18 个测量结果。

3.2.4　监测系统

自动电阻率监测系统（Van et al.，1991）可以长时间放置，以捕捉与水文地质和生物地球化学过程相关的地下电阻率变化的演变（LaBrecque et al.，1996a）。自动电阻率监测是指一段时间内在某固定位置建立一个监测系统，并通过编程定期获取数据。有些系统（如美国的 MPT-Iris）专门设计用于长期监测。一些传统电法仪的制造商提供了监测模式，如 Iris Instruments（法国）和 GuidelineGeo/ABEM（瑞典）系统。

人们越来越关注低功率系统的开发，从而促进偏远地区的自动数据采集。一个“永久性”电阻率监测系统（图 3.8），该系统用于监测溶质从农田进入排水沟的运移情况。该系统运行了两年多，修改了时间采样间隔，以便在雨季快速获取重复数据，而在旱季则减少采样频率（Robinson et al.，2019）。该系统使用 192 个电极进行三维测量，可以在不到半小时的时间内完成近 16000 次测量。

墨西哥湾漏油事件发生后，利用电阻率监测系统连续采集了 18 个月的数据（图 3.9），测量了污染海滩沉积物中碳氢化合物的转化情况（Heenan et al.，2014）。该监测系统提供了有关石油生物降解的信息，随着时间的推移，电阻率逐渐下降［图 3.9（c)]。该监测系统在一个无人岛上的一个固定地点每天记录两次数据，由一组 300W 的太阳能电池板供电。监测系统在 18 个月期间进行了两次维护，以解决硬件故障。然而，该系统采用的是传统的地球物理仪器的供电和测量模块，它可以采用成本较低的数据采集系统代替，这样可以减少电力需求。

图 3.8　电阻率监测系统的基本组成

在此范例中，该系统在矩形网格上控制共 192 个电极，电池供电依靠输电干线和太阳能

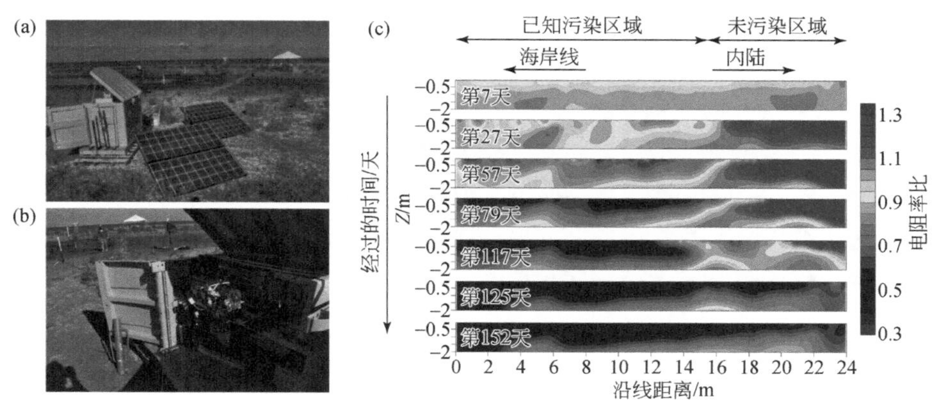

图 3.9　美国路易斯安那州东南海岸外的 Grand Terre（GT1）堰洲岛上布置的长期电阻率监测系统（彩色图件见封底二维码）

（a）现场照片展示了仪器储存箱、太阳能电池板和电极装置；（b）用于监测的电阻率仪；（c）该系统记录的电阻率随时间相对变化（无单位）。数据来自 Heenan et al.，2014。在 18 个月的时间里，该系统采用 96 个电极（48 个在地面、48 个在井中）每天测量两次，用以监测受石油污染的海滩沉积物生物降解情况

虽然这是一次成功的监测实验，但传统的电阻率（激发极化）仪器通常不能很好地满足专门监测的要求，因此需要开发更适合该工作的专用监测硬件和软件。在应用范围相对较小和探测深度相对较浅的情况下，只要包含模拟通道输出和多路复用器功能，就可以围绕普通数据测量仪器构建电阻率监测系统。许多相对较小尺度的电阻率测量应用不需要传统电阻率仪器中使用的大于 200W 供电装置。许多令人感兴趣的水文和生物地球化学过程可能发生在地下 5m 以上，可以用低功率（如约 20W）的仪器进行研究。Sherrod 等（2012）构建了一个类似的系统，该系统以 Campbell Scientific 数据测量装置为基础，采用在非饱和带内布设的 96 个电极的垂直钻孔阵列进行测量。开源硬件和软件的发展为构建廉价的浅层

电阻率测井仪提供了支撑。这些测量仪可以由一个普通的太阳能电池板组件供电，适合在远程环境中进行长期监测，并通过常规的无线通信将系统获取的数据发送到远程服务器。在使用开源硬件开发监测界面的情况下，与市场上传统的电阻率和激发极化监测系统相比，这些系统的成本要低得多。

电阻率监测系统的应用领域包括：①沿河道地表水-地下水交换（Johnson et al.，2012a）；②非饱和带土壤水分动态变化（Winship et al.，2006；见 6.1.4 节）；③环境修复技术的评价（Ramirez et al.，1993）。最近英国地质调查局（British Geological Survey，BGS）开发的商业电阻率监测系统——基础设施监测和评估（Proactive Infrastructure Monitoring and Evaluation，PRIME）系统（图 3.10；Chambers et al.，2015）的初衷是为了监测英国铁路路堤结构缺陷，这些缺陷和湿度动态变化与边坡稳定性变化有关。PRIME 基于模块化设计开发了低功耗（10W）仪器，可同时记录环境传感器（如雨量计、湿度探头）的信息，这些传感器可在特定时间（如降雨事件期间）触发电阻率数据采集。商业软件包支持通过预先配置的软件来远程传输命令文件和数据的自动采集。

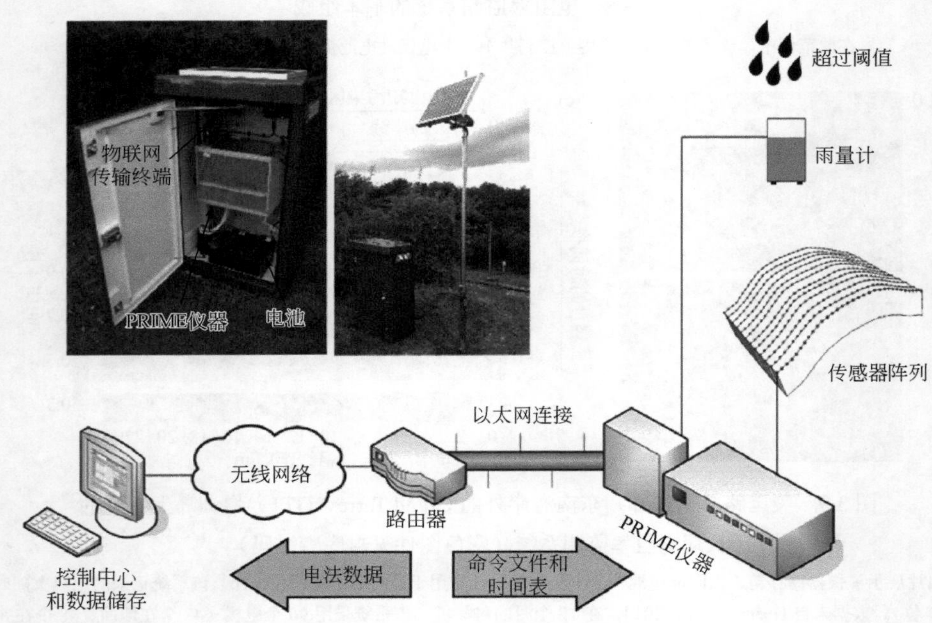

图 3.10　英国地质调查局开发的低功耗 PRIME 系统

照片为无线网络下布置在铁路路堤上的系统，流程图展示了数据采集工作流程，包括由环境传感器（在本例中为雨量计）记录的阈值触发测量过程，本图由 Jon Chambers（英国地质调查局）提供

3.2.5　地面电极设备

3.2.5.1　地面电缆

电极［图 3.11（a）］通常通过多芯电缆连接到电法仪上［图 3.11（b）］。电极电缆的结构通常在功能和重量（耐用性）之间的权衡，最好使用由最小规格的导线构成的多芯电缆，

这种导线在保证足够安全前提下可支持仪器输出最大电流。多芯导线嵌入坚固的防水套管中，以提高现场装置的耐久性。电缆越长，电极之间的距离越远，成像深度越深。然而，较长的电缆体积更大，在现场运输（布线）时更困难。多芯电缆中的每根导线都连接到电极接口，电极接口沿电缆以规则间隔排列（定义电极间距）[图 3.11（a）]。电极通常直接连接到多芯电缆上的接头上，或者通过跨越电极和电缆之间的引线连接 [图 3.11（b）]。电缆连接到控制电极切换的多路复用器。

图 3.11　电阻率测量的电极和电缆示例

（a）电阻率系统的标准布置，其内部中心多路复用器通过多芯电缆连接到电极装置；（b）多芯电缆与电极的连接端口；（c）智能电极装置，其中每个电极均可进行分布式切换

多芯电缆由一名现场操作人员管理，但出于健康和安全原因，建议至少有两名操作人员。电缆通常是双端，仪器通常放置在测线的中心，能够连接 24 个电极的单个多芯电缆，如果每 5m 间隔设置电极接口，其通常重 15～20kg（包括线盘），使得在相对平坦的地形上较容易进行包含 48 个电极的测量及设备管理。能够连接到更大阵列的多芯电缆通常需要更复杂的线盘，以确保电缆易于管理。例如，具有 5m 间距的 96 个电极测线系统可能包括六个线盘，每个线盘连接 16 个电极：三个线盘向左放线，三个线盘向右放线，采用连接设备连接每个电缆。一个包含 96 个电极、10m 电极间距的测线系统总共需要 12 根电缆（电缆和线盘总共需要约 200kg），因此需要大量的人力。

3.2.5.2　智能电极接口

多芯电缆的替代方法是使用智能电极接口，其中在连接电极的电缆的每个位置都有开关和数据控制器 [图 3.11（c）]。通过这种方式，这些分布式数据控制器可以代替中央多路复用器完成电极切换工作。该方法的一个优点是：与无源多芯电缆相比，其地面电缆的芯数大大减少。仪器与供电电极和测量电极之间的连接需要四根导线。另外还需要几根导线与每个电极上的控制器进行信号传输（根据测量需要将它们作为有效的电位或供电电极打开或关闭），这可以使电缆更轻，对现场数据采集有明显的好处。该技术的另一个优点是，可以在每个位置使用两个不同的电极，其中一个电极仅用于供电，另一个电极仅用于测量。这种方法可以通过避免电极上的电压感应来提高电阻率（特别是激发极化）数据质量，传统的多芯电缆和中央多路复用组件无法做到这一点。该方法的缺点是成本增加，因为每个电极需要一个控制器单元。

3.2.5.3 地表电极

在电阻率测量中，电极的成分通常不是主要考虑因素，尽管 LaBrecque 和 Daily（2008）发现了不同金属类型的电极在数据质量上的差异。尽管大多数金属（或石墨）都可以使用，目前的标准做法是使用不锈钢电极。电极通常是一个金属棒，近似为一个点模拟现场调查中的点源（见 4.2.1 节）。然而，电极永远不可能是一个真正的点，因为需要更多的表面积来减少电极和地面之间的接地电阻。因此，电极被打入地下，导致一定长度的金属电极与土壤电接触。在其他条件相同的情况下，电极的接地电阻随电极在地内的长度和电极横截面积的增加而减小。在干燥的地面上，接地电阻可能非常高。在这些情况下，通常将高矿化度盐溶液浸入电极周围的土壤中，这样能显著降低电极接地电阻。通过在电极周围填充湿黏土也可以达到类似的效果，相比于使用盐水，这样可以更长时间保持电极附近的水分。不过，在某些情况下，如在侧重于研究浅层流动和迁移过程的水文地球物理工作中，浸盐水或放置黏土层会干扰成像分析。减少接地电阻的其他方法包括在大型勘探中使用平板电极。这可能会给电阻率数据集的建模带来问题，因为建模通常假定电流注入源为点，电场强度的测量为点测。Ochs 和 Klitzsch（2020）在进行浅层（几米）地下调查时，介绍了非点源电极的三维建模，其中电极与地面接触的长度是电极间距的重要组成部分。一般来说，电极长度或宽度应小于电极间距的 5%，以接近点源假设。4.2.2.8 节中讨论的高级建模方法可用于非点源电极（Johnson and Wellman，2015），但商用软件包通常不会采用这种方法。

在坚硬的地表（如裸露的基岩、混凝土、冰面）上将电极敲入地下是不切实际的，这些地表往往表现为高阻，因此即使插入电极，也会产生很高的接地电阻。要解决这个问题，可以采取多种方法。其中一种方法是使用金属垫，与棒状电极相比，金属垫在地面上通过大表面积可以降低接地电阻。金属垫可以安装在饱和富含离子的介质上（如黏土垫甚至海绵），以进一步降低接地电阻。另一种选择是使用多孔柱，其中金属电极位于充满液体的腔室中，通过多孔膜（如陶瓷或木头）与地面进行电流接触。这种电极常用于自然电位测量，当金属单质与饱和金属盐溶液中的材料相同时，它们被称为不极化电极（Petiau，2000）。常见的不极化电极是 Cu-$CuSO_4$ 和 Pb-$PbCl_2$。在后一种电极中，$PbCl_2$ 以凝胶而不是液体的形式存在。这些多孔柱可以用来注入电流，也可以用来测量产生的电压差。对于电阻率测量，电极在用于供电时是极化的，因此不需要在组成或化学成分上相同。

地表水通常是一种极好的离子导体，可以降低电极的接地电阻，从而有利于电阻率测量。事实上，电极电缆可以放置在地表水中，电缆出口（如果设计合理）可以作为电极。浅水（如湿地、溪流、河道边缘和湖泊）的测量可以用这种方法完成，电缆可以配置为浮在水面或下沉到底部（假设电缆绝缘，在压力下保持不漏水）。浮动电极阵列被设计成牵引在船后方，用于水上连续电阻率测量［图 3.12（a）］，其使用方法将在第 4 章中讨论。在咸水中的海上电阻率测量中，石墨（一种非金属元素，是良导体）电极是一个很好的选择，因为它们耐腐蚀。依靠电接触的拖曳阵列也可以在地面相对导电的情况下使用［图 3.12（b）］。在农业应用方面，已开发出以旋转圆盘为电极的拖曳式阵列系统：这些圆盘切入土壤，可在农田中实现良好的电接触［图 3.12（c）］，并利用拖拉机牵引，可以实现大范围区域的快速测量（见 4.2.2.2 节）。

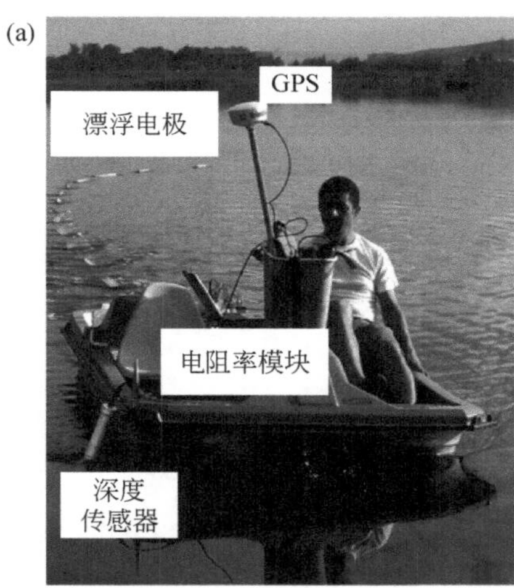

图 3.12　（a）浅水湿地水面上拖曳式二维装置（Mansoor and Slater，2007）、（b）农田拖曳式二维装置以及（c）VERIS 3100（VERIS Technologies，美国）近端土壤传感系统（其中四个旋转刀片作为视电阻率连续测量的电极）

电容耦合电极是一项相对较新的电极技术，它允许在高电阻（通常情况下无法测量）的地面上进行连续电阻率测量，以实现良好的接地电阻（Walker and Houser，2002）。电容耦合电极可实现在混凝土（沥青）、基岩、冻土（Hauck and Kneisel，2006）和其他高电阻率表面（图 3.13）上进行连续测量。电容耦合电极获得的数据质量通常低于（噪音更大）标准电化学测量，目前还无法利用电容耦合电极进行可靠的激发极化测量。不过，这些新型电极可以完成一些常规条件下无法实现的电阻率测量。

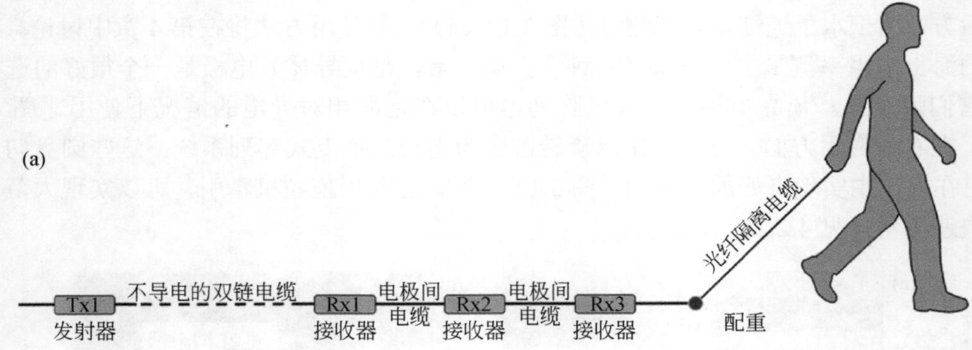

图 3.13　基于 Ohm Mapper（Geomeics Inc.，USA）电容耦合电阻率系统的沥青连续电阻率剖面测量

（a）装置示意图；（b）现场测量

3.2.6　钻孔电极阵列

钻孔电极阵列可以采用多种方式布设，这取决于阵列是在地下水位以下还是在地下水位以上使用。钻孔电极安装理想情况下需要开放（无套管）钻孔。尽管在基岩之上的松散沉积层中，钻孔通常都有套管，以防止堵塞，但在基岩区域，这些钻孔多是开放式的。钻孔可以使用 PVC 套管，但电极只能放置在套管开槽的区域，从而与地层产生电接触。在地下水监测井中电极阵列可在过滤层段上布设。一般来说，钻孔阵列不应该部署在使用金属套管的钻孔中，因为套管会影响电流流动，从而无法获得有关地层电阻率结构的有用信息。

但在专门的成像调查中，有时会将金属套管作为一个长电极（Ramirez et al.，1996；Rucker et al.，2011）（参见 4.2.2.7.2 节）进行供电，这种非常规的方法需要对线源供电进行数值模拟分析。

电极在地下水位以下的布设比在地下水位以上的布设更简单，因为电极和填满孔的水之间产生了直接的电流接触。一些设备制造商提供专门设计用于充水钻孔的电极电缆。然而，利用 PVC 管、电线、不锈钢网（或其他电极材料）和大量电缆扎带（管道胶带）的组合来构建低成本的钻孔电极阵列相对简单（图 3.14）。钻孔阵列的一个问题是，注入的电流会优先沿着导电性相对较强的钻孔传导，而不是流入电阻较大的沉积层（岩石）（Osiensky et al.，2004；Nimmer et al.，2008）。使用电阻式封隔器有助于将各个电极相互隔离，从而减少这种影响（Binley et al.，2016）。在特殊情况下，使用充气式封隔器［图 3.14（c）］将孔内电极完全隔离是有效的（Robinson et al.，2016）。这种工作应在高电阻环境下进行，如在基岩中成像，在基岩中，充水钻孔与围岩之间的电阻率对比度很高。

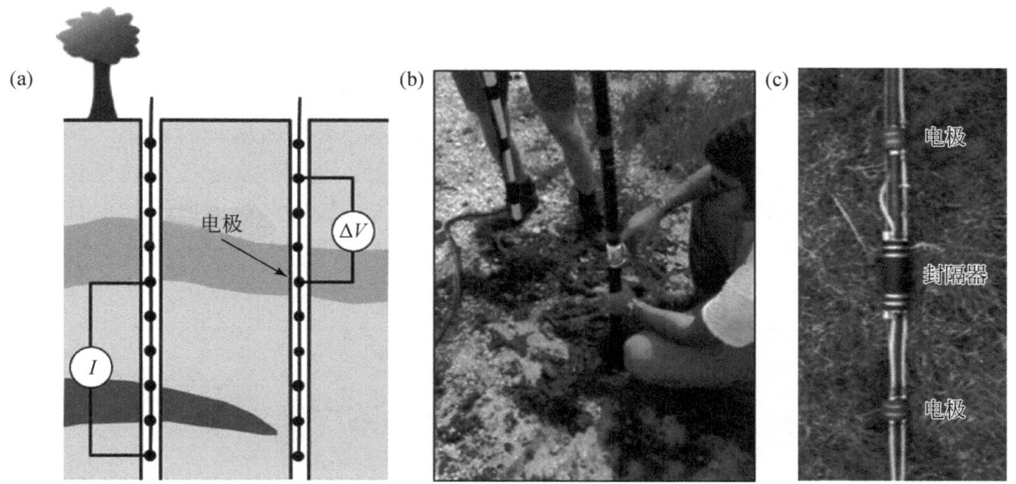

图 3.14　（a）跨孔电法成像示意图、（b）PVC 管插入钻孔制成的简易电极阵列以及（c）先进的跨孔阵列（配有单独的封隔器，以减弱优先通过钻孔高导流体的电流）

在地下水位以上使用钻孔电极阵列更具挑战性。由于悬浮在空气中的电极会断开连接，因此，必须用能够使电极有足够电接触（即保证足够低的接地电阻）的材料来回填钻孔。其难点在于如何回填开放式钻孔，使所有电极都能与回填材料接触。在松散的沉积层中，可用开挖钻孔时留下的材料回填钻孔。或者，也可以将导电泥浆（如黏土浆）倒入（或泵入）钻孔中。测量前应检查电极对之间的接地电阻（知识点 3.2）来判断那些已成功连接到地面的电极和那些尚未建立接触的电极。在大多数情况下，回填钻孔意味着电极无法回收使用，但在松散、未固结的材料中，可以通过将电极从回填材料中拉出来。另一个解决方案是将电极安装在 FLUTe®柔性衬垫的外部（Keller，2012），这些衬垫内注满水，使衬垫外侧与井壁接触。

虽然电阻率阵列通常不会布设在金属套管的钻孔中，因为套管会严重改变电流的流向，但也有人尝试在安装套管的钻孔中进行四极测量，其方法是在建模中考虑高导电性套管（Schenkel，1994；参见 4.2.2.7.2 节）。如前所述，在专门的成像测量中，可以使用金属钻孔套管作为长电极，还可以通过直推技术将电极阵列布设到松散沉积物中。直推法依靠气压将测量装置和传感器推入地下，无需钻孔。现有的直推工具包括用于测量单个四极电阻率的传感器，当设备的头部穿过地下时进行测量（Schulmeister et al.，2003）。Pidlisecky 等（2013）描述了一种用于安装小型电极阵列的直推法，以研究地下渗流区。我们将在 4.2.2.7.2 节中将进一步讨论钻孔成像方法。此外，第 6 章还提供了几个案例来研究说明它们的使用方法。

知识点 3.2　接地电阻

接地电阻是指由电极-地表界面施加电流流过的电阻（严格来说是阻抗）。与供电电极相关的接地电阻限制了电法仪注入地面的电流量。因此，它也限制了测量电极对之间测量的信噪比。良好的接地电阻在几千欧或更小的数量级，但对于电阻率测量而言，通常仍可接受十几千欧的接地电阻。然而，这种接地电阻可能严重限制 3.3 节中所讨论的微弱激发极化信号的测量。接地电阻是接地条件（特别是含水量）和电极电阻的函数。不同的电极会在同一位置产生不同的接地电阻。在下图中，多孔柱电极的接地电阻明显高于不锈钢电极和石墨电极。接地电阻随电极与土壤接触面积的增加而减小。从图中可以看出，即使在电场条件均匀的情况下，单线上的接地电阻也会发生很大的变化。电法仪记录电流注入的电极对之间的总电阻，操作人员应注意接地电阻有问题的电极。仪器记录的一对电极之间的总电阻是两个接地电阻（每个电极的一个接地电阻）和电极之间的地下介质电阻的总和（参见知识点 3.1）。

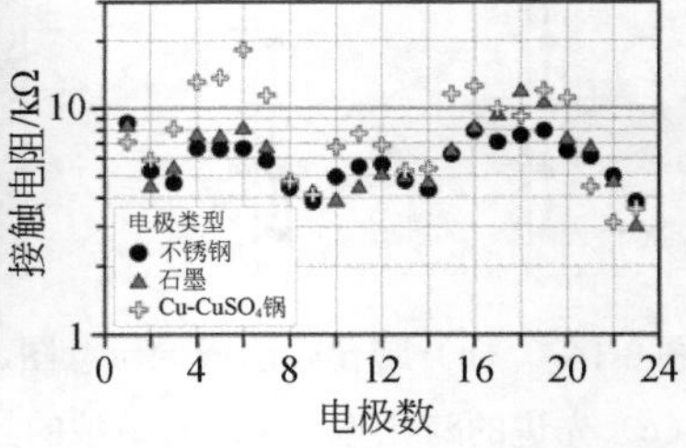

三种不同电极材料的接地电阻沿二维电阻率测线分布情况

现场条件为均质地层；Cu-$CuSO_4$ 电极的接地电阻明显高于插入地下的金属棒

3.3　激发极化测量

大多数商用电法仪除了测量地下电阻率外，还可以同时测量激发极化效应。然而，获取可靠的激发极化测量数据比单独获取电阻率数据更具挑战性。关键难点在于，相对于电荷载流子的导电信号，与界面极化相关的信号要小得多。对于小于 100mrad 的小相位角（φ）（在没有电子导电矿物情况下的典型相位值），并假设最小可测量φ为 1mrad［式（2.61）］，测量的虚部电导率（σ''）约为σ'的 1/1000～1/10。因此，激发极化测量的信噪比相对于电阻率测量的信噪比要小几个数量级。此外，激发极化测量容易受到与仪器相关的系统误差的影响（如电极的组成、电缆的布局），这些误差对电阻率没有显著影响。当使用频谱激发极化在更高频率上进行测量时，这些问题将变得更加复杂，因为大多数仪器的误差在更高频率上会变得更加明显。

激发极化测量可以在频率域或时间域进行。Pullen（1929）介绍了最早的一些关于激发极化效应的实验室测量，并测量到电阻率随时间的变化，这表明存在激发极化效应，他还观察到电阻率随频率变化而变化。知识点 3.3 讨论了时间域和频率域测量之间的差异，并解释了为什么通常频率域测量更适合实验室仪器，而时间域测量更常用于野外应用。野外激发极化测量可以在频率域中获得，其中除了可以获取$|\rho|$外，还可以获取φ。然而，对于野外测量仪器来说，在时间域进行测量更加常见，在最简单的测量情况下，记录的参数与φ间接相关。激发极化测量的另一个挑战是如何对获得的测量结果进行有效解译。

知识点 3.3　激发极化的测量方法

激发极化测量是为了确定土壤和岩石的逆电荷储存特性。在实验室研究中，越来越注重在广泛的频率范围内获取完整的幅值相位频谱。相位频谱可在频率域中测量，即在一定频率范围内输入正弦波形，并精确测量记录的电压波形相对于电流波形的相位滞后（φ）数据。频率域测量的主要问题是，当接近低频时，采集数据所需的时间会变长。例如，从几千赫兹到 0.001Hz 的测量可能需要长达 8h，而在 0.01Hz 终止低频测量时，时间可缩短到大约 40min。如果是为了在实验室内获得完美的样品标准频谱测量结果，通常不考虑时间限制。

在获取现场数据时，测量时间（与成本成正比）往往是一个考虑因素，尽管可以使用更专业的设备进行现场频率域测量，但通常首选“时间域”激发极化测量。在时间域中，电荷存储效应体现在电流关断后的瞬态电压衰减中。根据用于激发极化测量的占空比长度，单次时间域电流注入（测量）只需要 10s 到 1min 即可获得。大多数情况下，时间域测量的目的只是测量时间域极化效应的大小，它量化了剩余电压相对于初级电压的衰减强度。另一种方法是根据 2.3.4 节所述的弛豫模型（如 Cole-Cole 模型）对衰减曲线进行建模。然而，随着记录完整波形的时间域激发极化仪器的发展，人们对从时间域曲线中确定等效相位频谱的兴趣日益浓厚。数字信号处理技术可用于将时间域响应转换为等效相位频谱，如通过傅里叶变换。理论上，这意味着在时间域衰减曲线和频率域频谱中存在等效的信息。实际上，考虑到数据中存在噪声，我们很难在电流关断后立即以足够的时间分辨率对衰减进行采样以捕捉相位曲线的高频部分。然而，在现场时间域测量中获得完整频谱数据的更大限制是与布线和电极相关的电容性和电磁耦合效应导致的相位误差。

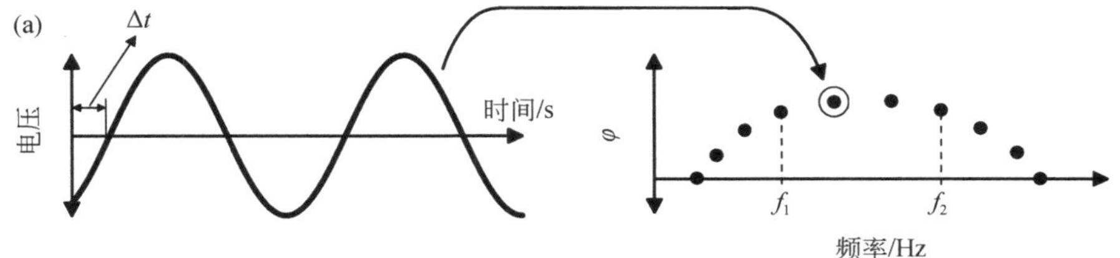

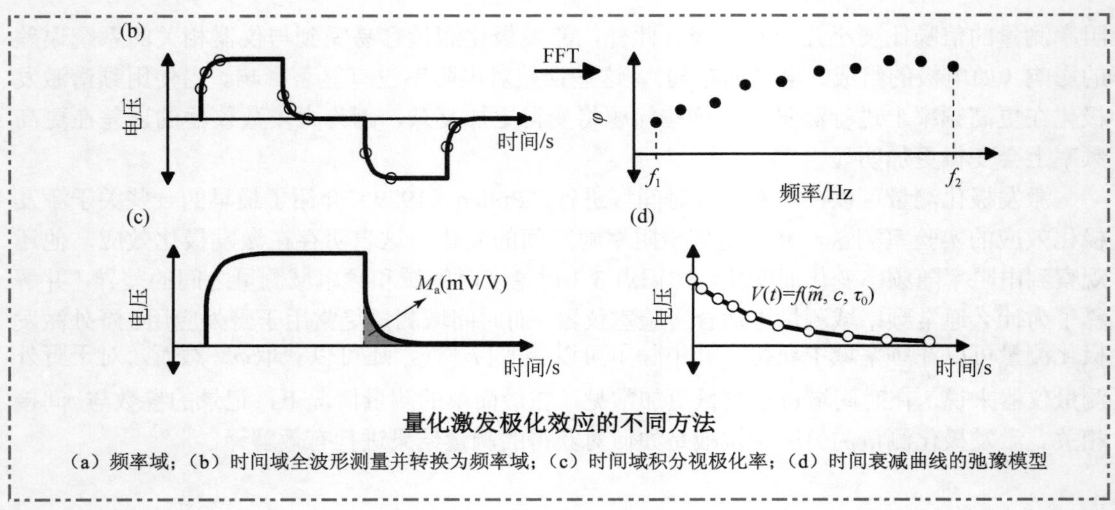

量化激发极化效应的不同方法

（a）频率域；（b）时间域全波形测量并转换为频率域；（c）时间域积分视极化率；（d）时间衰减曲线的弛豫模型

3.3.1 实验室测量

实验室测量激发极化的目的是获得样品复电性的有效信息。如知识点 3.3 所述，通过在频率域中尽可能大的频率范围内测量频率相关的相位谱，可以实现对样品最准确的表征。正弦信号用于测量复阻抗，通常获取的参数为幅度（$|Z|$）和相位角（φ）。对于极化介质，复阻抗测量的相位角为负（可参见 4.3.1 节中关于负激发极化效应的讨论），与电路中电容的阻抗一致。将幅值和相位角与装置系数相结合，把测量结果表示为复电阻率（ρ^*）或复电导率（σ^*）（知识点 2.6）。$|Z|$和φ可以在离散频率范围内测量，频率范围越大，通过分析频率相关性可以从测量中提取的信息就越多。时间域实验室激发极化仪也已经开发出来（Hallbauer-Zadorozhnaya et al.，2015），但时间域测量最常在野外测量中进行。

3.3.1.1 测量装置

如果需要以 0.1mrad 或更高的分辨率进行测量，则需要更多地关注样品装置的性能，以获取可靠的激发极化数据。最重要的是，测量电极的导电部分（通常是金属，但也可以是石墨）必须在电流通过样品的路径之外（Vanhala and Soininen，1995）。否则，这些电极很容易被极化，并导致与所研究的土壤/岩石的物理性质无关的异常低频相位响应。当电极的导体部分延伸到样品中足够深以被电流流线横切时，电极被极化。如果在金属电极上存在电压差（当电极落在电流通路内时几乎不可避免），就会在金属中产生电流。离子在金属周围扩散，产生可测量的电极极化效应（2.3.7 节），导致φ误差，当电极间电位差较大时，误差可达 10mrad。因此，电极的导体部分必须始终放置在电流通过样品装置的路径之外。在这种情况下，在电极的导体部分之间没有电压差。随着电极的导体部分进一步深入样品，低频误差逐渐增大。受此影响，覆盖样品装置横截面的测量电极（如前所述，仅用于电阻率测量具有一定优势）不应用于激发极化测量。将点电极放置在样品装置边缘的腔室中是一种常见的解决方案，电极的导电部分通过腔室的流体与样品接触（Vinegar and Waxman，

1984)，并且远离电流流动路径。一些研究人员更喜欢使用环形电极放置在样品装置周围的凹槽中（Zisser et al.，2010a）。这有助于在样品存在明显非均质性的情况下平均电极位置之间记录的电位差。然而，环形电极用于激发极化测量的一个限制是由于电极极化，沿着测量电极的任何电压差都可能导致相位偏移。当电极的金属部分完全浸没在充满液体的容器中与样品保持电解接触时，电极导电部分延伸到样品中水样的测量结果，图 3.15 说明了从电流路径中去除测量电极的重要性。当测量电极与一维电流不完全正交时，因为此时驱动极化的电极上产生的电压差更大，测量电极的极化更加明显。

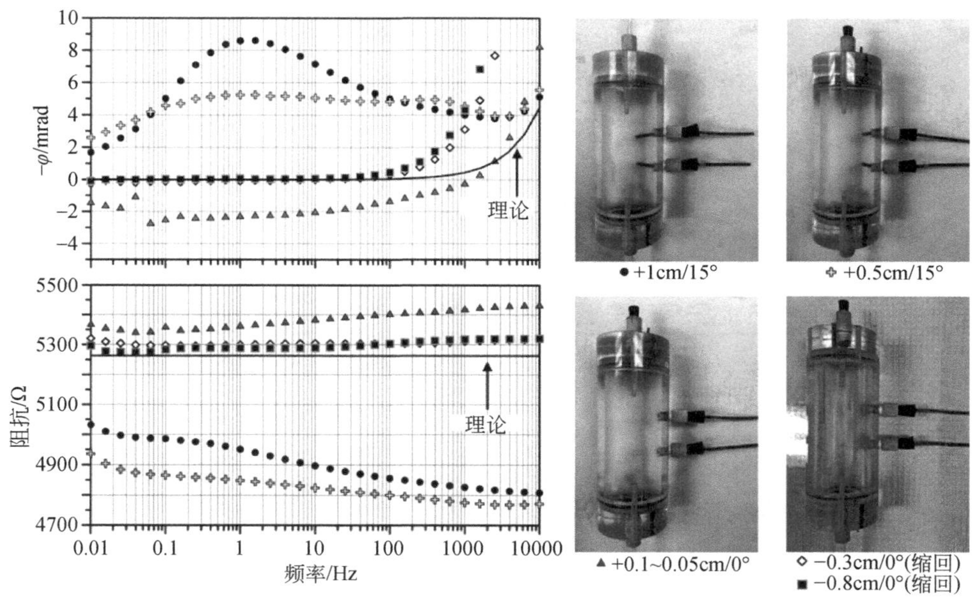

图 3.15　激发极化数据低频误差示例

展示了测量电极插入砂柱并穿过电流路径时其电子导体部分发生的极化。所示数据为水样，展示了理论阻抗和相位[由式（3.5）计算，在阻抗（Z）空间中绘制]。照片展示了测量电极装置，金属电极从插入电流路径 1cm（左上），一直到从电流路径缩回 0.8cm（右下)（数据来源 Chen Wang，罗格斯大学纽瓦克分校）

一些研究人员还认为，供电电极与测量电极之间的距离需要超过一定的最小距离，低于该距离会产生相位误差（Kemna et al.，2012）。Zimmermann 等（2008a）认为，样品两侧供电电极和测量电极之间的距离应至少为样品宽度的两倍，以避免与供电电极极化相关的误差，这种异常相位误差可以通过增加供电电极和测量电极之间的距离来消除。由于样品装置的各个方面都有可能导致相位误差，因此在获取激发极化数据之前，校准样品装置并确保足够准确性至关重要。

这可以通过在样品容器中填充具有已知电导率和介电常数的水溶液的方法来校正（Vanhala and Soininen，1995）。水是导体，没有任何界面，所以不会存在激发极化现象。然而，水分子的偶极极化确实存在，并且当水的电导率足够低时，在高于1000Hz 时可以产生相位信号，水样的理论响应参考：

$$\sigma^* = \sigma_0 + \mathrm{i}\omega\kappa\varepsilon_0 \tag{3.5}$$

式中，σ_0 为直流电导率；ε_0 为自由空间中的介电常数（$=8.854\times10^{-12}$F/m）；κ 为与偶极极化机制相关的无量纲的相对介电常数。σ_0 的值可以通过使用特定电导探头进行测量来确定。水的 κ 值与温度有关，在 20℃时等于 80.1。当 σ_0 =0.01S/m，图 3.16 展示了水样在 1Hz 至 20kHz 频率范围内的幅值和相位测量，以及基于式（3.5）的理论响应和基于 Wang 和 Slater（2019）中描述的修正值。由于与测量电极相关的阻抗以及负测量电极与仪器接地之间的阻抗的影响，φ 的绝对误差随频率增加而增加。不过，低于 1000Hz 的相位误差非常低，表明样品装置设计良好，没有电极极化效应。

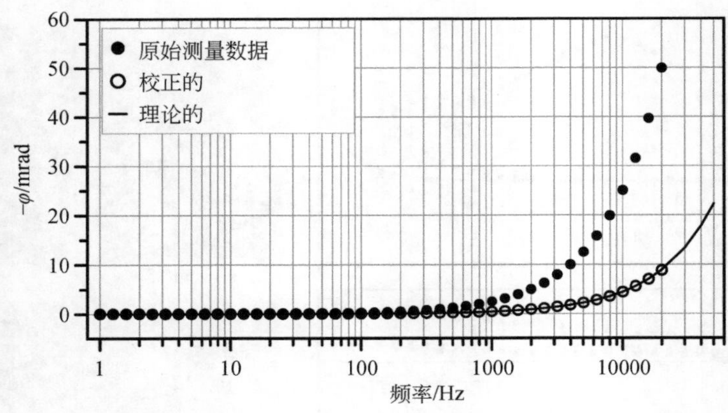

图 3.16　砂柱性能测试

根据电导率为 0.01S/m 的 NaCl 水样测量值与式（3.5）得到的相位响应理论值（实线）对比，实心点为原始测量数据，空心点为应用 Wang 和 Slater（2019）校正程序校正的数据（相位在阻抗空间内测量，$-\varphi$）

3.3.1.2　实验室仪器

实验室激发极化仪使用的原理与电阻率仪器相同，但除了电导率外，还必须可靠地测量样品的极化率。如前文所述，实验室激发极化仪器通常在频率域中工作，必须准确记录样品上电压波形相对于注入电流波形的相位滞后（图 3.17）。电流波形记录在精密电阻上，并提供与样品上记录的电压波形相对照的波形。可以使用单通道或多通道仪器，有些仪器除了提供多个接收通道外，还提供多个电流源通道（例如，美国 Ontash & Ermac 公司的 PSIP）。这些仪器通常采用正弦波函数，类似于电子元件阻抗谱测试中使用的函数。在测量的频率范围内，仪器对多个离散频率产生正弦波，并记录每个频率的幅值和相位。这种测量需要考虑记录低频相位差（和幅值）所需的时间。在频率高于 1Hz 的情况下，这种测量只需几秒或更短的时间，而频率每连续降低一个数量级，测量时间就会增加 10 倍。常见的最低测量频率为 10^{-3}Hz，可能需要一个多小时才能获得准确的相位测量。

实验室激发极化仪器必须记录样品阻抗，且不能被与样品连接的电极和电线或仪器电子设备本身相关的阻抗所污染。激发极化仪器的一个关键是接收器通道上有非常大的输入阻抗（通常为 $10^9\,\Omega$ 或更大），防止测量电极极化的同时，也不会发生电流泄漏。

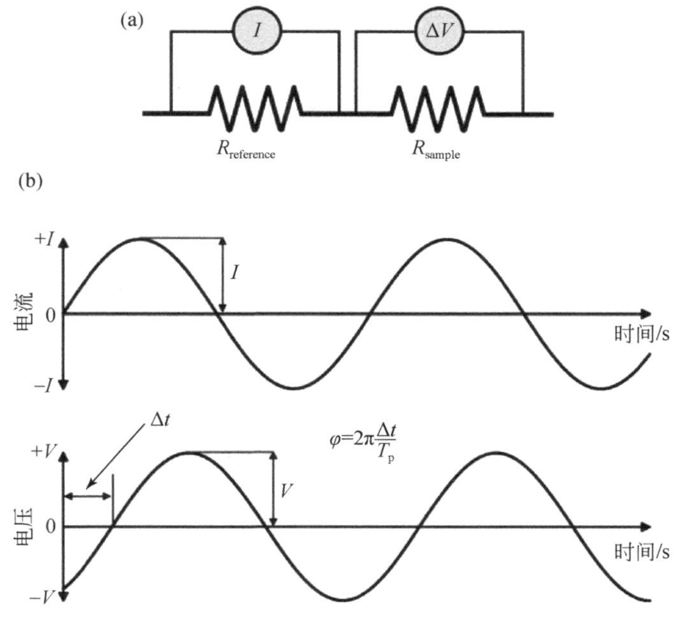

图 3.17　频率域激发极化测量示意图

（a）输出正弦电流波形，记录样品的电压波形和精密参考电阻的电流；（b）记录电压波形的幅值（V）和电压相对于周期 T_p 电流波形的相位滞后（φ）

在实验室电阻率测量中考虑了电流密度，需要在采用大电流密度提高信噪比与避免供电电极过度极化之间权衡。电流密度在激发极化采集中是一个重要的考虑因素，因为测量的信噪比通常比电阻率测量小 2～3 个数量级。过高的电流密度会导致供电电极处产生非线性阻抗，在相位频谱的低频部分表现为相位误差。这些非线性阻抗表现为电压与施加电流不成比例（遵循欧姆定律），同时恒压电源会产生谐波激发电流（Zimmermann et al.，2008a）。因为电流方向的快速逆转限制了电极上的充电，这些误差随着频率的增加而减少。该问题的一个极端例子如图 3.18 所示，其中频谱激发极化测量作为盐水电流密度的函数（σ_w=18S/m），理论相位响应约为 0mrad。在高电流密度下记录的错误的、大的、低频的相位角随着电流密度的减小而减小。

基于这个原因，20 世纪 70 年代采用激发极化法进行矿产勘探时都避免使用高电流密度。Sumner（1976）建议避免使用大于 1mA/m²的电流密度，这是一个非常保守的估计。然而，过去的几十年里，在激发极化领域研究中并没有特别关注高电流密度下的非线性效应，部分原因是它们很少被现代仪器观察到。Vanhala 和 Soininen（1995）发现，当电流密度从 0.01mA/m^2 到 200mA/m^2 变化时，他们样品的激发极化效应没有变化。

激发极化测量结果的质量主要取决于样品装置的设计，而不是仪器。通过对由精确测量的元件组成的电路进行测量，可以计算出理论幅度和相位响应，从而很容易地评估仪器本身的性能。

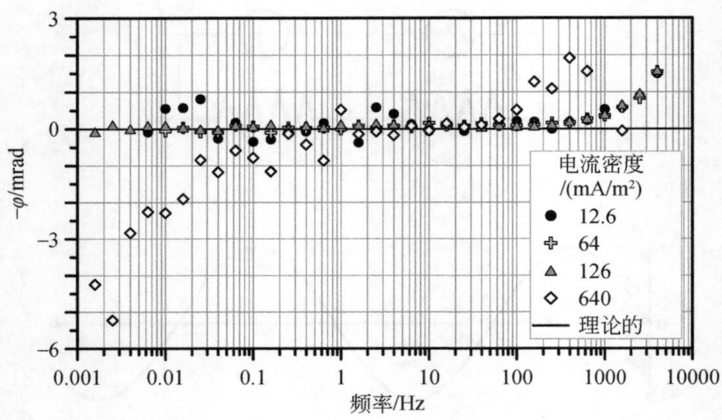

图 3.18　电流密度对高导电性（18S/m）盐水相位频谱测量的影响

低电流密度（12.6mA/m²）的数据由于记录的信号非常低而受噪声影响，高电流密度（640mA/m²）数据由于电流注入导致的电极极化而产生较大的低频相位误差，中间的 64mA/m²和 126mA/m²数据除了由 3.3.1.3 节讨论的电极阻抗引起的高频误差外，没有其他误差［阻抗（Z）空间的相位，$-\varphi$］

3.3.1.3　实验室使用的电极

与单独的电阻率测量相比，用于激发极化测量的电极设计需要考虑更多因素。如前所述，电极在样品中的放置是一个关键因素，通常将测量电极放在电流路径外的腔室中。除此之外，主要考虑的是测量电极的阻抗，因为这些阻抗会产生与样品响应无关的额外相位，从而限制了高频测量的可靠性。Ag-AgCl 电极是常用的测量电极，因为这种电极可以降低电极阻抗，可以使用商业制造的生物医学传感 Ag-AgCl 电极，也可以通过将银电极浸泡在家用漂白剂中几个小时来加工制作。不同金属阻抗特性的介绍可以在电化学文献中找到。然而，与流体接触的金属的表面积相比，金属电极的组成的影响要小一些。表面积越大，电极阻抗越低（其他因素相同）。

与电极阻抗相关的相位误差，以及负测量电极和仪器接地之间的任何附加阻抗，都会随着频率的增加而增加，并对超过几百赫兹高质量激发极化数据的获取产生困扰，尤其是对于电阻较大的样品。这些阻抗误差可以按照 Zimmermann 等（2008a）、Wang 和 Slater（2019）描述的方法进行量化。与附加阻抗相关的相位计算方法涉及使用额外的测量来估算这些阻抗，以及假设或计算测量设备的输入电容。相位误差可能包括负激发极化效应（即相位的极性与电荷存储效应相反，与感应效应一致）。在实验室测量中，当两个测量电极的阻抗相差很大时，就会产生这些明显的负激发极化效应（Wang and Slater，2019）。在野外尺度的测量中也会出现负激发极化效应，这些内容将在 4.3.1 节中讨论。使用校正方法，可以获得长达 10s 的 1000Hz 范围精确的四极激发极化测量。应用这种校正方法的重要性在很大程度上取决于样品的电学特性和测量频率范围的期望上限。在高导电性样品的情况下，这些无用的阻抗很低，甚至可能不需要校正。然而，即使在几百赫兹的频率下，在对相对高电阻样品［如低孔隙率岩石、非饱和土壤（岩石）］进行测量时，这些校正方法至关重要（图 3.19）。

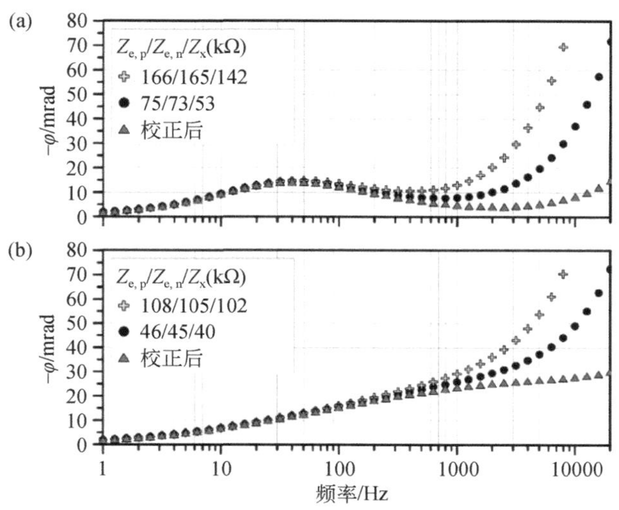

图 3.19　砂柱测量电极阻抗对高频相位测量影响的案例

显示了不同测量电极阻抗（$Z_{e,p}$ 为正极，$Z_{e,n}$ 为负极）下测量的相位频谱，展示了去除电极阻抗影响后的校正相位（Wang and Slater，2019）：（a）含 5%体积含量硫铁矿的黄铁矿-砂样品，（b）含 10%体积含量高岭石的高岭石-砂样品。在这两种情况下，样品都使用 0.01S/m 的 NaCl 溶液饱和，Z_x 表示样品阻抗［阻抗（Z）空间中的相位，$-\varphi$］

3.3.1.4　双电极介电频谱测量

胶体悬浮液的激发极化响应在传统上是用双电极（知识点 3.1）技术测量的，通常称为介电频谱（Asami，2002）。该技术也可用于研究多孔介质中的极化过程，最典型的是从约 10kHz 到兆赫兹的范围（Knight and Nur，1987；Chelidze et al.，1999）。供电电极的极化在高频下被最小化，从而获得对样品电性能的可靠测量。由于电极极化对测量响应的贡献很大，因此双电极测量在低频时具有挑战性（知识点 3.1）。双电极技术的主要优点是容易实现，特别是在较小的样品上。介电频谱测量通常表示为复介电常数（$\varepsilon^* = \sigma^* / \omega$）。它们可以在宽频率范围内捕捉麦克斯韦-瓦格纳极化机制（知识点 2.5），也可以在测量的低频范围内记录双电层极化（IP 效应）。在高频区间，可以捕捉组成样品组分的分子极化（知识点 2.5）。电极极化去除技术已经发展到将双电极方法扩展到低于 100Hz 的频率（Prodan and Bot，2009）。虽然通常该方法不用于激发极化测量，但当其与四极测量相结合时，它可以提供在尽可能宽的频率范围内进行宽频带测量的方法（Lesmes，1993）。

3.3.2　野外测量仪器

3.3.2.1　时间域系统

现场激发极化供电装置和接收装置可利用前文描述的电阻率测量原理，但必须对地下的极化性进行可靠的测量。虽然存在与实验室仪器相同原理的野外频率域仪器，但现场激发极化测量通常在时间域进行。这需要对时间域电阻率波形的记录进行修改，以便捕获激发极化响应。最常见的做法是，记录经过外加电场充电和放电后的瞬态电压衰减。在完全非极化介质的情况下，当终止施加电流时，记录在样品上的电压将立即降至零。当地下介质可以极化时，双电层中局部电荷扰动的放电会记录瞬态电压衰减。当电流接通时，会观察到一条相同的充电曲线，只不过是颠倒的，代表双电层的充电过程（图 3.20）。

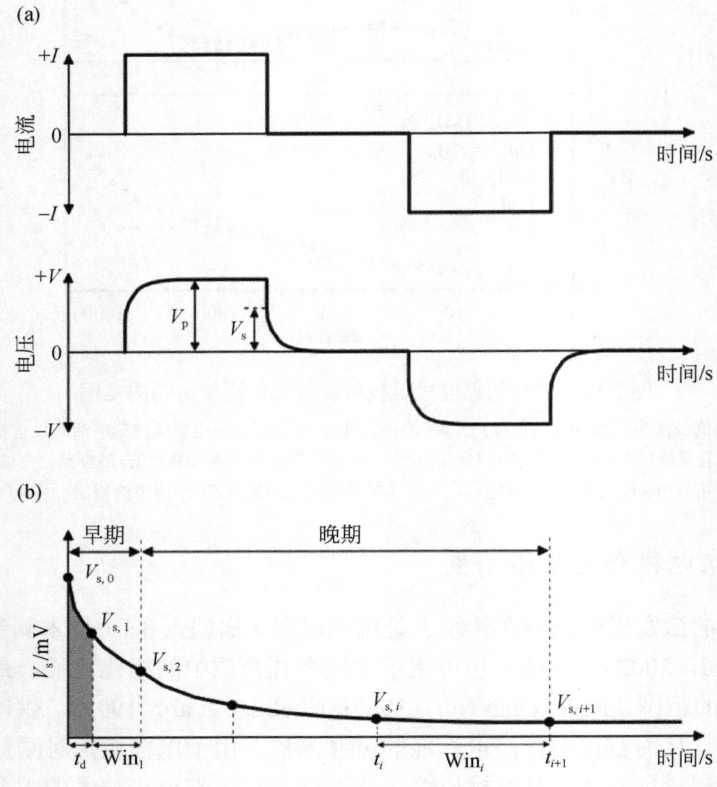

图 3.20　时间域激发极化原理波形示意图

(a) 标准 50%占空比的时间域激发极化波形；(b) 衰减曲线的放大示意图，显示了断电后通过激发极化窗口（Win）对电压（V_s）衰减的采样，用于估算时间域视极化率（t_d 为延迟时间）

最常见的时间域激发极化波形是占空比为 50%的方波（信号或仪器处于活动状态的周期分数）（图 3.20）。与电阻率中使用的标准波形一样，也会提供方向相反的供电电流波形，以尽量减少供电电极极化效应。注入至少两个呈反向的脉冲，不过脉冲信号通常会重复（和堆叠）以提高信噪比。理想情况下，通断周期（充电）和关断周期（放电）应该足够长，以充分捕捉极化效应，这使得一些研究人员（特别是来自俄罗斯激发极化领域的研究人员）提倡长脉冲持续时间（Sumner，1976）。然而，这通常是不切实际的，因此需要使用持续时间相对较短的脉冲（通常为 1～8s）。持续时间较短的脉冲可能无法在一个周期内发生充分的充电、放电（图 3.21）。另一个问题是，第一个周期的极化可能在第二个周期甚至随后的周期中出现（Fiandaca et al.，2012）。

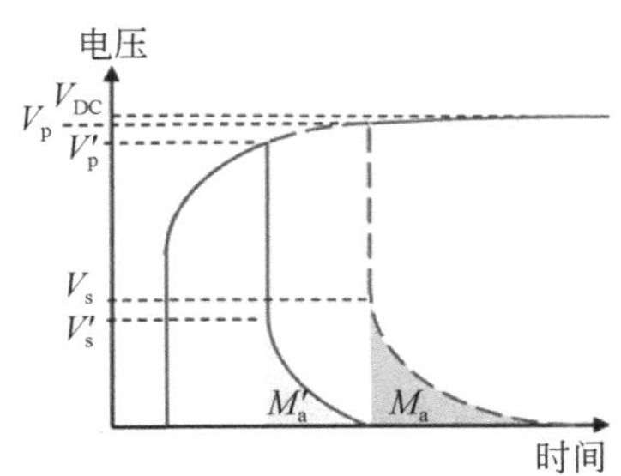

图 3.21　周期时间对激发极化测量的影响

灰实线表示短周期的测量电压，灰虚线表示较长时间的测量电压，是直流电压（无限长电流获得）。V_p 和 V_s 是相对较长充电周期的一次电压和二次电压，V_p' 和 V_s' 表示相对较短充电周期的对应电压，短周期（M_a'）的视极化率小于长周期（M_a）

脉冲持续时间和堆叠数的选择对测量时间也有很大的影响。对于包含两次重复的 2s 脉冲，测量用时将达 16s。最近，有人提出使用 100%占空比，即在当前供电期间进行激发极化测量，从而避免了关断期（Olsson et al.，2015）。这实际上是充电和放电激发极化响应的叠加，其好处是减少了数据采集时间（因为不需要关断期，理论上减少了一半）。充电曲线也可以用来量化激发极化效应，但通常的做法仍然是使用衰减曲线。

Schlumberger（1939）首次提出通过计算发射机的供电电压（V_p）和电流关断后的二次电压（V_s）的比值来量化极化强度。俄罗斯地球物理学家 A. S. Polyakov 首先将这一比率称为“极化率”（Seigel et al.，2007）。激发极化仪器在采样开始前采用延迟时间（t_d），以尽量减少高频电感和电容耦合效应（3.3.2.4 节）对极化测量的影响。我们将这些激发极化效应的时间域测量称为视极化率（M_a），以区别于介质的真实极化率（$\hat{m}$）（知识点 2.8）。瞬时时间域激发极化视极化率的无单位量度为

$$M_a = \frac{V_s}{V_p} \tag{3.6}$$

式中，V_s 为电流关断时立即记录的瞬时二次电压。此处为无单位量度，但通常的做法是以 mV/V 为 M_a 的单位。在实践中，可靠地记录电流关断时 V_s 的瞬时值并不容易，最常见的是通过分解为时间窗的衰减曲线的积分（在两次之间定义的信号的分数）来量化激发极化效应。对于定义在两次 t_2 和 t_1 之间的单个时间窗：

$$M_a = \frac{1}{(t_2 - t_1)} \frac{\int_{t_1}^{t_2} V_s \mathrm{d}t}{V_p} \tag{3.7}$$

式中，M_a 也是无量纲的，但通常用 mV/V 表示。在某些情况下，时间域激发极化参数表示为

$$M_a = \frac{\int_{t_1}^{t_2} V_s \mathrm{d}t}{V_p} \tag{3.8}$$

上式单位为时间，通常用 ms 表示。

时间域激发极化测量通常比较复杂，因为仪器之间的 M_a 会有一定程度的不同，这取决于制造商和（或）运营商如何配置仪器来量化衰减曲线。由于历史原因，环境和工程界常用 mV/V［式（3.7）］作为单位，而采矿界更喜欢使用 ms 作为单位［式（3.8）］。根据积分

时间 t_1 和 t_2 的选择，将得到不同的 M_a 值。与较长的充电时间相比，较短的充电时间会导致较小的视极化率（图 3.21）。

这在很大程度上解释了为什么矿业界试图在波形和采样衰减曲线的时间窗口方面制订标准（Newmont 标准，知识点 3.4）来规范时间域激发极化数据集的获取，以便能够直接比较不同勘探的视极化率测量结果。然而，环境（工程）领域的地球物理学家并没有很好地认识到使用不同仪器和不同设置进行的时间域激发极化测量的这些局限性，因此很难将在不同环境（工程）的调查结果之间进行定量。

时间域激发极化测量的数据质量会随着激发极化信号振幅的增加而提高，不过提高数据质量的其他因素还包括使用持续时间更长的电流脉冲以及避免使用会导致较大装置系数的电极配置（Gazoty et al.，2013）。

知识点 3.4　传统时间域 IP 测量的模糊性

由电流关断后的衰减曲线的积分定义视极化率（M_a）可以用来量化激发极化效应。电流周期越长（即更长的通断周期），测量极化率将越大（其他所有因素相同）（图 3.21）。时间窗口的选择也会稍微改变 M_a 的计算值。因此，在整个测量过程中保持时间域激发极化（time domain induced polarization，TDIP）仪器设置的恒定是很重要的。一个常用的惯例是在一个对数周期内进行积分（Sumner，1976）。研发用于矿产勘探的 TDIP 接收器时发现，不同仪器或操作员进行 M_a 测量的对比分析只有在使用统一的 TDIP 仪器设置时才有意义。在 TDIP 测量时需要统一标准的采集配置，在这一背景下，Newmont 接收器（Newmont Mining Company，CO，美国）的配置得到广泛使用，该接收器是 20 世纪 70 年代矿产勘探热潮期间流行的 TDIP 接收器。这种配置通常被称为 Newmont 标准，其以占空比为 50%的 2s 波形进行配置测量。如下图所示，视极化率是根据电流关断后 0.45s 到 1.1s 之间采样的衰减曲线的积分计算的。Newmont 接收器的输出有时被归一化为另一个标准，称为 M_{331}（Sumner，1976），即在电流关断后具有 50%占空比和 1s 积分时间的 3s 波形的等效的 M_a。采矿领域也开发了衰减曲线形状的早期测量方法，并提出曲线的倾斜程度是由与材料极化相关的弛豫时间分布控制的。下图显示了 Newmont 标准，其中 L 与 M_a 的比率［后者是式（3.7）中的视极化率］表示倾斜程度。3.3.2.2 节和 3.3.2.3 节中描述了利用更严格的方法将衰变数据转换为等效弛豫时间分布。

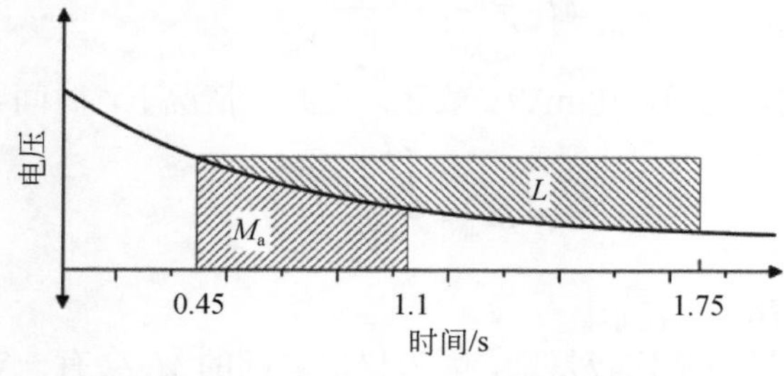

Newmont 标准（修改自 Sumner，1976）

包括测量电流切断后 0.45s 到 1.1s 之间的衰减时间，面积的比值 L/M_a 提供了对衰减曲线形状的简单量化方法

3.3.2.2　从时间域测量估算弛豫模型参数

原则上，时间域衰减曲线可以直接基于弛豫模型（Cole-Cole，见第 2 章知识点 2.8）进行建模。Swift（1973）、Tombs（1981）和 Johnson（1984）概述了这种方法（Duckworth and Calvert，1995），该方法最近受到了关注（Fiandaca et al.，2012）。Tombs（1981）探讨了 Pelton 等（1978a）Cole-Cole 模型（第 2 章知识点 2.8）的时间域响应，该模型以测量的阻抗［$Z(\omega)$］表示，单位为 Ω，

$$Z(\omega)=R_0\left[1-\tilde{m}\left(1-\frac{1}{1+(\mathrm{i}\omega\tau_0)^c}\right)\right] \tag{3.9}$$

式中，R_0 为直流电阻。持续时间（t_{p}）的有限电流脉冲（I_0）的时间域电压响应［$V(t)$］为

$$V(t)=\tilde{m}I_0R_0\sum_{n=0}^{\infty}\frac{(-1)^n}{\Gamma(nc+1)}\{(t/\tau)^{nc}-[(t+t_{\mathrm{p}})/\tau_0]^{nc}\} \tag{3.10}$$

式中，Γ 为伽马函数。Tombs（1981）表明，在拟合由有限电流脉冲持续时间（如几秒）引起的时间域曲线时，式（3.10）中的弛豫模型参数精度很差。此外，式（3.10）中的级数收敛非常慢（即必须对大量 n 值求和）。Guptasarma（1982）开发了一个基于 21 个滤波器系数的数字线性滤波器来表示式（3.10），特别是当模型中要考虑多重弛豫时，提供了一个更实用的替代方案。对于无限电流脉冲，这种情况有所改善，但在现场应用中，近似于这种情况的测量是不切实际的。Tombs（1981）对直接从时间域测量中估算弛豫模型参数得出了否定的结论。认为这种方法“……除了识别电磁耦合外，不太可能执行任何有用的区分功能。”

Komarov（1980）基于微分极化率的方法部分克服了这些限制，

$$\eta_{\mathrm{d}}(t)=\frac{\mathrm{d}\eta(t)}{\mathrm{d}(\log t)} \tag{3.11}$$

式中，$\eta(t)=V_{\mathrm{t}}/V_0$，为响应无限持续时间电流阶跃的极化引起的电压时间变化；V_0 为电流导通周期结束时的电压（图 3.22）。长脉冲持续时间（10s 以上）的测量可以用来近似无限的时间步长。或者，Titov 等（2002）表明，从不同持续时间的脉冲计算的 $\eta_{\mathrm{d}}(t)$ 曲线可以可靠地叠加，以代表广泛的时间尺度。与 $\eta(t)$ 单调衰减不同的是，$\eta_{\mathrm{d}}(t)$ 在接近于频率域中观察到的弛豫临界频率的倒数时包含一个最大值。事实上，$\eta_{\mathrm{d}}(t)$ 的形状与频率域测量记录

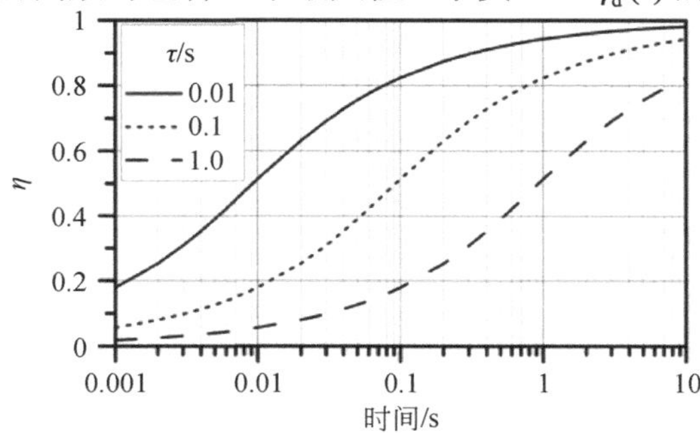

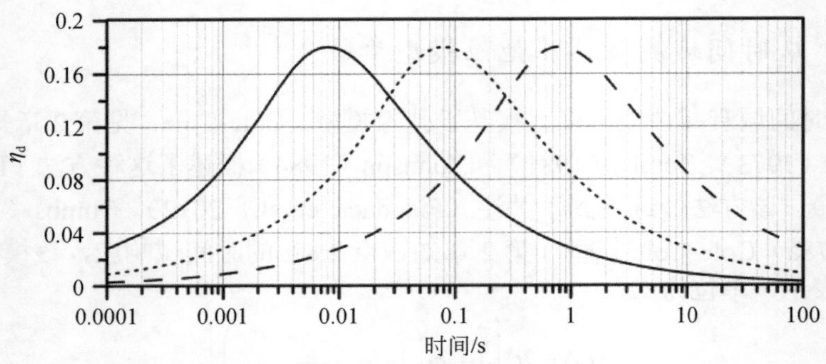

图 3.22　基于激发极化衰减曲线直接估计弛豫时间

利用 Komarov（1980）提出微分极化率概念的支配弛豫时间（ τ ）来估算，修改自 Titov et al.，2002

的 $\varphi(1/\omega)$ 的形状相似。微分极化率已成功用于确定时间域激发极化数据的弛豫模型参数（Titov et al.，2002，2010a）。最近，Gurin 等（2013）反演时间域激发极化衰减曲线，得到了德拜分解模型中的弛豫时间参数（2.3.4 节）。Tarasov 和 Titov（2007）提出了一种从时间域激发极化测量中捕获完整弛豫时间分布的方法。

3.3.2.3　全时域波形的等效频域信息

信号处理技术可以提高从时间域测量中提取信息的能力。与仅记录衰减曲线的一部分并从式（3.6）～式（3.8）中估算激发极化参数不同，全时间域波形采用高时间采样密度测量。全波形处理还允许灵活地定义用于量化激发极化效应的时间窗口，例如，使用锥形和（或）重叠的激发极化时间窗。Kemna（2000）阐述了通过傅里叶分析将注入电流和测量电压的时间域波形的高频采样转换为等效复阻抗测量的方法（图 3.23）。完整波形的时间分析

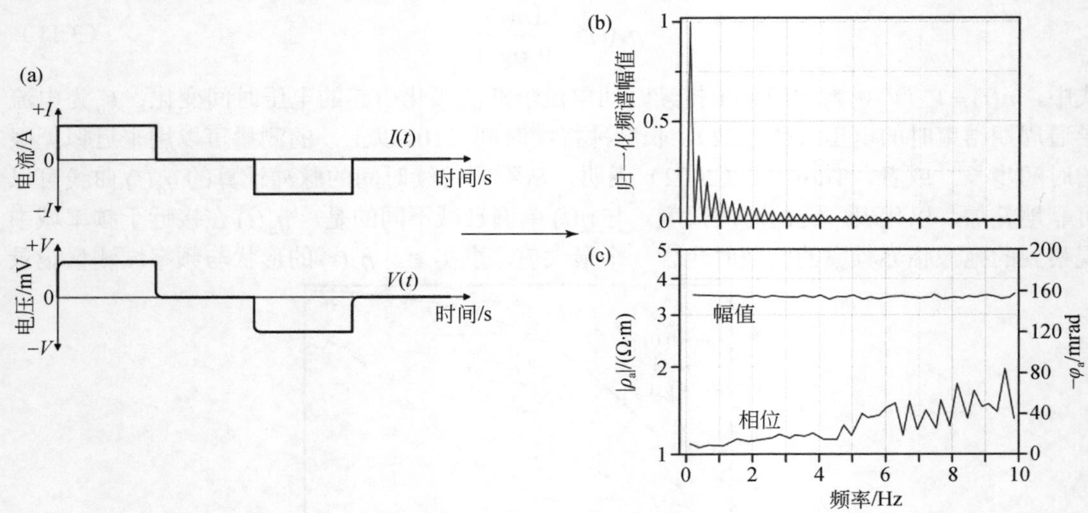

图 3.23　全数字化波形的时频转换概念（据 Kemna，2000）

$-\varphi$ 表示在电阻率空间中的激发极化效应

也可以降低噪声水平（Olsson et al.，2016）。数字滤波器可以用来去除数据尖峰，减少谐波噪声和背景漂移。从时间域波形中恢复的频谱信息取决于采样率（高频限制）和电流开、关周期的长度（低频限制）。为了获得高频内容，在电流关断前后需要高采样率。尽管该方法的频谱内容可能是不确定的，但该方法可以恢复时间域波形主频处的相位角。Maurya 等（2017）研究表明，通过对全时间域波形的高级处理，可以获得与现场频率域测量结果相当的频谱信息。

3.3.2.4　频率域系统

频率域激发极化野外测量仪器比时间域系统更专业。理想情况下，这些野外仪器将提供与 3.3.1.2 节中描述的实验室频谱激发极化仪器相同的宽带频谱信息。在实践中，野外频谱的高频范围测量数据会受到相位误差的影响，其主要原因是电极连接到电缆和硬件接收器所需的距离比实验室中的距离大得多。连接测量电极和地表的导线和连接供电电极的导线之间的电容耦合和电感耦合会产生随频率增加而增加的杂散相位误差。电感耦合效应在低接地电阻中较弱，但通常在采用较大电极间距时才会考虑，例如用于一维测深（4.2.1.3 节）。相比之下，电容耦合是应用于近地表的典型二维和三维仪器的主要问题（Radic et al.，1998）。此外，测量电极处的阻抗产生的高频误差与实验室系统中描述的相似（3.3.1.3 节）。与此类影响相关的相位误差组合可以将现场 SIP 测量中的有用信息范围限制在 100Hz 以下，并且通常小于 10Hz（取决于仪器和地面条件），因此无需较多关注。

电容耦合来源于从高电位表面（导体）到低电位表面（导体）的电流泄漏（Dahlin and Leroux，2012）。多芯电缆加剧了供电导线和测量导线之间、两根供电导线间以及供电导线和地下介质之间的电容耦合。最大的耦合效应发生在供电和测量导线之间（Radic，2004）。增加供电导线和测量导线之间的距离可以大大减少这种电容耦合效应。通过使用两根独立的多芯电缆，将供电导线与测量导线分开，可以改善激发极化数据采集（Dahlin and Leroux，2012）。

当使用较大的电极间距时，电感耦合主要受磁场影响，其主要来源于地面上的两根导线之间的阻抗。在现场激发极化测量中，主要受供电导线和测量导线之间阻抗的影响。根据地表介质的电学性质，可以观察到正耦合效应（异常相位随频率增加而增加）或负耦合效应（异常相位随频率增加而减少）。耦合的程度将取决于：①地面的电性，②铺设在地面和（或）钻孔中的电极和电缆的几何形状。现场处理方法可以降低耦合程度（如将供电导线与测量导线垂直布线）。然而，耦合效应在较高的频率下始终存在，因此，有必要建立模型来消除耦合效应（Hohmann，1973）。一种常用的方法是将耦合响应（电感和电容相结合）描述为 Cole-Cole 弛豫模型的一种特殊形式（Pelton et al.，1978a），这些模型只是耦合效应的近似，因此可能存在一些残余耦合效应。

仪器设备制造商试图利用不同的方式减少由于耦合（和电极阻抗）引起的高频误差。时间域激发极化接收器包括用于估算视极化率衰减曲线积分之前的延迟时间（图 3.20）。这种延迟时间最大限度地减少了耦合对标准时间域激发极化测量的影响，从而在本质上将其限制在有限的低频范围内。针对需要高频信息的宽频率域测量，厂商开发了一种更复杂的方法，即在电极上记录电流和电压信号，并使用光纤电缆进行数据传输（Radic，2004；图

3.24）。该方法最小化了电流导线和测量导线之间的直接（线对线）耦合，使它们的物理尺寸尽可能小。供电导线和地表介质之间的电容耦合也可以通过使用供电导线的主动屏蔽来减少（Radic and Klitzsch，2012）。这种方法的局限性在于每个电极上使用专用电子设备，成本较高，而且在不利的电场条件下使用这种装置也不切实际。另一种方法是根据系统的几何形状建立耦合效应模型，以尽量减少仪器误差。

图 3.24 用于 SIP 测量的电极装置

每个电极将模拟信号转换为数字信号，然后用光纤传输测量的电压信号，以降低耦合误差（SIP256，Radic Research，德国）。每个记录位置有两个电极，一个用于供电，另一个用于测量电压

3.3.2.5 现场测量电极

在用于矿产勘探的激发极化技术的发展过程中，野外激发极化测量通常使用金属棒供电电极和非极化多孔柱测量电极（见 3.2.5.3 节）。多孔柱对于测量自然电位至关重要，应用时必须准确记录地下自然电流源产生的（通常很小）电压（Petiau，2000）。任何开路电位都会增加来自自然电流源的电压，从而在自然电位测量中产生噪声。在激发极化数据采集中使用多孔柱是为了防止产生开路电位，并尽量减少电极的导体金属组件和地面之间的电极极化（Sumner，1976）。

由于接收器通道的输入阻抗非常高（产生的电流可以忽略不计），在现代仪器中，测量电极的极化是微不足道的。此外，在时间域测量中，开路电位和自然电位的总和（V_{sp}）是在电流关断的后期被记录下来，并从一次电压（V_p）和二次电压（V_s）中去除（图 3.5）。

这些电位是频率域（AC）测量中的直流误差，不会对相位测量产生不利影响。因为向地注入电流会使电极极化（带电），所以供电电极不应作为测量电极使用，当电流注入后不久马上在该电极上进行电位测量时，这种瞬态电极极化将干扰来自介质的极化信号（即激发极化效应）。这种效应通常不会导致一次电压（以及电阻率测量）的显著误差，但对于小得多的瞬态二次电压来说，这是误差的主要来源。一些仪器制造商配置激发极化仪使得在每个测量位置使用单独的电极，其中一个电极专门用于供电，另一个电极专门用于测量电压（图 3.24）。

地球物理专业人员有时仍沿用习惯使用多孔罐来作为电位电极。Ward 等（1995）建议将这种测量方法描述为“值得质疑的”，并主张使用通用电极（供电和测量均可使用的电极）以更高效地开展数据采集和互惠测量。事实上，当使用标准金属电极而不是多孔罐制作的电极作为测量电极时，激发极化数据质量没有损失（数据采集的所有其他因素保持相同）（Dahlin et al，2002b；Zarif et al.，2017）。事实上，这些研究表明，标准金属电极（如不锈钢）或石墨电极的数据质量可能会略高于多孔罐制作的电极。然而，关于电极材料对激发极化数据质量影响的研究却寥寥无几。Morris 等（2004）发现，基于包括互易性在内的数据质量检查，铅、不锈钢和石墨是很好的激发极化电极（4.2.2.1 节）。

3.3.2.6 测量电缆

激发极化测量通常使用与电阻率成像相同的多芯电缆进行，在大多数情况下，这类电缆就足够获得低频（如 1Hz 或更低）下的视极化率或相位值。Dahlin 和 Leroux（2012）表明，在有利的条件下（信号强度好，电极接地电阻低），使用多芯电缆可以获得高质量的激发极化测量；在不太有利的条件下，将供电电缆和测量电缆分开会更有优势。与使用单根多芯电缆同时传输电流和接收电压信号相比，这大大降低了供电导线和测量导线间的耦合效应，这种改进来自于两组导线的物理分离。这对数据采集提出了额外的要求和费用，但为了获得频谱信息，则此改进是非常有意义的。

激发极化测量需要额外考虑接地电阻，由于高接地电阻导致电流注入受限，测量电极处的电压较低，其对激发极化测量的不利影响大于电阻率测量。这是因为 V_s 通常比 V_p 小 100～1000 倍，所以随着接地电阻的增加，迅速下降到仪器噪声水平（供电导致最小可测量电压以下的信号）。因此，与单独用于电阻率测量相比，即使不符合点电源的假设，更大尺寸的电极可能有助于提高激发极化数据质量。

3.3.2.7 分布式发送和接收系统

目前，分布式系统在电阻率和激发极化领域还未被充分利用，该系统由一个标准发射机、一个全波形电流记录仪和一组全波形电压接收器组成，如 Iris Instruments 的 FullWaver 系统（Truffert et al.，2019）。这些接收器记录特定位置的完整波形，并通过全球定位系统（global positioning system，GPS）时钟信号与全波形电流记录仪同步（图 3.25）。全波形记录仪避免了从集中式激发极化接收器到测量电极的长导线的使用，因此有助于崎岖不平地形的测量。全波形接收器可移动到由 GPS 接收器记录的不同位置，从而无需在常规网格上进行测量。每个接收器使用三个电极在两个正交方向上测量电场。为了在复杂地形上进行有效的三维测量，现场工作人员将在地形上移动十个或更多的全波形接收器、发射器和供电电极。数据采集系统会提供建议的坐标位置，以便在勘测过程中指导接收器和电极的放置，但由于现场条件而产生的必要改动会被记录下来，并立即纳入数据处理中。所有接收器（和当前监视器）的数据都存储在内存中，然后通过互联网连接传输到内存驱动器或直接传输到服务器。与使用标准多芯电缆系统的电阻率（激发极化）测量相比，这种仪器设置成本较高。然而，这种仪器在复杂的三维地形上进行大规模调查时可能会节约成本。该技术已被用于矿床的三维成像、山区滑坡的表征以及流域内水流的结构成像（Ahmed et al., 2019；Truffert et al., 2019）。

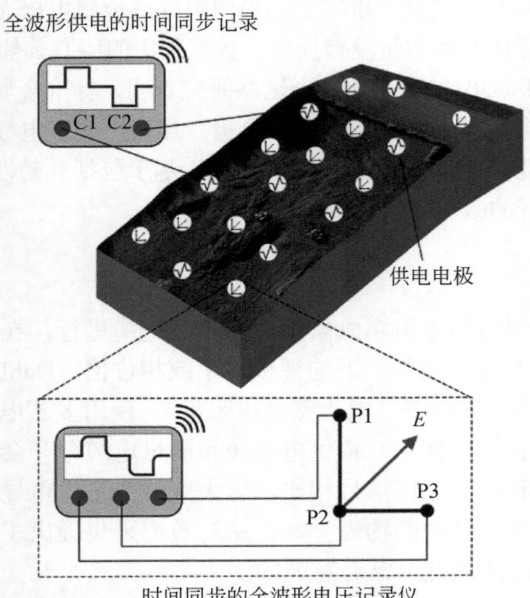

图 3.25　全分布式系统的三维电阻率和激发极化成像示意图

基于法国 Iris Instruments 公司开发的 FullWaver 系统

3.3.3　仪器测量之间的关系

频率域和时间域激发极化仪器都测量了土壤和岩石中极化强度与导电强度比值。从相位角来看：

$$\varphi = \tan^{-1}\frac{\sigma''}{\sigma'} \approx \frac{\sigma''}{\sigma'} \tag{3.12}$$

式中，当$\varphi \leqslant 100$ mrad 认为二者是近似等效的。如第 2 章所讨论的，σ''为量化可逆电荷存储（极化），σ'为量化电迁移（传导）。从式（3.12）可知，即使在没有任何极化变化的条件下，相位角φ仍可以随电导的变化而变化。因此，区分相对极化项（如φ）和绝对极化项（如σ''）是很重要的。绝对极化与φ的关系式为

$$\sigma'' = \sigma' \tan\varphi \approx |\sigma| \tan\varphi \approx |\sigma| \varphi \tag{3.13}$$

式中，当φ≤100 mrad 时，这两个近似项有效。因此，绝对极化强度由相对项（φ）乘以电导率（$|\sigma|$）得到。

时间域激发极化测量的也是极化强度的相对值，当极化率乘以电导率绝对值时，结果是极化强度的绝对测量值（Lesmes and Frye，2001；Slater and Lesmes，2002a）。时间域测量的绝对极化值是视归一化极化率：

$$M_{n(a)} = M_a |\sigma| \tag{3.14}$$

其满足① $M_{n(a)} \propto \sigma''$ 和② $M_a \propto \varphi$。鉴于频率域测量提供了对材料真实电特性的直接量化，时间域测量只能提供这些特性的缩放值。为了便于根据复电导率直接解释现场时间域激发极化测量（并减少视极化率测量的不统一性），一些研究人员通过对一系列样品进行实验室测试来校准 M_a 和φ之间的比例常数（这需要使用实验室激发极化仪器）（Mwakanyamale et al.，2012）。如果修改衰减曲线积分的测量设置，则校准过程将改变。当假设常相位模型时，也可以根据测量的视极化率从数学角度计算等效相位（Kemna et al.，1997）。一般来说，$M_a(\text{mV/V}) \approx -\varphi\,(\text{mrad})$。

另一种现在很少使用的激发极化测量称为“百分比频率效应”（percentage frequency effect，PFE）。PFE 一度广泛用于矿产勘探测量领域，但已被相位或视极化率测量所取代。然而，PFE 是一种简单的测量方法，因为它将电阻率的变化作为频率的函数进行量化。从 2.3.4 节可知，极化材料的电阻率随频率的增加而降低。在地下介质无极化的情况下，电阻率与频率无关。极化程度越高，电阻率随频率增加而降低的幅度越大。PFE 在测量中量化了电阻率的变化：

$$\text{PFE} = 100\frac{(\rho_{f_1} - \rho_{f_2})}{\rho_{f_1}} \tag{3.15}$$

式中，ρ_{f_1} 和 ρ_{f_2} 为两个频率的电阻率，$f_2 > f_1$。Marshall 和 Madden（1959）引入了金属因子（metal factor，MF）来“放大”导电矿体的激发极化响应，

$$\text{MF} = a_{\text{MF}} \frac{1}{\rho_0} \text{PFE} \tag{3.16}$$

式中，a_{MF} 为一个无量纲常数［被 Marshall 和 Madden（1959）取为 $2\pi \times 10^5$］。

Zonge 等（1972），Zonge 和 Wynn（1975）说明了使用不同方式表示的极化率之间的关系，并提出 PFE=-0.2φ（φ 以 mrad 为单位），其使用的是一个频率量级的频率效应测量值。一般来说，可以认为在φ，M_a 和 PFE 之间有一个近似的比例。同样，σ''、$M_{n(a)}$ 和 MF 之间也存在近似的比例关系（Lesmes and Frye，2001）。

3.3.4　用于砂箱、砂柱和其他容器成像的测量仪器

目前已开发出专门的测量系统，用于对砂箱、砂柱和其他容器进行成像。在生物医学和工业过程层析扫描领域都介绍了这些研究，后者用于监测容器（如搅拌槽式反应器）内流体的分布和混合情况。在这两个领域，通常使用“电阻抗层析成像”（EIT）这一术语。关于电阻率成像和电阻抗层析成像的发展，请参阅第 1 章。

为 EIT 设计的数据采集系统通常非常适合于箱体、柱体和其他容器中多孔介质过程的小规模成像。但很少有相关研究利用这种系统对地下材料进行小规模成像（Binley et al.，1996a，1996b；另见 6.1.5 节中的案例研究）。这些系统的工作频率通常比在近地表应用的电阻率和激发极化仪器高得多（10～100kHz）。与传统的电阻率成像系统相比，它们使用的电流较小（通常为几毫安），但这足以在一定范围内对容器进行成像，这些成像与调查土壤和岩石中发生的过程相关。与传统的电阻率和激发极化系统相比，高工作频率允许更快的数据采集。不同系统之间差异很大，但通常会包含大量通道，以进一步减少数据采集时间，从而更好地捕捉在短时间尺度上发生的过程。现代 EIT 系统可以支持毫秒级的时间分辨率，而地球物理系统至少需要几分钟（通常更长）来收集重复成像所需的数据。在许多方面，EIT 系统比地球物理应用领域的仪器更先进。例如，有些仪器支持电流聚焦，即在两个常规供电电极之外，同时为其他电极通电，以提高容器中心部分的电流密度（从而提高测量灵敏度）。其他系统已经实现了 CDMA 编码(3.2.3.3 节)，以进一步加快数据采集(Yamashita et al.，2015a，2015b)。电成像在监测实验室装置中演变过程中的相关应用如图 3.26 所示。

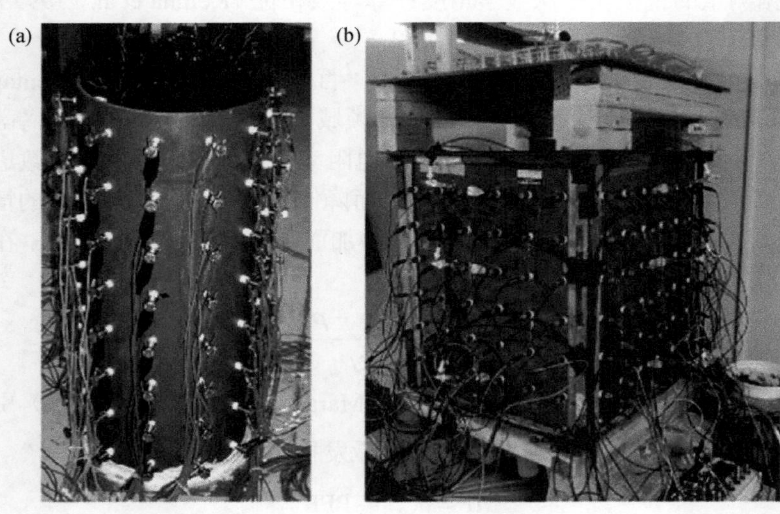

图 3.26　容器内部结构成像的实验室装置示意图

（a）装有 96 个电极的泥炭柱；（b）装有 144 个电极的土壤渗透仪，用于监测渗透过程中水分的动态变化

EIT 系统与电阻率成像系统发展相似。人们已经开发了多频 EIT 系统来获取宽频带信息（同样采用的频率比电阻率成像所用的高得多），在医学领域，主要致力于提高对正常和异常细胞组织的区分。与地球科学一样，通过宽频带测量，更好地了解成像材料的组成（Kelter et al.，2015；Weigand and Kemna，2017）。小尺度电阻率和激发极化成像将在 4.2.2.8 节和 4.3.5 节中进一步讨论。

3.4　小　　结

电阻率和激发极化仪可以在广泛的时空尺度上测量电学性质（见第 2 章）。实验室仪器已经从在一维单元上进行单次电阻率测量的基础仪器，发展到多通道仪器，可以对各种试验装置中动态过程进行频谱激发极化测量（通常为 mHz 至 kHz）。实验室电阻率测量的获取相对简单，而高精度的实验室激发极化测量关键取决于样品装置的设计，尤其是电极的布置方式。在涉及非导电矿物的情况下，不良的样品装置设计可能会导致与测量信号相同量级的激发极化误差，错误的测量会导致一些错误的结果和解译（Brown et al.，2003）。除了本章讨论的介质材料外，Kemna 等（2012）为实验室测量提供了一些建议，以获取完全来自所研究样品的激发极化信号，而不被不良样品装置所误导。现代实验室激发极化系统使用频率域进行测量，其中正弦波函数准确记录表征弛豫时间所需的频率响应。

在 20 世纪 90 年代到 21 世纪初，近地表的野外电阻率和激发极化测量的基本架构和操作原理得到迅速发展。在此之前，主要研究集中在功能强大但比较笨重（和危险）的系统开发并应用于深部矿产勘探。便携式多通道、多电极成像系统的出现代表了该方法发展模式的转变，这避免了操作人员花费大量时间在每次测量之间进行重新定位电极的工作。现已研发了大量的多电极成像系统，并在市场上得到有效应用。由于电子器件的成本较低，同时人们大多将电流关断后的电压衰减曲线作为激发极化效应的图形表示，因此大多数野外激发极化测量都是在时间域进行的。然而，现在已经开发出与实验室频谱激发极化系统工作原理相同的野外尺度频率域测量系统。早期的频率域现场测量系统是为矿产勘探而开发的，但最近也发展了专门针对近地表应用的高精度频谱激发极化测量设备。同时，一些激发极化仪器采用高采样率获取时间域全波形数据，也可以提供相关频谱信息（Kemna，2000）。

在过去十年间，相关技术进步相对有限，主要集中在使用大量可定位电极来进行更快的数据采集，同时，电极配置的灵活性也明显提升（如钻孔安装）。电阻率和激发极化测量的一个限制是需要与地面建立有效的电传导，以确保有足够的电流注入。在高阻地面上进行电阻率和激发极化测量通常是不切实际的。商业上可用的电容耦合电阻率成像系统开辟了在高电阻地面上的电阻率应用。最近的实验表明，使用电容耦合电极甚至可以进行频谱激发极化测量（Mudler et al.，2019）。在未来，还有可能使用机载时间域电磁（EM）系统来测量激发极化效应。在地表时间域电磁测量结果的后期存在的特征负信号，即激发极化效应（Nabighian and Macnae，1991）。机载电磁数据（Smith and Klein，1996；Walker，2008）中也记录了这种负信号，主要是在大型矿床调查中，促进了相关机理模型研究，以便更好地评估提取的激发极化信息（Macnae，2016）。然而，时间域电磁测量对与近地表调查相关的较小激发极化效应的敏感性仍然不确定。

一个有前景的技术趋势是可进行远程操作的地下自动监测系统（Chambers et al.，2015）。采用一次性安装的电阻率和激发极化长期监测系统可以提供有关地下过程演化的丰富信息并获取充足的数据，以便提供决策支撑。例如，电阻率和激发极化监测可以指导：①何时、何地进行直接侵入性采样以确认污染物的迁移；②完善主动环境修复技术（例如添加新的修复剂）；③在海水入侵区域调整地下水抽取策略；④在容易发生滑坡的地点做出应急响应决策。目前还没有专门为自动、长期监测设计的商业仪器，尽管一些现场仪器确实带有支持独立监测的附加组件。但是这些系统具有高功率要求，并且在单个站点长期部署的成本很高。随着物联网的发展，有机会开发新一代相对低成本的电阻率和激发极化监测系统，以便在野外开展长期测量。

在野外尺度获取类似于实验室测量的宽频激发极化数据仍然是一个具有挑战性工作。尽管为了实现这一目标已经研发出了多种仪器，但由于在更高频率上耦合效应的急剧增加，从而导致相位数据误差，影响了在条件较差区域获取数据的精度。在理想的野外调查条件下，能够可靠地获取高达约 100Hz 时的频谱激发极化数据。此外，还需考虑在低频范围内获取宽频野外 SIP 数据的优势，但想获取 10^{-2}Hz 或更低的频率，可能需要近 1h 才能完成单次供电和测量。尽管在电极上直接记录电流和电压，并利用光纤数据传输，有助于减少耦合问题，但低频扫描所需较长的数据采集时间仍然是一个根本限制因素。考虑到这些限制以及这些仪器的成本，与从时间域激发极化测量中较容易获得的单一的中频段信息相比，建议用户从宽频带频谱测量中获得额外有价值的信息。通常情况下，在测量和处理全波形数据时，时间域激发极化电阻率系统可提供 90%以上的有用信息。

第 4 章将重点介绍使用本章中提及的仪器来获取野外尺度的电阻率和激发极化测量数据，这些应用可以根据第 2 章中描述的地下介质电性特征进行合理的解译。正如在实验室中，获取高质量的激发极化数据需要重点关注试验装置设计，而获取有意义的野外数据更多地取决于测量方法，而不是仪器本身。此外，第 4 章还讨论评估现场数据质量和灵敏度的方法，并介绍了一些从地下结构角度解释测量结果的解析模型。

第 4 章　野外场地测量

4.1 引　　言

第 3 章介绍了实验室尺度电阻率与激发极化数据（极化率、复电阻率）的采集，但在野外勘探时，由于无法产生均匀的电流路径，因此，需要其他方法来测量野外电阻率和激发极化数据。本章在第 3 章四极测量的基础上，引入了合适的方法来测量地下介质的电阻率和激发极化信号。本章提出了视电阻率和视极化率的概念，通过简单案例来说明地下介质非均质性对视电阻率的影响。针对二维问题，引入了视剖面图实现视电阻率与视极化率数据的可视化。此外，在第 3 章已经介绍了野外电阻率与激发极化的数据采集仪器及相关配件（电缆、电极），本章将继续讨论其在野外场地尺度的应用，包括电极阵列的优化和测量误差的评估等。本章不仅涵盖了广泛应用的地表测量，还将介绍“非标准”情况下的测量，例如跨孔测量或实验室尺度的砂箱和砂柱，并讨论时移测量方法。最后，本章还介绍采用四极阵列绘制电场图，探测垃圾填埋场渗滤液渗漏等问题。本章的结构依然延续全书框架，划分为两部分：直流电阻率法和激发极化法，在直流电阻率法的概念基础上进一步介绍激发极化法。

4.2 直流电阻率法

4.2.1 四极测量与特定阵列的视电阻率响应

为了推导地下电阻率的四极测量方程，首先要理解电极供电所产生的电势空间分布特征。对于一个三维各向同性的电阻率分布 ρ（x，y，z），位于坐标 x_c、y_c、z_c 处的电流强度为 I 的点电极所产生的电势（电压）V（x，y，z）可以由泊松方程表示：

$$\nabla\cdot\left(\frac{1}{\rho}\nabla V\right)=-I\delta\left(x_c,y_c,z_c\right) \tag{4.1}$$

式中，$\nabla=\frac{\partial}{\partial x}+\frac{\partial}{\partial y}+\frac{\partial}{\partial z}$，$\delta$（$x$，$y$，$z$）为狄拉克 δ 函数（在 x，y，z 处取值为 1，其他地方为 0）。

其中，式（4.1）须满足下边界条件：

$$\left(\frac{1}{\rho}\right)\frac{\partial V}{\partial n}=0 \tag{4.2}$$

式中，n 是外法线向量。此类边界条件称为纽曼（或第二类）边界条件，它规定除了在供电电极位置外，地面没有任何通量进出（流入或流出）。

在均匀电阻率（ρ）且供电点电极足够深，不受地表（地表平坦且在 z=0 处）影响的供电情况下，式（4.1）的解表示为在坐标 x_p，y_p，z_p 处电压：

$$V\left(x_{\mathrm{p}},y_{\mathrm{p}},z_{\mathrm{p}}\right)=\frac{I\rho}{4\pi r} \tag{4.3}$$

式中，r 为点电极和电势测量位置之间的距离，即 $r=\sqrt{(x_{\mathrm{p}}-x_{\mathrm{c}})^2+(y_{\mathrm{p}}-y_{\mathrm{c}})^2+(z_{\mathrm{p}}-z_{\mathrm{c}})^2}$ 。

一般情况下，点电极在埋藏深度较浅时，电场会受到地面以上绝缘空气的影响，此时所测得的电势可以通过镜像法推导。式（4.1）的解可表示为式（4.3）的两个解叠加：一个基于点电极在 x_c，y_c，z_c 的实际位置，另一个基于假想电极在 x_c，y_c，z_c 的镜像位置。最终解为

$$V\left(x_{\mathrm{p}},y_{\mathrm{p}},z_{\mathrm{p}}\right)=\frac{I\rho}{4\pi r}+\frac{I\rho}{4\pi r_i} \tag{4.4}$$

式中，r 如前文所述，$r_i=\sqrt{(x_{\mathrm{p}}-x_{\mathrm{c}})^2+(y_{\mathrm{p}}-y_{\mathrm{c}})^2+(z_{\mathrm{p}}+z_{\mathrm{c}})^2}$

式（4.4）适用于一般情况，例如，使用在钻孔中布置的电极时需使用该式。但对于常见的地面布置电极（z_c=0，z_p=0），r_i=r，因此

$$V\left(x_{\mathrm{p}},y_{\mathrm{p}},0\right)=\frac{I\rho}{4\pi r}+\frac{I\rho}{4\pi r}=\frac{I\rho}{2\pi r} \tag{4.5}$$

在地面以下 2m 深处埋设的电极与地表电极供电所产生的电势分布见图 4.1。

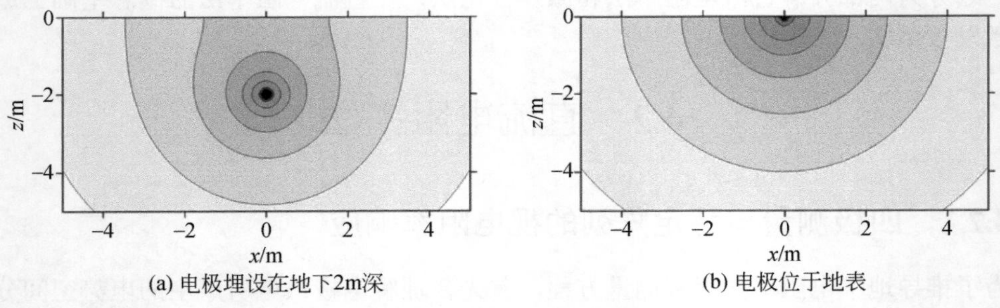

图 4.1　电势分布示意图

第 3 章所提到的电阻率与激发极化测量都是基于四极阵列：两个供电电极用来建立电场（正供电电极和负供电电极），另外两个测量电极用于测量电势差。可使用式（4.5）［或对于一般情况则使用式（4.4）］来确定测量的电势差、供电电流与介质电阻率之间的关系。

在四极阵列中，常用 A、B、M 和 N 四个字母来表示四个电极：A 为正供电电极，B 为负供电电极，M 和 N 为测量电极，如图 4.2 所示。关于四极阵列的空间布置将在后文展开讨论。本节首先介绍视电阻率表达式的推导，视电阻率表示均匀地下介质在供电电流和测量电压下得到的电阻率，即当地下介质的电阻率分布均匀时，视电阻率才等于真实电阻率。下述将解释视电阻率的计算过程，对于大多数工程应用，视电阻率的计算需假定地面平坦且边界无限远（无限半空间）。

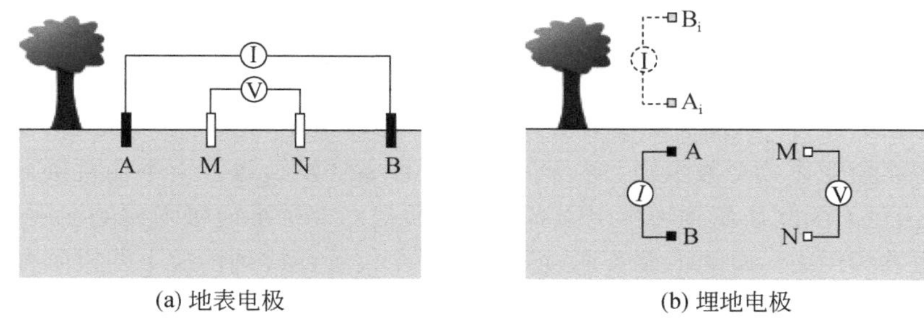

(a) 地表电极　(b) 埋地电极

图 4.2　四极阵列示例图

A_i 和 B_i 为镜像电极

根据式（4.5），通过叠加原理可得出在 A 和 B 电极供电引起地表的 M 和 N 电极之间的电势差［图 4.2（a）］：

$$\Delta V = V_{\mathrm{M}} - V_{\mathrm{N}} = \frac{I\rho}{2\pi}\left(\frac{1}{AM} - \frac{1}{BM} - \frac{1}{AN} + \frac{1}{BN}\right) \tag{4.6}$$

式中，AM 为电极 A 和 M 之间的距离；BM 为电极 B 和 M 之间的距离；AN 为电极 A 和 N 之间的距离；BN 为电极 B 和 N 之间的距离；因为地下介质是均质的，电阻率为 ρ。

根据电势差表达式（4.6），视电阻率（ρ_{a}）可以表示为

$$\rho_{\mathrm{a}} = K\frac{\Delta V}{I} \tag{4.7}$$

式中，$\Delta V/I$ 为转移电阻，Ω；K 为装置系数，具有长度的量纲：

$$K = \frac{2\pi}{\left(\dfrac{1}{AM} - \dfrac{1}{BM} - \dfrac{1}{AN} + \dfrac{1}{BN}\right)} \tag{4.8}$$

对于电极不在地表的一般情况［图 4.2（b）］，装置系数可以遵循同样的原则使用式（4.4）表示：

$$K = \frac{4\pi}{\left(\dfrac{1}{AM} + \dfrac{1}{A_iM} - \dfrac{1}{BM} - \dfrac{1}{B_iM} - \dfrac{1}{AN} - \dfrac{1}{A_iN} + \dfrac{1}{BN} + \dfrac{1}{B_iN}\right)} \tag{4.9}$$

式中，A_iM 为镜像电极 A_i 与地表电极 M 之间的距离；B_iM 为镜像电极 B_i 与地表电极 M 之间的距离，镜像电极位置如图 4.2（b）所示。

视电阻率可以在野外测量过程中快速获取。由于与电阻率单位相同，根据视电阻率可以实时评估地下介质电阻率的分布，并对数据质量进行初步评估（例如，在装置系数是正确的情况下，即使地下介质的非均质性很强，视电阻率也应该为正值）。大部分仪器在测量时都会根据所提供的测量阵列情况来实时展示视电阻率数值与分布。然而上述视电阻率的计算是基于平坦地表的无限半空间，如果现场地形起伏不定，或调查区域由于某些原因受到限制，即使地下介质电阻率为均质的，计算得到的视电阻率也不能反映真实电阻率，并且在某些阵列中会出现视电阻率为负值的情况。此外，如果探测对象为有边界的容器（图 3.26），式（4.3）将不再是泊松方程的解，这种特定的几何形状也将无法得到解析解，此问题可以通过推导泊松方程近似数值解来解决。

视电阻率是一个便于在野外使用的数值，但真正测量的数值（调查中记录的数值）是转移电阻 $R=\Delta V/I$（transfer resistance），定义为测量电压与供电电流的比值。转移电阻（单位：Ω）可以是正值或负值（负值意味着装置系数为负），即使在均质电阻率的地下介质中测量，转移电阻也可能会变化几个数量级。由于某些商业设备在默认设置下不会直接显示转移电阻（或电压）的正负，因此认识到转移电阻有可能为负值对非标准电极阵列的应用极为重要。

在大多数的应用中，电阻率调查通过测量在多个位置或排列情况下四极阵列的视电阻率或转移电阻，采用第 5 章的正反演模拟方法进行处理，从而得到电阻率的垂直和水平分布。在少数应用过程中，可以直接使用视电阻率或转移电阻的分布来评估现场的电阻率变化。

4.2.1.1　电极的阵列配置

野外电阻率测量中存在大量的电极阵列组合，阵列的选择往往根据调查目的、目标区域性质以及仪器类型等因素综合确定。Szalai 和 Szarka（2008）介绍了 92 种不同的电极阵列组合方式，本书重点关注地面电极的阵列，并在本章后续内容中讨论非标准阵列的组合方式。许多常用的数据采集阵列起源于几十年前，由于彼时仪器一次只能连接四个电极，因此测量时电极是手动移动的。第 3 章所述的多通道仪器的研发使得四极阵列得到广泛应用，但在大多数情况下，这些阵列并没有被充分利用起来。

最常用的几种地表电极阵列示意图见图 4.3，由式（4.8）得到的常用阵列装置系数见表 4.1。每种阵列都可以在水平方向移动以评估电阻率的横向变化，或增加电极距以探测更深的目标。

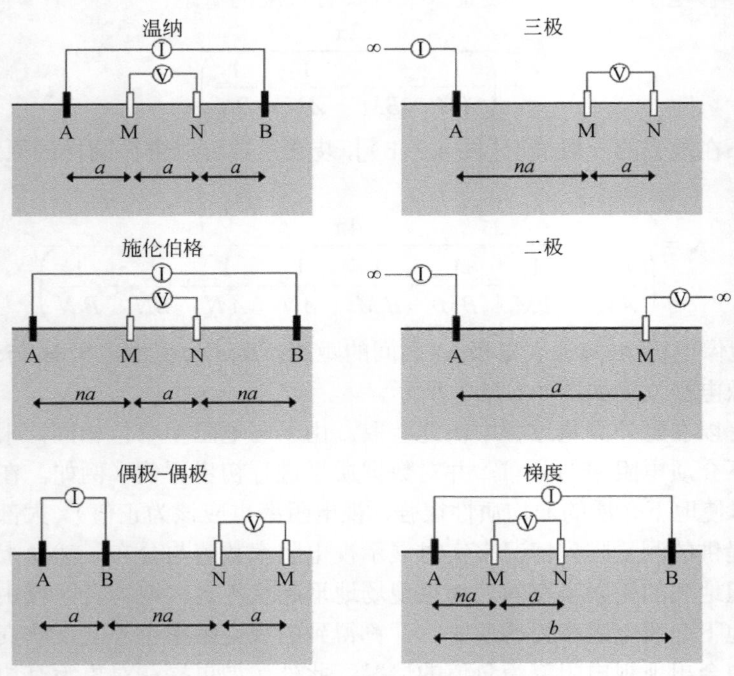

图 4.3　地表电极阵列常用的四极阵列

表 4.1　图 4.3 和图 4.4 所示四极阵列的装置系数

阵列	装置系数（K）
温纳	$2\pi a$
施伦伯格	$\pi an(n+1)$或 $\pi an^2, n\geqslant 10$
偶极-偶极	$\pi an(n+1)(n+2)$
三极	$2\pi an(n+1)$
二极	$2\pi a$
梯度	$2\pi / \left\{\left(\frac{1}{na}\right)+\left(\frac{1}{b-na}\right)+\left[\frac{1}{(n+1)a}\right]+\left[\frac{1}{b-(n+1)a}\right]\right\}$
正方形	$2\pi a/(2+\sqrt{2})$

温纳阵列（Wenner array）由 Wenner 在 1915 年提出，是最为常见的四极阵列配置。此阵列的电极等间距（间隔为 a）分布，为了确保测量信号的强度，通常将供电电极置于测量电极之外，这种阵列的电极顺序为 A-M-N-B，被称为温纳 α 阵列。同样作为等间距排列的阵列，根据供电电极与测量电极顺序不同，又可配置为 A-B-M-N 和 A-M-B-N，分别称为温纳 β 阵列和温纳 γ 阵列。后文中所提到的偶极-偶极阵列（dipole-dipole array）是温纳 β 阵列的另一种表达。

施伦伯格阵列（Schlumberger array）与温纳阵列相似，不同之处在于供电电极之间的间距远大于测量电极之间的间距（即距离 $AB>5MN$，图 4.3 中的 $n>2$）。由于这种阵列对电阻率的横向变化不敏感，因此主要用于垂直电测深中。此外，施伦伯格阵列的另一个优势是一次只需移动一对电极。

偶极-偶极阵列（dipole-dipole array）的命名会使人误解，因为所有的四极阵列本质上都是某种形式的偶极-偶极阵列，Seigel 等（2007）认为该阵列的提出是基于 Madden 1954 年的工作，但 West（1940）所提出的“Eltran”阵列排列方式与之相同。在该阵列中，供电电极对和测量电极对是分开的，致使其信号强度比温纳阵列和施伦伯格阵列更弱。三极阵列（pole-dipole array）和二极阵列（pole-pole array）在偶极-偶极阵列的基础上，分别使用了一个或一对无穷远电极，其优势是使得手动移动时测量速度更快。二极阵列广泛应用于考古研究中，通常使用“twin array”或“twin probe”的形式表示，二极阵列在使用时将一对固定电极在一个剖面上移动，以刻画地下浅层的电阻率变化，因此二极阵列在应用时只需记录转移电阻的数值，无需计算视电阻率。

梯度阵列（gradient array；Dahlin and Zhou，2006）的一种典型形式如图 4.3 所示，梯度阵列主要是为针对多电极通道仪器而配置的四极阵列，特别在电阻率的二维（水平-垂直）成像中应用广泛。上述讨论的四极阵列均为供电电极与测量电极分布在一条直线上的情况，除此之外还存在其他阵列。如图 4.4 所示的正方形阵列及其在梯形阵列中的扩展，这些阵列与二极阵列相比具有更大的灵活性，因此在考古调查中颇受欢迎（Panissod et al.，1998；Gaffney et al.，2005）。此外，这些阵列还可以通过阵列旋转的方式来评估电阻率分布的各向异性（Tsokas et al.，1997）。

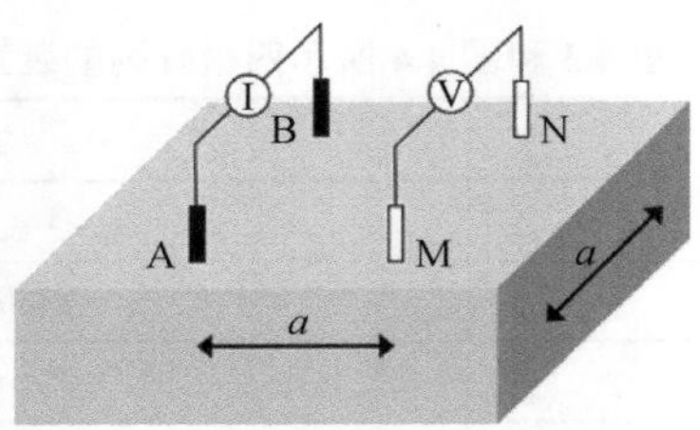

图 4.4　正方形阵列

每种阵列都有不同的灵敏度特征，即如果地下存在电阻率的空间变化，那么对于每种阵列，所测量的视电阻率将受到不同的影响。灵敏度可以根据下式定义为

$$\text{灵敏度} = \frac{\partial \log(\rho_{\mathrm{a}})}{\partial \log(\rho)} \tag{4.10}$$

根据灵敏度，可以评估地下介质中不同的区域如何影响测量得到的视电阻率。使用第 5 章介绍的数值模拟技术可以更为方便地计算式（4.10）。三种不同的阵列在均匀电阻率分布下的灵敏度剖面图见图 4.5，地下介质中某些区域对视电阻率会产生正向影响，某些区域会产生负向影响，而有些区域则对测量结果没有影响。灵敏度的负向影响表示随着局部电阻率的增加会表现为视电阻率的降低。因此，理解灵敏度的概念及特征可以更好地诠释视电阻率的物理意义。而二极阵列在考古研究中应用更为广泛的原因之一就是局部电阻率和测量的视电阻率之间有着更直接的联系（Clark，1990；另见 4.2.2 节）。

根据不同的四极阵列对电阻率变化的灵敏度不同，可以优化四极阵列的选择。例如，根据图 4.5 可以看出，偶极-偶极阵列对地下介质水平方向上电阻率变化的灵敏度比温纳阵列高，而施伦伯格阵列对水平方向上电阻率变化的灵敏度甚至更低，因此这使得施伦伯格阵列成为测量垂直（一维）电阻率剖面更常用的手段，后续将继续讨论。

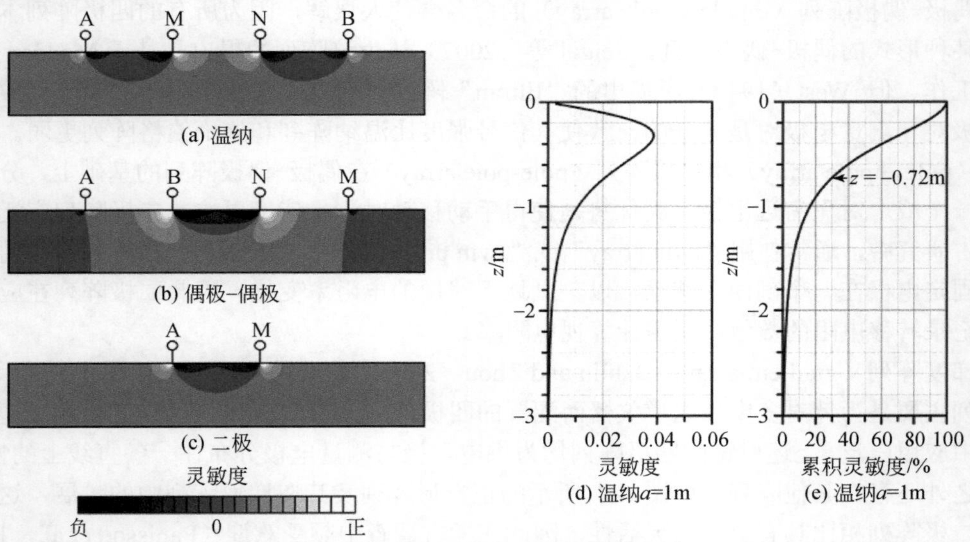

图 4.5　均匀电阻率假设下的四极阵列灵敏度分布图

（a）温纳阵列；（b）偶极-偶极阵列；（c）二极阵列；（d）间距 1m 温纳阵列的灵敏度深度剖面；（e）剖面（d）中的累积灵敏度，标注了 70%灵敏度的深度

每个四极阵列的灵敏度深度(探测深度)是不同的,如图 4.5 所示。Gish 和 Rooney(1925)最早提出探测深度等于电极间距的说法是不正确的，Evjen（1938）给出了不同地表阵列的估计探测深度。Roy 和 Apparao(1971)、Edwards(1977)、Barker(1979)，以及 Gomez-Treviño 和 Esparza（2014）等讨论了不同阵列的灵敏度。其中 Roy 和 Apparao（1971）指出，因为探测深度必须同时考虑电压响应,有时会错误地使用电流密度的影响深度表示为探测深度。Roy 和 Apparao(1971)为均匀半空间的小体积电阻率微扰动所引起的电压响应提出了解析表达式［图 4.5（d)］，计算了各种四极阵列的探测深度，并指出温纳阵列、施伦伯格阵列、偶极-偶极阵列和二极阵列的探测深度分别为 $0.11L$、$0.125L$、$0.195L$ 和 $0.35L$，其中 L 是电极之间的最长距离。对于二极阵列，使用供电电极和测量电极之间的最长距离作为 L；对于偶极-偶极阵列，L 为两个偶极子中点之间的距离。

此外可以使用灵敏度剖面［图 4.5（d)］计算累积灵敏度获得探测深度。如果采用 30%作为阈值(即超过 70%灵敏度存在的深度)，温纳阵列的探测深度可以计算为 $0.72a$［图 4.5（e)］。对偶极-偶极阵列和二极阵列通过同样的方法计算，得到其探测深度分别为 $0.57a$ 和 $1.18a$。对于 n=2 和 n=3 的偶极-偶极阵列，估算得到的探测深度分别为 $0.98a$ 和 $1.29a$。

Roy 和 Apparao（1971）指出，探测深度并不等同于分辨率。通过对温纳阵列、施伦伯格阵列、偶极-偶极阵列和二极阵列的垂直分辨率（数字越大表示分辨率越高）分析可知，四种阵列的垂直分辨率分别为 0.444、0.408、0.290 和 0.119，这突出了二极阵列垂直分辨率差的相对弱点。而二极阵列的这种特性对于考古研究中近地表电阻率的水平变化分辨是有利的，因为在多数情况下，探测工作要求信号不会受到电阻率垂直变化的影响。

阵列的选择还受到场地噪声大小以及仪器质量（灵敏度）的影响。由于温纳阵列中测量电极位于供电电极内部，可以保证相对较高的转移电阻；而偶极-偶极阵列与之形成鲜明对比，供电电极和测量电极之间存在较大的间隔往往会使得数据信噪比相对较差。如第 3 章所述，目前先进的电法仪都配备了多通道功能，在一对供电电极供电的情况下，可以同时测量多个电压数据，此功能可以大大提高四极阵列的测量效率，降低数据采集的时间成本。

其他限制也可能会影响测量阵列的选择，如二极阵列需要两个无穷远电极，在某些尺寸受限制的场地无法满足这样的条件。此外，在进行电法测量时应考虑安全因素，避免出现任何对人体或动物等健康问题的风险。

阵列的选择必须基于探测区域的非均质性、现场条件以及可以选用的仪器来综合确定。上述四种常用电极阵列的特点如表 4.2 所示，表中探测深度由累积灵敏度计算确定。此外，传统探测工作可使用单一的四极阵列完成，随着仪器的发展，可以实现综合多种阵列优化设计调查工作，实现更好的探测效果，后续将进一步讨论优化阵列进行数据采集的方法。

表 4.2　电阻率测量常用电极阵列的比较

项目	温纳阵列	施伦伯格阵列	偶极-偶极阵列	二极阵列
探测深度	M	M	L	H
垂直分辨率	H	H	M	L

续表

项目	温纳阵列	施伦伯格阵列	偶极-偶极阵列	二极阵列
信号强度	H	M	L	H
电测深的适用性	M	H	L	L
电剖面的适用性	M	L	H	H
多通道仪器的测量效率	L	L	H	H

注：测量特性被分为高（H）、中（M）和低（L）三个等级。正如第 3 章所述，一些多通道测量仪器并不能实现任意的测量电极组合的数据采集。如果可以实现任意测量电极组合的数据采集，施伦伯格阵列测量的效率可能比表格所显示的更高。

4.2.1.2　水平非均质介质的视电阻率

上述分析的前提是地下介质为均质条件，本节将研究由于电阻率水平方向的非均质性引起的视电阻率变化情况。Keller 和 Frischknecht（1966）对泊松方程求解得到解析解，分析了特定四极阵列条件下随电阻率水平变化的灵敏度。基于第 5 章介绍的数值模拟方法，分析 10m 极距的温纳阵列、偶极-偶极阵列和二极阵列受电阻率水平非均质影响的响应特征，结果如图 4.6 所示。与灵敏度分布规律相同，温纳阵列和偶极-偶极阵列的视电阻率响应特征更为复杂，当四极阵列经过电阻率水平变化处，视电阻率会出现三个阶段

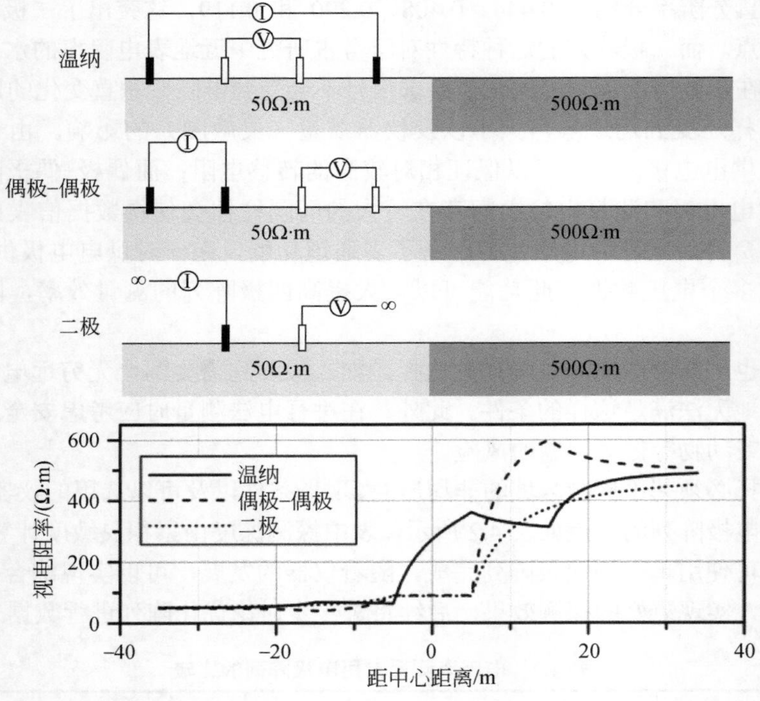

图 4.6　电阻率水平非均质变化对温纳、偶极-偶极和二极配置视电阻率的影响示意图

每次测量的位置均位于测量阵列的中心位置

性的响应，并分别在温纳阵列的+5m 和偶极-偶极阵列的+15m 处出现局部最大值。偶极-偶极阵列出现了测量值偏大的现象，在-15m 还出现测量值稍微偏小现象，这种现象的出现与灵敏度分布结果是一致的。图 4.7 展示了对狭长高阻岩脉结构的横向响应。此时，温纳阵列显示了双峰现象。还需注意的是，与偶极-偶极阵列的响应相比，二极阵列响应衰减。Keller 和 Frischknecht（1966）也分析了类似的算例。这种结果使得直接定量使用四极测量受到一定限制，而二极阵列更为简单的剖面进一步证明了这种阵列对考古双阵列调查的价值。

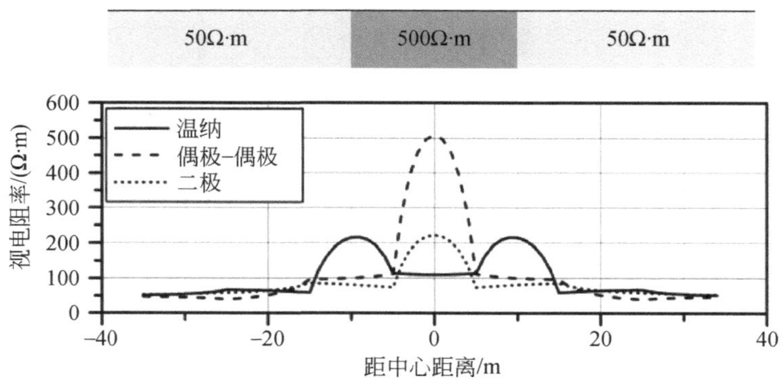

图 4.7　狭长高阻岩脉结构引起的视电阻率水平变化示意图

所有阵列的电极间距均为 10m

4.2.1.3　层状介质的视电阻率

由于工程调查中大部分地区的地质条件具有层状结构，因此电阻率对水平层状结构的响应特征得到广泛研究。随着电极间距的增加，视电阻率将更能反映出剖面深部的影响，这是后文即将展开讨论的垂直电测深（vertical electrical sounding，VES）法的理论基础。层状介质视电阻率响应的解析解可以通过上文提到的镜像法推导。对于一个两层的层状介质，第一层电阻率为 ρ_1、厚度为 d，第二层的电阻率为 ρ_2，当供电电极和测量电极都位于地表时，距离供电电极 r 处的电势（V）可以表示为一个无穷级数（Keller and Frischknecht，1966）：

$$V = \frac{I\rho_1}{2\pi r}\left\{1+2\sum_{n=1}^{\infty}\frac{k_{1,2}^n}{\left(1+\left(\frac{2nd}{r}\right)^2\right)^{1/2}}\right\} \tag{4.11}$$

式中，$k_{1,2}$ 为反射系数，可以根据下式求得

$$k_{1,2} = \frac{\rho_2 - \rho_1}{\rho_2 + \rho_1} \tag{4.12}$$

$k_{1,2}$ 的值反映了由第一层和第二层之间的界面所引起的电场变化；式（4.11）中的无穷级数

来自于地表层上方和界面下方的无穷次反射现象（Keller and Frischknecht，1966）。在均质情况下，$k_{1,2}$=0，此时式（4.11）与式（4.5）相同。

根据式（4.11）可以计算特定四极阵列的视电阻率。随着供电电极距离的增加，施伦伯格阵列对上层介质的视电阻率响应特征影响见图 4.8。从图 4.8 中可以看出，即使电极间距很大，覆盖层的电阻率也会影响视电阻率的结果。知识点 4.1 展示了当电极埋设在两层交界面时的特殊情况下视电阻率的响应特征。

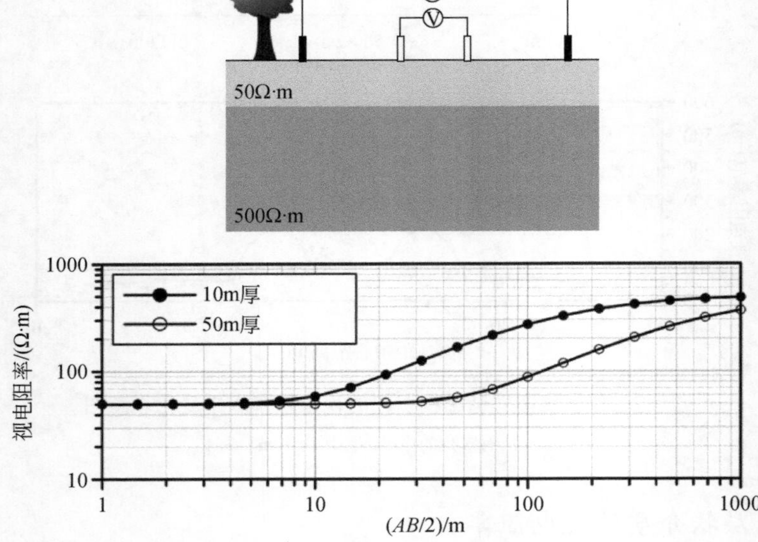

图 4.8 施伦伯格阵列应用于两层模型的视电阻率

图中对比了该两层模型中上层不同厚度的两种情景

根据 Stefanesco 等（1930）的方法，对于一般的多层介质结构而言，式（4.11）可以写成积分形式（Telford et al.，1990）：

$$V=\frac{I\rho_1}{2\pi r}\left[1+2r\int_0^{\infty}K_{\mathrm{s}}(\lambda,k,d)J_0(\lambda r)d\lambda\right] \tag{4.13}$$

式中，$J_0(\cdot)$为零阶贝塞尔函数；λ 为积分变量；K_{s}（λ，k，d）被称为 Stefanesco 核函数，该函数由反射系数（k）和各层厚度（d）所决定。两层层状介质模型可以表示为（Flathe，1955）

$$K_{\mathrm{s}}(\lambda,k,d)=\frac{k_{1,2}\mathrm{e}^{-2\lambda d_1}}{1-k_{1,2}\mathrm{e}^{-2\lambda d_1}} \tag{4.14}$$

三层层状模型可以表示为

$$K_{\mathrm{s}}(\lambda,k,d)=\frac{k_{1,2}\mathrm{e}^{-2\lambda d_1}+k_{2,3}\mathrm{e}^{-2\lambda d_2}}{1+k_{1,2}k_{2,3}\mathrm{e}^{-2\lambda(d_2-d_1)}-k_{1,2}\mathrm{e}^{-2\lambda d_1}+k_{2,3}\mathrm{e}^{-2\lambda d_2}} \tag{4.15}$$

式中，第一层厚度为 d_1，第一层电阻率为 ρ_1，第二层厚度为 d_2，第二层电阻率为 ρ_2，第三层的电阻率为 ρ_3，

$$k_{i,j}=\frac{\rho_j-\rho_i}{\rho_j+\rho_i} \tag{4.16}$$

知识点 4.1　埋入地下四极阵列的视电阻率

Keller 和 Frischknecht 在 1966 年提出了电极埋入水平层状介质系统中的电势表达式。下图展示了该结构的几何形态，其中供电电极（A）和测量电极（M）布置在交界面上，电极间距为 r。

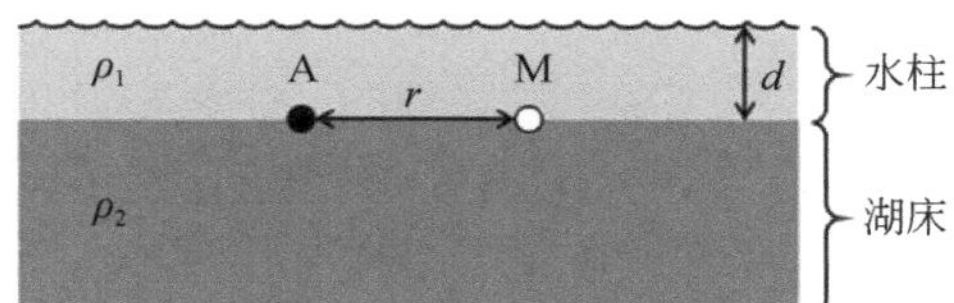

埋藏电极问题的几何结构

根据 Keller 和 Frischknecht（1966）的说法，电极 M 处的电压表示为

$$V=\frac{I\rho_1}{4\pi r}\left\{1+\frac{1}{\left[1+\left(2d/r\right)^2\right]^{1/2}}+k_{1,2}+2\sum_{n=1}^{\infty}\frac{k_{1,2}{}^{n}}{\left[1+\left(2nd/r\right)^2\right]^{1/2}}\right.$$
$$\left.+\sum_{n=1}^{\infty}\frac{k_{1,2}{}^{n+1}}{\left[1+\left(2nd/r\right)^2\right]^{1/2}}+\sum_{n=1}^{\infty}\frac{k_{1,2}{}^{n}}{\left[1+\left(2\left(n+1\right)d/r\right)^2\right]^{1/2}}\right\} \tag{4.17}$$

式中，$k_{1,2}$ 的定义如前文所述。

式（4.17）可以基于一般的核函数扩展到多层。对于这种情况的具体应用是测量水体底部（如湖床沉积物）的电阻率。布置在水体底部的电极比漂浮在水面上的电极更能够准确地探测到底层的电阻率分布情况。

下图展示了当使用电极间距为 1m 的温纳阵列时，一个电阻率为 1Ω·m 的导电层对视电阻率影响的两个例子。使用式（4.17）及其等价形式可以从给定的水体电阻率（ρ_1）、水深（d）以及测量得到的视电阻率计算出底层电阻率（ρ_2）的值，也可以评价水体对水上电极布置的影响（Lagabrielle，1983）。

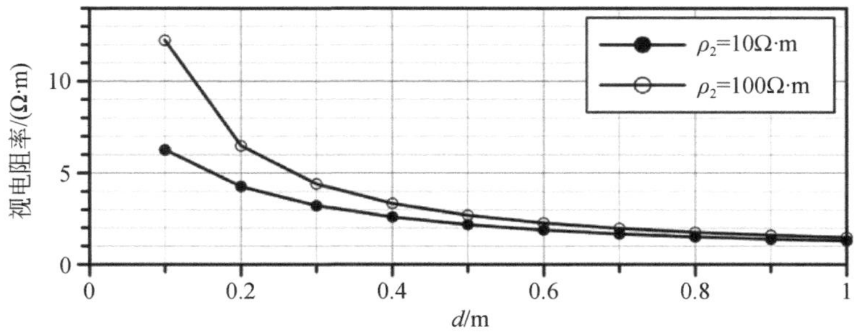

在一层具有 **12Ω·m** 电阻率的基底处，深度为 ***d*** 的温纳四极阵列的视电阻率

根据式（4.13）得到的两种三层层状介质，其随着电极距离不断增加的施伦伯格阵列视电阻率响应特征见图 4.9。当第三层介质电阻率为 500Ω·m 时，可以看出第二层对视电阻率的影响；而当第三层介质电阻率为 50Ω·m 时，受第三层低阻地层的影响，视电阻率对第二层不敏感。

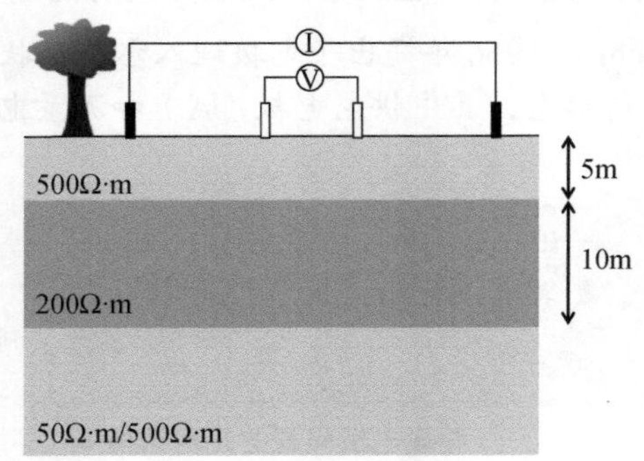

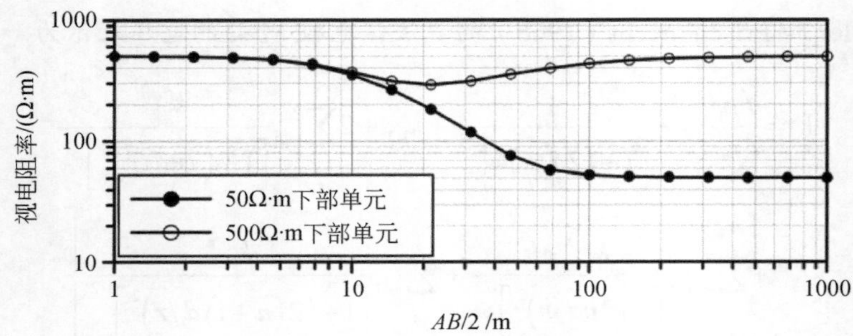

图 4.9　分层对施伦伯格阵列视电阻率的影响

4.2.1.4　其他结构的视电阻率

视电阻率的表达式可以根据特定电阻率非均质性推导得出（Keller and Frischknecht, 1966），过去经常使用这些表达式来解译电阻率数据。然而，随着数值模拟工具（第 5 章）的不断发展，这些表达式逐渐被淘汰。图 4.10 展示了一种特殊的案例，临近四极阵列的位置出现了另一个非均质性地层，在沿河道或陡坡测量时会出现这种情况，这些非均质性结构对结果的影响分析可以为调查设计提供指导。

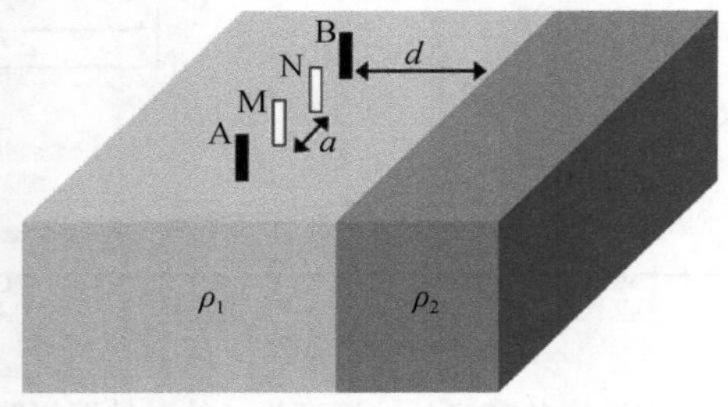

图 4.10　毗邻垂直断层的电极阵列

Keller 和 Frischknecht（1966）使用了镜像法解决该问题。例如，对于如图 4.10 所示的电极间距为 a 的温纳阵列，对距离垂向非均质结构为 d 的视电阻率测量值为

$$\rho_{\mathrm{a}}=\left\{1+\frac{2k_{1,2}}{\left[1+\left(\frac{2d}{a}\right)^2\right]^{1/2}}-\frac{k_{1,2}}{\left(1+\left(\frac{d}{a}\right)^2\right)^{1/2}}\right\} \tag{4.18}$$

式中，反射系数 $k_{1,2}$ 的定义与式（4.12）中相同。

根据式（4.18）计算得到的结果见图 4.11，当与非均质结构之间的距离（d）大于电极间距（a）时，非均质结构对电阻率的影响可以忽略不计；当距离小于电极间距时，非均质结构为低阻对视电阻率结果影响显著，非均质结构为高阻时的电阻率曲线将平稳上升至 $2\rho_1$。

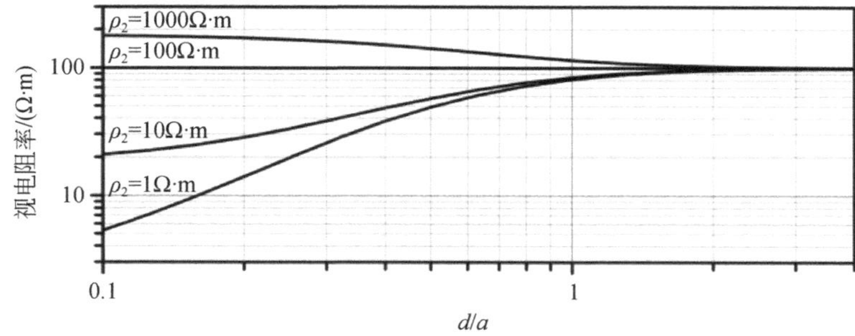

图 4.11　温纳四极阵列的视电阻率

在 100Ω·m 的地质单元中毗邻一条电阻率为 ρ_2 的垂直断层，四极阵列平行于断层，如图 4.10 所示

4.2.2　野外测量

4.2.1 节介绍了电阻率测量的四极阵列基本原理，并举例说明了地下介质电阻率的非均质对视电阻率的影响。本节将介绍联合多种测量阵列以满足特定探测目标的各种方法。由于所有的野外测量工作均存在误差，因此首先讨论测量误差的特性及其估算方法。

4.2.2.1　测量误差

由于电阻率测量仪器内部组件容许误差的存在，以及电流电压信号数字化分辨率的限制，导致任何电法仪测量系统都会受到误差的影响。通过使用测试电阻对电法仪进行误差检测是一种很简便的方法，但这项任务很少作为日常工作去做。与很多地球物理仪器一样，直流电阻率测量仪器的寿命可达数十年，因此在使用旧仪器时，仍有必要使用测试电阻进行一致性检查。在野外测量工作中，由仪器产生的误差是次要的，绝大多数的误差是由现场测试环境引起的。尽管如此，仍有必要去了解仪器在理想条件下的分辨率和精度。低成本仪器可能会存在电流源强度不足以及电压传感器敏感性降低的问题，从而限制了在某些条件下的现场测量。例如，根据表 4.1 中展示的装置系数，可以通过给定的供电电流、介

质电阻率及电极间距计算测量电极可能测得的电压。对于偶极-偶极阵列（a=5m）和温纳阵列（$a=5n$，n=1, 2, 3,…），设置地下介质为电阻率为 100Ω·m 均质介质，供电电流为 0.2A，对比了这两种四极阵列测量电压随着探测深度的衰减变化（Roy and Apparao，1971）（图 4.12）：偶极-偶极阵列测量的电压信号随探测深度增加而急剧减弱，该阵列限制了低成本仪器的使用；相比之下，温纳阵列在探测深度增加的情况下依然保持高强度的信号水平，使得此阵列可以广泛应用于低功率（低分辨率）的仪器中。

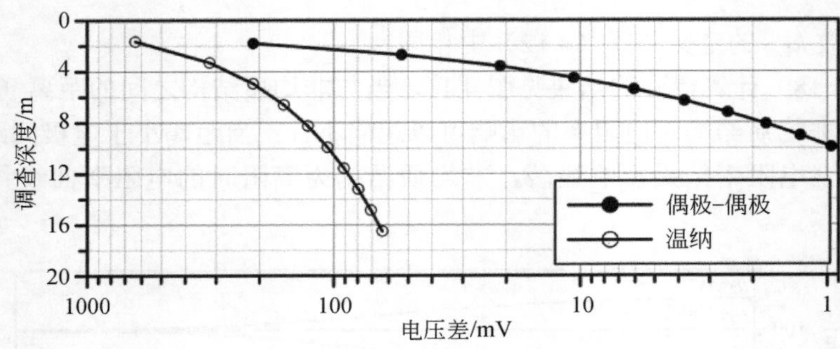

图 4.12　两个四极阵列测量的电压随探测深度变化（调查参数详见正文）

第 3 章中介绍了大多数直流电阻率的野外调查工作会使用金属棒电极，由于具有抗腐蚀性的优势，不锈钢电极应用尤为广泛，通常电极直径约 10mm。如知识点 3.2 所述，电压测量会受到电极与地面之间接地电阻的影响，通常情况下电极应与地面充分接触，以确保接地电阻不会对电压产生更大的影响，而大多数误差都是由于接地电阻过大引起的。

可以采用增加电极与地面接触面积的方法来降低接地电阻，如增加电极直径或增大电极插入地表的深度。此外，在电极周围浇注盐水也有助于接地电阻的降低。在某些极端情况下，如土壤表层非常干燥，可以换为金属网电极来增加表面积，从而减少接地电阻，然而该方法可能会导致电极不再是点源。本章的前述内容均建立在电压是两个点电极之间测量基础上进行，且假定供电电极也为点电极。现有模拟方法也可以对非点电极进行建模（详见第 5 章），但实际调查工作中很少应用。如果电极间距较短（如小于 1m），非点电极可能对测量结果造成显著的影响（如 4.2.2.8 节所述）。因此，无法实现点电极的测量条件或未能正确处理非点电极均会导致测量误差。此外，电极位置的偏移也会造成测量误差的存在，而实际调查工作中很难保证电极的位置误差控制在百分之几的量级，尤其对于起伏不定的地形，但由电极位置引起的误差属于系统误差，并不是随机的。

尽管电阻率测量使用的是低频交流电，供电电极的极化现象也是会发生的，如果电极在供电后几分钟内再次被用作测量电极，可能会出现进一步的接地电阻问题（Dahlin，2000；LaBrecque and Daily，2008）。此外，电法长期监测过程中电极表面的腐蚀问题也会导致电极接地电阻的增加。电极与电缆接触变差也会进一步降低数据质量。电阻率调查过程中，地下介质存在的自然电场或其他人类活动引发的电场对测量结果产生影响是不可避免的，通过第 3 章所述的方波进行多次方波供电然后采集电压数据，通过仪器的滤波功能可以在一定程度上降低上述电场引起的电压信号尖峰或漂移。最后，由于地下介质的高极化特征以及信号开、关时间不足等问题，还可能存在导致数据误差的因素。

综上所述，电阻率测量会受到系统误差和随机误差的共同影响，电阻率测量误差会对第 5 章介绍的正反演模拟产生显著的影响，但这种影响直到近 30 年才被认识到（Binley，1995；Labrecque，1996）。因此，评估数据质量是电阻率测量和激发极化测量中的一个重要步骤。通过重复测量和周期性测量可以评估电压信号的误差。操作者通常通过交替进行周期性的方波供电，记录测量电压的标准差，但这是叠加误差（stacking error）而不是真正的重复性误差。由于时间限制，实际调查中很少进行重复性测量。此外，互惠测量也是一种检测误差的方法。

在固定的四个电极位置上，有 24 种不同的电极 A、B、M 和 N 的排列方式。在这 24 种排列方式中，有三种排列方式将具有不同的装置系数，在没有噪声干扰且假设地面是均质的情况下，转移电阻会有所不同。这三种排列方式分别是 A-M-N-B、A-B-M-N 和 A-M-B-N，即如果电极是共线且等距排列的话，分别对应温纳 a、β、γ 阵列。Carpenter（1955）对温纳阵列进行了研究，随后 Carpenter 和 Habberjam（1956）扩展到更具有普适性的情况，研究介绍了使用这三种测量阵列来评估数据质量的方法。因为这三种四极阵列对电阻率的灵敏度分布情况各不相同，所以评估目的是确定水平和垂直方向电阻率非均质性的影响。

阵列 A-M-N-B 和 M-A-B-N 属于互惠测量，即将供电电极和测量电极进行了交换。Parasnis（1988）的结果经常被引用来定义地球物理学中电法的互惠测量，实际上，Searle（1911）和 Wenner（1912）已经提出了互惠原则与电法测量的关系。对于均质介质，由式（4.6）可以看出交换供电电极 A、B 与测量电极 M、N 后会得到相同的装置系数，因此对于给定的供电电流，测量得到的电压也相同。上文说明了互惠原则的基本原理，该原则同样适用于非均质介质中，但 Wenner（1912）指出该原则在交流电源中使用的限制。

互惠测量的不足之处在于它需要进行一次额外的测量，从而增加了调查时间。对于第 3 章介绍的无法进行多通道测量的温纳阵列和施伦伯格阵列而言，进行互惠测量的低效性会显著增加调查时间。在多电极电缆的调查中，另一个问题是用于供电的电极可能会存在残余电压，进而影响后续测量中电压数据的采集（Dahlin，2000），因此必须确保互惠测量时不会造成额外的误差。使用多电极阵列进行偶极-偶极测量时的调查序列（图 4.13），包含了一个完整的互惠测量，同时将供电导致的残余电压最小化。

测量	●	●	●	●	●	●	●
1	A	B	M	N			
2		A	B	M	N		
3			A	B	M	N	
4				A	B	M	N
5				M	N	A	B
6			M	N	A	B	
7		M	N	A	B		
8	M	N	A	B			

图 4.13　多电极系统中常规的偶极-偶极阵列与互惠阵列

电法测量过程中的堆栈误差往往小于互惠误差（重复性误差），如图 4.14 所示。图 4.14 中的数据来源于某次河滨湿地的调查，本次调查共布置 32 个电极，电极间距为 0.6m，长期监测湿地中电阻率的演化。监测过程采用偶极-偶极阵列，a 分别设为 0.6m 和 2.4m，n 从 1 至 8 变化。转移电阻 $R=\Delta V/I$ 的误差记为 ε_R，分别基于堆栈、互惠和重复性测量计算得出。在使用了常用的四极阵列时进行互惠测量，并间隔 30min 对整个调查过程重复测量，进行重复性误差评估。更多细节可参阅 Tso 等（2017）。

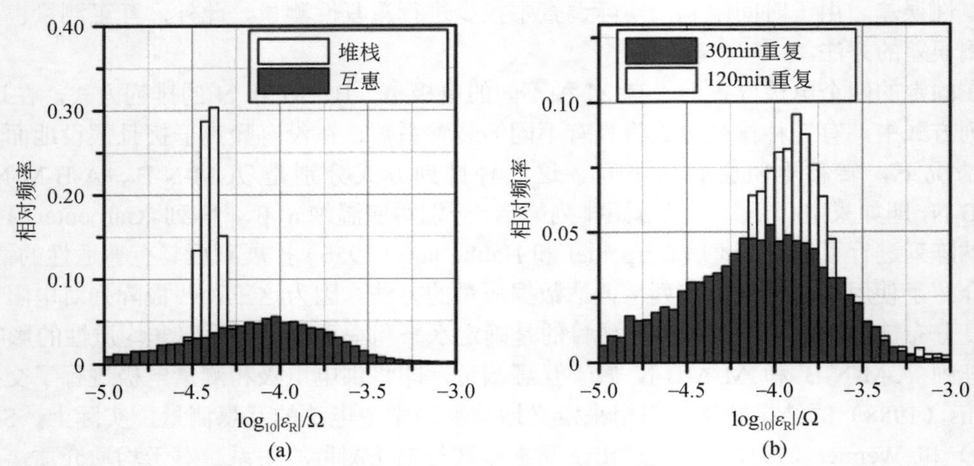

图 4.14　测量误差的对比

（a）堆栈和互惠误差；（b）重复误差。所使用相关数据集的详细信息，请参见 Tso et al.，2017

图 4.14 直方图说明堆栈误差往往比互惠误差（或重复性误差）要小。此外，直方图还展示了 30min 间隔和 120min 间隔后的重复性测量误差结果，结果表明互惠误差和较短间隔的重复性误差分布相似，然而间隔时间较长的重复性误差更大。这样的偏差不一定都由误差引起，两次调查之间水文地质条件差异（地表土的湿润与干燥、升温与降温）也会引起电阻率的变化。上述结果分析表明，如果调查对象的性质会随时间变化，评估误差的结果可能会比实际误差更大，这对时移监测工作的应用是一项挑战，后续将会进一步讨论这一问题。

电极位置偏移引起的误差并不会随着转移电阻的增加而增加，但是电压测量的误差是这种趋势。图 4.15（a）展示了这样的案例，案例布置了 96 个电极，电极间距为 1m，测量阵列为偶极-偶极阵列，阵列参数设置为 a=2m，n=1，2，3，…，10。为了更好的表示误差趋势，图 4.15 中展示了误差与转移电阻绝对值的对比情况。尽管此图在现场进行初步数据质量评估时可以起到很大的作用，但无法对误差模型进行定量评价。Slater 等（2000）展示了利用这些图来评估误差趋势的方法，但存在的问题是当每次测量只有两个样本的时候，无法计算转移电阻的标准差。为了解决这一问题，可以将测量数据分组，保证每组都有足够多的样本可以评估转移电阻的标准差（Koestel et al.，2008）。图 4.15（b）是应用上述方法的结果，结果显示转移电阻与误差呈现线性关系，对于直流电阻率测量而言这是一种典型的特点。此案例的互惠误差非常低（＜1%），表明电压信号的数据质量很好。因为，此案例的误差来源不是由阵列引起的，所以使用不同的四极阵列调查结果大概率会呈现相同的趋势，然而在某些现场测量中如果不考虑电极布置阵列的影响，会导致很大的误差出现。对于多数地表的直流电阻率调查场景，只要电极与地面接触良好，互惠误差应该在 1%或者更低，而电极与地面接触不良可能会导致更高的误差。由于误差直接影响的是基本测量值，所以上述误差分析过程适用于转移电阻，并不适用于视电阻率。经过装置系数的缩放后改变了误差规律，所以进行误差分析时更应该针对转移电阻而不是视电阻率。最后应该注意的是，转移电阻具有正负性，因此在测量时应保留其正负。

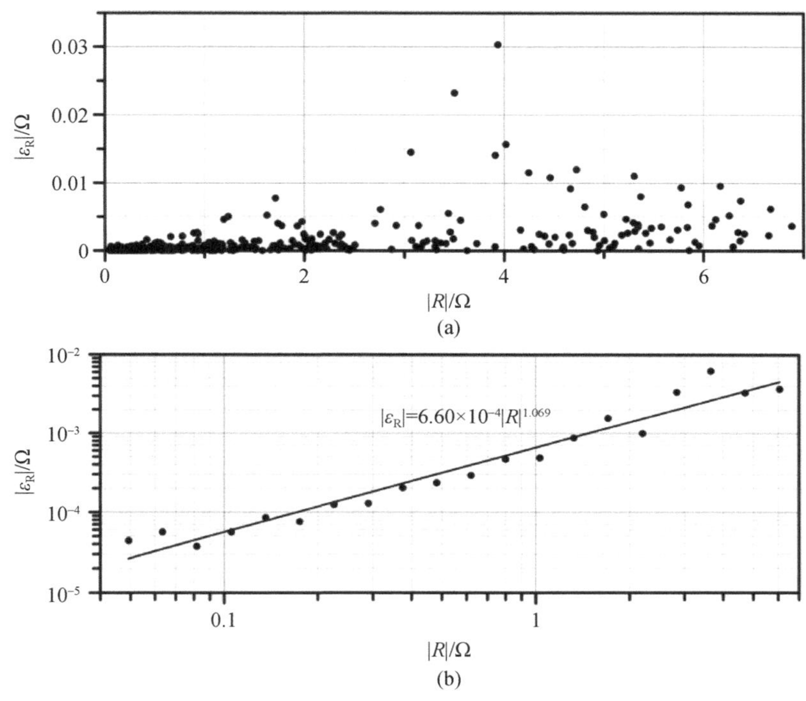

图 4.15　互惠误差与转移电阻的趋势示例

（a）所有测量值；（b）分类（汇总）测量值以显示趋势

量化如图 4.15（b）所示的误差模型需要足够大的数据集，理想情况下应对所有四极阵列测量进行误差评估，包括互惠误差或重复性误差，而不是仅仅依赖堆栈误差。在数据进行反演模拟之前，必须分析误差模型的置信区间。如果调查时间有限，可以使用覆盖测量范围的一个四极阵列子集进行误差评估。实际测量中，装置系数高的四极阵列会使得转移电阻变小，这些数据通常因易受噪声干扰而被删除，如果可以建立上述误差模型，则可以有效利用此类数据。

一般情况下由高斯噪声引起的误差是互不相关的，而多电极系统测量中产生的噪声，尤其是接地电阻过大引起的误差在某种程度上是相关的。Tso 等（2017）研究了这个问题并阐明了误差模型中的记忆（memory）效应，随后提出了基于线性混合效应（linear mixed effect，LME）方法的误差建模技术，这种方法在其他学科也应用广泛。这种方法将每次测量与电极相关联的测量误差分组，适用于电压信号存在较大误差差异的情况下，例如调查区域的部分电极接地电阻较大。Oldenborger 等（2005）研究了电极位置引起的误差对电阻率成像的影响，证明这种误差的量级与测量误差相当。本书后续还将讨论由于点电极的假定而产生的误差，这种误差对于小尺度成像影响显著。

4.2.2.2 电剖面法

剖面测量一般在地表沿着某一位置使用特定的四极阵列（温纳、偶极-偶极等）进行电阻率测量，获取剖面上电阻率的横向变化。测量过程中电极间距保持恒定，测量的视电阻率结果往往展示在四极阵列的中心点处。视电阻率的横向变化主要依靠四极阵列的布置，如图 4.6 和图 4.7 所示。由于现在基于数控技术的多电极电阻率系统得到广泛应用，剖面测量显得有些过时。对于电极间距较小（1m 或更小）的测量单元，可以将测量系统固定至木架上，技术人员携带木架和仪器沿剖面移动，并在特定的间隔记录视电阻率或转移电阻。虽然这种调查方式速度较快，但频率域电磁感应（electromagnetic induction，EMI）地形电导率（terrain conductivity）在探测速度方面更具有优势，它不与地面接触即可采集数据（Everett，2013）。此外，较新的多线圈 EMI 仪器（Mester，2011）也可实现在多个深度上视电导率测量。然而，EMI 测量无法区分高阻区域的差异，也无法测量地下介质的激发极化响应。对于更深的探测深度要求，需要更大的电极间距，每次测量移动四个电极的工作量很大，需要多人共同完成。实践表明，对于电极间距 20m、每 50m 采集一个数据的调查工作，由三名经验丰富的工作人员组成的工作小组可以在一天时间完成 2km 的剖面测量。Bernard 和 Valla（1991）使用大电极间距阵列刻画基岩中断裂带的剖面测量案例。剖面测量的优势是只需要相对基础的仪器设备：一个四极仪器、四个电极和四根电缆。

考古地球物理学家对二极阵列的剖面测量情有独钟（Clark，1990），首先固定两个无穷远电极 B 和 M，再移动测量框架，由于探测深度较浅，两个移动电极的电极间距较小（通常选择 0.5m 或 1m）。无穷远电极应位于距离移动框架至少 30 倍的位置，使用的仪器是相对低功率的直流电法仪，供电电流为 10mA 或更低，重量约 1kg 或更轻，因此可以直接安装在测量框架上，测量方便，供电电流频率约 100Hz，可以在每个位置快速测量。在此基础上延伸出布置六个电极的测量系统，组成三对不同电极间距的偶极子，可以在剖面上探测三个不同的深度（Gaffney and Gater，2003）。因为这种方法测量的数据是原始的转移电阻，考古地球物理学家通常称剖面调查为“电阻调查”（resistance surveys）。剖面沿着平行测线测量，形成网格状，根据 Gaffney 和 Gater 的经验，20m×20m、间距为 1m 的网格可以在大约 15min 内完成。

为了进行近地表勘探，其他的移动剖面阵列逐渐被开发。Sørensen（1996）开发了拖曳式阵列连续电剖面（pulled array continuous electrical profiling，PACEP）系统，该系统由两个移动的供电电极和两对测量电极组成以确保两个探测深度，并由全地形车拖动（图 4.16）。测量阵列全长 90m，采用 10m 间距的温纳阵列和 30m 间距的互惠温纳阵列。供电和测量电极是重型钢制圆筒，供电电极为 10～20kg，测量电极为 10kg，确保电极与地面持续充分接触。Sørensen（1996）的研究表明一至两名技术人员可以一天内完成 10～15km 的剖面测量，而地形等因素会显著降低测量速度。

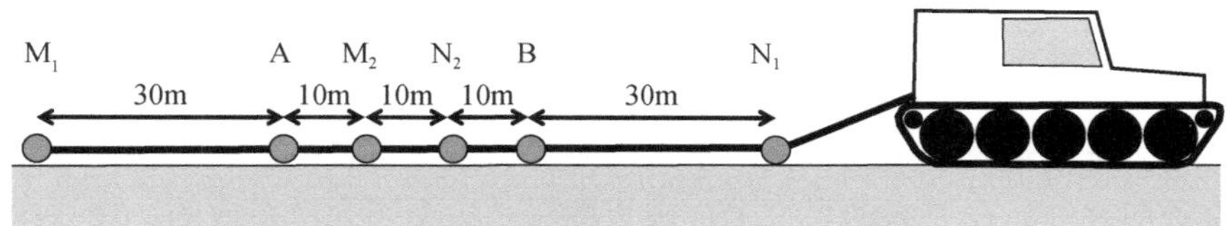

图 4.16　拖曳式阵列连续电剖面（PACEP）系统示意图

移动剖面系统在农业应用领域得到很好的发展（Allred et al.，2008）。Panissod 等（1998）介绍了一种装置使用犁刀（切割片）作为电极，拖曳在车辆后面，配置一对间距 1m 的供电电极和三对间距 0.5m、1m、2m 的测量电极。测量电极与供电电极平行，与正方形阵列类似，Panissod 等（1998）将该阵列称为“飞鸭阵列”（Vol-de-canards）。如图 4.17 所示的这种装置在每个位置提供三个探测深度的信息：0.3m、0.52m、0.97m（Gebbers et al.，2009），André 等（2012）将该系统用于葡萄园中刻画土壤特性。商业仪器 Geocarta ARP-03（法国）是基于此系统开发的。Veris 3100 土壤电导率刻画系统（Veris Technologies，美国）也是使用犁刀作为电极拖曳在车辆后面，如图 3.12（c）所示，阵列由两个供电电极和四个测量电极组成（Lund et al.，1999）。与 PACEP 系统类似，这个系统也使用温纳阵列和互惠温纳阵列，在如图 4.17 所示的案例中，电极间距分别是 0.24m 和 0.72m，相应的探测深度为 0.12m 和 0.37m。每个犁刀都是一块厚 4mm、直径 43cm 的钢制圆盘，参数显示测量时的速度最高可达 25km/h。虽然这个系统原本是为了刻画农田中土壤质地变化以辅助农业管理和提高作物产量，但一些研究也将其应用于土壤强度（Cho et al.，2016）和土壤水分（Nagy et al.，2013）变化的检测中。Gebbers 等（2009）将 Geocarta ARP-03 系统、Veris 3100 系统和 EMI 方法用于大尺度农田土壤的刻画工作进行了比较（Sudduth et al.，2003）。Luek 和 Ruehlmann（2013）介绍了 Geophilus Electricus 系统，这个系统与 Geocarta ARP-03 类似，但它可以同时进行激发极化测量。基于犁刀的电极系统展现了移动速度快的优势，已经应用于多项考古调查工作（Terron et al.，2015）。

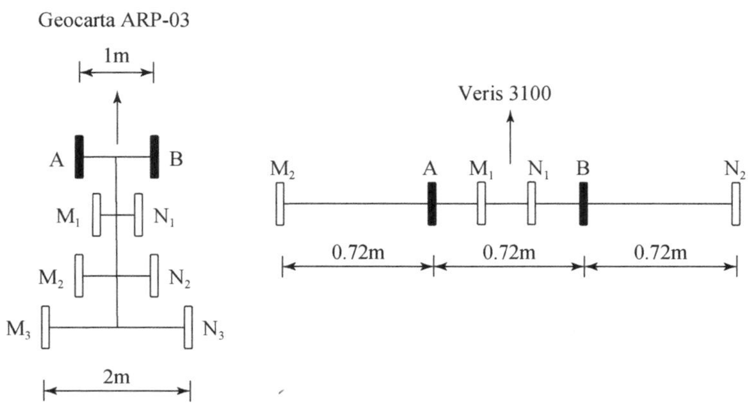

图 4.17　Geocarta ARP-03 与 Veris 3100 电剖面系统的平面示意图

箭头表示测量系统的移动方向

4.2.2.3　电阻率各向异性与方位测量

地质结构由于微观尺度上的多孔介质结构差异而表现出各向异性，但场地尺度的勘探中很少考虑各向异性。在更大的尺度上，由于地层是由不同介质组成的，还存在宏观上的各向异性，通常将其视为层状各向同性系统，或均质各向异性系统。对于一个由 N 层等厚度的层状介质组成的垂直剖面，每层的电阻率表示为 ρ_i，i=1，2，3，…，N。如果电流沿着地层方向流动，对于 N 层介质的有效电阻率，$\rho_{\|}$为每层电阻率的调和平均数；如果电流垂直地层方向流动，对于 N 层介质的有效电阻率，$\rho_{\perp}$为每层电阻率的算术平均数，因此垂直传导的电阻率大于水平传导的电阻率。如果各层的厚度不同，则需在计算平均数时加以考虑。

电阻率的各向异性可以根据以下公式表示：

$$\lambda_{\mathrm{A}}=\sqrt{\frac{\rho_{\perp}}{\rho_{\|}}} \tag{4.19}$$

根据 Keller 和 Frischknecht（1966）的研究结果，对于在地面进行的宏观各向异性层状介质电阻率测量，视电阻率可以表示为 $\lambda_{\mathrm{A}}\rho_{\|}$。对于垂直倾斜的地层，与地层走向正交的阵列测得的视电阻率表示为 $\rho_{\|}$，这种情况并不常出现（称为各向异性悖论，paradox of anisotropy）；与地层走向平行的阵列测得的视电阻率表示为 $\lambda_{\mathrm{A}}\rho_{\|}$。因此，通过测量相互垂直的长轴和短轴的视电阻率，利用其比值可以近似的估算 λ_{A}。在实际探测中，无法确定长轴和短轴的方向，因此需要在不同的方位角进行一系列测量，得到视电阻率的椭圆形分布结果（图 4.18）。随着地层的倾角变小，各向异性的影响也逐渐变小，椭圆形分布结果也逐渐趋向于圆形。

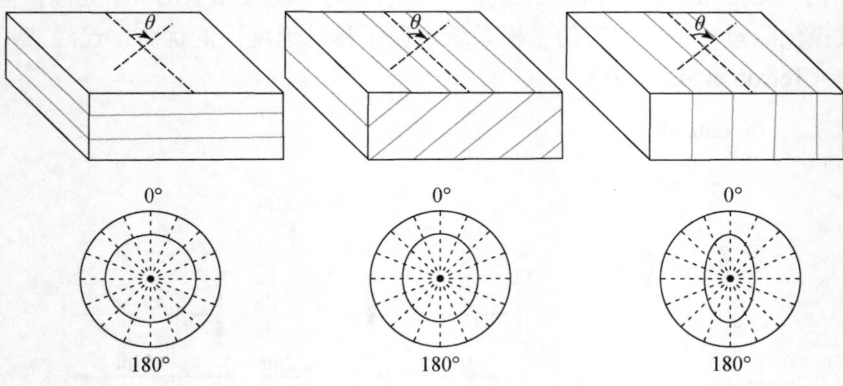

图 4.18　各向异性电阻率椭圆

展示了在水平和倾斜地层上方地表测量装置的最小和最大视电阻率方向，每种情况均展示了视电阻率的极坐标图

电阻率的方位测量由一系列以某个点为中心、不同角度的共线四极阵列组成，来评估视电阻率随方向的变化，进而确定如图 4.18 所示的视电阻率走向。测量阵列常选用温纳阵列或施伦伯格阵列，测量角度为 0°至 180°，理想情况下至 360°，角度步长为 10°至 20°。这种测量方式常用于断裂介质探测，因为断裂面的方向相对容易确定（Nunn et al.，1983；

Taylor and Flemming，1988）。Watson 和 Barker（1999）对 Barker（1981）提出的偏移阵列（offset array）展开研究，证实了其与传统温纳阵列相比增强了对各向异性的灵敏度。Laneet 等（1995）阐述了正方形阵列对电阻率方位测量的效果，其具有对各向异性高灵敏度的优势（Habberjam，1972），与二维共线阵列相比，还降低了对地面接触的需求。在电阻率方位测量的案例中，视电阻率通常展示在极坐标系中（图 4.18）。

4.2.2.4　一维层状介质的电测深法

上述 4.2.1.3 节阐述了电阻率的一维分层对测量视电阻率的影响。直流电阻率法在场地尺度上早期主要用于确定近地表的一维结构（Gish and Rooney，1925），这种方法被称为垂直电测深（VES）法。以一个固定点为中心，进行不同电极间距的视电阻率测量，如图 4.8 所示，随着电极间距的增加，测量结果对深部区域的电阻率更为敏感。如图 4.3 所示的温纳阵列和施伦伯格阵列是 VES 最常用的阵列，对于施伦伯格阵列，测量电极（M、N）固定不动，供电电极（A、B）逐渐增加（$AB>5MN$）。根据前文论述，这种阵列对电阻率的横向变化不敏感，所以在垂直电测深中它是一种行之有效的阵列。因为每次测量只需移动一对电极，施伦伯格阵列在实际探测时也更易于操作。然而对于较小的 MN，测量得到的电压信号较小，因此需要更高灵敏度的仪器。随着供电电极之间的距离逐渐增加，M 和 N 电极之间测得的电压信号将越来越小，当这种情况发生时将增加 MN，直到 AB 再次变得太大，进而继续增加 MN，因此测量过程是一系列的分段测量。理想情况下会重叠每段的测量，即 AB 保持不变，MN 分别在原始位置和扩展位置测量，以保证数据的连续性。在重叠段中数据不连续可能是由于计算装置系数时不当的假设导致的，如图 4.19 所示。大多数分析软件假定 $n\gg 1$，而从表 4.1 可以看出理想状态下的装置系数比实际装置系数要小，这种影响是很容易校正的。近地表覆盖层的水平非均质性也可能导致重叠段的数据不连续，这种问题可以通过移动分段曲线以对齐复合曲线的方式解决（Koefoed，1979），很多模拟工具采用了这样的滤波方法。

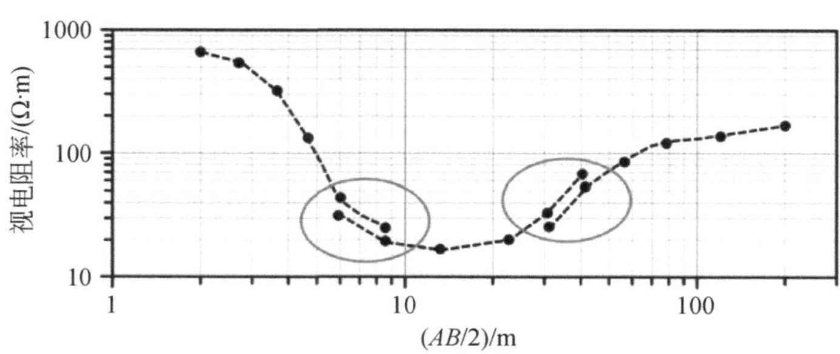

图 4.19　电测深曲线示意图

展示了对于固定 MN 时的分段累积，两个圆圈区域为匹配的重叠部分

而使用温纳阵列进行电测深测量不需要检查连续性，因为与施伦伯格阵列相比，温纳阵列测量的电压并没有这样的限制，但温纳阵列受到近地表非均质性的影响更大。为了解决这一问题，Barker（1981）提出了“偏移温纳”（offset Wenner）阵列。此阵列使用五个

等间距的电极作为一个测量值，分别采集左边的四个电极和最右边电极的电压信号，平均值作为此间距的测量记录，差异用于度量近地表变化对数据产生的影响。

电测深测量需要四个电极，每个电极均通过电缆连接到仪器上，电缆长度通常达数百米。当使用施伦伯格阵列进行 VES 测量时，通常以对数或近似对数的方式增加供电电极的极距。电测深曲线以对数坐标图展示，横轴为 *AB*/2 的对数，如图 4.8 和图 4.9 所示。第 5 章将会介绍用于反演与实际视电阻率数据一致的一维电阻率结构的数据建模工具。

垂直电测深法广泛应用于水文地质领域，主要用于划分不同的地质单元（Kosinski and Kelly，1981）。但这种方法主要刻画电阻率的一维变化，而现在大多数仪器都具有多电极能力，电阻率的水平分布可以根据下一节所介绍的结合测深和剖面测量同时刻画。同时第 5 章也讨论了垂直电测深法结果解译存在模糊性和非唯一性（Simms and Morgan，1992），而由于对仪器的需求更低，垂直电测深法仍得到很多的应用。例如，垂直电测深法广泛应用于非洲确定水井的位置（MacDonald et al.，2001），实际上非洲某些地区的公共水井在钻探之前必须进行垂直电测深法的调查工作。Alle 等（2018）针对非洲 Benin 基岩含水层指出，由于电阻率调查采用一维假设，使用垂直电测深法识别水井的平均成功率仅有 60%。

4.2.2.5 二维成像

在 4.2.2.2 节中阐述了使用多个电极间距进行剖面测量可以刻画不同的探测深度，二维成像相当于电测深和电剖面的联合。二维成像中的四极阵列与剖面测量类似，沿着一个横断面进行，区别是二维成像的四极阵列电极间距会逐步改变，以满足不同深度的灵敏度。这种方法已经成功应用了几十年，早期需要耗费大量劳力。如第 3 章所述，许多现代多通道仪器可以通过一个或多个多芯电缆，与一排电极相连。Griffiths 和 Turnbull（1985）采用了该方法进行地球物理野外调查，当时他们使用了一个八芯电缆。类似的电法成像也在其他领域同时发展起来（Lytle and Dines，1978；Wexler，1985）。

在地表布置电极，进行电阻率二维成像的方法被称为电阻率（或电阻）层析成像（ERT）或电阻率成像（electrical resistivity imaging，ERI）。Griffiths 等（1990）也将这种逐渐出现的技术称为微处理器控制的电阻率导线测量（microprocessor-controlled resistivity traversing，MRT）。4.2.2.8 节中将讨论围绕某区域进行电阻率成像的案例。

电极四极阵列的选用受多种因素共同影响，如果调查目的是刻画地下介质的横向变化，则应使用偶极-偶极阵列。但这种阵列信噪比低，受到研究区电阻率和仪器设备的限制。当电法仪功率较低时，温纳阵列是一个合适的阵列，但它对电阻率横向非均质性的灵敏度较低。相比较而言，如图 4.3 所示的梯度阵列是一个较为常用的折中选择（Dahlin and Zhou，2006）。实际调查中如果具有多电缆的条件，可以考虑多种阵列进行组合，而不只限制一种测量阵列。由于测量大部分时间用于安装电极和电缆，因此进行多种阵列的综合调查不会增加过多的测量时间。

当不使用多芯电缆的时候，测量时间会显著增加，此时梯度阵列和偶极-偶极阵列效率更高，因为这两种阵列在测量时只需移动一对电极。在进行多通道测量的时候，这些阵列的测量时间也具备优势，因为某些电法仪的多通道测量只能在特定的组合中实现。由于早期常用的阵列为温纳阵列，所以早期的单通道多电极系统并未出现这些问题，即使使用了多通道仪器，温纳阵列的测量过程也无法利用这样的功能。

二维成像调查所获取的测量数据可以在现场以视电阻率剖面图的形式呈现。Edwards（1997）和 Seigel 等（2007）认为视剖面图的概念是由 Hallof（1957）最早提出的。视剖面图是视电阻率的展示形式，并不代表地下真实的电阻率分布情况。视剖面图的价值在于以电阻率的单位展示了原始测量数据，技术人员可以在此基础上评估现场视电阻率的范围，并及时关注任何异常值和异常现象，而且现在很多仪器在测量过程中会实时展示视剖面图。第 5 章将介绍对测量数据的正反演模拟方法，来得到电阻率的二维分布图像。在这些正反演方法出现之前，现场数据的解译主要依赖视剖面图。目前已经可以快速完成二维 ERT 数据的正反演，在现场即可实现初步的反演过程，这在某种程度降低了视剖面图的用处，但它在识别异常数据时依然能够发挥作用。

通过偶极-偶极阵列的案例（图 4.20），展示了绘制视剖面图的过程。每个视电阻率的测量数据点位于两对电极的中点向下倾斜 45°的交点处。视剖面图上的纵轴表示视深度，即灵敏度分配的中心点所在的位置（Roy and Apparao，1971；Edwards，1977）。然而，指定一个单一的深度是不准确的，视剖面图只是用来展示视电阻率数据的一种方式。实际调查中，使用不同的阵列组合，如同时使用温纳阵列和偶极-偶极阵列，或者甚至使用不同的 a 值的偶极-偶极阵列，视剖面图绘制时会出现问题，因为水平层 n 会对应不同的测量深度，此时可以为每种阵列分别展示视剖面分布。

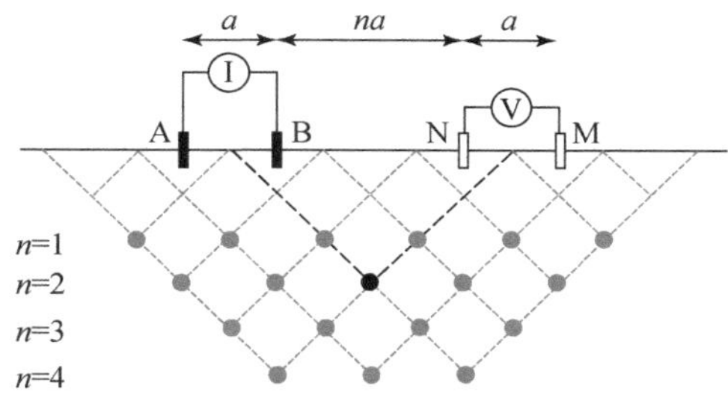

图 4.20　偶极-偶极阵列测量的视剖面图（修改自 Edwards，1977）

图 4.21 展示了对一个简单的二维电阻率结构进行偶极-偶极阵列（a=5m）和温纳阵列测量得到的视剖面图。一个 2m 厚的覆盖层位于第一层，覆盖层电阻率为 100Ω·m，第二层分三个部分，0～40m 和 50～120m 范围内电阻率为 500Ω·m，40～50m 范围内电阻率为 50Ω·m。剖面上共布置 25 个电极，电极间距为 5m，视电阻率的数值根据式（4.1）依照给定的电阻率分布计算而得，视电阻率的分布沿着走向延伸，计算方法将在第 5 章中详细介绍。两种阵列视电阻率剖面图的范围与形状均存在显著不同，这是两种阵列不同的灵敏度分布所致（图 4.5）。采用偶极-偶极阵列的视剖面图中，低电阻率异常区域呈现倒“V”字形特征。而温纳阵列的水平灵敏度有限，在 $n>2$ 后视剖面图无法分辨其垂直差异。此外，偶极-偶极阵列在测线的左右边缘处提供的视电阻率信息更多。

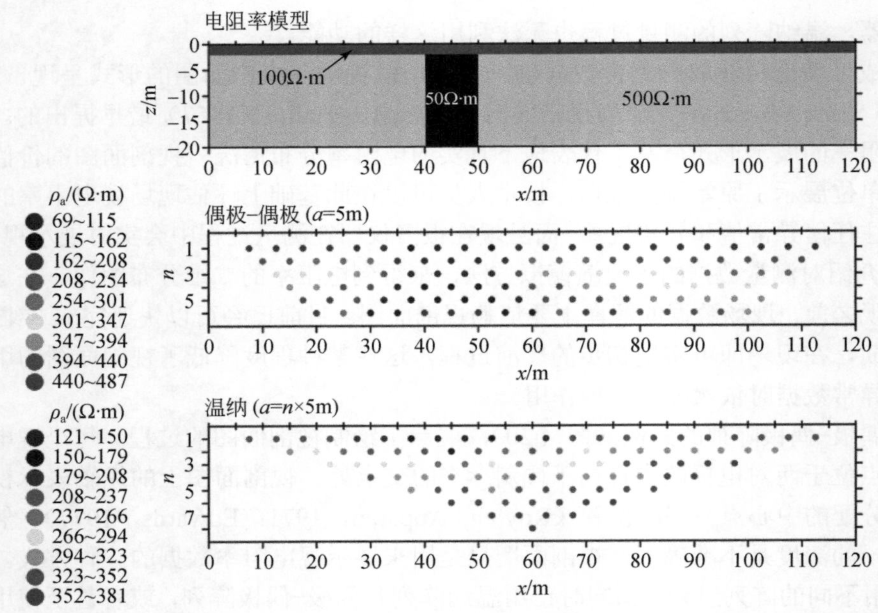

图 4.21　某理想算例偶极–偶极阵列与温纳阵列的视电阻率剖面对比图（彩色图件见封底二维码）
图中视电阻率图例不同

目前的电法仪器可以实现多个电极的二维成像数据采集，即使所连接的电极有限，也可以使用“滚轴法”（roll along）技术来实现长测线的测量工作，如图 4.22 所示。此方法通过分段测量逐步进行，第一段中进行完整的测量工作，而在随后的分段仅测量获取简化数据集，从而避免重复采集上一段已经测量的数据。滚轴法的每一段测量都会断开电极并将电缆移动至下一段，因此使用两端都有接口的电缆可以每次只移动一根电缆，显著提升工作效率。例如，实际测量时将第一段左边的电缆移动至第二段的右边，第一段右边的电缆可以保持不动作为第二段左边的电缆。此方法的选用取决于探测深度需求和采用的四极阵列，偶极–偶极阵列在用于滚轴法时比温纳阵列更有优势（图 4.22）。

为了在长剖面上实现高分辨率的测量，开发了拖曳式电极系统，这种系统的数据通常使用一维电测深数据的处理方法，因此被称为连续垂直电测深（continuous vertical electrcial sounding，CVES）法。Christensen 和 Sørensen（2001）介绍了拖曳式阵列连续电测深（pulled array continuous electrcial sounding，PACES）系统，这种系统是在如图 4.16 所示的 PACEP 连续电剖面测量方法的基础上发展而来的。PACES 使用了 30m 极距的供电偶极子和八个测量电极，可以实现多阵列的组合，最大电缆长度为 90m。Thomsen 等（2004）使用此系统评估含水层的脆弱性，成功刻画了黏土覆盖层的分布。其他连续电测深系统也逐渐发展起来，Simpson 等（2010）介绍了拖拉机拖曳的“Geophilus Electricus”系统，它与 4.2.2.2 节介绍的 Geocarta ARP-03 类似（图 4.19）。这个系统主要用于浅层土壤的探测，装有极距 1m 的供电电极和五对极距 1m 的测量电极，供电电极与测量电极平行布置，间隔分别为 0.5m、1m、1.5m、2m、2.5m。系统通过尖刺轮与地面接触进行供电与测量，Simpson 等（2010）应用该系统进行考古调查研究。

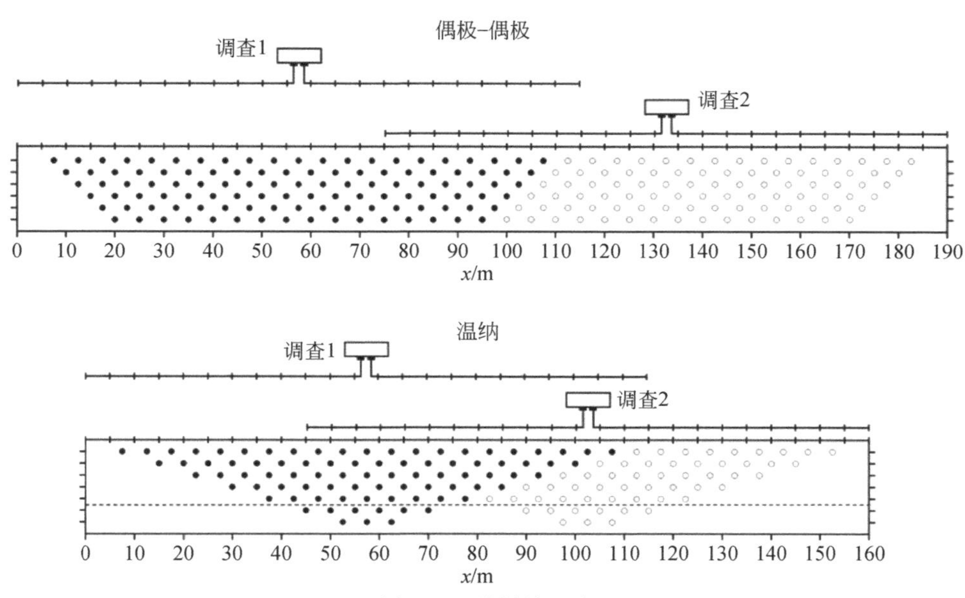

图 4.22　滚轴法调查

图中展示了两个十二芯电极阵列的视剖面分布，采用 5m 极距的偶极-偶极阵列（a=5m）和温纳阵列，电缆从调查 1（实心点）移动至调查 2（空心点），温纳调查的虚线显示了此阵列探测的局限性，实际测量中可能无法获取此深度以外的数据

二维成像的 CVES 也可以通过水上阵列应用于河床和湖床电阻率分布的刻画中。而水下电阻率测量最开始应用的是剖面测量，可以追溯到 Schlumberger 等（1934）的研究，近期更多成功的案例包括 Bradbury 和 Taylor（1984）、Allen 和 Merrick（2005），以及 Sambuelli 等（2011）的工作。另外，Butler（2009）年发表了水下电法的综述文献可供参考。几个生产厂家也基于传统系统开发出如图 4.23 所示的漂浮电极和电缆系统，Rucker 等（2011）使用该系统在巴拿马运河进行了总计 660km 的测量工作。他们使用的电缆长 170m，共 11 个漂浮电极，能够在每个位置测量八个偶极-偶极阵列，沿着剖面每 3.75m 采集一次数据。

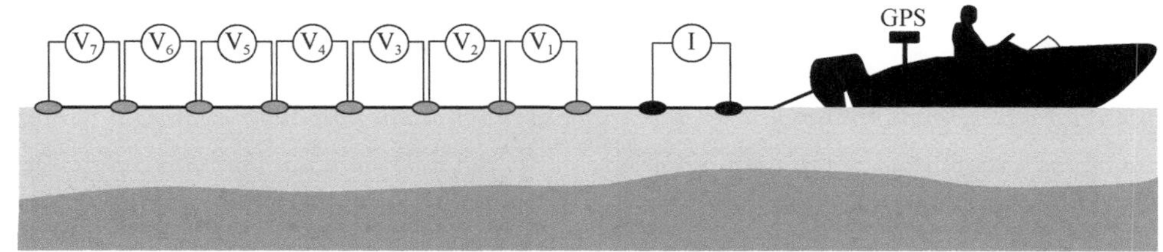

图 4.23　典型水上漂浮式电阻率测量示意图

水上测量系统通常搭配一个 GPS 记录装置和水深记录装置（声呐等），另外水体电导率也是进行第 5 章中数据反演时必需的先验信息。漂浮电极的极距根据水体深度确定。当水体深度和电导率增加时，四极阵列对河床或湖床的灵敏度会降低（Lagabrielle，1983；知识点 4.2）。将电极安装在水底可以提高测量的灵敏度（Crook et al.，2008；Orlando，2013），但实际操作时电极和电缆存在水底被钩住的风险。对于深水区域的应用，还需采集水体电导率垂直变化的信息来辅助结果解译。Baumgartner 和 Christensen（1998）将该方法应用至日内瓦湖，湖水深超过 100m，调查时采用了更复杂的电极排列方式。此外，进行水上调查

时还存在其他问题，主要包括：①确定电极的位置，需要注意水上测线可能出现不直的情况；②难以进行误差检测工作，主要原因是无法实现互惠测量，且由于调查速度较快，无法进行重复测量。

直流电阻率法也已应用于海洋环境领域。Chave 等（1991）指出海洋的水体电导率高且深度较大，对直流电阻率法的适用性提出了挑战。Chave 等（1991）还提出，如果水体电导率是海床的十倍，要识别海床电阻率 10%的变化，需要测量信号达到 0.3%的精度。但在海洋中应用仍有一些优势，如电极的接触电阻小、受到噪声干扰小等。目前已经进行了一系列浅海调查的案例，包括刻画海底淡水排泄（Henderson et al.，2010）和考古勘探（Passaro，2010）等，所用的测量阵列与淡水应用中类似。对于更深的海域，漂浮电极阵列的探测深度无法满足需求。由于海底环境更为复杂，将电极布置在海床上更会出现电缆被钩住的情况。此时可以将电极悬挂在海床上方，在避开海底障碍物的同时可以使信号穿透海床。Ishizu 等（2019）介绍了将这种方法应用至深水硫化物矿床勘探。知识点 4.2 阐述了两种电极阵列的位置对电阻率灵敏度分布的影响。

知识点 4.2　水下测量电阻率灵敏度分布

下图展示了四极阵列位于 5m 深的海床上及距海床 1m 高位置的灵敏度分布［式(4.10)］。电阻率分布及电极位置如图（a）所示，（b）和（c）展示了温纳阵列的灵敏度，由于水体低电阻率的影响，电信号在海床中的强度弱；（d）和（e）展示了偶极-偶极阵列的灵敏度分布，在进行海洋调查时，电极间距比陆地调查要大得多，为了确保电压信号的强度，需要更大的供电电流。

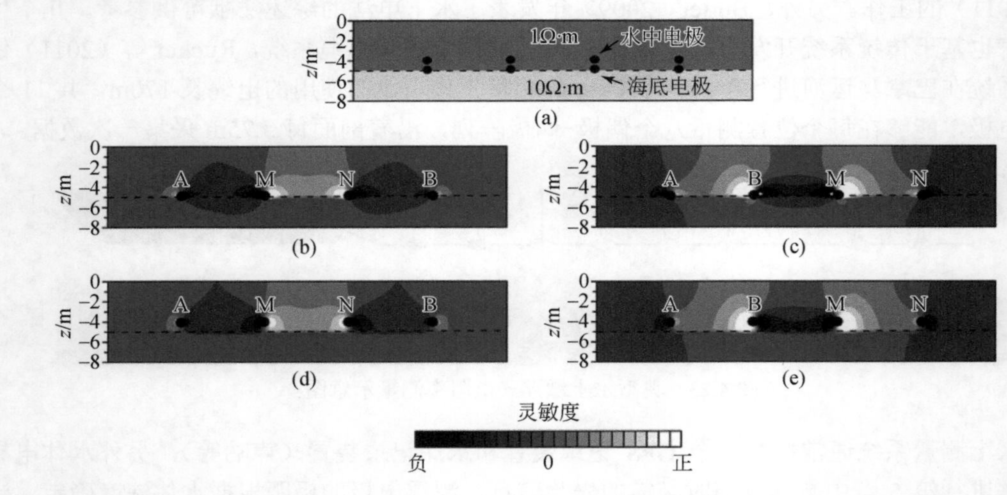

4.2.2.6　三维成像

使用地表电极阵列进行三维成像是上述二维成像的拓展，其发展得益于计算机控制的多电极仪器的研发及第 5 章将要介绍的数据反演手段的发展。即使电法仪发展到现在的水平，仍难以完全满足三维成像对硬件的需求，三维成像仍是一种相对专业的应用方法，现在主要应用在相对较小的场地中。例如，假设二维成像剖面上至少要布置 50 个电极，如果对地表两个方向实现同样的覆盖面积，三维成像需要布置的电极数高达 2500 个，远远超过了大多数仪器的承受能力，以及需要布置几百千克的电极和电缆，耗费大量的工作量。因此将三维成像应用至现场探测需要制定折中的方案。

准三维成像技术的工作量要远小于三维成像，通过布置一系列平行的二维剖面的方式，结合多个二维成像测量综合而成，而实际数据反演时并不一定要求剖面为平行分布的（Dahlin and Loke，1997；Cheng，2019a；见 5.2.2.6 节）。Chambers 等（2002）将准三维成像理解为二维成像结果的三维插值，而不涉及三维的反演模拟过程。由于电流没有在剖面垂直的方向形成电势梯度，这种成像方法并不是真正的三维。然而只要剖面之间距离相对电阻率非均质性的尺度来说变化不大，这样的测量在一定程度上也能取得较好的效果，Aizebeokhai 等（2011）建议测线之间的间距不超过电极间距的四倍。准三维成像技术具有以下优点：①测量数据可以使用二维成像方法的可视化和反演手段进行处理，如现场快速检验数据质量；②可以使用标准的二维多电极硬件设备；③现场的工作量与二维测量在同一量级上。此外，如果测量过程中出现某些问题，技术人员仍可使用其余数据进行二维分析。

真正的三维成像对介质电阻率的水平非均质性灵敏度更高（Chambers，2002；见 5.2.2.6 节）。完整的三维调查仍可以使用上述线性阵列，采用一对电极供电其他电极测量的方式对目标区域进行探测。这种方法的使用过程如图 4.24 所示，首先对第一条和第二条测线进行测量，然后是第一条和第三条、第一条和第四条，以及第一条和第五条；测量完成后继续测量第二条和第三条，然后是第二条和第四条等，共进行十组测量组合，如图 4.24 中五线布置情况所示。此种测量可以使用前文所述的标准四极阵列实施，待测量四极阵列的列表与二维成像一致。然而，温纳和偶极-偶极阵列对正交于测线方向的电流覆盖有限，因此这些阵列在三维测量中效果不佳，需要仔细设计调查方案。三维成像测量中电极的另一种连接方法如图 4.25 所示（Chambers，2012），这样的方式使得测线在两个正交方向上连接，确保水平方向非均质性的无偏灵敏度。图 4.24 展示了所有电极的连接来阐述这样的目的，而对于规模较大的电极阵列，通常采用如图 4.24 所示类似的子集方法（Dahlin，2002a）。

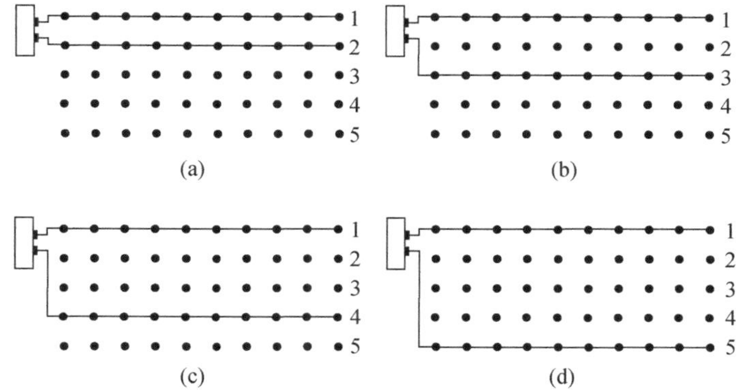

图 4.24　三维测量测线组合序列示意图

（a）连接测线 1 和 2；（b）连接测线 1 和 3；（c）连接测线 1 和 4；（d）连接测线 1 和 5。后续测量将继续六个其他的测线组合，实心圆表示电极，每条测线仅示范展示十个电极

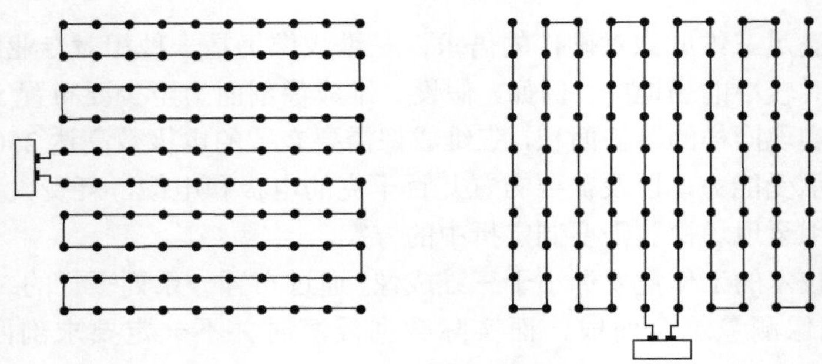

图 4.25　三维数据采集成像的正交电缆连接

前文展示了四极阵列（温纳、偶极-偶极等）对探测深度、水平和垂直非均质性等灵敏度的影响各不相同。因此，需要根据应用的目的、仪器设备和探测环境综合选择四极阵列或阵列组合，这对三维调查尤为重要，因为三维调查中四极阵列的间距有更多的选择。

二极阵列在三维成像测量中得到了广泛的应用。Park 和 Van（1991）进行了最早的三维电阻率成像应用之一，并采用了二极阵列。这种阵列的优势在于可以通过对称无偏的方式实现所有方向的电阻率测量，并且无需复杂的调查设计与特殊的测量安排。Dahlin 等（2002a）指出，在三维成像测量中使用二极阵列也具有易于将视电阻率分布可视化的优势。对于除了正方形阵列之外的其他阵列而言，由于需要给每个测量数据分配垂直位置的坐标，很难构建三维等效的视分布图。此外，完整的二极阵列测量将所有电极都作为供电电极 A 使用，其余电极作为测量电极 M 使用，数据集是完全独立的（Xu and Noel，1993），对于 N 个电极的布置（除了两个无穷远电极），有 N（N–1）种可能的组合方式，其中一半是互惠测量。理论上说所有其他的四极测量数据都可以通过二极阵列测量的组合，使用叠加法导出。然而有噪声存在的情况下，叠加的同时也会叠加噪声，是一个值得关注的问题。Dahlin 等（2002a）也提出了啮齿动物可能会破坏位于调查区域之外的无穷远电极和电缆，使测量过程出现各种各样的问题。

三极阵列可以有效地解决二极阵列测量中噪声的影响。Nyquist 和 Roth（2005）指出，使用正交的测量偶极子进行三极阵列测量是低效的，因为很多测量电极组合的数据会低于噪音水平。图 4.26 中的测量方式，将测量偶极子置于沿着供电电极向周围辐射出去的射线上（Loke and Barker，1996a）。Nyquist 和 Roth（2005）在 10×11 电极网格的现场研究中显示，辐射状的排列方式测量的数据集比笛卡儿排列的数据集小 20%，并且显著提升了数据质量。

Samouelian 等（2004）在一个 8×8 的电极网格排布中对土壤裂缝进行了小尺度的刻画研究，成功将正方形阵列应用至三维电阻率成像中。通过分析正方形阵列的两个方向，可以检测地下介质的各向异性，并以此刻画土壤样本中的裂缝。正方形阵列也可以快速地将视电阻率分布情况可视化，并且通过随电极网格移动正方形阵列，可以得到无偏性的水平灵敏度。这种方法也可以适用于矩形阵列中，从而提供更大的测量数据集和更完整的空间覆盖范围（图 4.27）。

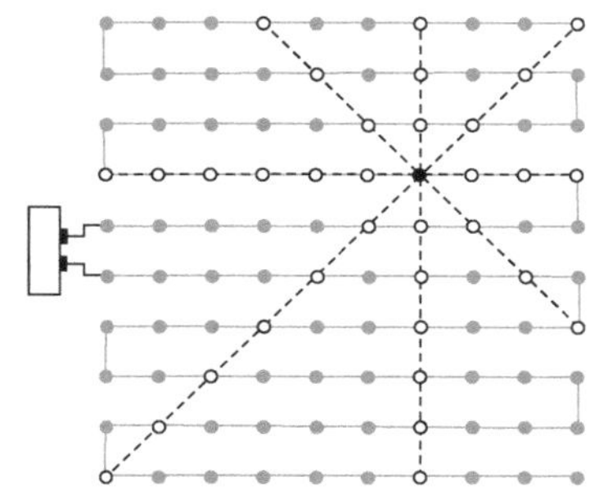

图 4.26 挑选电极进行三极阵列测量

以提高优于如图 4.27 所示测量的连通性，实心黑色圆为供电电极 A，空心圆为测量电极

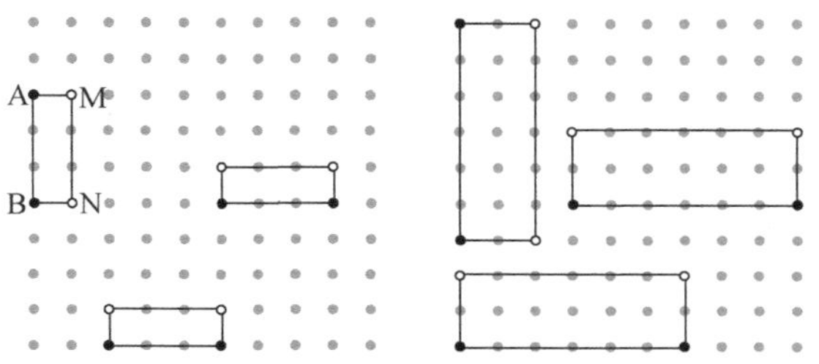

图 4.27 矩形阵列的三维成像几何布置

展示了两种不同的四极间距

4.2.2.7 基于钻孔的电阻率测量

前文阐述了在地表进行直流电阻率测量的方法。另一种方法是将电极布置在钻孔内部，可以在深部得到更高的灵敏度。由于地表方法在探测深度和分辨率方面的局限性，或现场不具备地表测量的条件，在很多情况下，基于钻孔的电法测量是获取地下介质电阻率分布的唯一可靠方法。

4.2.2.7.1 电阻率测井

直流电阻率测量广泛应用于钻孔的地球物理测井中。1927 年，Schlumberger 在法国首次实现钻孔的电阻率测井，最初的测井在钻孔中布置了四个等间距的电极，并每间隔 0.5～1m 采集一次数据。Johnson（1962）展示了最早的电阻率测井图像，尽管分辨率较低，仍展示了剖面上电阻率清晰的变化，这种方法以“electric coring”的名字被人熟知。随后这种方法逐渐基于电极阵列的开发而发展起来。电阻率测井对石油资源调查领域起到非常重要的作用，可以用来估计地层性质（孔隙率、渗透率）或孔隙流体的矿化度，并且在最近的地下水调查中用以划分水文地质单元（Keys et al.，1989）。

电阻率测井采用上述相同的四极阵列原理，数据采集探头由特定配置的电极组合而成，并与地面上的测井仪连接。测量可以在充满水或泥浆的钻井中进行，为了确保与地层的电流连通性，钻井应不安装套管。此外，未安装套管的干孔可以通过感应仪器进行电阻率测井测量。探头上的电极阵列决定了垂向分辨率和横向探测深度，典型的阵列包括短距（short normal）、长距（long normal）和横向（lateral）等（图 4.28）。短距的垂直电阻率分辨率高，但会受到井中流体的影响而沿井变化，短距和长距阵列采用同样的探头进行测量。正如其名，横向具有更大的横向穿透力，但垂直分辨率相对较低。

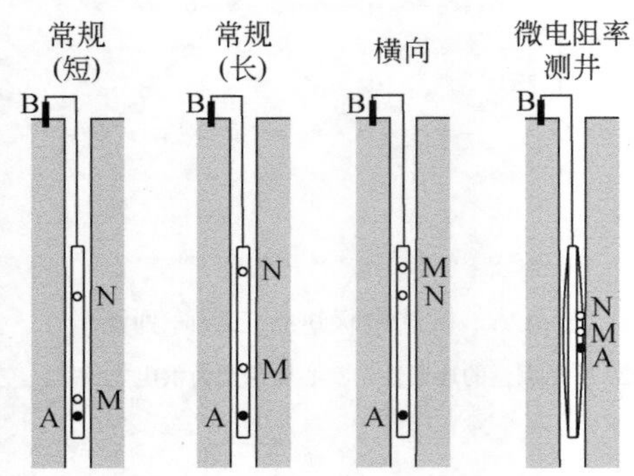

图 4.28　直流电阻率电缆测井阵列（非等比例）

标准电极间距为①常规（短）*AM*=41cm（16in）；②常规（长）*AM*=163cm（64in）；③横向 *AO*=569 cm（18 ft 8 in），其中“*O*”为电极 M 和 N 的中点

在 20 世纪 50 年代，开发出微电阻率测井（microlog）技术，该技术利用可扩展的测井阵列（图 4.28）来测量井壁电阻率。该技术致力于油田勘探领域，还可以检测透水地层中由钻井时泥浆循环形成的“泥饼”(mud cakes)。聚焦式供电电阻率探头也得到了进一步发展，在供电电极中心的上方配备了绝缘装置，可以增强电流的横向传输能力。Keller 和 Frischnecht（1966）对各种电阻率测井探头阵列的装置系数进行了详细的分析。

电阻率测井是在固结土壤钻探中常用的测量手段。对于非固结的地下介质而言，基于圆锥渗透技术（cone penetrometer technology，CPT）的直推工具应用更为广泛，特别在污染场地的研究中，这项技术已经发展到包括直流电阻率在内的一系列传感器技术。因为使用的电极可以直接接触地层，且相比常规钻探来说对地层的扰动更小，因此可以使用较小的电极间距，从而提高分辨率。Schulmeister 等（2003）介绍了几个案例，采用 2cm 电极间距的温纳阵列探头，沿驱动点 0.015m 处进行数据采集。根据经验，两名技术人员可以在大约两小时之内完成 20～30m 的测井工作。图 4.29 展示了意大利北部 Trecate 场地的污染调查工作，采用德国的 UFZ-Leipzig 进行直推式电阻率测井，详见 Cassiani 等（2014）文献。图 4.29 还展示了地表进行的二维电阻率成像结果，采用了 2.5m 电极间距的偶极-偶极阵列，结果清晰地展示了这两种方法的分辨率差别。

4.2.2.7.2　钻井电极成像

Schlumberger 在电法勘探发展的早期开发了使用深部电极作为电流源的方法［后文所述的充电法(mise-à-la-masse)］，后续的研究探讨了基于钻井的方法在矿产勘探中应用的灵敏度。Clark 和 Salt（1951）以及 Snyder 和 Merkel（1973）的研究表明将供电电极安装在井里可以提高矿体电阻率检测的灵敏度。同时，Alfano（1962）的研究表明将供电电极安装在井里可以增强电测深法的效果。Daniels（1977）可能是第一个提出在井里使用四极阵列测量的技术人员，然而直到 20 世纪 80 年代末、90 年代初，数据反演工具的开发才使得基于钻孔电极测量的成像方法真正出现（Sasaki，1989；LaBrecque and Ward，1990；Shima，1990，1992），并随着多电极测量系统的出现日益发展。

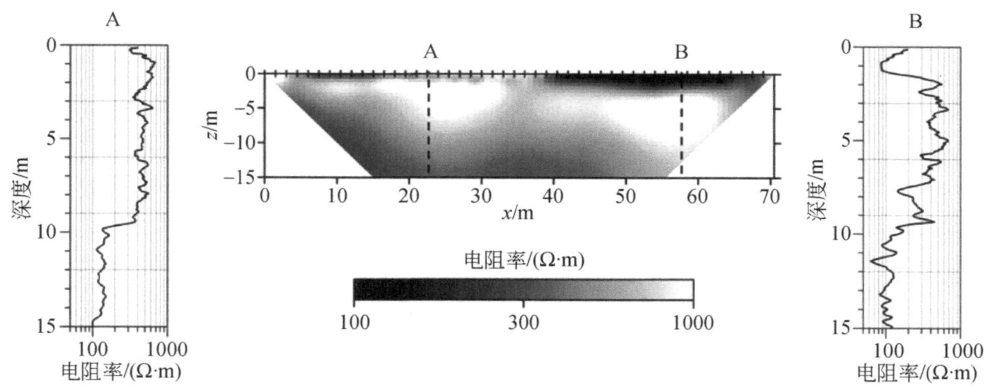

图 4.29　意大利北部 Trecate 场地直推式电阻率测井范例

测井曲线 A 和 B 与 2.5m 极距的直流电阻率测量剖面一起展示

利用钻井电极进行成像可以显著提高探测分辨率。例如，对建筑物下方的目标进行探测时，现场条件限制了地表电极的安装，钻井电极成像是唯一可行的方法。第 3 章讨论了多种钻井电极布置方法，单个井中的电极阵列通常由几十个电极组成。当电极布置在钻井的水中时，可能会产生显著的电流短路效应（Osiensky et al.，2004；Nimmer et al.，2008；Doetsch et al.，2010a），这种效应在正反演模拟时应当被考虑。Wagner 等（2015）在研究中指出非点电极效应和钻井的不垂直两种因素对跨孔电阻率成像应用中的影响，详见 6.1.8 节的案例研究。

钻井电极阵列配置如图 4.30 所示。沿着单个钻井进行电阻率剖面测量是一种行之有效的方法，但比电阻率测井方法的分辨率低。采用电极间距较小的偶极-偶极阵列可以提高剖面垂直分辨率，这种阵列也被应用至电阻率随时间变化的监测中（Binley et al.，2022a）。单个钻井的剖面测量也是进行跨孔电阻率测量之前，进行质量控制检测重要的第一步，通过采用上述二维成像方法的一系列不同的电极间距，在假定钻井周围中心对称的情况下对周围介质进行电阻率成像（Tsourlos et al.，2003）。视剖面可以根据前面章节的方法得到，但在计算装置系数的时候需考虑电极在垂直方向上的位置和距离地表绝缘边界的高度［式（4.9）］。

在测量时电极也可以按照图 4.30 的方式布置在地表，以提高分辨率（Marescot et al.，2002；Tsourlos et al.，2011）。理想情况下，这些电极应至少布置在两个正交方向上，以便进行对称性检测，或者在多个方向上评估地下介质的各向异性。采用这样的布置可以很容易地计算视电阻率，因为需要对每个测量数据的“视位置”做出假设，所以很难绘制测量数据的视剖面图。Bergmann 等（2012）展示了一些井地联合电阻率测量的结果，测量的目的是监测深层地质结构二氧化碳封存的能力。测量工作使用了极距 150m 的地表偶极子，布置在距离钻井 800m 和 1500m 的同心圆环上，在井中布置了 15 个电极的测线，监测位于地下 600m 至 700m 区间位置的电阻率。

跨孔电阻率测量至少需要两个钻井布置电极，三个或更多的钻井阵列可以实现三维成像。Lytle 和 Dines（1991）是最早提出跨孔电阻率成像技术的团队之一，他们将这种技术称为“电阻抗相机”（impedance camera）。Daily 和 Owen（1991）进一步阐述了这一方法，并将其称为跨孔电阻率层析成像。劳伦斯利弗莫尔国家实验室的 William Daily 和 Abelardo Ramires 与亚利桑那大学的 Douglas LaBrecque 继续共同发展这种方法，将其广泛应用至地下水污染修复领域（Daily et al.，1992；Ramires et al.，1993）。在 20 世纪 90 年代，这种二维成像技术得到了进一步的发展和广泛的应用（Schima et al.，1993；Morelli and LaBrecque，1996a；Slater et al.，1996；Bing and Greenhalgh，1997；Slater et al.，1997a，1997b），目前三维跨孔成像也得到了广泛的应用（Binley et al.，2002b；Wilkinson et al.，2006a；Doetsch et al.，2012a；Binley et al.，2016）。

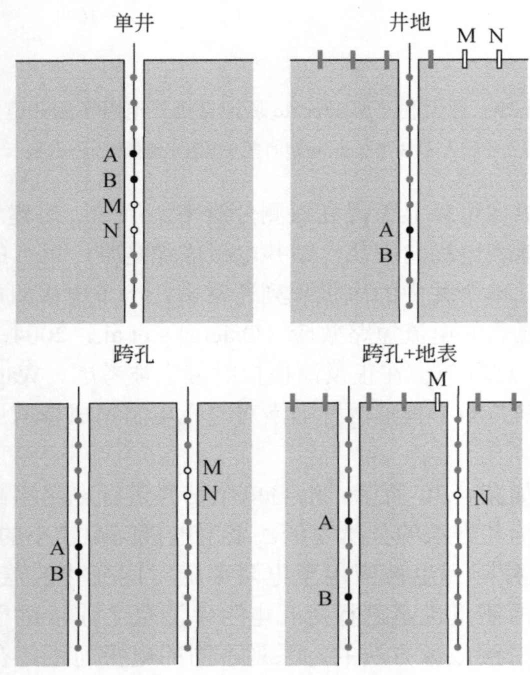

图 4.30　基于钻孔二维成像的电极布置

图中展示了 A、B、M、N 四极可能的空间配置

跨孔测量可以使用如图 4.31 所示的多种电极阵列进行，很多学者已经研究了各种四极阵列的灵敏度分布情况（Bing and Greenhalgh，2000）。位于一条直线上的偶极-偶极阵列分辨率更高，尤其在偶极子间距较小的情况下，但这种阵列信噪比较低。相比之下，偶极子分别位于两个井中的偶极-偶极阵列信号强度更大，但分辨率较低。所以在很多情况下，跨井和沿井四极阵列相结合是一种有效的折中手段。四极阵列的选择取决于以下几个因素：①钻井间距；②地下介质电阻率；③地表电极可以布设的位置；④钻井电极阵列的深度。在一些使用现有钻井的案例中，钻井的深度和倾角各不相同，这种情况下需要对四极阵列进行优化，在 4.2.2.9 节中将会介绍测量阵列与布置的优化方法。

因为无法确定每一个测量数据的视空间位置，所以很难将跨孔测量数据集以视剖面图的形式可视化。然而对于二极阵列的测量而言是相对容易的。Herwanger 等（2004a）利用供电电极和测量电极的位置确定了视电阻率的笛卡儿坐标位置，其所采用调查方法的另一个显著特点是不同电极测线位置的结合。调查中采用了两个 32 电极的阵列，电极间距为 1m，并在一对钻井的不同深度按顺序编号，以此实现了两个 96 电极测量的等效调查，覆盖了 95m 的钻井剖面。

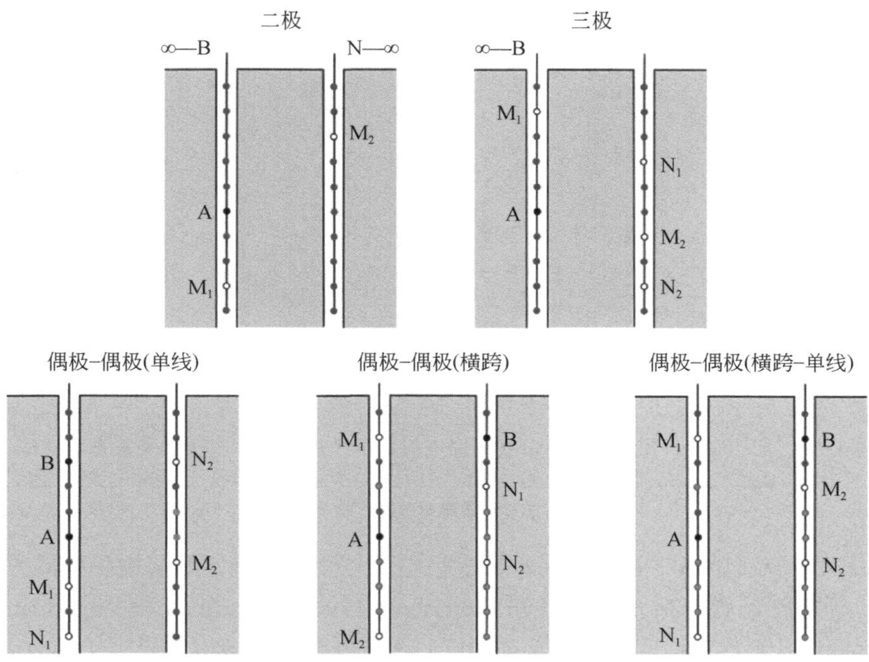

图 4.31　跨孔测量阵列示意图

M_1、M_2、N_1和 N_2 表示可能的测量电极位置

跨孔电阻率测量中面临的另一个问题是装置系数变化很大，尤其是在一个钻井内的阵列，会导致很多数据的电压信号极低。Daniels（1977）的研究和图 4.32 说明了这一问题，装置系数根据式（4.9）中的 K 计算得到，考虑了不同的供电电极极距和两个相邻钻井的距离。图 4.32 展示了两种不同情况的结果：①极距为 1m 的两个电极；②极距为 3m 的两个电极。图中清晰地显示了装置系数非常高的区域，正如 Daniels（1977）所述，图中的对角线为装置系数从-∞到+∞的过渡。因此进行跨孔电阻率测量，尤其是在一个钻井内的阵列，应根据特定的问题选取特定的阵列。

跨孔调查中灵敏度和分辨率会随着与电极之间距离的增加而降低，因此跨孔成像通常仅适用于较小的调查区域，井间距离应小于井内电极阵列的最短距离，理想情况下应为最短距离的一半。因此跨孔电阻率成像多用于局部现场测量，常用的应用场景包括地下水污染修复效果评估（Ramirez et al.，1993；Daily and Ramirez，1995；Lundegard and LaBrecque，1995；LaBrecque et al.，1996a）和保护（Daily and Ramirez，2000；Slater and Binley，2003，2006）。此外，跨孔成像还成功应用于研究二氧化碳的注入（Dafflon et al.，2012；Schmidt-Hattenberger et al.，2014；Wagner et al.，2015；Bergmann et al.，2017），6.1.8 节的案例也介绍了这种应用研究，在 Bergamann 等（2017）的调查研究中，关注的注入区域达到了地面以下约 700m。除了上述领域之外，基于钻井的电阻率成像技术也已应用至矿山及隧道调查中（Sasaki and Matsuo，1993；Kruschwitz and Yaramanci，2004；Van Schoor and Binley，2010；Simyrdani et al.，2016）。

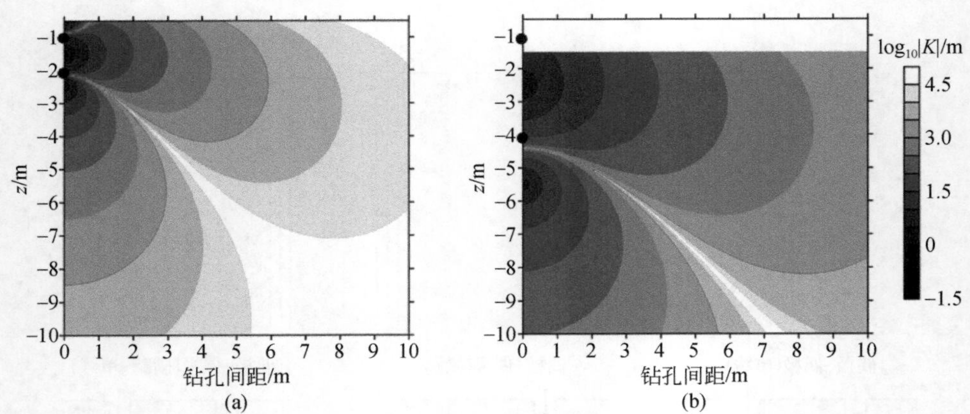

图 4.32　不同间距钻井内的两个单线测量电极和两个单线供电电极的装置系数（K）

（a）电极 A 位于 z=1m，B 位于 z=−2m，测量电极间距为 1m；（b）电极 A 位于 z=1m，B 位于 z=−4m，测量电极间距为 3m。此图显示 K 绝对值的对数

石油勘探领域通过沿钻井的金属套管进行电信号测量来确定地层电阻率的方法也逐渐发展起来。早期的研究包括 Schenkel 和 Morrison（1990），Kaufman 和 Wightman（1993），以及 Schenkel（1991），近期 Qing 等（2017）在开发分析方法方面进行了研究。Schenkel 和 Morrison 在 1990 年首先提出了使用金属套管钻井进行钻井电阻率成像方法，Ramirez 等（1996）探讨了将金属套管钻井作为供电和测量电极的可能性，来确定沿钻井长度积分后的电阻率水平分布特征。Daily 和 Ramirez（1999）被授权了美国发明专利，并由 Rucker 等（2010）展示了其应用。

4.2.2.8　小尺度成像：砂箱和砂柱

前文讨论的电极阵列主要适用于电法的近地表应用，然而实际测量会在更多不同的尺度上进行。当使用完整的一圈电极传感器建立并测量激发电场来获取目标体的成像时，便可使用“层析成像”（tomography）一词来表示，前文中的高密度电阻率法已经用电阻率层析成像（ERT）来指代了二维和三维的电阻率成像。在有边界的系统中进行电阻率测量的电极布置示例见图 4.33，如土壤和岩心成像［图 4.33（a）］或实验室中填充土壤的砂箱［图 4.33（b）］。虽然传统电阻率测量起源于勘探地球物理学，但电阻率层析成像已经应用至其他领域并得到了进一步的发展。

在医学物理领域，Barber 和 Brown 在 1984 年将他们在英国谢菲尔德的电阻率成像系统称为“应用电位层析成像”（applied potential tomography），医学物理领域后续的发展中“电阻抗层析成像”（EIT）成为一种更为常见的说法（Webster，1990；Brown，2001）。早期的医学物理应用主要对活体内部进行二维平面成像，研究由胃功能或呼吸系统功能等病变所引起的电阻率变化（Barber，1989）。随后三维成像方法得到了发展（Metherall et al.，

1996），应用范围也得到了延伸，包括大脑活动和乳腺成像方面（Bayford，2006）。由于传统二维地球物理成像中线性阵列的便捷性和对目标定位的优势，医学物理领域的学者也探讨了线性阵列的应用价值（Powell et al.，1987）。

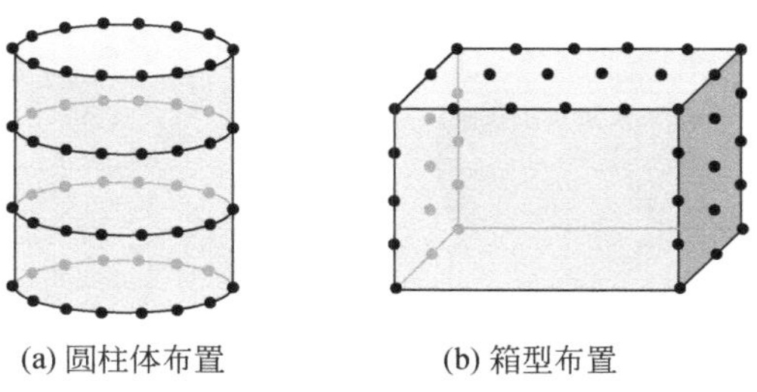

(a) 圆柱体布置　(b) 箱型布置

图 4.33　小尺度成像电极几何布置示例

同时，EIT 技术在过程层析成像中得到了发展，用于研究管道和容器中的液-液和液-固混合过程（Dickin and Wang，1996；Wang，2015），特别是对高动态过程成像的需求。此外，电阻率成像也已成功应用于建筑材料的无损评估（Karhunen et al.，2010；Zhou et al.，2017）。与大多数地球物理应用不同，医学物理领域和过程层析成像领域需要数据采集速度更快，且功率更低的仪器。

Lytle 和 Dynes（1978）提出了电阻抗相机（impedance camera）的概念，是一种用于电阻率成像的多电极阵列系统，通过多个电极供电达到增强电场的目的，从而更好地区分研究目标的异常情况。该方法也已应用至生物医学领域（Gisser et al.，1987），该领域内将其称为自适应方法或优化电流方法（Webster，1990）。

Daily 等（1987）记录了地球物理学中 ERT 的首次应用案例，在直径 8cm 的岩心周围布置了由 14 个电极组成的圆形阵列，用以研究湿润和干燥引起的电阻率变化。Binley 等（1996a，1996b）也使用圆形阵列研究了溶质在直径 30cm 土壤中的优先流（6.1.5 节），在该研究中 Binley 等（1996a，1996b）采用了过程成像 EIT 系统，可以实现高效数据采集，而这种数据获取方式在后续研究中很少被复制。地球物理学中其他的圆柱形电阻率层析成像应用还包括 Koestel 等（2008）；块状或砂箱状应用包括 Ramirez 和 Daily（2001）研究的 3m×3m×4.5m 熔结凝灰岩水分含量的变化；以及 Slater 等（2012）对砂箱进行溶质运移的跨孔成像。Wehrer 和 Slater（2015）使用小型砂箱研究土壤中硝酸盐的运移；Fernandez 等（2019）使用装满土壤的砂箱研究了除冰化学品的降解，并将电极阵列布置在砂箱的底部、顶部和侧面。小尺度成像可以在可控条件下有效的评估变化趋势，但其结果并不一定完全代表真实的现场条件，特别是由于边界条件不同所引起的灵敏度分布出现差异。因此，将其作为阐述现场情况的示范手段有可能存在问题，但这种问题经常被忽视（Ts et al.，2016）。

在小尺度电阻率成像中，所有非单极的四极阵列都可使用，通常是偶极-偶极阵列或梯度阵列，或者是二者的结合。在过程层析成像中，相邻（adjacent）通常用来表示偶极-偶极阵列，相反（opposite）用来表示梯度阵列。前文提到增加偶极子间距会增强信号强度和探测深度，但代价是降低分辨率。图 4.34 展示了两种二维阵列的灵敏度分布示例，可以将其与图 4.5 的地表阵列相比较。De Donno 和 Cardarelli（2011）等的研究表明，增加电极数量可以显著提升异常体的分辨率。

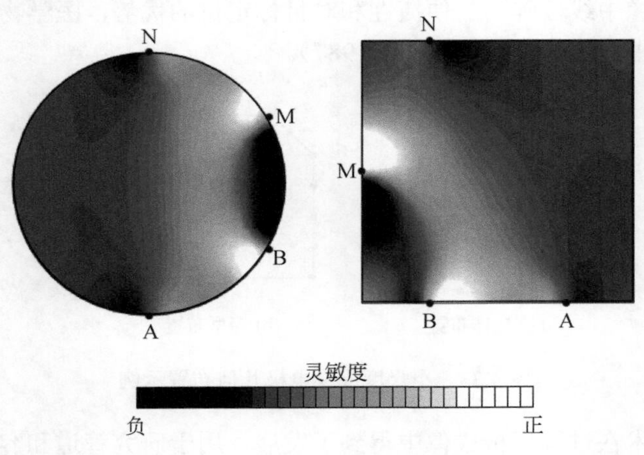

图 4.34　灵敏度分布

以圆形和方形几何结构的四极阵列为例

与传统的无限半空间应用不同，对于一般的四极阵列和有边界的探测目标，推导视电阻率更为困难。Zhou（2007）提供了圆柱和砂箱几何形状下的视电阻率的解析表达式，而在大多数应用中，通常测试时以电阻作为数据储存，而不使用视剖面或视体积。

小尺度电阻率成像在应用过程中还可能存在其他问题。为了保证更低的接地电阻，所需的电极尺寸往往会使得电极尺寸与电极间距的比值较高。为了解决接地电阻的问题，可以通过使用板状电极或将棒状电极插得更深来增加电极的接触面积，这两种方式均会在正反演模拟时由于不满足点电极假定而产生错误的结果。在使用板状电极时，无源电极会使电流分流，从而降低分辨率（Pinheiro et al.，1998），并且会产生测量误差（Rücker and Günther，2011）。对于棒状电极，当相对电极的间距，棒状电极如果插入过深，此时不对数据进行适当的处理，成像结果可能会出现伪像。Rücker 和 Günther（2011）对这种情况下电极的影响展开了数值模拟，结果表明如果插入深度小于极距的 20%，对无限半空间应用的影响较小，对于有边界应用时，电极插入深度则需更小才可满足要求。为了降低这种影响，Rücker 和 Günther（2011）建议等效点电极的位置处于电极插入深度 60%的位置进行正反演模拟，可以得到很好的效果（图 4.35）。Verdet 等（2018）最近的研究在一定程度上与之相吻合，他们认为等效点电极的位置应在插入深度的 73%处。鉴于这样的研究均是基于有限的数值模拟结果，且假设介质为均质电阻率分布，无法将其推广，因此需针对特定的问题进行特定的数值模拟确定其等效位置。

4.2.2.9　测量阵列优化

地表二维电阻率成像的数据采集通常基于如图 4.3 所示的标准四极阵列，或者是标准阵列的组合。然而对于一般的成像测量，如三维、基于钻井或有边界的等，测量阵列的选择更为复杂，往往需要考虑探测目标、电阻率非均质性、可用仪器、调查时间限制等特定条件，再给出明确的数据采集方案。现在具有多通道数据采集功能的电法仪通常会存在多通道配置灵活性受限的问题（Stummer et al.，2002），且在没有额外硬件辅助的情况下，可处理电极的数量不超过 100 个。因此需要对测量阵列进行优化选择，在硬件（仪器、电缆、电极）、外部环境、工作量等条件受限的情况下，确定最优的四极阵列进行数据采集。

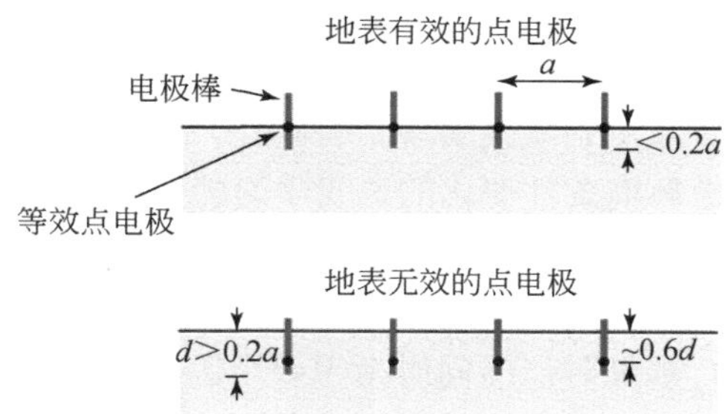

图 4.35　电极长度的影响及其解决方法

灵敏度分布（图 4.5 和图 4.34）可以作为优化测量阵列的依据，任何四极阵列的灵敏度可以根据 5.2.2.3 节所述的方法进行计算，Furman 等（2007）阐述了这种方法的应用。然而，灵敏度分布会受到电阻率结构的影响，但电阻率分布事先未知。因此这个过程需要在电阻率变化的情况下进行，往往通过顺序实验设计来实现：给定一组电极位置，得到一系列的测量值从而确定电阻率的近似分布特征，进而根据电阻率分布评估灵敏度分布，最后用灵敏度分布来优化测量阵列并提高分辨率（Stummer et al.，2004；Wilkinson et al.，2006b；Hennig et al.，2008；Loke et al.，2014a）。Loke 等（2014b）介绍了这种方法在三维地表成像和二维跨孔成像中的应用。在实际应用中，还要考虑测量数据的噪声（Blome et al.，2011；Wilkinson et al.，2012），以及供电电极再次用作测量电极的时间间隔，以降低电极极化的影响。另一种方法是确定最佳的电极位置（Wagner et al.，2015），或者同时优化电极位置和测量顺序（Uhlemann，2018）。

由于计算量巨大，测量阵列优化的专业性很强，因此目前主要针对二维成像开展研究，且常通过并行计算来节省计算时间（Loke et al.，2010）。尽管存在诸如此类的限制，实际调查前开展优化模拟是一项必不可少的工作，通过第 5 章中介绍的正反演模拟方法确定所选的阵列是否能够满足测量目的，评估四极阵列的选择是否合适。

4.2.2.10　时移数据采集

电法在发展初期多用于对地下介质进行静态刻画，除此之外，电法也可以对地下介质的动态过程进行时移刻画，如含水量（Binley et al.，2002）、溶质浓度（Kemna，2002）、地球化学反应（Kiessling et al.，2010）以及温度的变化（Musgrave and Binley）。此外，时移电法还应用于监测山体滑坡过程（Wilkinson et al.，2010）、作物吸水量（Whalley et al.，2017）、污染修复效果（LaBrecque et al.，1996）、工程水力屏障（Daily and Ramirez，2000）以及地下储罐的泄露（Daily，2004）等诸多领域，6.1.4 节、6.1.6 节和 6.1.7 节中的案例研究也介绍了时移电法的应用。通过研究电信号随时间的变化，可以排除其他静态因素对电响应特征的影响，从而侧重关注介质物理、化学以及生物状态的演化过程。

时移调查通过对探测目标区域进行多次重复的电法测量，来刻画介质发生的变化。最简单的时移调查只进行两次测量，对“前后”两个状态进行评估。理想情况下电极在整个监测期间半永久安装，保持原来的位置不变，但在很多应用过程中，会在原来的位置重新安装电极。3.2.4 节所述的一些仪器厂家会在电法仪中配备监测功能，可以实现数据远程获取，但这种仪器在应用时需解决安全运行问题。一些学者声称已经实现了使用自主系统进行监测工作，严格来说很多监测系统仅实现了自动化，而不是自动监测系统，主要原因是这些系统并没有包含像考虑环境条件变化的自我学习能力。Wilkinson 等（2015）对自主监测有所涉及，他们提出了自适应时移调查方法，可以实现测量阵列随时间而改变，来反映电阻率的时移变化。

在对时移测量工作进行规划时，需同时考虑多个因素：电极安装的时长；测量阵列与参数的选择、监测频率、初始参考结果的选择、监测过程持续的时间；影响结果的其他环境因素。电极阵列与测量参数的选择决定了监测目标的效果，但会受到目标变化过程和数据采集速度的限制。在监测过程中需要关注的是一组数据集的测量过程中介质状态会发生变化，将导致数据反演和解译出现问题。对于时间变异性较强的目标，为了满足较短的数据采集时间，需要在一定程度上降低空间分辨率。在很多时移测量的研究中，通常将后续测量结果与一个参考结果进行对比，因此对参考结果进行一次可信度高的测量是至关重要的。理想情况下要在一段时间内进行测量来综合确定其他环境因素引起的变化，如对于监测频率为一天一次、共 30 天的监测工作来说，需要获取监测开始前五天的结果进行综合分析。

通常在整个时移监测过程中会使用相同的测量阵列来避免出现偏差，而 Wilkinson 等（2015）的自适应优化方法在监测过程中会不断优化测量阵列，来适应不断变化的电阻率结构，这种方法非常适合长期监测系统的安装。

进行时移调查时，特别是长期监测，需要做好测量误差评估的工作，因为电极的接地电阻会随着时间增大，导致测量误差的增加。最好的误差评估方法是进行 4.2.2.1 节介绍的互惠测量，但监测工作对数据采集时间的要求更为严格，无法对所有的数据进行互惠测量。这种情况下可以建立如图 4.15 所示的误差模型，通过对部分数据集进行误差评价来反映总体的误差情况，误差模型可以在监测过程中随着时间改变。图 4.36 选取了三维时移跨孔电阻率调查的数据来阐述此方法的应用，此次调查工作是为了刻画含水层非饱和带中溶质运移过程，调查工作的详细介绍见 Winship 等（2006）和 6.1.4 节。图 4.36（a）展示了调查期间 3188 组测量数据互惠误差的中位数（以百分比计），尽管误差中位数较低，但在整个监测过程中数据质量显著降低。误差模型会影响测量数据的反演，对于第 5 章所述的时移反演进程，需要评估反映两个数据集的单一误差模型。Lesparre 等（2017）通过计算正常测量（R_N）和互惠测量（R_R）之间的转移电阻差异来评估：

$$\Delta \log_{10}|R_N| - \Delta \log_{10}|R_R| \tag{4.20}$$

式中，转移电阻取绝对值是因为转移电阻有正负两种情况。Lesparre 等（2017）提出式（4.20）所得到结果的绝对值与转移电阻呈反比关系，图 4.36（b）使用图 4.36（a）中的数据比较了 2003 年 3 月 6 日和 2003 年 4 月 16 日的结果，得到的规律与之吻合。结果显示，当电阻小于 1Ω 时，误差评估值与转移电阻呈反比关系，当电阻大于 12Ω 时，误差相对保持恒定。

采用这类方法进行误差评估对时移电阻率调查的质量控制起着非常重要的作用，可以有效提升数据反演的效果。

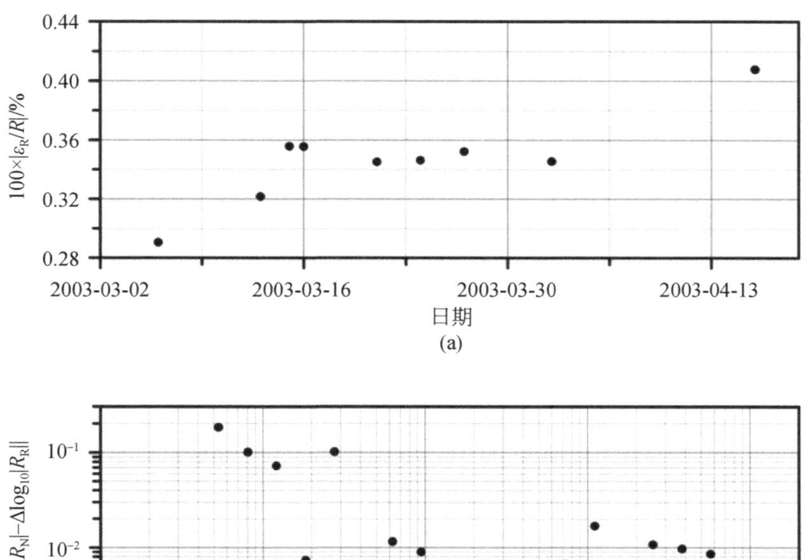

图 4.36　时移误差

（a）跨孔调查中位数互惠误差随时间的变化；（b）时移误差

4.2.2.11　电流源方法

4.2.2.11.1　充电法

充电法（mise-à-la-masse）是一种电势测绘方法，起源于 1920 年 Schlumberger 的试验，之后广泛应用至矿产勘探领域（Parasnis，1967；Mansinha and Mwenifumbo，1983；Bhattacharya et al.，2001）。这种方法最初使用时不一定需要钻井，其应用时首先在矿区地表的露头处或钻孔中布置一个电流源，然后布置一个无穷远供电电极，在地面上进行二极或三极测量。这种方法通过绘制电势场来推断导电矿体的走向，单独使用时很难对测得的电势场进行解译，但作为一种早期的勘探手段，此方法在指导后续地球物理调查或钻孔布置方面起到了重要的作用（Ketola，1972）。

通过使用钻井的金属套管作为电流激发源，此方法广泛应用于多个地热研究的案例中（Kauahikaua et al.，1980；Mustopa et al.，2011）。在水文地质领域，该方法成功应用于刻画井中示踪剂的运移路径（Bevc andMorrison，1991；Nimmer and Osiensky，2002；Perri，2018）。Gan 等（2017）在喀斯特通道的出口处布置激发电极，绘制周围地表的电势场来评估地下通道的走向。Mary 等（2018）使用充电法进行了小尺度研究，以植物茎作为激发源，使用较浅的钻井电极阵列探测电势场，以此刻画植物根的结构分布情况。

4.2.2.11.2 电流渗漏定位

电流激发（mass excitation）的方法在检测绝缘膜的流体渗漏方面取得了成功的应用。Boryta 和 Nabighian（1985）在美国专利中提到了这种方法；Parra（1988）详细阐述了其应用情况；Key（1977）也介绍了基于同一原理的油罐和管道的检测方法。虽然这不是真正的电阻率方法，但是仍作为一个类似的手段在此进行进一步讨论。

此方法首先布置一对供电电极，一个电极位于无穷远处，另一个电极位于被绝缘膜或衬垫包裹的导电材料中。若绝缘膜或衬垫出现渗漏，电流便会在渗漏位置通过，通过在地表进行电势测量，可以确定渗漏位置。此方法被广泛应用于垃圾填埋场防渗后、固废填充之前的质量检测中。在建立激发电流场后，使用测量电极探测电势情况，测量前通常在防渗膜上方铺设一层薄砂土与电极接触，起到降低接地电阻和保护防渗膜的作用。

上述方法在测量电极距渗漏点较近时效果显著。而对于正在运行的垃圾填埋场，防渗膜上可能会存放几米厚的固废垃圾。为了进行这种情况下的渗漏检测，Frangos（1997）改进了检测方法，在防渗膜布设之前将电极安装在下方［图 4.37（a）］，而后使用二极阵列进行测量。这种阵列便于渗漏位置的解译，此外偶极-偶极阵列也可以起到同样的效果。White 和 Barker（1997）介绍了在英国垃圾填埋场的类似应用案例，也利用电极阵列来探测填埋场防渗膜下方的电阻率变化。Binley 等（1997）提出了另一种对运行中的垃圾填埋场进行渗漏探测的方法。考虑到运行时无法在防渗膜下方布置电极，他们将电极布置在填埋场的周边［图 4.37（a）］，这种方法需要通过反演模拟来决定电流源的位置。此外，电极也可以布置在填埋场的边界内。Binley 和 Daily（2003）指出无论哪种方法都很难刻画多个渗漏点的情况。Binley 等（1997）还展示了利用这种方法定位地下导电容器，如地下钢壳的罐体（Key，1977）。

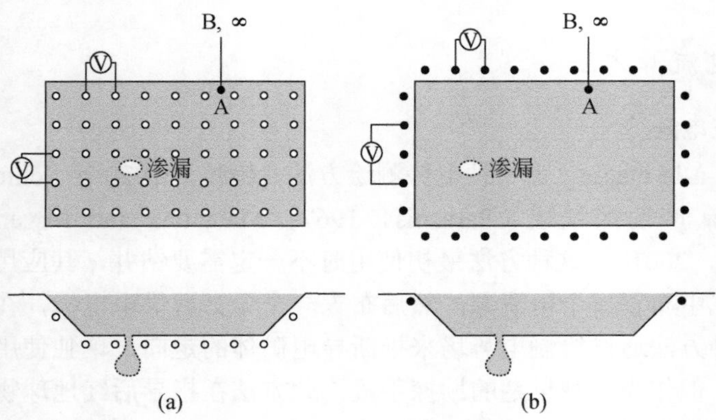

图 4.37 渗漏定位的电流激发方法示意图

展示了（a）衬垫下方的电极阵列以及（b）外部电极阵列的平面和垂直剖面

4.3　激发极化法

激发极化法的调查目的是为了确定地下介质极化能力的空间分布特征。激发极化法可以采用与直流电阻率类似的四极阵列测量（第 3 章），因此本章前述原理也同样适用于激发极化法测量。

4.3.1　地下介质的极化特性

Seigel（1959）首次介绍了地下介质极化率特性的概念，并阐述了地下介质真实极化率（$\hat{m}$）的变化对视极化率（M_a）的影响。对于电阻率为 ρ_0 和极化率为 $\hat{m}$ 的均质地下介质，视极化率可以根据下式计算（Seigel，1959）：

$$M_a = \frac{V(\rho_{IP}) - V(\rho_0)}{V(\rho_{IP})} \tag{4.21}$$

式中，$\rho_{IP}=\rho_0/(1-\hat{m})$；$V(\rho)$为测量电压。由于 V 与 ρ 呈线性关系，因此视极化率等于均质地下介质的真实极化率（$\hat{m}$）。

由于实际测量中无法得到二次电压与一次电压的比值，所以 Seigel 对视电阻率的定义无法应用于实际测量中，但该式对理解地下介质极化率变化所引起的测量数据响应有着重要的作用。类似的方法已经被其他人广泛使用（Petella，1972；Oldenburg and Li，1994）。

Seigel（1959）介绍了层状介质的电性参数与视极化率之间的关系。对于一个 N 层的层状介质系统，每层电阻率为 ρ_i，真实极化率为 $\hat{m}$，i=1，2，…，N，其视极化率可根据下式近似计算（Seigel，1959）：

$$M_a = \sum_{i=1}^{N} \hat{m}_i \frac{\partial \log \rho_a}{\partial \log \rho_i} = \sum_{i=1}^{N} \hat{m}_i \frac{\rho_i}{\rho_a} \frac{\partial \rho_a}{\partial \rho_i} \tag{4.22}$$

式中，ρ_a 为视电阻率。式（4.22）揭示了电阻率变化对视极化率的影响。在后续讨论负激发极化效应时我们还会讨论该式。

根据与 4.2.1.3 节类似的解析表达式，可以得到层状介质系统的视极化率。Patella（1972）展示了对两层层状介质进行施伦伯格阵列的电测深测量时得到的视极化率模型，介质第一层电阻率为 ρ_1、真实极化率为 $\hat{m}_1$；第二层电阻率为 ρ_2、真实极化率为 $\hat{m}_2$。视极化率可以根据以下解析表达式计算：

$$M_a = \left\{ 1 + 2\sum_{n=1}^{\infty} \frac{k'_{1,2}}{\left[1 + (4nh/AB)^2\right]^{3/2}} \right\} \Bigg/ \left\{ 1 + 2\sum_{n=1}^{\infty} \frac{k_{1,2}}{\left[1 + (4nh/AB)^2\right]^{3/2}} \right\} \tag{4.23}$$

式中，$k_{1,2}=(\rho_2-\rho_1)/(\rho_2+\rho_1)$，$k_{1,2}=(\hat{m}_2\rho_2-\hat{m}_1\rho_1)/(\hat{m}_2\rho_2+\hat{m}_1\rho_1)$，$AB$ 是供电电极 A 和 B 之间的距离。图 4.38 展示了底层电阻率对视极化率的影响，所采用的配置与图 4.8 类似。

据 Seigel（1959）定义的极化率［式（4.22）］，可能出现由于电阻率悖论而导致的视极化率负值现象。例如，对于特定的电阻率结构，式（4.22）中的$\partial\rho_a/\partial\rho_i$可能为负值，此时如果 $\hat{m}_1$ 比其他区域的极化率大，便可能会产生视极化率为负值的情况。Sumner（1976）提出了这种“负激发极化效应”，Nabighian 和 Elliot（1976）分析了各种模拟的层状介质模型，结论表明当低阻层覆盖在高阻层之上时，可能会出现负的视极化率。Dahlin 和 Loke（2015）通过式（4.10）中的灵敏度函数研究了图 4.5 案例的灵敏度分布情况，清晰的说明了这一问题。如果部分区域的真实极化率相对较高，例如浅层的高极化区域或水平非均质的高极化区域，便会观测到负的视极化率。因此 Dahlin 和 Loke（2015）指出这样的负激发极化测量数据不应视为不可用的结果，这些数据也包含了地下介质的电阻率和极化率信息。

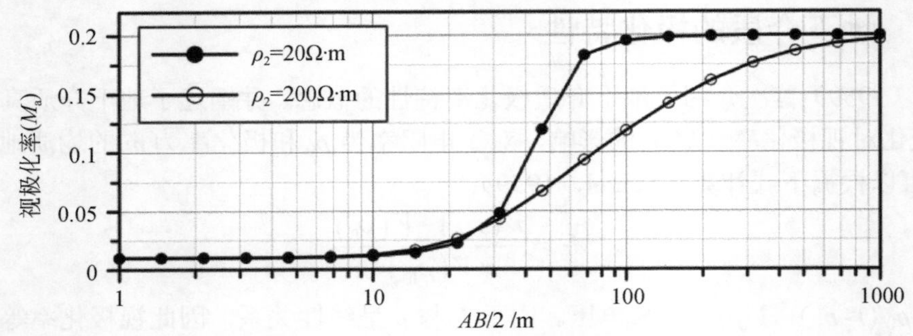

图 4.38　底层电阻率对视极化率的影响

$\rho_1 = 500\ \Omega\cdot\text{m}$，$\hat{m}_1=0.01$，$\hat{m}_2=2$，$h$=10m

视极化率的概念可以直接推广应用到本章前面讨论的直流电阻率方法。例如，采用与视电阻率剖面图相同的方法实现视极化率可视化，构建视极化率分布的视剖面图。与视电阻率剖面图的情况相同，这种图像无法反映地下介质真实极化率大小与分布的情况，仅仅作为展示现场数据的手段。此外，根据上述对负激发极化效应的分析，视剖面图可能会展示负的视极化率。

通过复电阻率来表示地下介质的极化能力是一种更直观的方式，但数学计算过程较为复杂。使用复电阻率（ρ^*）可以描述地下介质的任何体积，其包含幅值$|\rho|$和相位角 φ 两种信息。当供电电流频率低时，相位角也会小，此时幅值几乎等同于直流电阻率。负的相位角代表介质的极化效应，而相位角也会受到实部电阻率的影响，因为根据定义，相位角表示为 $\varphi=\tan^{-1}(-\rho''/\rho')$。与直流电阻率方法相同，对于给定的四极阵列，可以确定相同的装置系数，并利用它将测得的阻抗转换为视复电阻率，即 ρ_a（$=kZ$）和 φ。图 4.39 使用与图 4.21 相同的地下介质结构进行了分析，在电阻率分布基础上通过相位角赋予了极化特性。温纳阵列结果显示其对极化率刻画的分辨率很差，虽然偶极-偶极阵列的分辨率较为理想，但更弱的信号强度会影响极化率刻画的分辨率，后续一节将讨论激发极化的测量误差。

4.3.2　测量误差

4.2.2.1 节阐述了随着转移电阻的增加，直流电阻率的互惠误差和重复性误差均会增大。由于极化率取决于二次电压的测量，因此激发极化测量的误差也会出现类似的趋势。图 4.40 展示了时间域激发极化测量的误差图，测量工作与图 4.15 的案例在同一条测线上。共布设了 96 个电极，电极间距为 1m，采用偶极-偶极阵列，a=1m；n=1，2，…，10，数据采集仪器为 Syscal Pro（Iris Instruments），测量周期为 4s（1s 供电，1s 断电）。图 4.40（a）展示了直流电阻率的转移电阻误差情况，误差规律与图 4.15 一致。而图 4.40（b）展示的极化率误差无法建立线性关系，由于二次电压值更低和分辨率受限的原因，较低的视极化率的误差也较高。此外视极化率与转移电阻之间也存在内在联系，高转移电阻也会造成较高的数据误差。图 4.40（c）更清晰地展示了视极化率的误差规律。根据 3.3.3 节提到的线性转换关系将视极化率转换为相位角，所得到的相位角误差将呈现同样的规律。Mwakanyamale 等（2012）在美国华盛顿州哥伦比亚河畔的 Hanford 300 区域进行了时间域激发极化探测，得到的数据误差也表现出同样的规律，详见 6.2.2 节中的案例研究。无论是采用图 4.40（a）还是图 4.40（c）的手段，技术人员都必须确保进行测量误差的评估。在对如图 4.40 所示的低极化率目标进行勘探时，误差可能与测量信号相当甚至比有效信号更大，因此需要对数据进行滤波处理。此外，对于直流电阻率和激发极化勘测来说，构建一个误差模型对第 5 章中介绍的数据反演有着至关重要的作用。

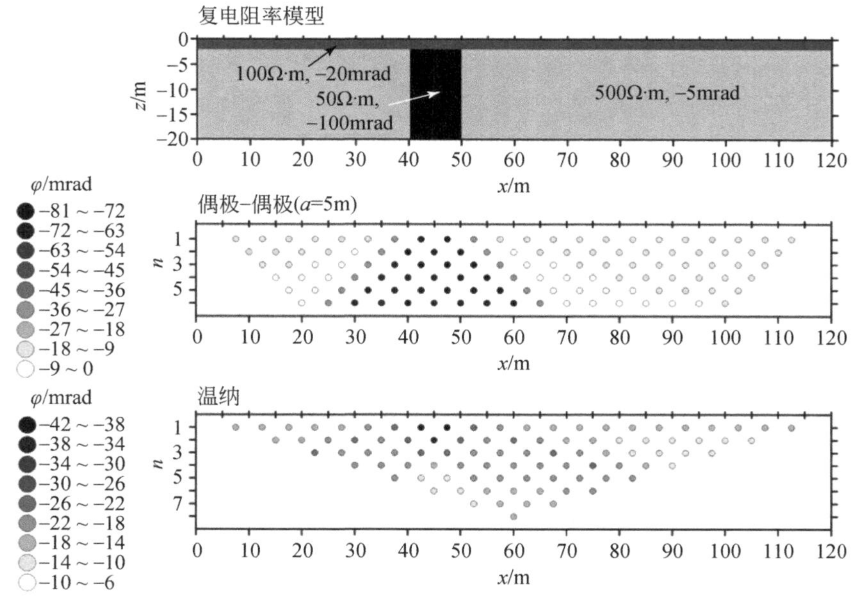

图 4.39　模拟复电阻率模型中偶极–偶极阵列和温纳阵列的相位角视剖面对比图

图中相位角的图例大小不同

Flores Orozco 等（2012）研究了频率域激发极化误差的产生机制，并提出随着转移电阻的增加，即测量的转移阻抗的幅值增加，测得的相位角误差会逐渐降低，不会出现如图 4.40（b）所示的高转移电阻对应视极化率高误差的情况。图 4.41 展示了频率域激发极化勘探的测量误差。测量使用了 20 个地表电极，极距为 1.5m，采用偶极–偶极阵列，a=1.5m，所用的仪器 SIP256（Radic-Research）可以实现多种频率的供电。图 4.41 所使用的数据是在供电频率为 0.156Hz 的情况下得到的，与图 4.40 的时间域激发极化误差规律不同，转移电阻较高时相位角误差较低，这与 Flores Orozco 等（2012）的研究结果一致。对于频率域激发极化（SIP）测量，需要对每个频率进行测量误差评估，通常会发现高频误差往往极大（Flores

Orozco et al.，2012），这些误差会严重影响后续的反演模拟过程。

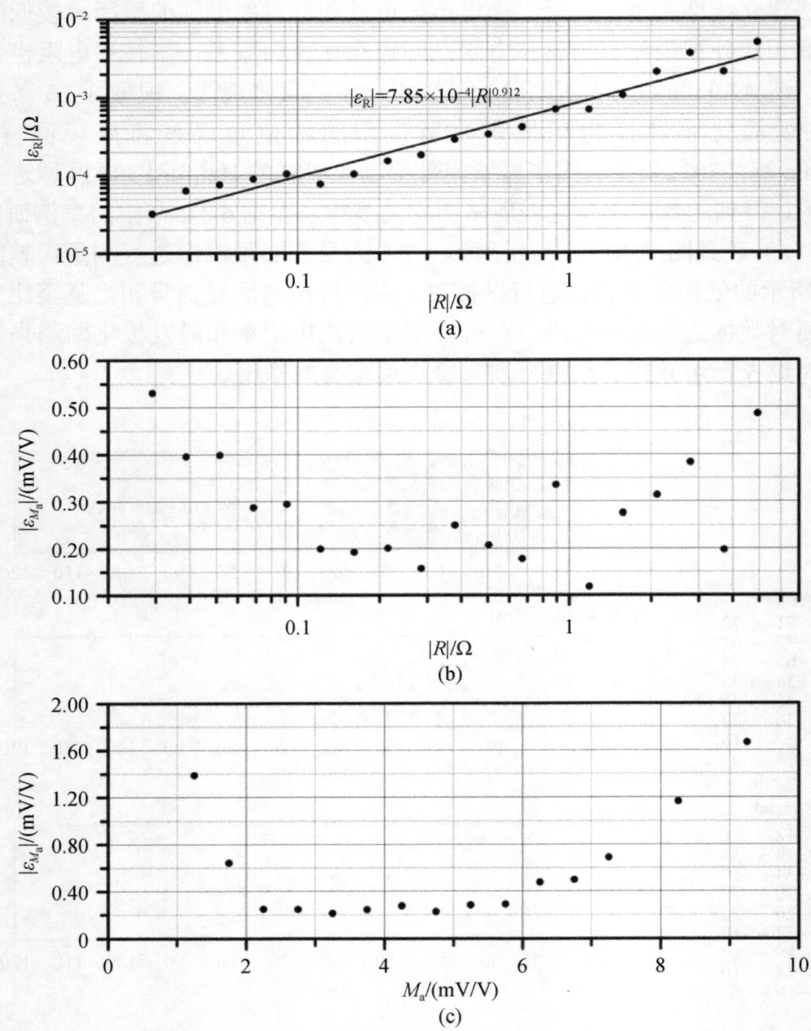

图 4.40　时间域激发极化调查测量误差

（a）转移电阻误差；（b）极化率误差与转移电阻的关系；（c）极化率误差与极化率的关系

Gazoty 等（2013）研究了时间域激发极化测量的重复性，发现激发极化的叠加误差（即重复供电循环中视极化率的差异）与重复性之间没有显著的关系。这样的结果表明叠加误差并不能很好的反映数据质量，在如图 4.14 所示的直流电阻率测量中也体现了这样的问题。Gazoty 等（2013）强调在激发极化测量时，如果一个周期的供电（断电）时间不足以完成地下介质的充电-放电过程，此时使用叠加误差会出现更大的问题。因此进行时间域激发极化勘探时除了视极化率外，应对测量的衰减曲线进行检测，确保设置恰当的测量周期参数。

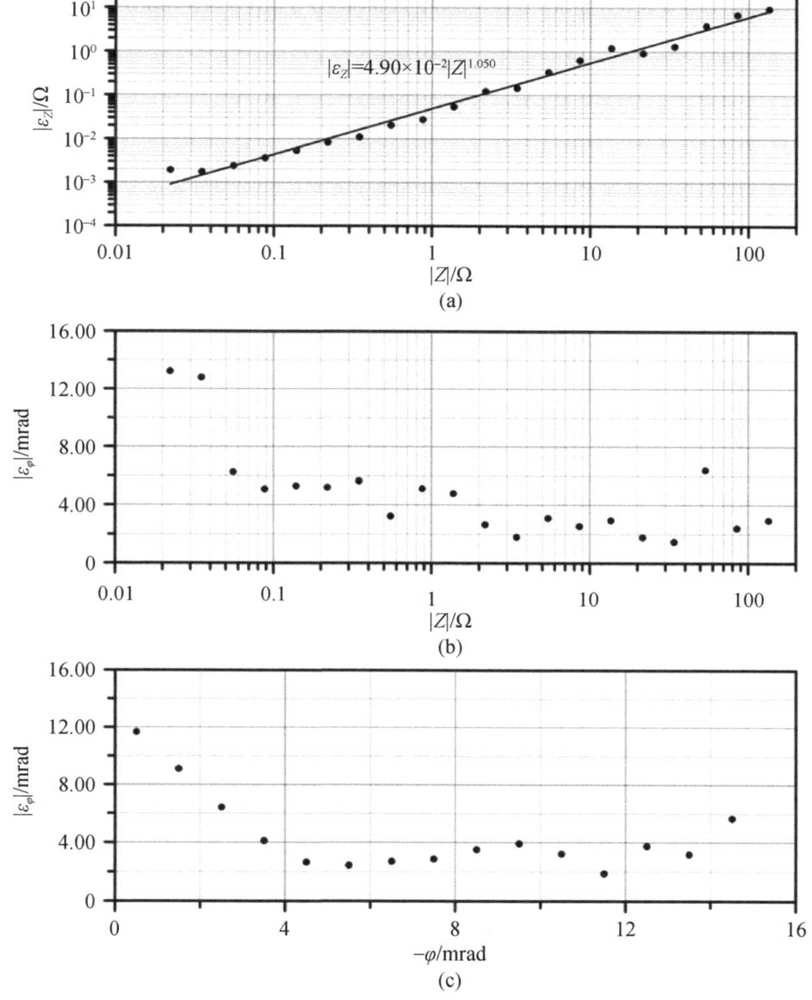

图 4.41　频谱激发极化调查测量误差

（a）转移电阻误差；（b）相位角误差与转移电阻的关系。（c）相位角误差与相位角的关系。图中相位角误差规律与图 4.40 不同

4.3.3　电极配置

第 3 章讨论了如何来选择电极进行激发极化测量。尽管对最佳的电极进行了许多研究，大部分激发极化勘测仍使用标准的不锈钢电极（Dahlin et al.，2002b；LaBrecque and Daily，2008）。此时应避免供电电极在短时间内继续用作测量电极，因为不锈钢电极在供电时会被极化，进而影响地下介质极化产生的二次电压探测效果。Dahlin（2000）在直流电阻率测量中提出了这种现象，对激发极化测量来说该效应的影响更为显著。

理论上所有用于直流电阻率测量的四极阵列都可用于激发极化测量，然而在应用过程中需考虑多个因素。最关键的因素是二次电压的信号强度，它由地下介质的电阻率和极化率、供电电流强度以及四极阵列的装置系数共同决定。Gazoty 等（2013）展示了二次电压

对装置系数的灵敏度，如假设地下介质视极化率为 M_a=20mV/V，电阻率为 ρ=100Ω·m，此时为了获得 2mV 的二次电压，最小的装置系数应为 400m。对于 a=5m 的偶极-偶极阵列，根据表 4.1 可知，探测时必须满足 n<3，这样的限制大大降低了探测深度。虽然温纳阵列的水平分辨率较低（图 4.39），但在 a=63m 的间距下仍可以满足信号强度的限制。因此在进行激发极化测量之前需要对测量阵列与布置进行设计，尤其在使用低功率电法仪的时候。

为了增强二次电压的信号强度，可以提高供电电流的强度，目前许多电法仪可以将 200W 的供电模块更换为功率更高的装置（>1kW），从而将供电电流强度提升至几安培，但这种方式只能将信号强度提升五倍。高供电电流的勘测工作需尤其注意安全问题，另外还需要合适的电缆来满足高电流和高电压的传输条件。

电极阵列的选择也受到多芯电缆以及计算机控制系统可适用性的影响。在传统矿产资源勘探领域，激发极化测量通过高功率供电设备和人工移动四极阵列进行测量。这种情况下偶极-偶极阵列应用广泛，此阵列在人工移动时有以下显著特点：将供电电缆和测量电缆分开，降低了电缆间由电感耦合产生的数据误差；此外因为携带电流的供电电极和测量电极分开，降低了人身安全的风险。

在野外调查时应注意 3.3.2.4 节提到的电感耦合的影响。Zonge 等（2005）指出在使用多芯电缆进行复电阻率测量时，电感耦合会对数据质量产生显著影响，在高电导率背景的地下介质中影响更为严重。此外，由电线引起的耦合效应也会出现。频率域测量中可以在特定频率识别电感耦合的影响，而时间域测量中对衰减曲线进行分析可以揭示特定窗口出现的衰减异常现象。优化调查设计可以降低野外测量时电感耦合的影响（Zonge et al.，2005），从而降低后期数据处理的难度。3.3.2.4 节提到电容耦合也同样存在，通常在供电电缆和测量电缆之间、多个测量电缆之间，以及地下介质和电缆之间。在高背景电阻率的环境中，特别是使用长电缆时，频率域的高频或时间域的断电早期数据会受到电容耦合的显著影响。对于频率域测量，可以使用 3.3.2.4 节所述的屏蔽电缆降低电容耦合的干扰。时间域激发极化测量时在断电的延迟时间（t_d）之后进行数据采集可以显著降低电容耦合的影响（图 3.20）。

根据上文可以看出，选择合适的电极阵列对激发极化测量比直流电阻率更为重要。在每次测量之前建立基本模型可以显著提升测量效果，选用的电极阵列应确保二次电压的信号强度，同时也应具有合适的分辨率来探测目标区域。另外在调查过程中应检查时间域的衰减情况以识别异常情况，数据质量也应通过互惠测量进行评估，但应当注意互惠测量会受到耦合效应的影响，因此需要评估所有的系统差异。高质量的激发极化调查需要更多的时间来考虑如何在野外设计和实施，包括更长的时间窗口和更多的堆栈次数。由于直流电法仪通常会同时具备激发极化测量能力，因此许多行业人员认为无需其他准备便可直接进行激发极化勘测，这种想法是不切实际的。

4.3.4　孔中测量

与直流电阻率方法一样，激发极化法也可以在钻井中布设电极进行测量，从而获取深部的高分辨率信息。Snyder 和 Merkel（1973）使用埋入地下的电极来提高传统地表电极矿产勘探的效果。Daniels 在 1977 年首次提出了跨孔激发极化测量的概念，最早的跨孔激发极化应用的案例见 Iseki 和 Shima（1992），以及 Schima（1993）。Kemna 等（2004）在多个案例研究中展示了激发极化法对二维跨孔成像的前景（6.2.3 节、6.2.4 节和 6.2.6 节）。其他的二维案例包括 Slater 和 Binley（2003），Slater 和 Glaser（2003），此外，Binley 等（2016）展示了三维跨孔激发极化成像的结果。

尽管跨孔激发极化测量比直流电阻率测量更具有难度，但前文讨论的四极阵列（图 4.31）仍可以使用。Zhao 等（2013，2014）讨论了跨孔复电阻率测量中对耦合效应进行校正的方法（Kelter et al.，2018）。从前文关于信号强度的介绍可以看出，跨孔激发极化测量更容易受到数据质量差的影响，如图 4.32 的装置系数结果显示很多四极阵列的信号强度不足，更加突显了测量方案设计的必要性。

使用激发极化法进行测井工作也是直流电阻率测井的延伸（Freedman and Vogiatzis，1986），最近也开发了频谱激发极化测井工具（LoCoco，2018）。

4.3.5　小尺度成像

激发极化成像也可以在 4.2.2.8 节描述的小尺度研究工作中进行。对于小尺度成像应用而言，信号强度不像工程尺度勘测那样受限，砂箱等设施的边界会增强电压信号强度。此外，测量时更多选用屏蔽电缆，可以有效降低耦合效应的影响。近期开发的仪器设备可以在多个频率上测量复电阻数据，实现了宽频范围的复电阻率成像（Zimmerman et al.，2008b）。Kelter 等（2015）使用复电阻率成像技术，评估了干燥条件下土柱的弛豫时间模型特征。Weigand 和 Kemna（2017，2019）将该方法应用于植物根系中，刻画了根系在不同生长环境条件下多频复电阻率图像的变化。此外，6.2.9 节的案例研究介绍了激发极化成像在树木健康状况评估中的应用。与直流电阻率的应用一样，激发极化的小尺度成像也可以应用至其他领域，例如人体呼吸系统（Brown et al.，1994）和大脑成像（Yerworth et al.，2003）等。

4.4　小　　结

本章介绍了使用四极阵列测量地下介质视电阻率和视极化率的实践应用，评估了不同四极阵列对测量数据灵敏度的影响。利用解析模型阐述了相对简单的电阻率非均质性对视电阻率测量结果的影响，并介绍了视剖面图的概念，概述了数据质量评估方法。四极阵列可以用来刻画电性参数的水平变化、垂直电测深，以及进行二维和三维成像。虽然四极阵列的电阻率和激发极化测量可以通过在地表布置电极的方式展开，但它们也很方便以其他方式进行测量，如使用钻井或用于小尺度成像。获得了一系列测量数据和数据质量评估结果后，可以进行正反演模拟刻画地下介质的电阻率和激发极化特性，这是第 5 章的重点内容。

第 5 章　正演和反演模拟

5.1　引　言

第 4 章阐述了直流电阻率和激发极化中不同类型的四极阵列测量方法，以及各种测量阵列的适用范围，并说明了对于给定阵列的测量敏感区域。第 4 章同时还引入了视电阻率的概念，以及使用视剖面图展示视电阻率结果。对于确定的几何体计算上述“测量”称为正演模拟。在第 4 章中，对于一些相对简单情景，可以利用解析法计算视电阻率，但针对更复杂的电阻率和极化率变化，需要不同的正演模拟方法。在电法以及其他的地球物理方法的大多数实际应用中，研究目标通常是确定某个属性（如电阻率）的空间或时空变化，即以正演模拟为基础的逆过程，称为反演模拟（图 5.1）。

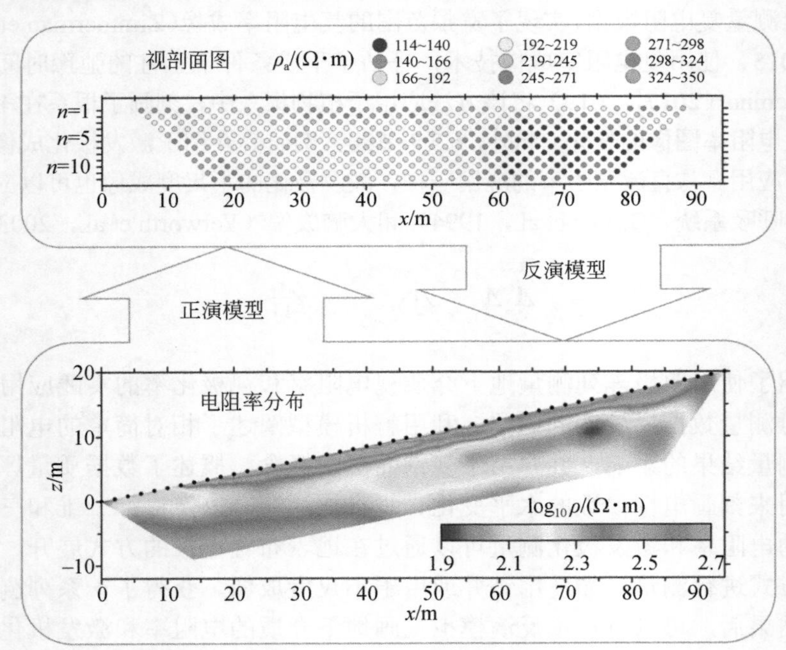

图 5.1　正演和反演模拟（彩色图件见封底二维码）

示例是某山坡上进行的偶极-偶极直流电阻率勘测（详见 de Sosa et al.，2018），电极位置在电阻率分布剖面图中用实心圆标出

在基础科学研究中，通常用方程拟合测量值，如给定一组 x，y 值，确定线性方程的两个参数。然而，在地球物理学中，需要求解的大多数问题都是非线性的，线性回归的方法并不完全适用。此外，这些通常都还是欠定问题，即未知数的个数大于方程的个数，也需要特殊处理。

20 世纪 80 年代以来，鲁棒的反演模拟方法和计算机性能的提升显著提高了对近地表电性特征的成像能力。在此之前，通常使用标准曲线拟合一维测深数据（Slichter，1933；Flathe，1955；Keller and Frischknecht，1966；Bhattacharya and Patra，1968），这种方法不可避免地受操作人员主观因素的影响。针对二维问题，通常利用视剖面成像电性数据（Edwards，1977），但是对于同一电性结构，不同的电极阵列可能对应不同的视剖面响应（如 4.2.2.5 节所示）。目前，计算机已经可以自动实现针对电阻率三维结构的成像，避免了以往方法中操作人员带来的主观影响。

Lytle 和 Dines（1978）在他们开创性的电阻抗成像研究中指出："未来研究值得关注的课题包括：评估数据噪声的影响，重构精度及其空间依赖性究，评估各种测量阵列的依赖程度，分析分辨率的限制，以及评价先验信息对数据解译的影响程度。"在本章的反演模拟中将依次讨论这些问题，并详细介绍模拟过程，让读者对所有阶段有一个全面的理解。本书提供了一个模拟软件（见附录 A），读者能够借此软件分析本章中的示例，并根据自己的需求进行正演和反演模拟。

5.2　直流电阻率法

5.2.1　正演模拟

正演模拟的目标是在特定的电阻率空间分布和几何形状下，确定满足式（4.1）的转移电阻分布。为此，将研究区域离散为层（对于一维情形）或单元（对于二维或者三维情形），并为每个离散单元赋值表示电阻率的变化。由于电极分散布设，正演模拟的基本任务是确定电流激发引发的测量电极电压。如 4.2.1 节所示，可以使用叠加原理计算四极阵列的测量结果。一次正演模拟通常包含求解 N_c 次控制方程，其中 N_c 是供电电极所处位置的数量。

通常需要根据正演结果来评估模型与观测数据的拟合程度，因此正演模拟是任何反演方法必不可少的一个步骤。也可以利用正演模拟结果优化调查设计方案。测量的灵敏度分布也可以通过正演模拟计算得到（图 4.5），从而为操作人员评估电极的几何布局（阵列类型、间距等）对具体调查问题的适用性提供指导。

5.2.1.1　一维建模

如果将地下介质假设为一系列水平层，每层由电阻率 ρ_i 和厚度 d_i 表征（i=1，2，…，N，其中 i=1 表示最顶层），则如第 4 章所述，求解由式（4.1）确定的在距离供电电源 I 距离 r 处的电压 V，并根据式（4.13）积分计算。在第 4 章中介绍了在两层情况下形成的 Stefanesco 核函数（K_s）。

对于温纳阵列（间隔为 a），由式（4.13）可得

$$\rho_a = a\int_0^\infty T_s(\lambda,k,d)\left[J_0(\lambda a)-J_0(\lambda 2a)\right]\mathrm{d}\lambda \tag{5.1}$$

式中，$J_0(x)$为零阶贝塞尔函数，是积分变量；$T_s(\lambda,k,d)$为电阻率变换函数（又称 Schlichter 核函数），由反射系数（k）和厚度（d）决定：

$$T_s(\lambda,k,d)=\rho_1\left[1+2K_s(\lambda,k,d)\right] \tag{5.2}$$

式中，ρ_1为最顶层的电阻率。

对于施伦伯格阵列，由式（4.13）可得（Zohdy，1975）

$$\rho_a=s^2\int_0^\infty T_s(\lambda,k,d)J_1(\lambda s)\mathrm{d}\lambda \tag{5.3}$$

式中，s=AB/2；J_1为一阶贝塞尔函数。式（5.3）中的积分通常称为核函数T_s的汉克尔变换。

为了计算式（5.1）或式（5.2）中的积分，采用对数变换和线性滤波方法（Ghosh，1971a，1971b），可得

$$\rho_a=\sum_{j=1}^{M}b_jT_{sj} \tag{5.4}$$

式中，b_j为滤波系数；T_{sj}为电阻率变换的离散值。许多学者（Ghosh，1971a，1971b；O'Neil，1975；Johansen，1975；Koefeod，1979；Anderson，1979；Guptasarma，1982）已经开发了一系列滤波系数的计算方法。

M 个T_{sj}值是基于 N 层的电阻率和厚度计算得到的。Sheriff（1992）提供了一个采用 O'Neil（1975）滤波系数计算施伦伯格视电阻率测深曲线的实用电子表格。但也有学者提出了线性滤波的替代方法，以尽量减少线性滤波的计算工作量（Santini and Zambrano，1981；Niwas and Israil，1986），包括快速汉克尔变换滤波方法（Johansen and Sørensen，1979；Christensen，1990）。

5.2.1.2 二维和三维建模

针对二维正演问题，式（4.1）可以写成二维形式（x为水平方向，z为垂直方向），电阻率（ρ）在x和z方向上变化，但在y方向上保持不变：

$$\frac{\partial}{\partial x}\left(\frac{1}{\rho}\frac{\partial V}{\partial x}\right)+\frac{\partial}{\partial z}\left(\frac{1}{\rho}\frac{\partial V}{\partial z}\right)=-I\delta(x)\delta(z) \tag{5.5}$$

此时假设供电电源在y方向上是无限长的，针对点电极提出了 2.5 维的解决方案：电阻率在二维空间变化，但电流是三维变化的。根据 Hohmann（1988）的方法，采用傅里叶余弦变换可得

$$v(x,k_w,z)=2\int_0^\infty V(x,y,z)\cos(k_w y)\mathrm{d}y \tag{5.6}$$

式中，k_w为波数，此时可以用变换后的变量v表示二维方程：

$$\frac{\partial}{\partial x}\left(\frac{1}{\rho}\frac{\partial v}{\partial x}\right)+\frac{\partial}{\partial z}\left(\frac{1}{\rho}\frac{\partial v}{\partial z}\right)-\frac{vk_w^2}{\rho}=-I\delta(x)\delta(z) \tag{5.7}$$

对于给定的k_w，由式（5.7）可以求解变量v。为了确定电压（V），需要应用傅里叶逆变换：

$$V(x,y,z)=\frac{1}{\pi}\int_0^\infty v(x,k_w,z)\cos(k_w y)\,\mathrm{d}k \tag{5.8}$$

这可以通过数值积分近似计算。LaBrecque 等（1996b）推荐使用高斯求积和多项式求积的

组合方法（Kemna，2000）。通常，采用大约 10 个 k_w 便可以取得足够的精度，该方法是二维电阻率建模的基础。

式（4.1）也可以用球坐标表示（van Nostrand and Cook，1966），此时可以基于笛卡儿坐标和径向坐标（如深度和到钻孔中阵列的径向距离）的电阻率变化，建立替代的 2.5 维模型。

对于大多数应用问题来说，需要根据给定的电阻率分布$\rho(x, y, z)$或$\rho(x, z)$分别求解式（4.3）或式（5.7），得到测量电极位置的电压值，该电压由在供电电极处注入的电流产生。由于一般情况下无法得到解析解，因此通常采用有限差分法或有限元法近似求解，即为每个网格单元赋予电阻率值，并计算节点（定义为每个网格单元的中心或者角点）处的电压值。有限差分法可以追溯到 20 世纪初，主要基于对偏导数的离散近似，如图 5.2 所示。本质上可以归结为求解 $\boldsymbol{AV}=\boldsymbol{b}$ 的线性方程组，其中 $\boldsymbol{A}$ 为带状稀疏矩阵；$\boldsymbol{b}$ 为包含电源项的向量；$\boldsymbol{V}$ 为未知的电压向量；N 为单元或节点的数量。关于边界处的单元或节点方程可以类比确定，同样地，关于单元大小变化的网格剖分情况也可以类比确定得到线性方程组。

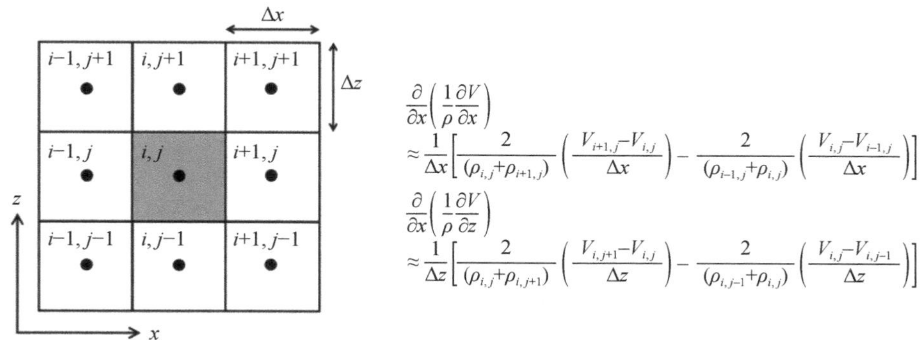

图 5.2　以单元 i, j 为中心的二维有限差分网格

每个网格单元赋电阻率值，并计算单元中心节点处的电压值，同理可得三维网格分布

相比之下，在 20 世纪 60 年代的工程学科中发展起来的有限元法是基于变分法的积分近似。在具体应用中，该方法假定单个单元（有限元）内研究变量（即电压）线性变化。因此，在相同的网格剖分和求解精度情况下，有限元法相比于有限差分法，并不具备优势，实际上有限差分法计算更为高效。有限差分法本质上是结构化离散，而基于三角形（二维）或四面体（三维）的有限元建模可以采用非结构化网格（图 5.3）。有限元法可以采用多种几何单元，其基本形状是三角形（二维）和四面体（三维），其他几何形状可以视为基本形状的组合形式。因此，建模区域可以更高效地离散化，如在电势差最大的区域（即靠近供电电极的位置）可以增加网格密度。此外，有限元网格更适用于表示复杂的地形几何形态。相比之下，有限差分法需要将电阻单元嵌入结构化网格中并且考虑地形影响，然而，正如 Wilkinson 等（2001）所述，处理边界条件时可能会产生显著误差。图 5.3 展示了适用于二维和三维建模的有限元网格。

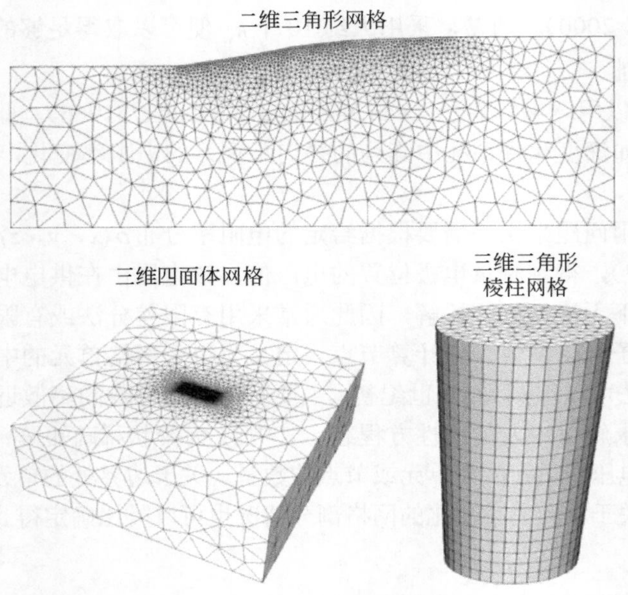

图 5.3　有限元网格离散化示例

在有限元方法中，采用基函数来近似表示单元内变量（如电压）的变化，其中，最简单的是线性基函数。该方法需要对每个单元积分，因为变量由基函数和节点处未知量的乘积表示，所以无论是通过解析解（如简单的单元几何形状）还是近似解（如高斯求积法）均可以实现积分。三角形和四面体可以应用解析解积分，显著提高计算效率，而且可以高效映射复杂几何形状。

与有限差分法一致，应用有限元法也会得到形式为 $\boldsymbol{AV}=\boldsymbol{b}$ 的线性方程组。有限差分法推导的矩阵 $\boldsymbol{A}$ 是结构化矩阵，而有限元法推导的矩阵是稀疏矩阵。线性求解器的选择影响求解效率，以及问题的可扩展性。

尽管只需要测量电极处的电压值，基于网格的方法能够提供整个单元的电压值，正如第 4 章所述，可以使用叠加原理计算由供电电极 A、B 注入电流并在测量电极 M、N 之间引发的电压差。因此，需要针对每个供电电极计算电势场，计算量随着电极数量的增加线性增加。

Hohman（1975）首次提出了正演模型的三维数值解［式（4.3）］，Dey 和 Morrison（1979）也开展了类似的研究。在当时，实现算法的应用需要大型超级计算机，现在普通的笔记本电脑便可以轻松实现模拟。Park 和 Fitterman（1990）使用 Dey 和 Morrison（1979）的代码构建了 27×21×10 个有限差分单元模拟三维结构，这是他们可以用 4Mb 计算机内存［相当于现代计算机术语“随机存取机”（random access machine，RAM）］限制下能够解决的最大问题。当时，手动拟合三维模型响应与现场观测数据需要几个月的时间（Park and Van，1991）。

Coggon（1971）提出了二维电阻率问题的有限元解，后来由 Pridmore 等（1981）将其推广到解决三维问题。Pridmore 等（1981）的建模方法适用于四面体有限元非结构化网格，但在应用过程中采用了六面体单元，这种结构化的离散对 Dey 和 Morrison（1979）提出的有限差分解的优势有限，且计算效率偏低。Pridmore 等（1981）强调了提出的算法在计算方面面临的挑战，并评论道："这类问题的有效解决方案将等待下一代计算机的发展。"

20 世纪 90 年代是计算机硬件取得重大进展的时期，这也推动了正演模拟算法的发展（Zhang et al.，1995；Bing 和 Greenhalgh，2001），但是结构化网格剖分仍然是常规做法，因此限制了待解决的三维问题的类型和数量。非结构化网格的一个难点是网格生成的复杂性，但随着网格生成工具的开发（如 Geuzaine 和 Remacle 在 2009 年开发的开源 Gmsh 代码），以及计算机内存（RAM）存储成本的显著降低，现在可以在复杂网格上实现大规模的正演模拟。Rücker 等（2006）在非结构化的有限元网格中制定了正演模拟方法，可以在数十万节点的网格上计算电压，利用并行计算技术可以处理更大规模的正演问题（Johnson et al.，2010）。Rücker 等（2006）提出的方法是三维电阻率建模的基础，由于可以在供电电源附近增加网格密度，所以计算精度较高，而且同时具备离散复杂几何结构的功能（Udphuay et al.，2011）。正演模拟的应用还包括考虑金属材料基础设施的影响（地下管道、储罐等）（Johnson and Wellman，2015），以及地下水质量评估。

在实际应用中，需在模型内部识别无穷远边界条件。最简单且最常见的方法是将网格延伸到合理的距离，从电极阵列位置向假想的无穷远边界，单元逐渐变大。非结构化网格可以相对高效地实现这类网格剖分（图 5.3），然而，对于结构化网格，尤其是对于三维问题，这将极大地增加计算量。在假定的无穷远边界上，运用第二类边界条件，即将所有边界节点的电压法向梯度设为零。或者，运用第一类边界条件，即将所有边界节点的电压设为固定值。如果假定的无穷远边界没有延伸到足够远，那么不管是第一类还是第二类边界条件，计算出的电压均不能模拟实际条件（Coggon，1971）。由此，Dey 和 Morrison（1979）提出了替代方法，即在距离电极阵列一定距离处应用混合边界条件：

$$\frac{\partial V}{\partial n}+\frac{V}{r}\cos\theta=0 \tag{5.9}$$

该条件适用于无穷远边界上的所有节点，其中，n 为外法线方向；r 为到供电电极的距离；θ 为 n 与 r 之间的夹角。这个替代方法可以减少扩展网格的数目。Kemna（2000）为控制方程［式（5.7）］的 2.5 维形式提供了等效公式。

由于电势场的线性近似是隐式的，因此大多数模型计算都受到离散误差的影响，特别是在靠近供电电极电压梯度较大的位置。通过加密供电电极附近的非结构化网格，可以有效减少误差。然而，正如图 5.4 所示，即使网格剖分已经足够细化，对于部分四极阵列，误差可能仍会较高。通过与解析解比较计算可知，图中显示小于四分之一电极间距的单元大小可以保证温纳阵列的电压估计误差低于 1%。

在有限元模型中，可以通过二次或三次形函数提高精度（Rucker et al.，2006），尽管计算量可能会显著增加。应用自适应网格剖分技术可以提高复杂的三维模型的精度（Ren and Tang，2010）。此外，通过在四边形单元内嵌入一个虚拟节点，并消去相应的方程，可以为四边形单元提供高效的三角形积分公式（图 5.5）。

正如 Coggon（1971）、Lowry 等（1989），以及 Zhao 和 Yedlin（1996）指出，通过消除电势场中的奇点，可以在相对少的计算量条件下显著提高精度。根据该方法，总电压（V）

是一次电压（V_a）和二次电压（V_b）的和：

$$V = V_a + V_b \tag{5.10}$$

注意，此处使用的一次电压和二次电压专业术语与时间域激发极化中的一次电压和二次电压概念无关。

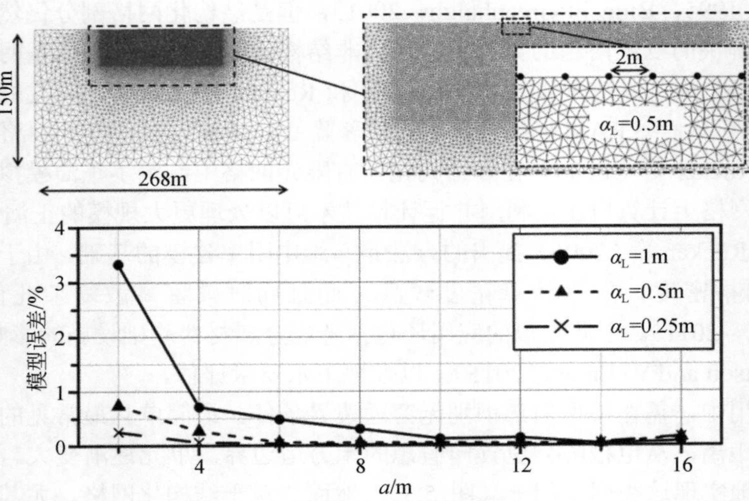

图 5.4　离散误差对视电阻率计算的影响

有限元网格采用三种不同的网格大小（α_L），共设置 25 个电极，网格的扩展区域（如左上角的图所示）表示无穷远边界，折线图表示三种单元大小对应的温纳阵列视电阻率随电极间距（a）的误差

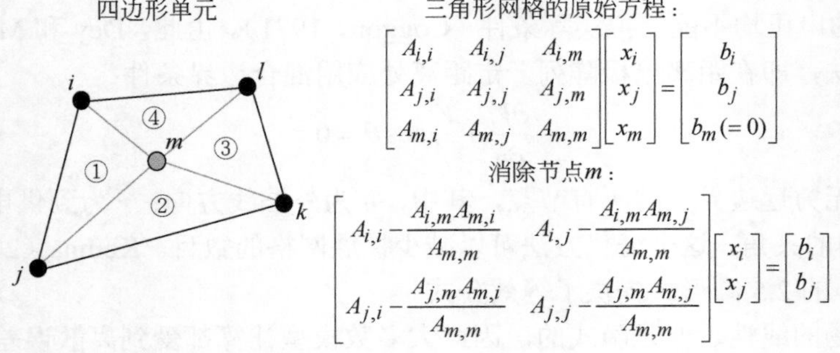

图 5.5　有限元四边形的强化离散及 $Ax=b$ 方程的化简

灰色线条表示四边形单元的再离散，同时展示了针对子单元的局部方程示例

一次电压是通过均质电阻率（ρ_0）的控制方程计算的，然后求得二次电压：

$$\nabla \cdot \left(\frac{1}{\rho} \nabla V_b \right) = \nabla \cdot \left(\left[\left(\frac{1}{\rho_0} \right) - \left(\frac{1}{\rho} \right) \right] \nabla V_a \right) \tag{5.11}$$

在一个无地形变化的半无限空间内，一次电压（V_a）根据均质电阻率（ρ_0）由式（4.3）计算。Lowry 等（1989）提出通过体积平均电阻率的单元值确定电阻率 ρ_0；Zhao 和 Yedlin（1996）建议采用靠近供电电极附近的电阻率值。

对比之前的文献讨论可知，目前已有多种正演模拟方法处理二维（或 2.5 维）和三维问题。结构化网格在概念上简单易行，并且具有一定的计算优势。然而，对于大规模计算量的问题，特别是具有复杂几何结构的问题，非结构化网格更为高效。各种方法的精度可以通过考虑地形变化的复杂性、网格细化和使用非线性近似函数来提高。通过适当分配无穷远边界条件，也可以减小计算量。无论选择哪种方法，操作人员都应最终完成解决方案准确性的评估。尽管这一点经常受到忽视，但正演模拟误差可能会超过 4.2.2.1 节讨论的测量误差。正演模拟误差和测量误差的结合，可能会对后文介绍的反演方法的应用产生显著影响。

5.2.1.3　各向异性

在电势场模型中通常假定电阻率是各向同性的，然而在某些条件下（如显著的分层或者裂隙），电阻率可能是各向异性的。如何区分各向异性和非均质可能是具有挑战性的，因为通常将宏观各向异性视为小尺度非均质性，如层状或单裂隙。在控制方程中考虑各向异性需要引入电阻率或电导率的张量（Bibby，1977），即一个方向上的通量不仅与该方向的电势梯度有关，还与正交方向的电势梯度有关。对于二维问题，相当于总共有三个参数，包括沿主轴方向的电阻率（或电导率）以及该轴相对于笛卡儿轴的其他两个方向。对于三维问题，总共包含五个参数。将各向异性引入基于有限元法的正演模型相对简单（Herwanger et al.，2004b），但由于沿主轴方向变化通常超过几个数量级，实际应用过程中难度较大。对于各向异性模型（Greenhalgh et al.，2009），可以计算灵敏度（如图 4.5 所示的各向同性模型）评估各向异性对直流电阻率测量的影响（Greenhalgh et al.，2010）。

5.2.2　反演模拟

5.2.2.1　基本概念

如果用观测向量 $\boldsymbol{d}$ 和参数 $\boldsymbol{m}$ 表示正演模型，即 $\boldsymbol{d}=F(\boldsymbol{m})$，那么反演模型可以表示为 $\boldsymbol{m}=F^{-1}(\boldsymbol{d})$。由于该问题是非线性的，即 F 是 m 的函数，与线性回归不同，反演问题的求解是通过迭代的方式获得。

直流电阻率的反演模拟用于确定与 N 个观测数据 $\boldsymbol{d}$（视电阻率）对应的 M 个空间电性参数 $\boldsymbol{m}$。对于一维问题，这些参数包括每层的电阻率，或者每层的厚度及其电阻率。对于二维或三维问题，这些参数通常包括每个网格的电阻率。通常使用对数变换后的电阻率进行模拟计算，因为①电阻率值可能会跨越若干个数量级，②对数变换能确保反演模型中的电阻率恒为正。同样，通常也使用对数变换后的数据来进行反演。但需要注意，如果是对于转移电阻，只有当观测数据和模型数据的极性相同（也即都是正或者负）时才能计算反演拟合度。

对于二维或三维问题，离散的参数网格通常与正演模拟的网格一致，最简单的情况是每个正演模型网格仅对应一个参数。为了最小化参数的数量从而提高计算效率，可以将相邻的单元聚类。在过去的几十年里，已经逐步开发出了针对一维、二维和三维问题的灵活、稳定且计算效率高的算法。

直流电阻率数据的无约束反演问题的解本质上非唯一，即存在大量能够与观测数据对应的不同电阻率分布情况。为了解决这个问题，可以对反演模型添加约束。约束条件还可以降低误差的传递，减少迭代过程中的不稳定性（如由于数值四舍五入而引入的误差）。

目前，大多数电阻率反演模型都是基于数据和模型参数之间的最小二乘拟合，将数据差别（$\boldsymbol{\Phi}_\mathrm{d}$）表示为

$$\boldsymbol{\Phi}_\mathrm{d}=\left[\boldsymbol{d}-F(\boldsymbol{m})\right]^\mathrm{T}\boldsymbol{W}_\mathrm{d}^\mathrm{T}\boldsymbol{W}_\mathrm{d}\left[\boldsymbol{d}-F(\boldsymbol{m})\right] \tag{5.12}$$

式中，$\boldsymbol{W}_\mathrm{d}$ 为数据权重矩阵，若假设误差不相关则为对角矩阵，其对角元素等于对应测量值的标准差的倒数。此处应该包括测量误差和模型误差（通常忽略该误差）。对于三维反演问题，模型误差可能居主导地位。

因此，采用反演模拟寻找使 $\boldsymbol{\Phi}_\mathrm{d}$ 最小化的参数向量 $\boldsymbol{m}$。那么，应该是多小才合适？引入卡方统计量 $\chi^2=\boldsymbol{\Phi}_\mathrm{d}/N$ 来解决该问题，其中 N 是测量次数。如果 $\chi^2=1$，则认为此时求解得到的参数向量 $\boldsymbol{m}$ 合适，但 Günther 等（2006）认为满足 $1\leqslant\chi^2\leqslant5$ 即可。此外，也可以采用均方根误差（root mean square，RMS）作为评判的标准。

由于正演模型是参数 $\boldsymbol{m}$ 的函数，因此反演建模通常需要采用高斯-牛顿法线性化求解（见知识点 5.1）：

$$\begin{gathered}\left(\boldsymbol{J}^\mathrm{T}\boldsymbol{W}_\mathrm{d}^\mathrm{T}\boldsymbol{W}_\mathrm{d}\boldsymbol{J}\right)\Delta\boldsymbol{m}=\boldsymbol{J}^\mathrm{T}\boldsymbol{W}_\mathrm{d}^\mathrm{T}\left[\boldsymbol{d}-F(\boldsymbol{m}_k)\right]\\ \boldsymbol{m}_{k+1}=\boldsymbol{m}_k+\Delta\boldsymbol{m}\end{gathered} \tag{5.13}$$

式中，$\boldsymbol{J}$ 为雅可比矩阵（或灵敏度矩阵），$J_{i,j}=\dfrac{\partial F\left(\boldsymbol{m}_k\right)_i}{\partial m_j}$，$i$=1，2，…，$N$，$j$=1，2，…，$M$；$\boldsymbol{m}_k$ 为第 k 次迭代时的参数序列；$\Delta\boldsymbol{m}$ 为第 k 次迭代时的参数更新量。式（5.13）是 $\boldsymbol{Ax}=\boldsymbol{b}$ 形式的线性方程组，其中 $\boldsymbol{A}$ 为 $M\times M$ 的满秩矩阵，$\boldsymbol{x}$ 和 $\boldsymbol{b}$ 为 $M\times1$ 的列向量。

在实际应用时，因为可能会出现收敛到局部最小值或解不稳定从而无法收敛的问题，式（5.13）的应用范围有限。

知识点 5.1　高斯-牛顿解的推导

目标函数用泰勒公式展开，并忽略高阶项可改写为

$$\boldsymbol{\Phi}_\mathrm{d}\left(\boldsymbol{m}_k+\Delta\boldsymbol{m}\right)\approx\boldsymbol{\Phi}_\mathrm{d}\left(\boldsymbol{m}_k\right)+\frac{\partial\boldsymbol{\Phi}_\mathrm{d}\left(\boldsymbol{m}_k\right)}{\partial\boldsymbol{m}}+\frac{\partial^2\boldsymbol{\Phi}_\mathrm{d}\left(\boldsymbol{m}_k\right)}{\partial\boldsymbol{m}^2}\Delta\boldsymbol{m}^2 \tag{5.14}$$

假设式（5.14）的导数为零，忽略高阶项，可得

$$\frac{\partial\boldsymbol{\Phi}_\mathrm{d}\left(\boldsymbol{m}_k+\Delta\boldsymbol{m}\right)}{\partial\boldsymbol{m}}\approx\frac{\partial\Phi_\mathrm{d}\left(\boldsymbol{m}_k\right)}{\partial\boldsymbol{m}}+\frac{\partial^2\boldsymbol{\Phi}_\mathrm{d}\left(\boldsymbol{m}_k\right)}{\partial\boldsymbol{m}^2}\Delta\boldsymbol{m}=0 \tag{5.15}$$

整理式（5.15）可得

$$\frac{\partial^2\boldsymbol{\Phi}_\mathrm{d}\left(\boldsymbol{m}_k\right)}{\partial\boldsymbol{m}^2}\Delta m=\frac{-\partial\boldsymbol{\Phi}_\mathrm{d}\left(\boldsymbol{m}_k\right)}{\partial\boldsymbol{m}} \tag{5.16}$$

根据式（5.14）的定义和链式法则，忽略高阶项 $2(\nabla\boldsymbol{J}^\mathrm{T})\ \boldsymbol{W}_\mathrm{d}^\mathrm{T}\boldsymbol{W}_\mathrm{d}\left[\boldsymbol{d}-F\left(\boldsymbol{m}_k\right)\right]$，可得

$$\frac{\partial \Phi_{\mathrm{d}}(\boldsymbol{m}_k)}{\partial \boldsymbol{m}} = -2\boldsymbol{J}^{\mathrm{T}}\boldsymbol{W}_{\mathrm{d}}^{\mathrm{T}}\boldsymbol{W}_{\mathrm{d}}\left[\boldsymbol{d} - F(\boldsymbol{m}_k)\right] \tag{5.17}$$

$$\frac{\partial \Phi_{\mathrm{d}}(\boldsymbol{m}_k)}{\partial \boldsymbol{m}^2} = 2\boldsymbol{J}^{\mathrm{T}}\boldsymbol{W}_{\mathrm{d}}^{\mathrm{T}}\boldsymbol{W}_{\mathrm{d}}\boldsymbol{J} \tag{5.18}$$

利用式（5.17）和式（5.18），式（5.16）可化简为如式（5.13）所示的表达式。

5.2.2.2　阻尼和正则化

Levenberg-Marquardt 法包含阻尼参数 λ_{LM}，由式（5.13）修正得

$$(\boldsymbol{J}^{\mathrm{T}}\boldsymbol{W}_{\mathrm{d}}^{\mathrm{T}}\boldsymbol{W}_{\mathrm{d}}\boldsymbol{J} + \lambda_{\mathrm{LM}}\boldsymbol{I}) = \Delta\boldsymbol{m} = \boldsymbol{J}^{\mathrm{T}}\boldsymbol{W}_{\mathrm{d}}^{\mathrm{T}}\boldsymbol{W}_{\mathrm{d}}\left[\boldsymbol{d} - F(\boldsymbol{m}_k)\right] \tag{5.19}$$

式中，$\boldsymbol{I}$ 为单位矩阵；λ_{LM} 为在迭代过程中不断调整的正值。调整规则：如果 Φ_{d} 减小，则在下次迭代时减小 λ_{LM}，如果 Φ_{d} 增大，则需同时增大 λ_{LM}。阻尼项 $\lambda_{\mathrm{LM}}\boldsymbol{I}$ 的引入有助于求得稳定解。

在一维电测深中，如果求解参数的数量相对于测量数据较少，那么上述阻尼法可能是有效的，但是随着参数的增加（如在二维和三维成像中），该方法可能不起作用。为了解决这个问题，通常采用 Tikhonov 正则化方法（Tikhonov and Arsenin，1977），目标函数同时受到基于参数值罚函数的约束：

$$\Phi_{\mathrm{m}} = \boldsymbol{m}^{\mathrm{T}}\boldsymbol{R}\boldsymbol{m} \tag{5.20}$$

式中，$\boldsymbol{R}$ 为粗糙度矩阵，描述参数值的空间连续性；Φ_{m} 为模型差别。因此，最小化的目标函数为

$$\Phi_{\mathrm{total}} = \Phi_{\mathrm{d}} + \alpha\Phi_{\mathrm{m}} \tag{5.21}$$

式中，α 为一个标量，用于控制模型光滑相对于数据差别的平衡。

电法成像中最常见的正则化形式是基于相邻参数值之间平方差的和最小的结构函数。对于一维参数序列 m_1、m_2 和 m_3，罚函数项可以写为 $\Phi_{\mathrm{m}} = (m_1 - m_2)^2 + (m_2 - m_3)^2$，矩阵 $\boldsymbol{R}$ 为

$$\boldsymbol{R} = \begin{bmatrix} 1 & -1 & 0 \\ -1 & 2 & -1 \\ 0 & -1 & 1 \end{bmatrix} \tag{5.22}$$

由图 5.2 可知，这种形式的 $\boldsymbol{R}$ 相当于二阶导数。如果参数单元的大小不同，那么如 Oldenburg 等（1993）所述，$\boldsymbol{R}$ 中的元素应该与相邻单元中心点之间的距离成反比。例如，如果$\Delta z_{1,2}$ 和$\Delta z_{2,3}$ 分别是单元 1 和单元 2，单元 2 和单元 3 中心点之间的距离，那么：

$$\boldsymbol{R} = \begin{bmatrix} \dfrac{1}{\Delta z_{1,2}} & \dfrac{-1}{\Delta z_{1,2}} & 0 \\ \dfrac{-1}{\Delta z_{1,2}} & \left(\dfrac{1}{\Delta z_{1,2}} + \dfrac{1}{\Delta z_{2,3}}\right) & \dfrac{-1}{\Delta z_{2,3}} \\ 0 & \dfrac{-1}{\Delta z_{2,3}} & \dfrac{1}{\Delta z_{2,3}} \end{bmatrix} \tag{5.23}$$

图 5.6 展示了该方法应用于矩形二维网格的示例，该方法也可扩展应用到其他网格（如

二维三角形和三维四面体网格）。

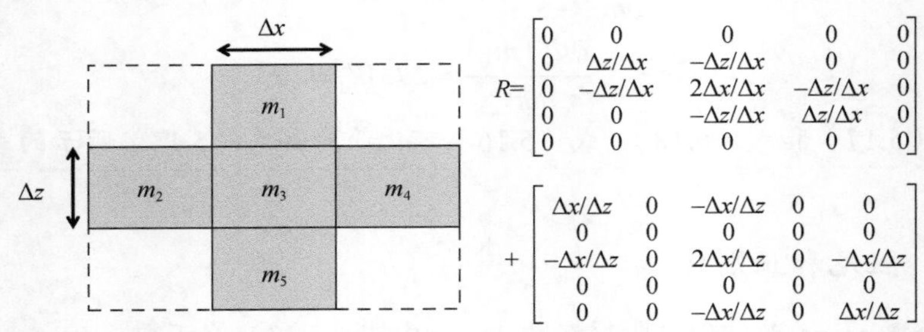

$$R=\begin{bmatrix}0&0&0&0&0\\0&\Delta z/\Delta x&-\Delta z/\Delta x&0&0\\0&-\Delta z/\Delta x&2\Delta x/\Delta x&-\Delta z/\Delta x&0\\0&0&-\Delta z/\Delta x&\Delta z/\Delta x&0\\0&0&0&0&0\end{bmatrix}+\begin{bmatrix}\Delta x/\Delta z&0&-\Delta x/\Delta z&0&0\\0&0&0&0&0\\-\Delta x/\Delta z&0&2\Delta x/\Delta z&0&-\Delta x/\Delta z\\0&0&0&0&0\\0&0&-\Delta x/\Delta z&0&\Delta x/\Delta z\end{bmatrix}$$

图 5.6　二维正则化示例

假设单元格大小恒定，可由单元格尺寸表示单元格中心点之间的距离

目标函数式（5.21）中的空间正则化可以在优化过程中以多种方式引入。Constable 等（1987）首次提出了目前广泛使用的“奥卡姆反演”（Occam inversion），强调寻找最简单的模型，并采用了拉格朗日乘数法以实现最小化：

$$\Phi_{\text{total}}=\Phi_{\text{m}}+\mu\left(\Phi_{\text{m}}-\Phi_{\text{d}}^{*}\right) \tag{5.24}$$

式中，拉格朗日乘子 μ 等价于式（5.21）中的 $1/\alpha$，并在每次迭代时调整 Φ_d^* 的值。

另一种方法是高斯-牛顿法，其迭代公式为（推导过程见知识点 5.2）：

$$\begin{gathered}\left(\boldsymbol{J}^{\text{T}}\boldsymbol{W}_{\text{d}}^{\text{T}}\boldsymbol{W}_{\text{d}}\boldsymbol{J}+\alpha\boldsymbol{R}\right)\Delta\boldsymbol{m}=\boldsymbol{J}^{\text{T}}\boldsymbol{W}_{\text{d}}^{\text{T}}\boldsymbol{W}_{\text{d}}\left[\boldsymbol{d}-F\left(\boldsymbol{m}_k\right)\right]-\alpha\boldsymbol{R}\boldsymbol{m}_k\\ \boldsymbol{m}_{k+1}=\boldsymbol{m}_k+\Delta\boldsymbol{m}\end{gathered} \tag{5.25}$$

如此不断迭代，直到求得符合标准的 Φ_{d}。反演的一般步骤见知识点 5.3。

正则化参数 α 通常也需要在每次迭代时调整。在第一次迭代开始时设置一个足够大的值，保证寻找到最佳的光滑模型；随着迭代过程中 α 逐渐减小，数据差别 Φ_{d} 逐渐占据主导地位，模型结构不再光滑以匹配数据结果，并避免陷入局部最小值。Kemna（2000）基于 Newman 和 Alumbaugh（1997）的工作，提供了计算 α 初始值的有效方法。

知识点 5.2　正则化高斯-牛顿解的推导

按照知识点 5.1 的步骤，总目标函数的一阶导数和二阶导数分别为

$$\frac{\partial\Phi_{\text{total}}\left(\boldsymbol{m}_k\right)}{\partial\boldsymbol{m}}=-2\boldsymbol{J}^{\text{T}}\boldsymbol{W}_{\text{d}}^{\text{T}}\boldsymbol{W}_{\text{d}}\left[\boldsymbol{d}-F\left(\boldsymbol{m}_k\right)\right]-2\alpha\boldsymbol{R}\boldsymbol{m}_k \tag{5.26}$$

$$\frac{\partial^2\Phi_{\text{total}}\left(\boldsymbol{m}_k\right)}{\partial\boldsymbol{m}^2}=2\boldsymbol{J}^{\text{T}}\boldsymbol{W}_{\text{d}}^{\text{T}}\boldsymbol{W}_{\text{d}}\boldsymbol{J}-2\alpha\boldsymbol{R} \tag{5.27}$$

由式（5.26）和式（5.27），代入式（5.16），得到的表达式如式（5.25）所示。

知识点 5.3　反演的一般步骤

1. 定义正演模型的网格。
2. 定义离散参数，最简单的情形是为每个网格单元定义一个参数。

3. 计算粗糙度矩阵 $\boldsymbol{R}$ 。

4. 设定初始均质电阻率模型，进行正演计算，比较与观测值的差异从而计算拟合度。

5. 确定 α 的初始值，并选择 α 的范围进行一维搜索。

6. 计算电阻率模型的雅可比矩阵 $\boldsymbol{J}$（参见后文）。

7. 选择迭代停止的拟合目标，如初始的拟合误差减少 10%。

8. 从搜索范围内的最大值开始，对每个 α 求解式（5.25）以更新参数。

9. 对于步骤 8 中每次更新的参数，均实施正演计算，进而计算拟合度。

10. 如果达到拟合目标或减小 α 将导致拟合误差增大，则终止一维搜索［参见图 5.7（a）］。

11. 如果 $\Phi_d = N$ ，则反演建模收敛。否则，基于上一次迭代中的最优 α 值，作为下一次一维搜索的起始 α 值，并转到步骤 6 继续后续步骤（Kemna，2000）。

在每次迭代过程中，都可以确定一个最优的 α 值（或拉格朗日乘数法中的 μ ）。这通常是通过一维搜索完成的（deGroot-Hedlin and Constable，1990；LaBrecque et al.，1996b）。在 Kemna（2000）的反演步骤中，每次选取的 α 值跨越多个数量级。图 5.7（a）是一维搜索的示例。当 α =20 时，数据差别最小，随着 α 的减小，模型粗糙度（差别）逐渐上升，此时，选取稍大于 20 的 α 值（如 30）。

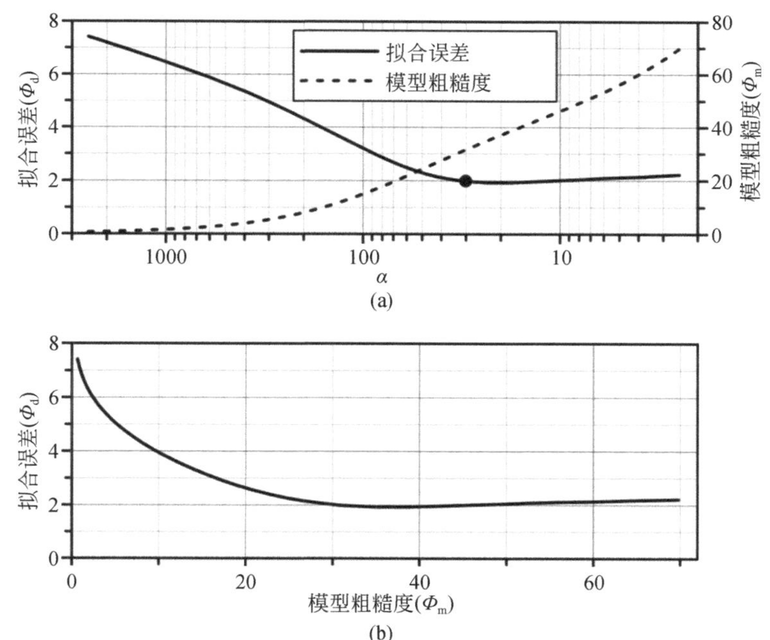

图 5.7　数据差别和模型粗糙度示例

（a）数据差别和模型粗糙度与正则化系数 α 的关系，黑点表示选取的 α 值；（b）L 曲线

部分学者提倡使用 L 曲线方法（Hansen，1992）确定最佳的正则化参数。Li 和 Oldenburg（1999）、Günther 等（2006）将该方法应用于直流电阻率问题。应用该方法需要对比 Φ_d 和 Φ_m

之间的关系［图 5.7（b）］确定最大曲率点。难点在于：①L 曲线不易确定，②为了以足够的精度和分辨率估计曲率，需要针对一系列α值，确定可能的解。实际上，Li 和 Oldenburg（1999）推荐由近似解完成线性搜索，以减少计算量。根据其经验，选择在α的三个数量级范围内，分十步进行一维搜索，寻找最小的数据差别（或目标值）。因此，关键问题是确定合适的α的初步估计值，Kemna（2000）提出的方法可以较好地解决此问题。

目前，在二维和三维电法成像中应用最广泛、最稳定的方法是将式（5.22）中的二阶正则化算子代入式（5.20）中定义模型差别，称为 L2 范数（最小二乘数据差别），该方法隐含的假设是平滑模型与先验信息是一致的。平滑模型的应用也很广泛，然而，对于存在明显电性边界的区域是不适用的，此外，存在强烈电性差异的区域会引起模拟失真（图 5.8）。为了解决该问题，可以采用其他模型差别目标函数。L1 范数约束了相邻单元参数值的绝对差异，从而减少波动结果的产生。因为 L1 范数约束会生成“块状”模型，这在某些应用中可能是首选的方案。在前面讨论的高斯-牛顿法中无法引入 L1 范数，但可以使用其他优化方法（如线性规划；Dosso and Oldenburg，1989）。然而，在式（5.25）中引入 L1 范数是可以实现的。Farquharson 和 Oldenburg（1998）提出了通用的非 L2 范数的方法，在应用高斯-牛顿法的每次迭代中重新确定加权的粗糙度矩阵$\boldsymbol{R}$。该方法有效的为粗糙度矩阵的对角线元素增加了额外的关于参数集的函数，Farquharson 和 Oldenburg（1998）同时证明了该方法在一维反演中的有效性；Loke 等（2003）将相同的技术应用于二维电阻率成像。在 5.2.5 节中将会讨论正则化的其他形式。

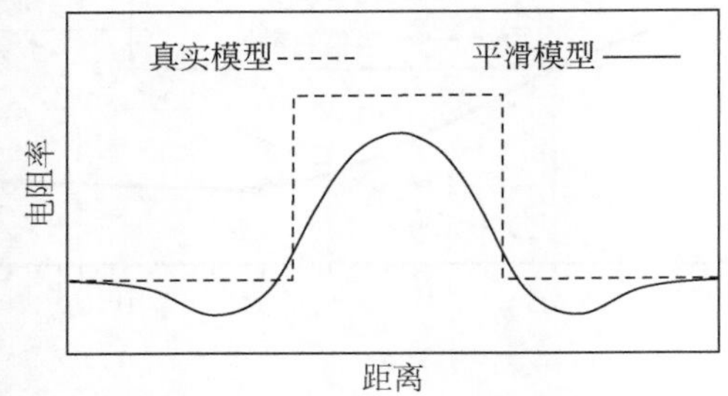

图 5.8 一维模型中由 L2 范数正则化导致的过度平滑现象

5.2.2.3 灵敏度矩阵的计算

式（5.13）中的灵敏度矩阵（或雅可比矩阵）$\boldsymbol{J}$ 计算，会大幅增加反演过程中的计算量。如前文所述，矩阵元素$J_{i,j} = \partial F(\boldsymbol{m}_k)_i / \partial m_j$，其中 i=1，2，…，N，j=1，2，…，M，$\boldsymbol{m}_k$为第 k 次迭代的参数集。对于由一系列地层定义的一维问题，参数是每一层的厚度和电阻率。对于基于范数的一般问题（如奥卡姆方法），参数是模型层（一维）或单元（二维和三维）的电阻率。如上文所述，考虑到电阻率可能在多个数量级上变化，通常需对电阻率进行对数转换，以确保估计的电阻率是非负的。

对于电测深法，灵敏度矩阵可以根据式（5.4）计算（Inman et al.，1973；Koefoed，1979；Constable et al.，1987）。对于一维、二维或三维估计电阻率的一般问题，如果第i次测量的正演方程以视电阻率的对数形式表示：

$$F(\boldsymbol{m}_k)_i = \ln\rho_{a,i} = \ln\left(K_i\left(V/I\right)_i\right) \tag{5.28}$$

式中，K_i 为测量的转移电阻装置系数 $(V/I)_i$，参数 $m_j=\ln\rho_j$，其中，ρ_j 为单元 j 的电阻率，则由链式法则可得雅可比矩阵为

$$\partial F(\boldsymbol{m}_k)_i/\partial m_j = \left(\rho_j/V_i\right)\partial V_i/\partial\rho_j \cdot, i=1, 2, \cdots, N, j=1, 2, \cdots, M. \tag{5.29}$$

式（5.29）的最简单计算方法是有限差分运算，称为扰动法。根据设定的电阻率分布正演计算，然后逐一改变每个参数，并且重新正演计算。因此，对于 M 个参数，需要正演计算 M+1 次，每次都需设定 N 个转移电阻值。这种方法可以计算任意参数形式的灵敏度矩阵。

利用互惠原理的伴随法是更为高效的计算方法（Geselowitz，1971），通过式（5.29）确定等号右边的导数（Sasaki，1989；Kemna，2000）。结合有限元法，该方法只需要进行一次正演计算，显著降低了大型问题的计算成本。

如果数据由转移电阻的对数表示，那么为了定义 Φ_d，测量和建模的转移电阻必须具有相同的极性。对于地表勘探，极性不受电阻率空间变异性的影响。然而，对于地下勘探（如跨孔勘探），电阻率分布会影响测量的极性。因此，对于此类勘探，部分测量值可能与正演计算出的值极性不同，因此不能用于基于对数的数据差别计算。由于模型是从最初的均质情况演变而来，因此，这通常只在反演过程的早期迭代中发生。

5.2.2.4　电测深反演模拟

关于垂直电测深（VES）数据的早期解释方法主要基于标准曲线（Flathe，1955）。在 19 世纪 70 年代，发展出了基于高斯-牛顿法的反演方法（Inman et al.，1973；Inman，1975；Johansen，1977）。在这些方法中，最终目标是反演多层结构，确定每层的厚度和电阻率。Marquardt 方法［式（5.19）］是众多方法中应用最为广泛、有效的方法。Zohdy（1989）提出了一种快速迭代法，用于 VES 数据的反演模拟，无需计算灵敏度。Gupta 等（1997）提出了一种基于求解分层模型的电阻率集合的非迭代方法，而且还评估了该方法对层厚估计的有效性。目前已经有大量商业的或开源的代码可以实现这些方法。实际上，对于设定的分层模型，理论测深曲线计算可以在 Excel 上轻松实现（Sheriff，1972），Excel 内置的优化功能甚至还可以求解反演问题。

与其根据少量的地层形成待估参数集，不如将反演问题转换为一系列固定层厚的多地层模型，使用如前文所述的正则化方法约束求解（Constable et al.，1987）。在求解未知层数的反演问题时，最小层数的选取至关重要。增加层数可以改善数据拟合，但容易引起反演的不唯一性。图 5.9 展示了图 4.9 中施伦伯格三层测深数据的反演结果。

在该案例中，原始数据集增加了 10%的高斯噪声（即对于每个视电阻率，添加了均值为零且标准差等于视电阻率值的 10%的噪声）。需要注意的是，这样的误差水平可能会超过在现场观察到的误差水平。利用代码 IPI2WIN（Bobachev，2003；详见附录 A）进行反演，设置三层模型，这与实际情况一致。IPI2WIN 提供最小和最大层数模型（图 5.9），以便用户评估最终模型的唯一性。从图 5.9 的例子可以看出，本次反演的真实电阻率在容许范围以内。然而，上层厚度的估计值略微偏低。以这种方式求得的电测深模型容易产生非唯一

解，并且通常需要评估“等效性”（Simms and Morgan，1992）。常用的方法是检查参数的相关性（见 5.2.4 节）。表 5.1 给出了图 5.9 中模型的相关矩阵，除上层为负相关外，总体上相关性较低，说明增大电阻率与减小厚度的效果相似，即模型求解的是电导 h/ρ，其中 h 为层厚度。当电阻层嵌入两个导电层之间，或导电层位于两个电阻层之间时，等效问题更为明显。在前一种情况下，求解了电阻 $h\rho$，而在后一种情况下，求解了电导 h/ρ。在这两种情况下，需要中间层足够厚，从而可以用电测试来求解电阻率问题。

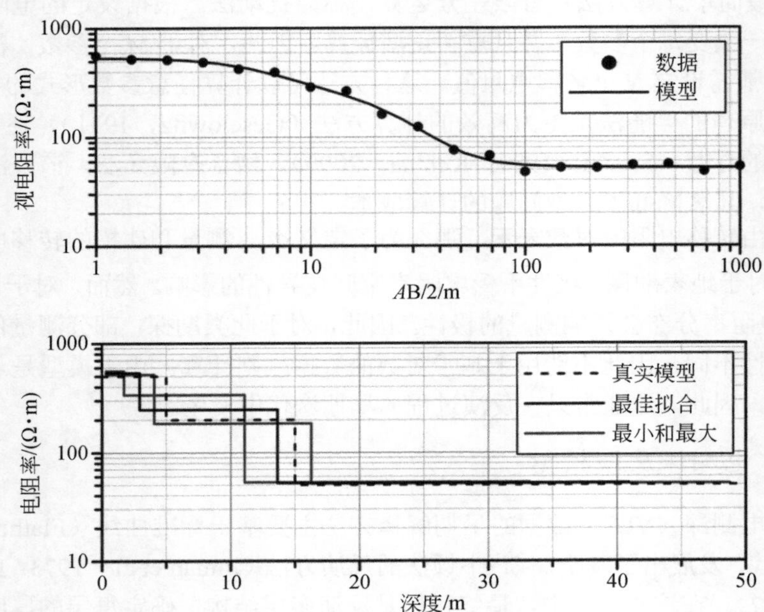

图 5.9　图 4.9 中测深数据的反演

反演前添加 10%的高斯噪声，使用 IPI2WIN 代码进行反演

表 5.1　图 5.9 中反演模型的相关矩阵

	ρ_1	h_1	ρ_2	h_2	ρ_3
ρ_1	1	−0.53	0	0.06	0.03
h_1	−0.53	1	0	−0.54	−0.15
ρ_2	0	0	1	0	0
h_2	0.06	−0.54	0	1	−0.35
ρ_3	0.03	−0.15	0	−0.35	1

注：ρ_i 和 h_i 分别是第 i 层的电阻率和厚度，第 1 层是最顶层。

5.2.2.5　广义二维反演模拟

垂直电测深法功能强大，且至今仍广受欢迎。由于变换电极阵列（参见第 4 章）通常会产生大量的数据集，因此一维反演模型也已成功应用于准二维和准三维成像（Auken and

Christiansen，2004；Auken et al.，2005；Guillemoteau et al.，2017），在部分模型中还应用了横向光滑技术。图 5.10 为使用 Aarhus PACES 系统的连续垂直电测深（CVES）数据的反演示例。

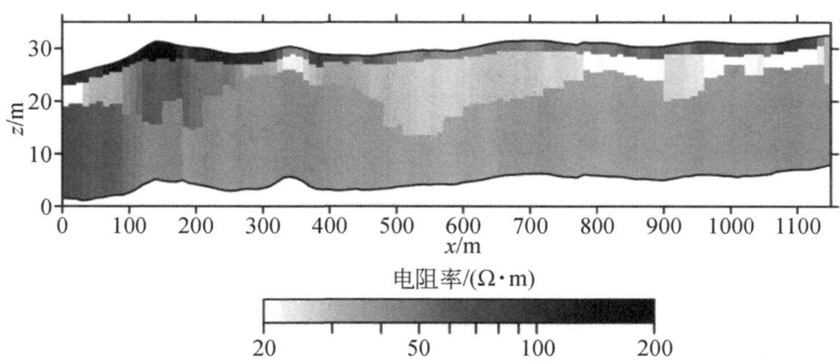

图 5.10　基于横向约束的一维三层模型 CVES 数据反演示例（反演数据由 Aarhus 大学 Nikolaj Foged 提供）

随着 20 世纪 80 年代末期多电极设备的发展（见第 3 章），促进了二维电阻率成像算法的发展。Constable 等（1987）针对一维问题提出的奥卡姆方法，推动了基于光滑约束的二维反演方法的发展（Sasaki，1989，1992；deGroot-Hedlin and Constable，1990；Loke and Barker，1995）。Loke 和 Barker（1995）基于有限差分法的正演模型致力于提高计算效率，期望提供可在现场应用的工具。在其早期的研究中假设在迭代过程中雅可比矩阵不变，只需基于均质模型计算，因此可以针对特定阵列的雅可比矩阵预先计算和存储。目前应用最广泛的二维直流电阻率反演软件（RES2DINV；见附录 A）便基于此开发，该软件实现快速地野外数据解译，对近地表地球物理问题的解决做出了重大贡献。

出现了两个重点领域。Loke 和 Barker（1995）以及后续的研究主要关注近地表应用，以实现更广泛的现场调查。与此同时，跨孔电阻率成像技术也逐步发展成熟。Daily 和 Owen（1991），以及 Shima（1992）提出了跨孔反演方法，结合正则化方法等更加鲁棒性和可靠性的方法（Sasaki，1992；Lesur et al.，1999；Zhou and Greenhalgh，2002），这些方法的反演思路大多基于有限元法的正演模型。

图 5.11（b）是基于此前讨论的 L2 范数正则化的二维模型反演示例。在该示例中，地表布设 25 个电极，电极间距为 5m，偶极-偶极阵列参数 a=5m，n=1～6，电阻率模型如图 5.11（a）所示。在正演模拟数据中添加了 2%的高斯误差，反演根据同样的误差水平进行数据加权，并在两次迭代后收敛，均方根（RMS）降为 1.0。显然，由于正则化的平滑作用，虽然可以刻画异常体，但是反演估计得到的电阻率模型没有明显的界面分层。

图 5.12 为根据 Wilkinson 等（2012）的现场数据实施的 L1 范数和 L2 范数反演对比。在这个示例中，L1 范数增强了模型电阻率的对比度，但两种模型都揭示了该场地大致水平的三个地质单元。

如第 4 章所述，尽管在许多实际应用中，钻孔的最大间距可能受到限制，但使用跨孔成像可以获得更高的深部分辨率（图 4.32）。图 5.13 为数值模型的反演示例，该模型包括两个钻孔，每个钻孔内部布设 16 个电极，电极间距为 1m，采用偶极-偶极阵列。在实际应用中这种观测阵列由于较大的偶极间隔，很可能因为较低电压测量值而产生较大的互惠误差。通过对正演（电阻率）模型数据添加噪声扰动 ε_R =0.001+0.02R 来模拟野外实际情况，其中 R 为转移电阻的绝对值（图 4.15）。这相当于 2%的高斯噪声，偏移量为 0.001Ω，这可能会影响较大的偶极间距的测量性能。

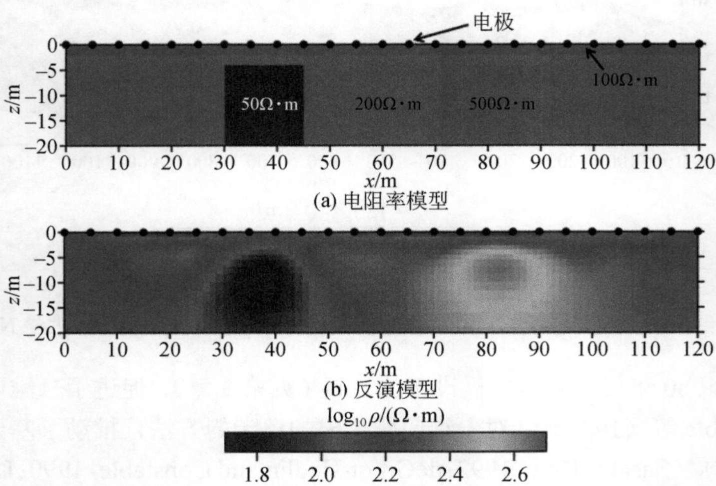

图 5.11　二维地表电阻率模型反演（彩色图件见封底二维码）

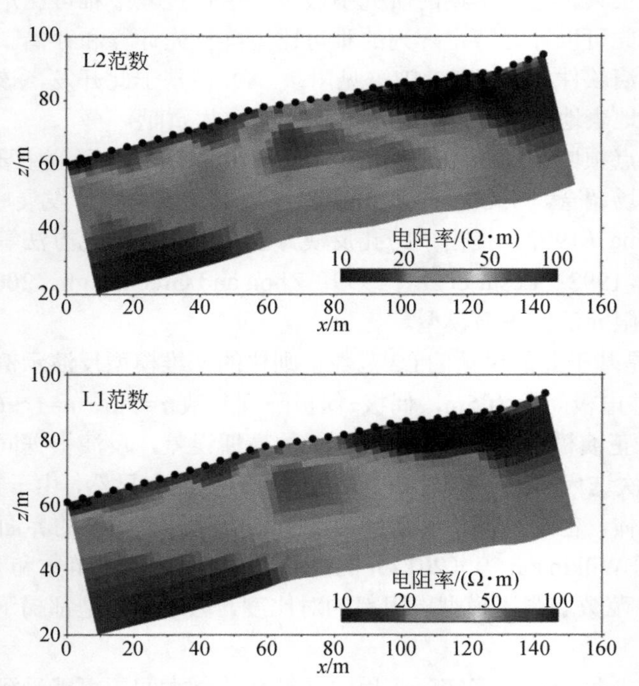

图 5.12　L1 范数与 L2 范数反演对比（彩色图件见封底二维码）

数据集来自 Wilkinson 等（2012）的 32 电极偶极-偶极测量，实心点表示电极位置，关于该野外场地更详细的讨论见 6.1.7 节的案例研究

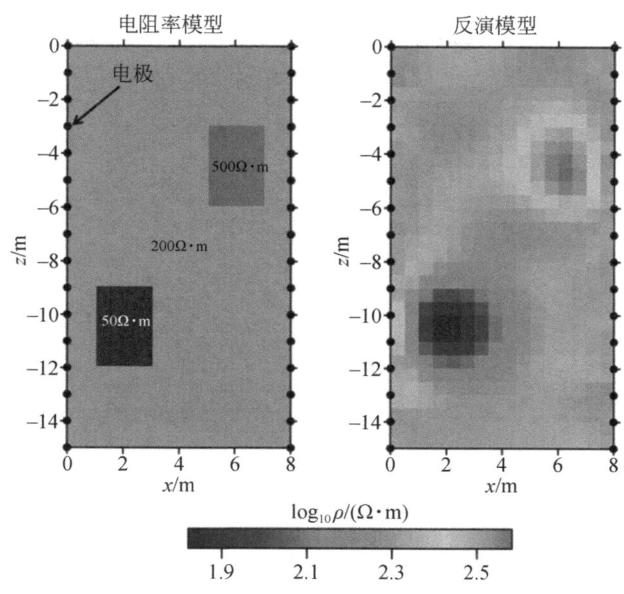

图 5.13　二维跨孔电阻率模型的反演模拟（彩色图件见封底二维码）

同样的原理也适用于解决小尺度电阻率成像问题。图 5.14 为根据 103 个偶极-偶极阵列反演目标体电阻率的示例。正演模型数据添加噪声扰动ε_R=0.001+0.02R，然后在包含 13654 个参数单元格的网格上进行反演，尽管在目标体的边界周围存在不可避免的平滑和过度迭代，但反演模拟仍在两次迭代后收敛。6.1.5 节的案例阐释了在土壤样品中研究溶质运移的小尺度电阻率成像技术。

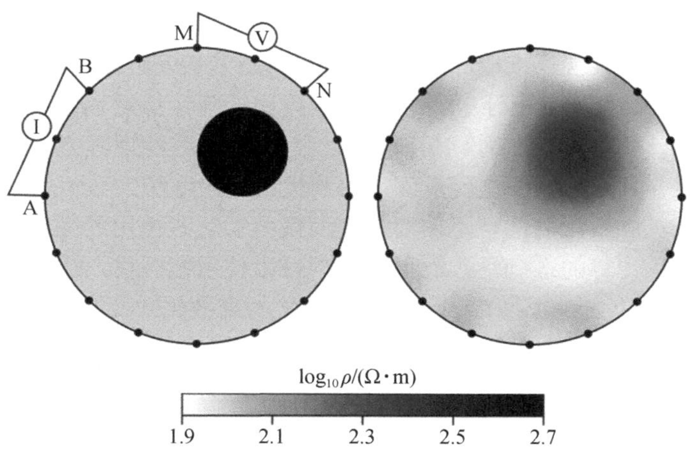

图 5.14　二维圆形结构的电阻率反演

左图为正演模型，采用偶极-偶极阵列；右图为反演结果，反演过程中使用了不同网格，其离散形式是类似的，以避免由于电阻率在边界处的异常导致反演模型偏差

虽然反演收敛总体上可以表明结果可靠，也可根据绘制观测的和模拟的视电阻率图判断，如图 5.15（a）所示的图 5.11 的反演结果评价。另一种方法是检查每个测量值相对于

规定误差的匹配程度。由式（5.12）可将拟合量表示为$\left[d_i - F(\boldsymbol{m})_i / \varepsilon_i\right]$，其中，$\varepsilon_i$为分配给测量$i$的标准差，理论上应服从均值为零，标准差为 1 的高斯分布，如预计 95%的测量结果将在−2 和 2 之间的误差范围内拟合。图 5.15（b）为图 5.11 对应的反演拟合误差分布。

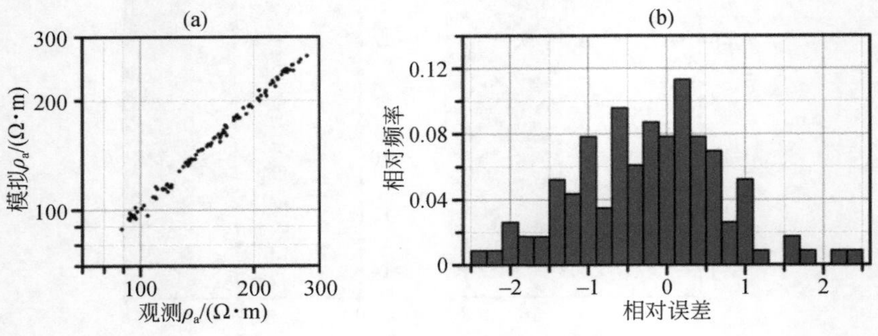

图 5.15　与图 5.11 对应的反演误差图

（a）模拟与测量的视电阻率对比；（b）相对误差直方图

5.2.2.6　三维反演模拟

在 20 世纪 90 年代，基于有限差分法（Park and Van，1991；Zhang et al.，1995；Loke and Barker，1996a）以及计算量更大的有限元法（Sasaki，1994；Binley et al.，1996c；LaBrecque et al.，1999），三维直流电阻率反演算法逐步发展。早期的应用受到了计算能力的限制，特别是关于雅可比矩阵的计算和存储，因为$\boldsymbol{J}$是满秩矩阵，并且在每次迭代时都必须重新计算。假设参数单元的网格为 100×100×50，测量数据为 1000 个，使用必要的 16 字节精度存储，所需的空间达 8Gb。这样的存储需求无法在 20 世纪 90 年代的电脑上实现。为了减少雅可比矩阵的存储空间实现三维成像，Loke 和 Barker（1996b）采用拟牛顿法简化反演过程，后续迭代的雅可比矩阵是基于初始模型的雅可比矩阵计算近似，尽管这样的方法可能不可靠。即使可以计算和存储雅可比矩阵，式（5.13）中线性矩阵方程的求解也限制了网格的尺寸和数目，并且通常需要迭代求解，如预优共轭梯度法。

需要注意的是，参数反演网格不需要与正演模型求解时使用的网格相同。正演模型的离散化应确保电势场计算的准确性，而反演模型可以使用粗网格，这样可以减少反演问题的计算量。Günther 等（2006）举例说明了三个层次的离散化：反演参数的粗略离散化、电势场网格的非常精细离散化、二次电压计算网格的一般精细离散化（上文正演模型部分）。

与更简单的有限差分法相比，早期的有限元的反演方法大都使用了结构化网格，并没有提供太多优势。从 20 世纪 70 年代起，由于三维网格工具的开发和电脑内存的显著提升，基于非结构化网格的有限元法就已经发展非常成熟，且得到了更广泛的应用。随着计算内存的增加，线性方程求解器随之产生，并在现代计算机上证明其是解决大型问题的有效方法。Johnson 等（2010），Johnson 和 Wellman（2015）研究证明基于并行计算，可以解决大型的三维电阻率反演问题，如布设 4850 个电极，测量 208000 次，离散超过 10^6 个参数值，调用 1024 个处理器计算。

对于大型的三维成像应用而言，很少进行三维数据采集，因为现有的仪器基本不能处理大型电极阵列。一种常见的方法是采用准三维成像，即将多次采集的二维数据合并，并在单个三维模型中反演。图 5.16 是 Chambers 等（2012）采集的二维数据获得的三维反演结果。每条测线布设 32 个电极，电极间距为 3m，采用偶极-偶极阵列共采集了 322 条测线，合计采集了超过 23000 个测量数据。三维反演模型清楚地显示了位于导电黏土基岩上的河流阶地沉积物的分界。6.1.7 节的案例研究阐述了如何使用三维电阻率成像评估边坡稳定性。

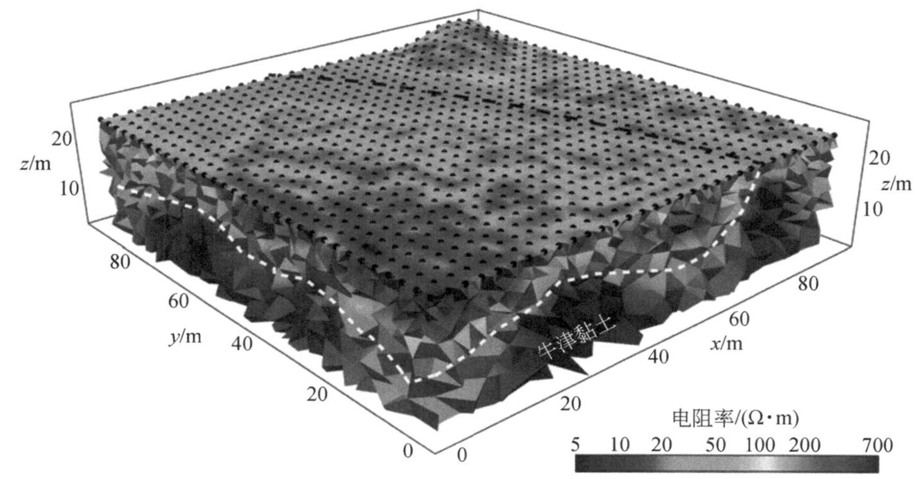

图 5.16　河流阶地沉积物的三维电阻率成像（彩色图件见封底二维码）

数据来源自 Chambers et al.，2012。黑色圆圈表示电极位置，白色虚线表示导电的牛津黏土与高阻的河流阶地沉积物界面的解译，黑色虚线表示沉积物的水平边界

场地因素通常会限制数据覆盖范围，因此很少采用在规则网格上实施高密度测量的方式（图 5.16）。然而，通过采用非结构化网格建模，仍然可以结合复杂的二维阵列，如图 5.17 所示。在这个示例中，总共进行了 15 次二维电阻率调查［图 5.17（a）］以评估中国西南部喀斯特地区电阻率的三维空间变异性，这有助于水文学家理解为什么两个相距很近的井会显示出完全不同的水力响应（Cheng et al.，2019a）。利用 559 个电极位置进行了大约 7000 次测量，结合全部的二维调查数据，然后在超过 700000 个参数的网格上进行了三维反演。图 5.17（b）展示了反演模型的部分剖面，揭示了研究区内导水低阻区域的局部性质。

基于大型非结构化网格在复杂地形中的三维电阻率结构成像功能，部分学者将其应用于火山成像（Revil et al.，2010），由于电阻率的变化幅度很大（Soueid Ahmed et al.，2018），三维成像提供了改善复杂系统中地质和构造特征的刻画技术。

图 5.18 为应用于简单柱实验的反演模拟。如图 5.18（a）所示，在一个直径为 6.4cm 的亚克力圆柱内装满水（电阻率为 85Ω·m），外侧布设 96 个不锈钢电极，内部安装直径为 2cm 的塑料管，作为高阻目标体，并采用如图 5.18（c）所示的极距较小的偶极阵列测量。基于三棱柱网格［图 5.18（b）］对测量数据集进行光滑反演，反演结果可以反映高阻目标体的分布情况［图 5.18（c）］。

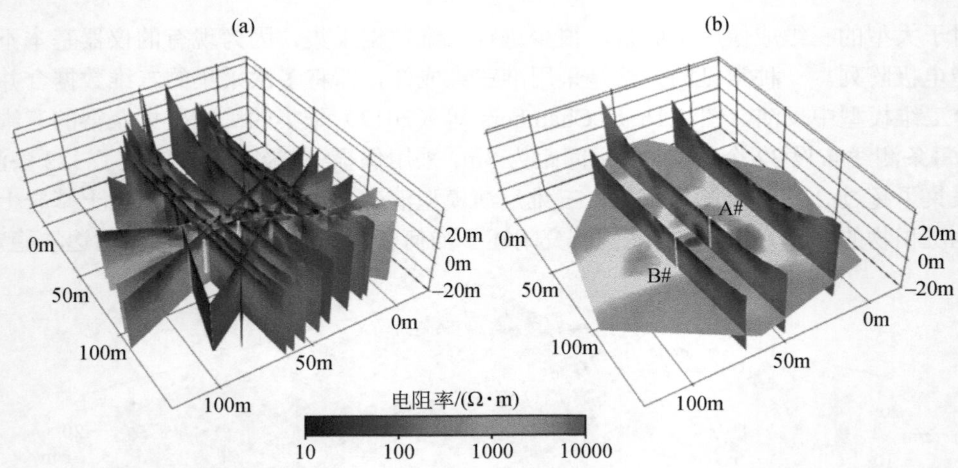

图 5.17 中国西南部岩溶地区电阻率数据的准三维反演（彩色图件见封底二维码）

（a）二维测线的位置及三维电阻率模型切片；（b）简化的三维模型，与 A 井观测到自流条件一致的局部电阻率变化（B 井则未观测到），详细信息参见 Cheng et al.，2019a

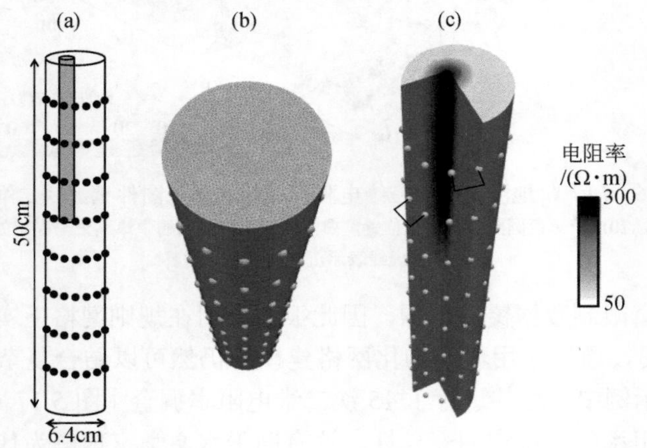

图 5.18 实验室柱实验的三维反演模拟

（a）圆柱体电极布置和高阻目标在水中的位置；（b）网格划分；（c）反演结果与四极阵列示例

5.2.2.7 考虑电性各向异性的反演

如前文所述，在特定的尺度下，地表的电性特征可能是各向异性的。在跨孔电阻率成像应用中，LaBrecque 和 Yang（2001a）将地层的水平带状分层归因于电性特征的各向异性。Rödder 和 Junge（2016）阐述了各向异性系统的数据如何影响基于各向同性假设的反演模型的解译。部分研究者尝试了以各向异性形式的电阻率解决反演问题（Herwanger et al.，2004b；Kim et al.，2006；Zhou et al.，2009）。然而，鉴于附加参数的自由度，这样的方法不可避免地产生非唯一解。在某些情况下，因为各向异性可以视为不同尺度的非均质性，提高参数离散精细度可以消除非唯一性。在裂隙岩石研究中，各向异性往往是小尺度大孔隙度的必然结果，而小尺度大孔隙度往往存在于比模型参数离散更小的尺度上（Herwanger et al.，2004b），因此需要考虑各向异性来求解反演问题。在可能存在各向异性条件的情况下，测量不同方向的四极阵列（如钻孔和地面）有助于确定当前的各向异性特征（Greenhalgh et al.，2010）。

5.2.2.8　正则化效应

目前的讨论和示例大多采用正则化方法，以确保各向同性参数光滑。在 5.2.2.5 节中解释了如何使用基于 L1 范数的等效反演解译电阻率突变（图 5.12）。然而，还有一些其他方法可用。除此之外，研究者已经尝试在参数网格内从空间上细化正则化。Morelli 和 LaBrecque（1996）认为在数据灵敏度较低的区域应该减少正则化的程度。基于分辨率矩阵（见 5.2.4.2 节）增强部分区域的正则化，Yi 等（2003）提出主动约束平衡的方法。然而，如图 5.6 所示，考虑网格大小的变化的基础上，大多数人首选方法是在参数单元的网格内应用同样大小的正则化。

正则化应反映调查区域的先验信息，各向同性的光滑模型可以与先验信息对应一致，然而，在沉积环境中各向异性模型可能更一致。对于二维正则化，如图 5.6 所示，水平光滑和垂直光滑可以分开处理，从而可以在不同的方向上增强平滑效应。图 5.19 说明了各向异性对正则化的影响，可以与图 5.11 中的各向同性情况进行比较。粗糙度算子 $\alpha\boldsymbol{R}$ 表示为 $\alpha_x\boldsymbol{R}_x+\alpha_z\boldsymbol{R}_z$。

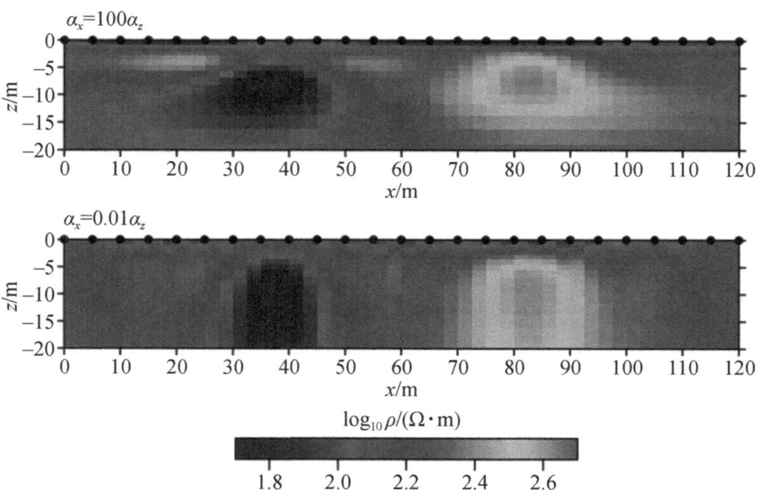

图 5.19　各向异性对正则化的影响（彩色图件见封底二维码）

上图 α_x=100α_z，下图 α_x=0.01α_z，真实模型如图 5.11（a）所示

除了 L1 范数类型的方法外，还有许多迭代方法可以增强正则化。Portniaguine 和 Zhdanov（1999）提出了一种方法针对模型参数显著变化和不连续的区域，可以获得显著参数对比的电性特征图像（可参阅 Blaschek et al.，2008；Nguyen et al.，2016）。Barboza 等（2019）提出了自适应方法调整模型不同区域内的正则化；Bouchedda 等（2012）介绍了一种在反演迭代中边缘检测的方法（见 5.2.2.9 节）。

在已知不连续的位置，通过完全去除平滑，可以很容易修改正则化算子，从而考虑已知的不连续性。例如，在已知地下水位或已知地质边界的位置，针对已知工程结构边界的渗透性反应墙，Slater 和 Binley（2006）采用了该方法研究反应墙的电性特征成像（见 6.2.6 节的案例研究）。其他的地球物理勘探（例如，探地雷达或地震法）数据也可以提供正则化约束的位置（Doetsch et al.，2012b；Zhou et al.，2014）。显然，不恰当地指定不连通区域很可能导致模型反演结果错误，甚至可能导致反演不收敛，因此必须谨慎应用正则化算子。

图 5.20 阐述了在正则化算子中考虑不连续性的正则化效果，重新反演如图 5.11 所示的模型，沿两个异常体的边界取消平滑处理。类似的边界可以应用于浅层覆盖层，反演改进效果显著，表明先验信息有效。然而，这些边界约束需要使用真实的先验信息。

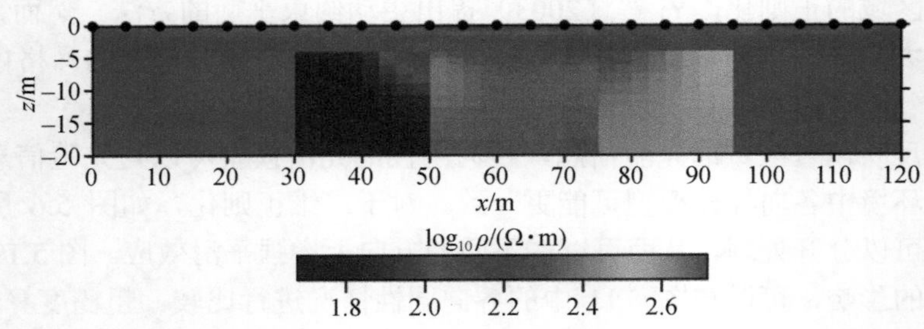

图 5.20　在正则化算子中考虑不连续性的正则化效果示意图（彩色图件见封底二维码）

真实模型如图 5.11 所示

更复杂的利用先验信息的反演优化算法包括将地质统计函数作为正则化算子。Linde 等（2006）基于电磁感应钻孔数据的地质统计模型，在跨孔电阻率数据反演时选用了该方法。Johnson 等（2012b）采用了类似的方法，根据井下测量的数据约束钻孔处的电阻率值。

5.2.2.9　反演模拟的后处理

除了修改正则化算子之外，还可以在 L2 范数反演模型上应用边缘检测方法，即依据图像锐化完成后处理步骤。随着图像处理技术的发展，已经有多种方法可供选择，并成功应用于地球物理电法问题，其中最简单的办法就是分析反演模型的最大梯度方向。在具体应用中，分析参数网格（如电阻率的对数），标记参数变化最大的线或面（Nguyen et al.，2005；Chambers et al.，2012）。另一种方法是聚类分析，如 k-均值法。用户首先定义若干个类，该算法将参数单元分组到各个类中，以使参数单元的位置与类中心之间的平方差之和最小。增加类的数量会减小其差异，因此用户必须确定适当的聚类水平。Ramirez 等（2005），Melo 和 Li（2016），以及 Binley 等（2016）展示了在电法反演模型中应用 k-均值聚类分析。Chambers 等（2014b）比较了多种后处理分析技术（包括聚类分析）在近地表水文地质学中的应用。

5.2.2.10　时移反演

在过去的几十年里，电法已经广泛应用于研究动态过程（如第 4 章所讨论的）。例如，监测溶质浓度变化或温度变化引起的孔隙流体电导率变化。已知一系列数据集 $\boldsymbol{d}_t$，t=0，1，

2，…，N_t 中，目标是确定参数集 $\boldsymbol{m}_t$，t=0，1，2，…，N_t，或参数的变化 $\delta\boldsymbol{m}_t=\boldsymbol{m}_t-\boldsymbol{m}_0$，$t$=0，1，2，…，$N_t$。通过分析电阻率的变化，可以消除电阻率静态变化的影响（如由于岩性的影响）。

该问题可以通过单独反演每个数据集来解决，但每个反演模型中参数（如电阻率）的空间变化通常显著大于其时间变化，因为这种单独反演可能会有问题。每个反演的数据集都会受到迭代反演序列的影响，如正则化水平。参数的时间变化可能太过微弱，无法从两个独立反演的比较中分辨。事实上，通常反演测量值的变化可以确定参数的变化。Daily 等（1992）首次采用“比值法”解决这个问题，该方法对于应用广泛的电阻率成像极其稳定和有效（Daily and Ramirez，1995；Binley et al.，1996a；Slater et al.，1996；Ramirez et al.，1996；Zaidman et al.，1999；Daily and Ramirez，2000）。第 6 章中的多个案例研究进一步说明了时移反演成像的应用。

该方法根据一对数据集的比值和均质正演模型创建一个新的数据集 $\boldsymbol{d}_{\text{rat}}$，即

$$\boldsymbol{d}_{\text{rat}}=\frac{\boldsymbol{d}_t}{\boldsymbol{d}_0}F\left(\boldsymbol{m}_{\text{hom}}\right) \tag{5.30}$$

由式（5.25）对数据集 $\boldsymbol{d}_{\text{rat}}$ 反演；$\boldsymbol{m}_{\text{hom}}$ 的选择是任意的，通常取 100Ω·m。两个时间点之间电阻率的增加通过大于 $\boldsymbol{m}_{\text{hom}}$ 的值反映出来，而减少则通过小于 $\boldsymbol{m}_{\text{hom}}$ 的值反映。该方法隐含了由参数集计算的雅可比矩阵是真实灵敏度矩阵的有效近似。该方法对于相对均匀的电阻率分布是合理的且两个数据集的数量必须是相同的。即使考虑两个数据集单独反演，也应该避免两个数据集中使用不同电极阵列。

时移反演成像中经常忽视的一个方面是数据误差的选择，即数据权重矩阵 $\boldsymbol{W}_{\text{d}}$。由于数据集 $\boldsymbol{d}_0$ 和 $\boldsymbol{d}_t$ 易受误差影响，通常假设误差是随机的并且服从高斯分布，由式（5.30）中的变换可以有效消除数据误差中的系统误差成分。

另一种方法是将式（5.20）中的正则化项表示为参数的变化：

$$\varPhi_{\text{m}}\left(\boldsymbol{m}-\boldsymbol{m}_0\right)^{\text{T}}\boldsymbol{R}\left(\boldsymbol{m}-\boldsymbol{m}_0\right) \tag{5.31}$$

LaBrecque 和 Yang（2001）在差分反演方法中利用这一点，对式（5.25）进行了如下修改：

$$\left(\boldsymbol{J}^{\text{T}}\boldsymbol{W}_{\text{d}}^{\text{T}}\boldsymbol{W}_{\text{d}}\boldsymbol{J}+\alpha\boldsymbol{R}\right)\Delta\boldsymbol{m}=\boldsymbol{J}^{\text{T}}\boldsymbol{W}_{\text{d}}^{\text{T}}\boldsymbol{W}_{\text{d}}\left\{\left(\boldsymbol{d}-\boldsymbol{d}_0\right)-\left[F\left(\boldsymbol{m}_k\right)-F\left(\boldsymbol{m}_0\right)\right]\right\}-\alpha\boldsymbol{R}\left(\boldsymbol{m}_k-\boldsymbol{m}_0\right) \tag{5.32}$$

该方法有效地消除了系统数据误差的影响，并应用在许多时移反演成像研究中（LaBrecque et al.，2004；Doetsch et al.，2012a；Yang et al.，2015）。首先对数据集 $\boldsymbol{d}_0$ 进行反演，求出参数集 $\boldsymbol{m}_0$，然后对数据集的变化进行反演，得到参数集 $\boldsymbol{m}_t$，式（5.32）并不直接确定参数集 $\boldsymbol{m}_t$ 的变化。

图 5.21 显示了安装在河岸湿地内的 64 电极电阻率阵列收集的长期监测数据进行差分反演的结果。数据以月为间隔收集，采用温纳阵列（Musgrave and Binley，2011）。图 5.21 是根据监测开始时采集的数据集绘制的反演结果，然后将该反演结果作为参考模型，使用上述差分反演方法［式（5.32）］反演 $\boldsymbol{m}_0$ 及后续数据集。电阻率随时间变化的示例如图 5.21 所示，对于所有的时间间隔一次迭代即可收敛。作为参考的反演结果显示，在地表 1m 以内，由于腐殖土的存在，电阻率较低，下部是变化较大的高阻区域，由白垩-燧石砾石组成。Musgrave 和 Binley（2011）提供了支持电阻率解译的浅层钻探结果。时移反演结果显示，

在夏季的几个月里，电阻率下降，随后又恢复到与参考情况相似的条件。孔隙水电导率和地下水位在 12 个月的时间内基本保持稳定。然而记录的温度升高了 7℃，这可以解释电阻率下降 14%的原因（温度与电阻率的关系可以参考第 2 章），对应图 5.21 所示，2005 年 7 月 12 日，沿剖面 11～37m 恒温上升流的区域。

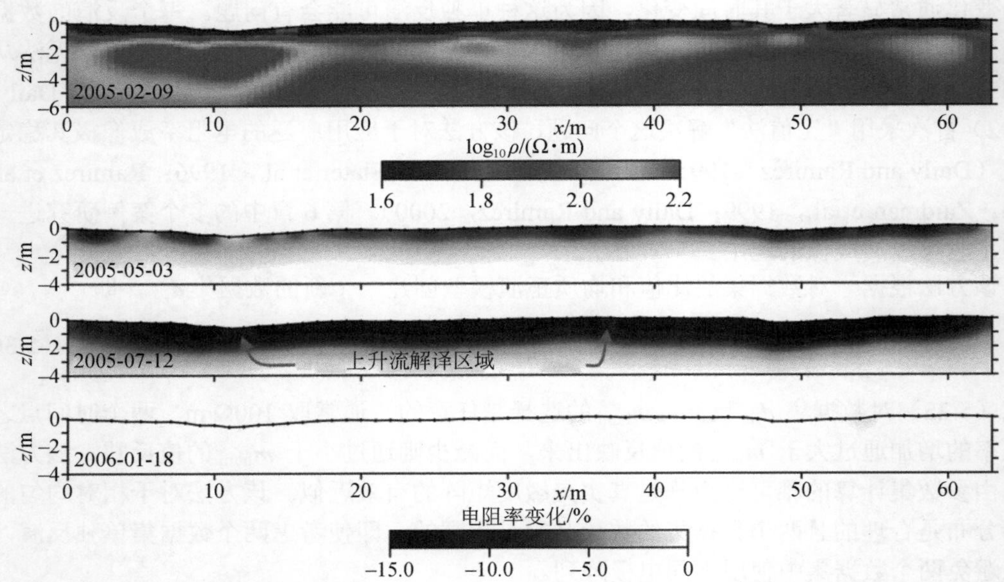

图 5.21　河岸湿地电阻率变化的时移反演成像图（彩色图件见封底二维码）

上图为参考的反演结果，下图为根据差分反演计算的电阻率变化横截面，电极的位置在地表标出，反演所用的数据来源自 Musgrave and Binley，2011

另一种时移反演方法（Oldenburg et al.，1993；Oldenborger et al.，2007）是采用额外的罚函数，通过修改式（5.21）中的目标函数实现：

$$\Phi_{\text{total}}=\Phi_{\mathrm{d}}+\alpha\Phi_{\mathrm{m}}+\alpha_{\mathrm{t}}\Phi_{\mathrm{t}} \tag{5.33}$$

式中，α_{t} 是标量，表示参数值相对于某个参考值变化相关的权重，如

$$\Phi_{\mathrm{t}}=\left(\boldsymbol{m}-\boldsymbol{m}_0\right)^{\mathrm{T}}\left(\boldsymbol{m}-\boldsymbol{m}_0\right) \tag{5.34}$$

允许根据多个数据集进行空间正则化和时间正则化（Kim et al.，2009）。例如，给定参考数据集 $\boldsymbol{d}_0$，以及后续两个数据集 $\boldsymbol{d}_1$ 和 $\boldsymbol{d}_2$，时移问题可以表述为［参见式（5.25）］

$$\left(\boldsymbol{J}^{\mathrm{T}}\boldsymbol{W}_{\mathrm{d}}^{\mathrm{T}}\boldsymbol{W}_{\mathrm{d}}\boldsymbol{J}+\alpha\boldsymbol{R}\right)\Delta\boldsymbol{m}=\boldsymbol{J}^{\mathrm{T}}\boldsymbol{W}_{\mathrm{d}}^{\mathrm{T}}\boldsymbol{W}_{\mathrm{d}}\left[\boldsymbol{d}-F\left(\boldsymbol{m}_k\right)\right]-\alpha\boldsymbol{R}\left(\boldsymbol{m}_k-\boldsymbol{m}_0\right) \tag{5.35}$$

式中，数据向量 $\boldsymbol{d}$=［$\boldsymbol{d}_1$，$\boldsymbol{d}_2$］，参数向量 $\boldsymbol{m}$=［$\boldsymbol{m}_1$，$\boldsymbol{m}_2$］，$\boldsymbol{m}_0$ 为参考模型。式（5.35）中的雅可比矩阵为

$$\boldsymbol{J}=\begin{bmatrix}\boldsymbol{J}_1 & 0\\ 0 & \boldsymbol{J}_2\end{bmatrix} \tag{5.36}$$

式中，$\boldsymbol{J}_1$ 和 $\boldsymbol{J}_2$ 为分别由 $\boldsymbol{d}_1$、$\boldsymbol{m}_1$ 和 $\boldsymbol{d}_2$、$\boldsymbol{m}_2$ 计算的雅可比矩阵，粗糙度矩阵为

$$\boldsymbol{R}=\boldsymbol{R}_{x,y,z}+\frac{\alpha_{\mathrm{t}}}{\alpha}\boldsymbol{R}_{\mathrm{t}} \tag{5.37}$$

式中，$\boldsymbol{R}_{x,y,z}$ 为包含空间平滑系数的分块对角矩阵；$\boldsymbol{R}_{\mathrm{t}}$ 包含-1 和 1（参见 Hayley et al.，2011），用于连接 $\boldsymbol{m}_1$ 和 $\boldsymbol{m}_2$ 的相应元素，其他元素均为 0；α_{t} 为时间正则化的加权系数。

该问题称为联合时空反演，尽管计算需求明显增加，但该方法支持扩展到多个时移数据集。研究者认为，尽管一次性考虑的最优数据集数量还不明确，且时间正则化权重系数（α_{t}）的选择过于主观（Kim et al.，2009；Karaoulis et al.，2011，2014），这种结合了时空正则化的方法在性能上有所提升。关于四维电阻率成像的应用逐渐增多（Zhang and Revil，2015；Uhlemann et al.，2017），具有发展潜力。

5.2.3　测量误差和模型误差的影响

第 4 章讨论了测量误差的估算方法，其中包括式（5.12）中的矩阵 $\boldsymbol{W}_{\mathrm{d}}$，以便根据其可靠性对测量值进行加权。如上文所述，假设测量误差是不相关的，$\boldsymbol{W}_{\mathrm{d}}$ 为对角矩阵，对角线上的元素对应各个测量值的标准差的倒数。这也就说明模型本身是没有误差。可以根据数据质量的优差而赋值不一样的权重，同时定义不同的收敛标准。实际应用中，很少采用这种办法，而通常使用者根据最终模型的误差采用统一的误差。

尽管测量误差在反演中具有重要意义，但很少有研究考察它们对反演模拟的影响。Binley 等（1995）和 LaBrecque 等（1996b）揭示了不正确的测量误差估计对于反演结果的影响。为了说明正确的数据加权的重要性，根据图 5.11 中的模型由偶极-偶极阵列模拟，并添加 5%高斯噪声扰动。假设①10%高斯噪声，即 $\boldsymbol{W}_{\mathrm{d}}$ 中的值设置得比实际值小，假设测量质量较差并进行反演；②5%高斯噪声，即 $\boldsymbol{W}_{\mathrm{d}}$ 中的值设置的是正确的；③1%高斯噪声，即 $\boldsymbol{W}_{\mathrm{d}}$ 中的值设置得比实际值大，假设测量质量较好并进行反演。反演结果如图 5.22 所示。当假设正确的噪音水平时，模型结果可以合理反映实际电阻率分布，虽然如预期的一样，对比度略低于图 5.11 中 2%的噪声条件。如果假设噪声（在本例中为 10%）大于真实水平，则并非数据中的所有信息都能通过反演确定。相反，如果低估噪声水平（在本例中为 1%），那么由于“过度拟合”，最终反演的变异性会更高，即反演模型试图拟合由噪声引起的信号变化。这说明了①评估误差水平（见第 4 章）和②在反演过程中考虑误差水平的重要性。在这个示例中，真实模型是已知的，因此可以清楚地对比错误误差估计对反演结果的影响，然而，在真实的数据集中，过度拟合可能导致对地下电性结构的错误解释。相反，由于高估误差而导致的欠拟合可能造成未能充分利用数据中的所有信息。以上讨论同样适用于电测深法。

在电阻率成像中，噪声的影响可能极易忽视，因为许多应用都是采用地表阵列进行的，电极接触良好，并且常常采用不太容易受到噪声影响的测量阵列（如温纳阵列、施伦伯格阵列、梯度阵列）。然而，对于易受噪声影响的阵列（如偶极-偶极阵列），在电极接触不良的条件下，如跨孔成像通常存在更大的测量电压和接触电阻范围，理解数据质量的影响至关重要。

迄今为止，相关研究人员主要专注的是测量质量，但也应当认识到模型本身也可能存在误差，如离散错误或概念模型错误，又如错误地假设了点电源、定位错误、不适当的二维假设或者钻孔效应（见第 3 章和 6.1.8 节的案例研究）。在上述示例中，反演采用了与模拟数据相同的正演模拟方法（Colton and Kress，1992），因此正演模拟误差是微不足道的，因为在数据生成中存在的任何离散化错误在反演的正演模拟阶段都会重现。但对于实际数据，情况并非如此。随着仪器和操作程序（如质量保证检查）的改进以及数据质量的提高，模型误差的作用可能开始占主导地位。在数据拟合的目标函数中，需要识别和正确解释正演模型中的误差。对于三维问题尤其如此，由于计算能力的限制不可能进行精细的网格化，正演模拟误差可能会很大。

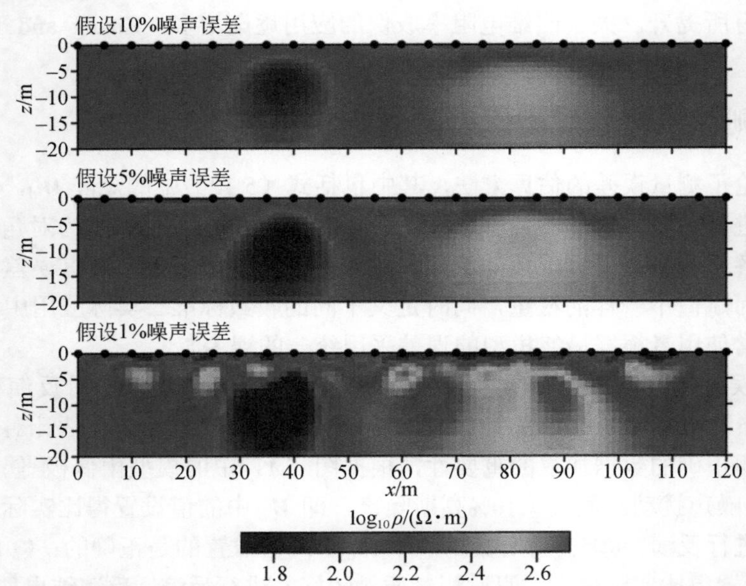

图 5.22 错误的观测误差估计对反演结果的影响（彩色图件见封底二维码）
真实模型如图 5.11 所示

由均质模型反演问题的解析解（图 5.4），可以很容易地评估半无限空间问题的离散化所导致的正演模拟误差。对于更复杂的问题，可以细化网格确定参考的“准确”解，以计算正演模拟的误差。然后，在式（5.12）以及后续的数据权重矩阵 $\boldsymbol{W}_{\mathrm{d}}$ 中考虑模拟误差：

$$\boldsymbol{W}_{\mathrm{d},i}=1\Big/\sqrt{\varepsilon_{\mathrm{R},i}^{2}+\varepsilon_{\mathrm{M},i}^{2}} \tag{5.38}$$

式中，$\varepsilon_{\mathrm{R},i}$ 为测量误差（参见 4.2.2.1 节）；$\varepsilon_{\mathrm{M},i}$ 为正演模拟误差。

鲁棒反演

为了消除数据误差的影响，需要改进反演过程中的数据权重矩阵 $\boldsymbol{W}_{\mathrm{d}}$。正如 Farquharson 和 Oldenburg（1998）所述，最小二乘目标函数［式（5.12）］容易受到异常值和非高斯噪声的影响，而将数据拟合的绝对值最小化的 L1 范数在这种情况下可能更有效，称为鲁棒反演（Claerbout and Muir，1973）。Morelli 和 LaBrecque（1996）基于 Mostellar 和 Tukey（1977）的研究，提出了一种自适应数据加权方案，该方案在整个反演过程中调整权重，以实现类似 L1 的数据拟合函数。Farquharson 和 Oldenburg（1998）提出了类似的迭代重新加权方法，由于数据异常值的权重降低，可以有效地保证收敛性。若正演模型假设不正确（如二维假设），可能会出现异常值，因此，最好在反演完成后分析最终数据的权重，从而发现系统误差或不正确的假设。

5.2.4 反演模拟评估

5.2.4.1 基本概念

每次直流电阻率测量都对应一个灵敏度分布，如果电阻率有显著变化，这个结果相对复杂（图 4.5）。图 4.5 中的灵敏度结果是由均质电阻率计算获得。灵敏度可以辅助解决两项重要任务，一是设计测量方案，如根据测量的目标选择适当的电极阵列和电极间距（第 4 章）；二是评估反演模拟的可靠性，之前讨论了关于一维反演（电测深）中的等效性，这里着重于二维和三维成像的评估。

在二维地表调查中展示反演模拟的常见做法是使用梯形边界，也就是说，截去电阻率图像最左侧和最右侧的三角形区域（图 5.1）。例如，在图 5.11 中，某些区域虽然展示了电阻率的取值分布，但在这些区域灵敏度很小；图 4.21 中的视剖面图以定性的方式展示了数据的空间覆盖范围。虽然这样裁剪图像有用，但这可能会引起误解，认为模型中未被截取的区域完全已知，而且在计算模型中很少关注不确定性。此外，从地表电极数据裁剪二维图像相对简单，但对于跨孔、地表-跨孔、三维等其他配置却比较复杂，具体的方法将在下面讨论。

5.2.4.2 模型分辨率矩阵法

在一般的反演理论中（Menke，2015），模型评价的方法是基于模型分辨率矩阵 $\boldsymbol{R}_{\mathrm{m}}$ 描述数据和模型空间的映射：

$$\boldsymbol{m}=\boldsymbol{R}_{\mathrm{m}}\boldsymbol{m}_{\mathrm{true}} \tag{5.39}$$

式中，$\boldsymbol{m}$ 为反演参数集；$\boldsymbol{m}_{\mathrm{ture}}$ 为未知的真实参数集。显然，理想情况下，$\boldsymbol{R}_{\mathrm{m}}=\boldsymbol{I}$，任何偏差都表明参数值对测量数据的敏感性不足，这种不足表现为正则化。

由式（5.25）可知，可通过求解下式得到近似解：

$$\left(\boldsymbol{J}^{\mathrm{T}}\boldsymbol{W}_{\mathrm{d}}^{\mathrm{T}}\boldsymbol{W}_{\mathrm{d}}\boldsymbol{J}+\alpha\boldsymbol{R}\right)\boldsymbol{R}_{\mathrm{m}}=\boldsymbol{J}^{\mathrm{T}}\boldsymbol{W}_{\mathrm{d}}^{\mathrm{T}}\boldsymbol{W}_{\mathrm{d}}\boldsymbol{J} \tag{5.40}$$

式中，雅可比矩阵 $\boldsymbol{J}$ 是由最终的反演参数集计算的，正则化标量 α 对应反演结束时的值。使用式（5.40）确定 $\boldsymbol{R}_{\mathrm{m}}$ 需要大量的计算工作量，包括构建和求解 M 组方程组，每组方程组的大小为 $M\times M$，其中，M 为参数的个数。需要注意的是，由式（5.40）定义的模型分辨率矩阵，严格来说只适用于线性反演问题，然而，通常假设也适用于线性化的非线性问题。

分辨率矩阵最简单的分析方法是绘制每个参数对角线元素的值（图 5.23），最佳分辨率参数其对角线元素的值应该为 1。Stummer 等（2004）建议将 0.05 作为临界值。Ramirez 等（1993）报道了模型分辨率矩阵的最早例证，以“分辨率半径”表示，并将其定义为参数平滑的距离。基于 Backus 和 Gilbert（1970）提出的点扩散函数，Alumbaugh 和 Newman（2000）说明了类似的概念，该函数规定参数 $\boldsymbol{R}_{\mathrm{m}}$ 的行（或列）以所有参数的距离表示，例如，通过评估每个参数的 $\boldsymbol{R}_{\mathrm{m}}$ 对角线元素 50%的空间范围（Alumbaugh and Newman，2000）。Oldenborger 和 Routh（2009）对三维电阻率成像问题的点扩展函数进行了更详细的分析。根据模型分辨率矩阵法，Day-Lewis 等（2005）检验了通过电阻率数据反演地下地质统计属性的效果。

由于计算 $\boldsymbol{R}_{\mathrm{m}}$ 的计算量很大，特别是对于三维问题，因此相关研究很少。Park 和 Van（1991），以及 Kemna（2000）提供了另一种更容易计算的累积灵敏度矩阵：

$$\boldsymbol{S}=\boldsymbol{J}^{\mathrm{T}}\boldsymbol{W}_{\mathrm{d}}^{\mathrm{T}}\boldsymbol{W}_{\mathrm{d}}\boldsymbol{J} \tag{5.41}$$

图 5.23 是图 5.21 中二维成像问题 $\boldsymbol{R}_{\mathrm{m}}$ 的对角线元素与S的对比图，二者分布相似。累积灵敏度图由于其易于计算，作为定性指导是非常有用的。Kemna（2000）建议，$\boldsymbol{S}$ 矩阵对角线元素中最大值的 1‰是灵敏度的有效分界值［图 5.23（b）］。如图 5.23（c）所示，灵敏度（或分辨率矩阵）可以通过不透明度过滤器有效地突出反演模型中的不确定性。在该示例中，对所有 $\boldsymbol{S}$ 值小于最大值的 1‰的参数单元均应用了渐变的不透明度显示处理。

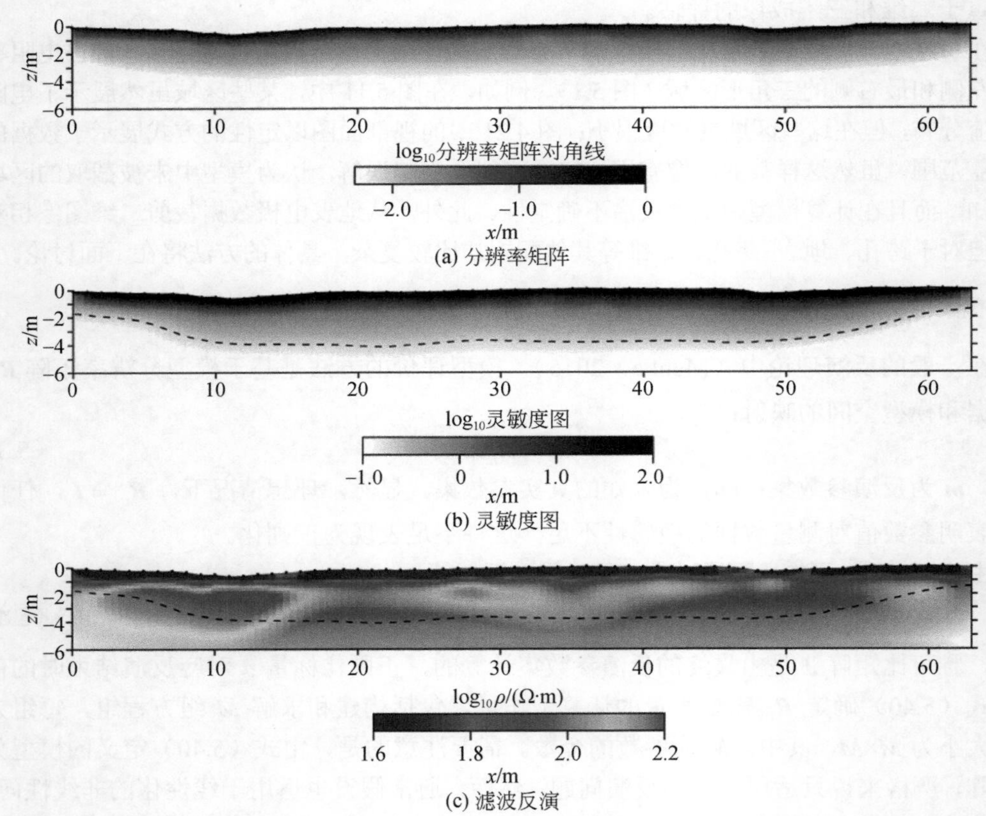

图 5.23　（a）模型分辨率矩阵［式（5.40）］、（b）图 5.21 所示模型的累积灵敏度［式（5.41）］以及（c）基于灵敏度数值改变图像透明度重新绘制图 5.21（彩色图件见封底二维码）

（b）和（c）中的虚线表示灵敏度值等于其最大值的 1‰（详见正文）

5.2.4.3　调查深度和体积

Oldenburg 和 Li（1999）开发了另一种反演模型评估方法，该方法类似式（5.35）增加了参考模型约束 α_{s}：

$$\left(\boldsymbol{J}^{\mathrm{T}}\boldsymbol{W}_{\mathrm{d}}^{\mathrm{T}}\boldsymbol{W}_{\mathrm{d}}\boldsymbol{J}+\alpha\boldsymbol{R}+\alpha_{\mathrm{s}}\boldsymbol{I}\right)\Delta\boldsymbol{m}=\boldsymbol{J}^{\mathrm{T}}\boldsymbol{W}_{\mathrm{d}}^{\mathrm{T}}\boldsymbol{W}_{\mathrm{d}}\left[\boldsymbol{d}-F\left(\boldsymbol{m}_{k}\right)\right]-\alpha\boldsymbol{R}\boldsymbol{m}_{k}-\alpha_{\mathrm{s}}\boldsymbol{m}_{0} \tag{5.42}$$

针对两个参考模型 $m_0^{(a)}$ 和 $m_0^{(b)}$ 求解，并且计算每个参数单元 i 的调查深度（depth of investigation，DOI）为

$$\mathrm{DOI}_i=\frac{m_i^{(a)}-m_i^{(b)}}{m_{0,i}^{(a)}-m_{0,i}^{(b)}} \tag{5.43}$$

Oldenburg 和 Li（1999）建议参考模型的变化范围为 5～10 倍，Marescot 等（2003）推荐的参考电阻率模型跨越两个数量级。这个范围可以由所测量的视电阻率的几何平均值计算。对于由数据准确估计的参数，DOI 值接近于零，而 DOI 值接近于 1 表明参数对测量的灵敏度很小。

正如 Miller 和 Routh（2007）所述，与模型分辨率矩阵不同，调查深度（DOI）不依赖于线性化假设。Oldenburg 和 Li（1999）建议 DOI 值为 0.1～0.2 时代表灵敏度的合理上限值，Oldenborger 等（2007）提议用 DOI 函数的梯度进行模型评价（Caterina et al.，2013）。Oldenborger 等（2007）将 DOI 扩展到三维问题表征调查体积（volume of investigation，VOI）。α_s 值过大可能导致无法收敛，而 α_s 值过小则可能导致约束不足，Marescot 等（2003）在类似于式（5.42）的公式中推荐 $\alpha_s=0.01\alpha$（Hilbich et al.，2009）。当采用此类方法时，推荐采用不同的参考模型和正则化参数进行试验。为了克服主观性，Deceuster 等（2014）提出了一种基于缩放概率密度函数计算 DOI 的扩展方法。Caterina 等（2013）将 DOI 与模型分辨率矩阵进行比较，推荐后者用于反演模型的定量评估，尽管如 5.2.4.2 节所述，对于大型问题来说计算量可能非常大。

5.2.4.4　模型协方差矩阵与参数不确定性

模型协方差矩阵体现了数据和模型误差在反演模型中的传递（Menke，2015），根据 Alumbaugh 和 Newman（2000）的研究，其线性化近似表达式为

$$\boldsymbol{C}_{\mathrm{m}}=\left(\boldsymbol{J}^{\mathrm{T}}\boldsymbol{W}_{\mathrm{d}}^{\mathrm{T}}\boldsymbol{W}_{\mathrm{d}}\boldsymbol{J}+\alpha\boldsymbol{R}\right)^{-1} \tag{5.44}$$

式中，$\boldsymbol{C}_{\mathrm{m}}$ 的对角线元素量化了参数估计的不确定性（即方差），而非对角线元素揭示了参数之间的相关程度（见表 5.1 讨论的垂直电测深模型）。与模型分辨率矩阵的情况一样，$\boldsymbol{C}_{\mathrm{m}}$ 的估计需要大量的计算工作。

另一种计算方法是生成假设噪声模型的多个实现，并基于蒙特卡罗方法对数据集进行扰动，然后针对每个扰动数据集进行反演（Tso et al.，2017；Aster et al.，2018）。自助法（如 Efron and Tibshirani，1994）也可以用于采样，在这种情况下，重新采样部分数据，在每个实现中保留部分数据（如 Schnaidt and Heinson，2015）。若 $\boldsymbol{M}_{\mathrm{mc}}$ 为参数集 $\boldsymbol{m}_i$（i=1，2，…，N_{mc}）的 N_{mc} 个实现矩阵，则 $\boldsymbol{C}_{\mathrm{m}}$ 的表达式为

$$\boldsymbol{C}_{\mathrm{m}}=\frac{\left(\boldsymbol{M}_{\mathrm{mc}}-\bar{\boldsymbol{m}}\right)^{\mathrm{T}}\left(\boldsymbol{M}_{\mathrm{mc}}-\bar{\boldsymbol{m}}\right)}{N_{\mathrm{mc}}} \tag{5.45}$$

其中，$\bar{\boldsymbol{m}}$ 为模型实现的均值。利用蒙特卡罗方法计算通常计算量比较大，但可以通过并行降低计算量。

图 5.24（b）为图 5.13 所述问题的模型协方差矩阵。在本例中，图 5.13 中用于反演的数据集的 500 个实现包含相同水平的噪声扰动。式（5.44）应用于 500 个反演模型参数（表

示为 $\log_{10}\rho$），得到的 $\boldsymbol{C}_{\mathrm{m}}$ 的对角线元素如图 5.24（b）所示，并以对数形式电阻率的标准差表示。数值越高，表明数据噪声对反演模型的影响越大。在该示例中，显示了图像左下方的低电阻率区域在实现中如何具有更大的变异性。作为对比，图 5.24（a）为图 5.13 中真实模型与反演模型的测井电阻率差异。生成的实现集合还可以用于检查，例如，每个单元的最小和最大参数。Schnaidt 和 Heinson（2015）也说明了参数的空间梯度如何有效地突出异常检测中的不确定性。例如，图 5.13 中左下方的低电阻率目标体可能具有较高的不确定性［图 5.24（b）］，但所有实现都可以从计算的梯度中确认异常的存在。

Fernández-Muñiz 等（2019）提供了替代的模型不确定性评估方法，称为“数据包反演”（data kit inversion），即从野外数据集中选择“随机数据包”，每个数据包由完整数据集中随机选择的 25%～75%的数据集组成。Fernández-Muñiz 等（2019）发现，与标准蒙特卡罗方法相比，该方法需要更少的实现集。图 5.24（c）为图 5.13 中所述问题的不确定性评估。在该示例中使用了 500 个实现，尽管在其中 100 个实现集中注意到几乎相同的行为。图 5.24（c）表现的总体模式和不确定性的大小与图 5.24（b）相似，但在靠近左下方异常体与电极之间的区域不确定性较大，且与模型误差的分布不一致［图 5.24（a）］。这表明删除该区域的部分测量数据会导致对模型不确定性的过高估计。

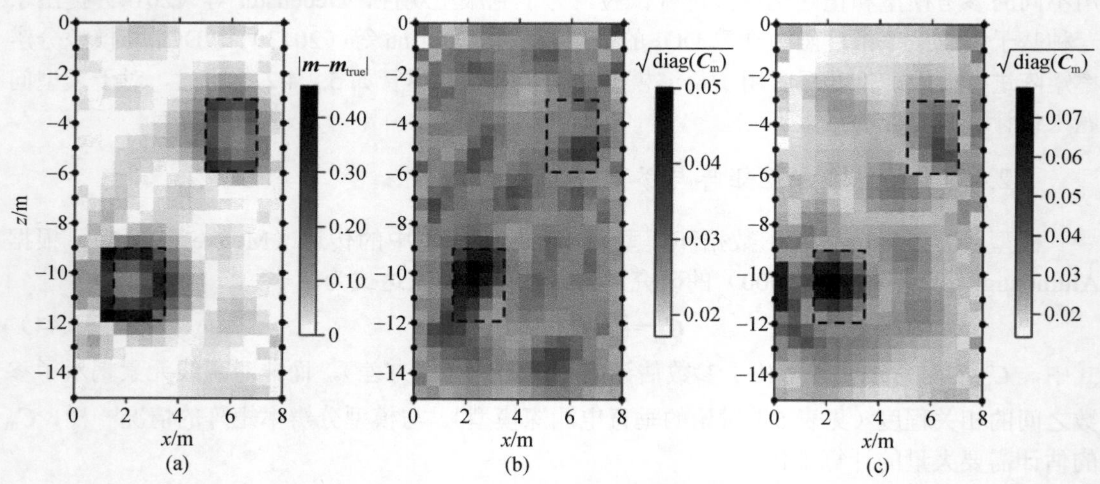

图 5.24　针对图 5.13 中反演问题的模型不确定性

（a）真实模型与反演模型的对数形式电阻率之差；（b）采用蒙特卡罗模拟数据噪声的模型协方差矩阵的对角线元素；（c）采用数据包模拟的模型协方差矩阵的对角线元素。矩形虚线框表示两个异常体在数值模型中的位置

目前，讨论的模型协方差矩阵仅仅反映了反演过程中数据误差的传递。在本章讨论的正则化问题中，低灵敏度的区域将受到正则化算子的强烈影响，因此由于数据误差而表现出较低的不确定性。这显然不应视为总体不确定性较低。事实上，在极端情况下，对测量不敏感的区域显然具有很高的不确定性，但这不会反映在目前讨论的模型协方差矩阵中。因此，总体不确定性还应表示正则化选择的影响。Yang 等（2014）在应用跨孔方案监测 CO_2 封存的研究中说明，对于时移反演，参考模型［式（5.32）中的 $\boldsymbol{m}_0$］中不确定性的影响也可以通过同样的方式实现模型采样，并以现场实例证明了这一观点。然而，如果对所有实现保持相同的空间正则化（如 L2 范数），那么同样没有评估模型的总体不确定性。后

文将在全局搜索方法的背景下讨论不确定性。

5.2.5　其他反演模拟方法

到目前为止，多数关注的是基于梯度的方法，这些方法称为确定性方法，认为所求解是与数据一致的唯一解，因为最终结果趋于收敛至目标函数的局部最小值（图 5.25），又称为局部方法。本节将讨论其他解决反演问题的方法，包括利用附加数据或信息约束反演的方法。

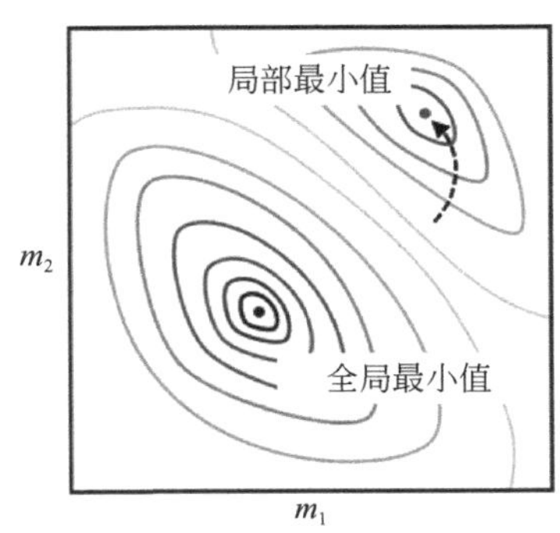

图 5.25　目标函数的全局最小值和局部最小值

m_1 和 m_2 为参数，等高线表示目标函数，箭头表示基于梯度局部方法的计算路径，该方法错过了全局最小值

5.2.5.1　贝叶斯方法

相对于以确定性的方式考虑反演问题，Ulrych 等（2001）采用随机方法，从模型参数集的先验概率 $P(\boldsymbol{m})$ 出发，由数据 $\boldsymbol{d}$ 根据贝叶斯定理推导了模型参数的后验概率：

$$P(\boldsymbol{m}|\boldsymbol{d})=\frac{P(\boldsymbol{m})P(\boldsymbol{d}|\boldsymbol{m})}{P(\boldsymbol{d})} \tag{5.46}$$

式中，记号 $P(\boldsymbol{A}|\boldsymbol{B})$ 表示事件 $\boldsymbol{B}$ 发生的条件下，事件 $\boldsymbol{A}$ 发生的概率。

在式（5.46）中，$P(\boldsymbol{d})$ 是观测数据 $\boldsymbol{d}$ 的概率且为常数：

$$P(\boldsymbol{d})=\int P(\boldsymbol{d}|\boldsymbol{m})P(\boldsymbol{m})\mathrm{d}\boldsymbol{m} \tag{5.47}$$

且 $\int P(\boldsymbol{m}|\boldsymbol{d})\,\mathrm{d}\boldsymbol{m}=1$。式（5.46）中的 $P(\boldsymbol{d}|\boldsymbol{m})$ 称为似然函数，即假定一组参数时数据集出现的可能性。式（5.46）可以简化为

$$P(\boldsymbol{m}|\boldsymbol{d})=C\,P(\boldsymbol{m})L(\boldsymbol{m}) \tag{5.48}$$

式中，C 为标量；似然函数表示为 $L(\boldsymbol{m})$。

似然函数的通用形式遵循最小二乘模型［参见式（5.12）］，并假定为高斯分布，其表达式为

$$L(\boldsymbol{m})=\frac{1}{\left[(2\pi)^N|\boldsymbol{W}_\mathrm{d}|\right]^{1/2}}\exp\left\{-\frac{1}{2}\left[\boldsymbol{d}-F(\boldsymbol{m})\right]^\mathrm{T}\boldsymbol{W}_\mathrm{d}^\mathrm{T}\boldsymbol{W}_\mathrm{d}\left[\boldsymbol{d}-F(\boldsymbol{m})\right]\right\} \tag{5.49}$$

式中，$|\boldsymbol{W}_\mathrm{d}|$ 为 $\boldsymbol{W}_\mathrm{d}$ 的行列式；N 为测量的次数。

对于确定性问题，采用基于先验信息的正则化方法约束参数模型［式（5.20）］。对于随机反演方法，Ulrych 等（2001）在先验模型中引入约束：

$$P(\boldsymbol{m})=\left(\frac{\eta}{2\pi}\right)^{(M-1)/2}\exp\left(-\frac{\eta}{2}\boldsymbol{m}^{\mathrm{T}}\boldsymbol{R}\boldsymbol{m}\right) \tag{5.50}$$

式中，M 为参数的个数；η 为控制光滑度的参数（类似于确定性问题中的 α ）。

确定对应于最大似然的参数集（Zhang et al.，1995）之后，随机方法的优势在于分配似然函数和先验概率模型的灵活性，以及确定后验模型分布，并且是全局优化方法。这通常是通过对参数空间进行马尔可夫链蒙特卡罗（Markov chain Monte Carlo，MCMC）搜索实现的。一次蒙特卡罗搜索在计算上是不可行的，添加马尔可夫链使得针对参数集的搜索具有一定的记忆性。通常，搜索包括生成大量合理的模型，模型受到 $P(\boldsymbol{m})$ 的约束，基于正演模型即不需要梯度或雅可比矩阵评估其似然性 $L(\boldsymbol{m})$。使用 Metropolis 候选选择算法（Metropolis et al.，1953）构建多个随机行走马尔可夫链，该算法在每一步决定接受或拒绝提议的候选结果。在每个马尔可夫链的“适应期”删除大量的初始模型之后，可以评估收敛性以及参数的后验分布（Gelman and Rubin，1992）。由于需要多个马尔可夫链，MCMC 方法的计算量极大，即使运用并行计算实现也是困难的，因此很少应用于解决高维电阻率问题。

为了将贝叶斯方法应用于 2D 和 3D 问题，而不是求解大量的参数（如传统的基于梯度的方法），反演问题需要减少参数的数量。Andersen 等（2003）利用简单的几何形状作为电阻率结构的先验模型，说明了二维电阻率 CVES 的方法原理（参见 5.2.2.5 节）。Kaipio 等（2000）将随机反演方法应用于生物医学电阻率成像。Ramirez 等（2005）报道了基于广泛数据源（如地质、地球物理、水文）作为先验模型的 MCMC 搜索方法。Galetti 和 Curtis（2018）描述了跨维度参数随机方法用于解决电阻率层析成像问题，该方法通过泰森多边形几何参数化模型区域（如图 5.26 所示；Bodin and Sambridge，2009）。Galetti 和 Curtis（2018）采用可逆跳跃马尔可夫链蒙特卡罗（Green，1995）方法搜索参数空间，并加入模拟退火概念（参见下一节），以避免任何链陷入局部似然极小值。与传统正则化解相比，该方法不仅可以更好地定义电阻率结构，而且可以通过随机框架评估模型的不确定性（图 5.27）。

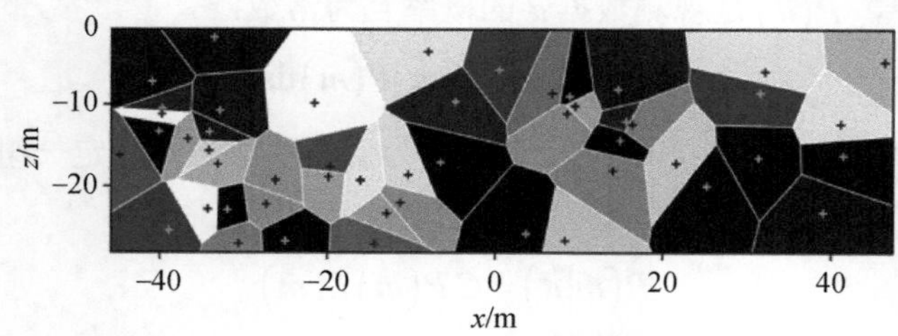

图 5.26　基于泰森多边形实现区域离散化示意图

十字符号表示每个单元的中心点

5.2.5.2　其他全局优化方法

现在已经有了许多较为成熟的全局优化方法，Sen 和 Stoffa（2013）详细介绍了应用于地球物理反演问题的一系列其他全局优化方法。模拟退火（Kirkpatrick et al.，1983）这一术语源自冶金学中的退火过程，即金属在缓慢冷却过程中增强其硬度。类比优化过程中，目标函数缓慢向全局最小值过渡而不是迅速到达局部最小值。与 MCMC 一样，在搜索过程中提出模型，因为接受概率受计算误差和温度参数 T 的影响，随着搜索的进行，温度参数 T 逐渐减小，例如，

$$P(\boldsymbol{m}) \propto \exp\left\{-\frac{1}{T}\left[\boldsymbol{d}-F(\boldsymbol{m})\right]^{\mathrm{T}} \boldsymbol{W}_{\mathrm{d}}^{\mathrm{T}} \boldsymbol{W}_{\mathrm{d}}\left[\boldsymbol{d}-F(\boldsymbol{m})\right]\right\} \tag{5.51}$$

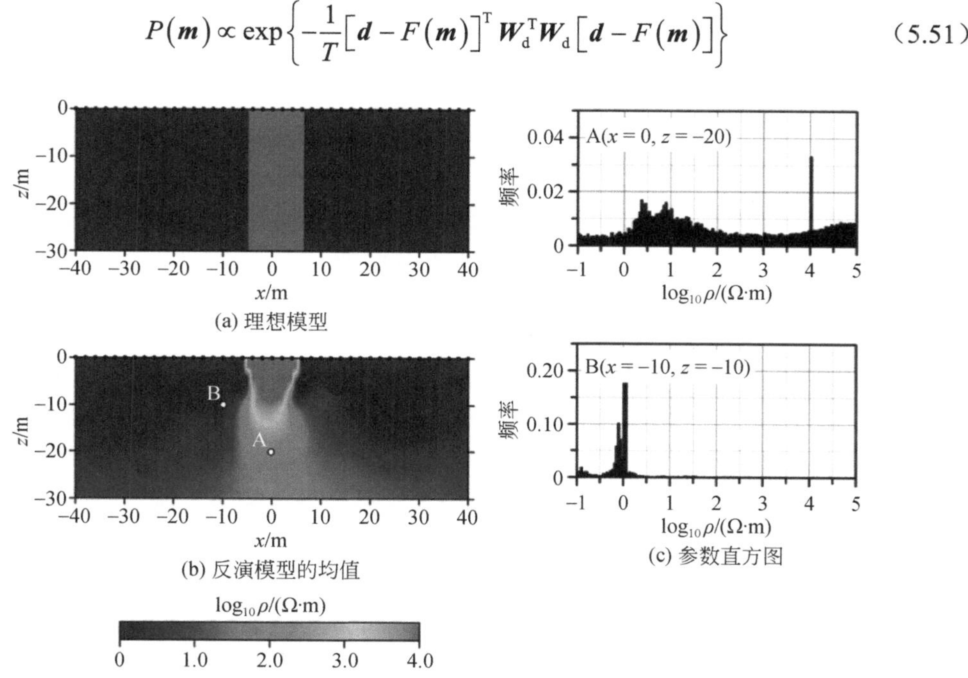

图 5.27　基于 Galetti 和 Curtis（2018）的跨维度电阻率反演示例（彩色图件见封底二维码）

因此，在搜索早期，当温度（T）较高时，即使误差较大，接受概率也很大，以防陷入局部最小值。Sen 等（1993）展示了模拟退火在垂直电测深法中的应用。与 MCMC 一样，由于计算量大，将模拟退火应用于求解大量参数的问题是具有挑战性的。Pessel 和 Gibert（2003）演示了如何通过逐步增加问题的参数化水平将模拟退火法应用于二维电阻率反演。

遗传算法，顾名思义，在参数搜索过程中遵循类比物种进化的思想。模仿遗传密码修改种群的参数集，表示由该群体繁殖得到新的参数集。群体成员繁殖进入下一代遵循概率分配和适者生存。Jha 等（2008）展示了该方法在一维电阻率反演中的应用。Schwarzbach 等（2005）利用并行计算和遗传算法解决了二维电阻率反演问题。Liu 等（2012）应用遗传算法实现了三维电阻率反演，同时在变异过程中借助雅可比矩阵确定突变方向。目前尚不清楚该方法是否会求得全局最优解。

另一种遵循生物学理论的全局搜索方法是粒子群优化，参数集由一群粒子表示。在迭代过程中，粒子的位置和运动速度不断变化，模仿一群鸟或一群昆虫寻找食物的运动过程。Shaw 和 Srivastave（2007）阐述了该方法在一维垂直电测深法中的应用。

迄今为止介绍的方法都是基于某种自然科学类比下参数集的演化，人工神经网络（Lippmann，1987）则采用不同的方法由处理操作网络（神经元）将观测数据映射到模型中，

网络通过训练过程构建，并可能包括反馈元素。van der Baan 和 Jutten（2000）在地球物理学背景下概述了该方法。Calderon-Macias 等（2000）阐述了 VES 数据反演方法，Neyamadpour 等（2010）将神经网络应用于三维电阻率问题。神经网络是一类机器学习模型，尽管最初是在 20 世纪 40 年代构想出来（McCulloch and Pits，1943），但直到近些年，该方法在解决地球物理反演问题方面的能力才得到广泛认可。Russell（2019）对地球物理学中的机器学习方法提出了建设性的意见，主张注重物理概念和机器学习之间的平衡。Laloy 等（2018），Ray 和 Myer（2019）实现了结合马尔可夫链蒙特卡罗抽样和机器学习的地球物理应用。

5.2.5.3 联合反演和耦合反演

前面的章节讨论了如何通过调整粗糙度矩阵结合先验信息约束基于梯度法的传统电阻率数据反演，例如，当已知岩性边界时，通过钻孔测井、探地雷达或地震折射测量（Doetsch et al.，2012b）的方法非常有效。在某些情况下，如果还有来自其他地球物理技术的调查数据，就可以将这些数据与电阻率测量数据并行建模，从而联合反演两个（或多个）数据集。例如，直流电阻率法和电磁感应法都是反演电阻率分布，这两种方法的联合反演相对简单，目标函数只是两个单独的数据拟合项的简单相加，只需确定数据拟合项的权重以平衡各个数据集。Sasaki（1989），Monteiro Santos 等（2007）展示了直流电阻率和大地电磁测深的联合反演。有时“联合反演”一词不恰当地用于描述多种类型直流电阻率四极阵列反演（Candansayar，2008；Demirel and Candansayer，2017）。

采用两种测量方法可能探测的是不同的地球物理特性（如电阻率和地震速度），但由于地层的几何结构之间可能存在一定的相关性（Hering et al.，1995；Misiek et al.，1997），联合分析反演模型可以确定每个地球物理特性中的信息含量（JafarGandomi and Binley，2013）。另外，地球物理性质之间的联系可能来自岩石物理性质，如流体饱和度与电阻率和介电常数之间的联系，从而通过共同的属性或状态联合反演跨孔雷达和电阻率数据。然而，正如 Tso 等（2019）所述（参见第 2 章），岩石物理模型可能具有不确定性，在任何反演中都应该加以考虑。

联合反演的另一种方法是考虑与数据一致的两个及以上模型的结构相似性。Gallardo 和 Meju（2003）开发了一种简单有效的量化相似性的方法，由向量积定义交叉梯度罚函数：

$$\tau(x,y,z)=\nabla \boldsymbol{m}_1 \times \nabla \boldsymbol{m}_2 \tag{5.52}$$

式中，$\boldsymbol{m}_1$ 和 $\boldsymbol{m}_2$ 为两类模型参数。

两类参数空间的梯度方向相同或相反的区域或其中一个参数空间的梯度为零的区域，式（5.52）中 τ 的值为零，两类参数在结构上相似。在通常的其他区域，τ 的值是非零的。根据式（5.52）计算所有单元的 τ 值，令其最小化并耦合到目标函数中。Gallardo 和 Meju（2003）的结果说明了该方法在二维电阻率和地震数据联合反演中的有效性，并展示了根据两个反演参数集之间的关系 τ 识别岩性单元。Linde 等（2006）采用相同的交叉梯度约束反演三维跨孔电阻率和探地雷达数据。Doetsch 等（2010b）将该方法扩展到三个数据集（电阻率、雷达和地震）的三维跨孔反演分析中。Gallardo 和 Meju（2011）完成了基于交叉梯度方法的综述研究。其他采用结构约束的电阻率与其他地球物理数据联合反演的应用包括 Bouchedda 等（2012），Hamdan 和 Vafidis（2013）的研究。

基于交叉梯度方法同样可以处理时移数据。在跨孔时移电阻率和流体饱和度变化地震监测研究中，Karaoulis 等（2012）在静态和动态过程中都采用了交叉梯度约束。时移数据反演也可以与水力学模型相结合，换句话来说，不是通过地球物理测量来推理水力响应，而是由水力学模型约束地球物理数据的反演，最初，这个概念是在前面提到的随机引擎方法中提出（见 Aines et al.，2002），并求解渗透率等水力参数的分布。Binley 等（2002a）运用跨孔时移电阻率数据校正非饱和流动模型确定示踪剂的质量分布（Crestani et al.，2015）。Kowalsky 等（2004）提出了根据地球物理雷达数据约束地下水流模型的方法，称该方法为水文地球物理耦合反演（Ferre et al.，2009）。类似的根据电阻率数据约束地下水流模型研究可以见 Looms 等（2008）、Hinnell 等（2010）、Huisman 等（2010）、Mboh 等（2012）、Phuong Tran 等（2016）和 Kang 等（2019）的研究。对于高度非线性的非饱和水流问题，计算需求极大。Oware 等（2013）提出了由蒙特卡罗模拟水流和溶质运移模型生成训练图像，随后用于约束地球物理数据反演的替代方法。大多数水文地球物理耦合反演都需要可靠的岩石物理模型来关联水力性质或状态与地球物理参数。此外，考虑到大多数应用中岩石物理模型的不确定性，可能会进一步限制此类方法的应用范围（Tso et al.，2019）。Johnson 等（2009）提出数据域相关方法试图解决这一难题。最后，值得强调的是，耦合水文地球物理代码现在已经开源（如 Johnson et al.，2017），为此类应用提供了更多机会。

5.2.6　电流源模拟与反演

在 4.2.2.11 节中阐述了如何通过直流电阻率测量评估水力屏障的完整性（图 4.37）。解决该类问题的目标是确定屏障内电流源或通常称为渗漏源的分布，类似于直流电阻率的反演问题。假设电阻率是均质的并且地面是平坦的（z=0），由式（4.5）可知距离电流源 r 处的坐标为（x_p，y_p，0）的电压为

$$V\left(x_\mathrm{p},y_\mathrm{p},0\right)=\frac{I\rho}{2\pi r} \tag{5.53}$$

根据叠加原理，由 M 个电流源作用产生的电压为

$$V\left(x_\mathrm{p},y_\mathrm{p},0\right)=\frac{\rho}{2\pi}\sum_{i=1}^{N}\left(\frac{I_i}{r_i}\right) \tag{5.54}$$

那么问题就转变成给定 N 个测量值 V_j，j=1，2，…，N，确定未知数 I_i 和 r_i，i=1，2，…，M，且所施加的总电流满足 $\sum_{i=1}^{N} I_i = I$。

对于更一般的问题，假设电阻率在空间上是变化已知的，通过常规方式的电阻率成像开展先验调查，并且由下式针对单个电流源的势场在三维空间建模：

$$\frac{\partial}{\partial x}\left(\frac{1}{\rho}\frac{\partial V}{\partial x}\right)+\frac{\partial}{\partial y}\left(\frac{1}{\rho}\frac{\partial V}{\partial y}\right)+\frac{\partial}{\partial z}\left(\frac{1}{\rho}\frac{\partial V}{\partial z}\right)=-I\delta(x)\delta(z) \tag{5.55}$$

然后，基于网格的离散化，在研究区域内的每个节点上分配一个电流源，即待求解的参数 $\boldsymbol{m}$ 为 M 个 I_i 值的集合，由基于光滑约束的最小二乘法可得

$$\varPhi_\mathrm{d}=\left[\boldsymbol{d}-F(\boldsymbol{m})\right]^\mathrm{T}\boldsymbol{W}_\mathrm{d}^\mathrm{T}\boldsymbol{W}_\mathrm{d}\left[\boldsymbol{d}-F(\boldsymbol{m})\right]+\alpha\boldsymbol{m}^\mathrm{T}\boldsymbol{R}\boldsymbol{m} \tag{5.56}$$

式中，$F(\boldsymbol{m})$ 为式（5.55）通过叠加法确定的所有节点电流源的解。由于问题是线性的，缩

放电流的同时会按比例缩放任一节点的电压，所以该问题比非线性电阻率问题更容易解决。

Binley 等（1997）举例说明了上述方法在计算泄漏金属地下储罐电流源分布的应用，并在储罐周围的钻孔中布设电极以记录电压。由于除了水力泄漏外，导电槽底座还会发生电流泄漏，因此，式（5.56）中的第二项对应的平滑约束是有效的。对于绝缘屏障泄漏，如 HDPE 防渗膜，可以采用不同的正则化方法，或者如 Binley 等（1997）所述，可以采用随机搜索方法，但如 Binley 和 Daily（2003）所述，实际上很难区分多个泄漏源。该方法还可应用于分析自然电位信号（Minsley et al.，2007）和植物根-土壤相互作用的电学特性（Mary et al.，2018）。

5.3 激发极化法

5.3.1 概述

正如第 3 章和第 4 章讨论的，可以从时间域出发，使用极化率的概念，或者从频率域出发，使用复电阻率的公式处理激发极化问题。下面将介绍这些方法是如何作为直流电阻率问题的延伸而使用的。复电阻率方法并不局限于在频率域内的测量，因为测量的视极化率和等效复电阻率相位之间可以相互转换（参见第 3 章）。

分析激发极化数据的方法选择因事而异。极化率的方法理论已相对成熟，并且计算更简单（如下文所示）。然而，在某些情况下，由于大多数岩石物理关系（参见第 2 章）是基于复电阻率测量，因此解释极化率图像（反演时间域激发极化数据）可能具有挑战性。复电阻率方法在数学上更简洁，但可能需要更大的计算成本。

如第 2 章所示，根据极化效应的频率相关性，即频谱激发极化，可以深入研究水文和生物地球化学的特性和过程。下文主要介绍从测量的频谱中确定宏观频谱特性，以及从现场数据中模拟或解释频谱特性的时空变化。

5.3.2 时间域正演模拟

如 4.3.1 节所述，如果采用 Seigel（1959）的极化率定义［式（4.21）］，那么根据式（4.42），由 M 个电阻率 ρ_j 和真实极化率 $\hat{m}_j$ 单元（$0<\hat{m}_j<1$）表征介质体的视极化率为

$$M_{\mathrm{a}}=\sum_{j=1}^{M}\hat{m}_j\frac{\partial\log\rho_{\mathrm{a}}}{\partial\log\rho_j} \tag{5.57}$$

鉴于式（5.57）中电阻率与视极化率之间的隐式关系，可使用已经建立的直流电阻率问题的方法模拟激发极化。式（5.57）中的导数与直流电阻率反演问题［式（5.29）］的雅可比矩阵相同，但都是以视电阻率的测量值表示，而不是以转移电阻表示。在 4.3.1 节中展示了如何使用该式模拟二维和三维的水平分层系统的电阻率和极化率观测响应。

5.3.3 频率域正演模拟

Weller 等（1996a）首次提出了另一种解决激发极化问题的方法，即根据复电阻率来表

示控制方程。尽管还有一些本质的区别，但这是直流电阻率问题的直接扩展，复电阻率 ρ^* 以复数表示，也可以由幅值$|\rho^*|$和相位 φ 表示，那么对于二维情况，式（5.7）可以改写为

$$\frac{\partial}{\partial x}\left(\frac{1}{\rho^*}\frac{\partial v^*}{\partial x}\right)+\frac{\partial}{\partial z}\left(\frac{1}{\rho^*}\frac{\partial v^*}{\partial z}\right)-\frac{v^* k_{\mathrm{w}}^2}{\rho^*}=-I\delta(x)\delta(z) \tag{5.58}$$

可以直接求解 v^*，也可以根据式（5.8）转换为（复数形式）电压 $V^*(x, y, z)$。在求解 v^* 时可以使用与直流电阻率问题相同的方法，或者借助复杂线性方程求解器（Schwarz et al.，1991）。复电阻率相位的剖面示例见图 4.39。

如前文所述，可以采用奇点去除法提高精度，同时也可以应用混合边界条件（Kemna，2000）。同样可以简单地扩展到 3D 问题，但需要注意以下几点：①将公式作为复数问题导致计算机内存存储需求增加一倍；②复变量的算术运算比应用于实变量的相同运算更耗时。因此，大型 3D 问题的总体计算需求偏高。另一种建模策略是将实电压和虚电压解耦（如 Commer et al.，2011；Johnson and Tholme，2018），联合求解从而降低处理复数计算的计算量。Farias 等（2010）给出了一个复电阻率正演模拟案例。

求解复电阻率（而非极化率）反演问题的显著优势在于直流电阻率问题中涉及的方法可以相对容易地应用于求解激发极化问题，如各向异性的影响（Kenkel et al.，2012）。此外，由于实部和虚部与传导和极化传输机制相关，因此解译难度较小。

电磁耦合模拟

在激发极化测量中，发射器、接收器和地面之间的电磁耦合会产生显著影响，并随着电极分离、接地电导率和频率的增加而增加（Millett，1967；Dey and Morrison，1973）。在时间域测量中，通常忽略电磁耦合效应，并假设电流关闭后的记录延迟足够长，可以将这种影响降到最低，尽管在全波形数据采集过程中，这种影响可能不可忽略（3.3.2.3 节）。对于频率域测量，即使在相对较低的频率下，耦合效应也可能很明显，这限制了频谱激发极化测量中高频测量的有效性。

如果进行多频率测量，可以用两种方法解决这个问题。最简单的方法是使用简单的多项式作为频率的函数表示耦合效应，并在多个频率下进行参数化测量（Song，1984），随后可去除耦合效应。或者，可以应用 Cole-Cole 弛豫模型模拟高频效应去除耦合成分（Pelton et al.，1978a）。虽然该方法实施起来很简单，但其有效性一直受到质疑（Major and Silic，1981）。

另一种方法是基于物理的耦合建模方法（Wait and Gruszka，1986；Routh and Oldenburg，2001；Ingeman-Nielsen and Baumgartner，2006），对于更复杂的几何结构或者三维结构，精确建模耦合效应受到一定的限制。Zhao 等（2015）展示了应用于广义电极阵列的基于物理的模拟方法。

5.3.4　时间域反演模拟

通常来说，时间域数据的反演模拟等同于在给定一组四极阵列测得的极化率数据的基础上，确定真实极化率的空间分布。根据真实极化率和电阻率，计算归一化极化率。如第

2 章所讨论的，这个归一化值相比于真实极化率可能会提供更多关于极化率的信息。

根据式（5.57），该过程通常为首先求解直流电阻率问题，然后进行真实极化率的线性化反演。Pelton 等（1978a）首次利用该方法结合阻尼法反演二维极化率数据。LaBrecque（1991），Iseki 和 Shima（1992）都提出了激发极化层析成像正则化反演方法，重点分析跨孔数据。根据与式（5.21）相同形式的最小化目标函数：

$$\Phi_{\mathrm{d}}=\left[\boldsymbol{d}-F(\boldsymbol{m})\right]^{\mathrm{T}}\boldsymbol{W}_{\mathrm{d}}^{\mathrm{T}}\boldsymbol{W}_{\mathrm{d}}\left[\boldsymbol{d}-F(\boldsymbol{m})\right]+\alpha\boldsymbol{m}^{\mathrm{T}}\boldsymbol{R}\boldsymbol{m} \tag{5.59}$$

式中，数据 $\boldsymbol{d}$ 为 N 个视极化率 $M_{\mathrm{a},i}$（i=1，2，…，N）；参数 $\boldsymbol{m}$ 为真实极化率 m_j（j=1，2，…，M）；数据权重矩阵 $\boldsymbol{W}_{\mathrm{d}}$ 表示实测视极化率的不确定性，正演模型算子 $F(\boldsymbol{m})$ 见式（5.57）。

鉴于式（5.57）中线性正演模型的定义，雅可比矩阵与极化率无关，由下式计算：

$$J_{i,j}=\sum_{k=1}^{M}\frac{\partial\log\rho_{\mathrm{a},i}}{\partial\log\rho_k}\ (i=1,2,\cdots,N;\ j=1,2,\cdots,M) \tag{5.60}$$

也就是说，这个是线性问题，可以一步求解完成。然而，式（5.57）与直流电阻率数据反演得到的电阻率分布相关。Oldenburg 和 Li（1994）提出了类似的极化率反演方案，并探讨了错误定义电阻率分布对极化率反演模型的影响，并得出直流电阻率反演模型应该为极化率建模提供足够的数据支持，假设电阻率均质分布会降低反演性能的结论。Oldenburg 和 Li（1994）同时提出了解决非线性极化率反演问题的方法，该解不受上述真实极化率假设的影响。对于大多数情况，更简单的线性化求解方法可以得到符合精度的解，并且在计算上更简单。Li 和 Oldenburg（2000）将该方法扩展到 3D 问题。Beard 等（1996）基于低对比度电阻率和激发极化参数近似开发了一种计算更简单的方法；然而，考虑到计算能力的日益提升，目前来看，该方法的价值有限。

5.3.5 频率域反演模拟

激发极化反演问题也可以采用复电阻率的形式表述。在这种情况下，激发极化数据以复阻抗（即转移阻抗的幅值和相位）的形式表示。Weller 等（1996b）首次提出了以这种方式反演激发极化数据，尽管该方法具有一定的局限性，没有充分处理数据误差，并且没有考虑正则化方法。Kemna（2000）提出了一种更稳健的方法，该方法随后广泛应用于野外数据反演（Kemna et al.，2004）。

在 Kemna（2000）的公式中，参数和数据分别定义为复电导率和视复电导率的自然对数，对数电导率相当于负对数电阻率。假设复数 Z^* 可以表示为 $|Z^*|\mathrm{e}^{\mathrm{i}\varphi}$，则电阻率数据的实部和虚部分别为 $\log_{\mathrm{e}}(K_iZ_i)$ 和 φ_i，其中，K_i 为装置系数，Z_i 为转移阻抗幅值，φ_i 为测量 i 的相位。这样表示数据需要测量极性与其正演模拟一致。对于在边界表面（如地面）进行的测量，这不太可能是一个问题，因为任何负的视电阻率都可以在反演之前过滤掉。然而，对于使用埋设电极的测量（如跨孔测量），模拟和测量的视电阻率在反演过程中可能存在极性差异（Wilkinson et al.，2008）。这可以通过忽略与模型极性不匹配的数据解决。随着反演的进行和电阻率结构的迭代，这些值可能会重新引入。

Kemna（2000）阐述了雅可比矩阵可以根据直流电阻率问题的方式计算得到复数矩阵。

然而，数据权重矩阵 $\boldsymbol{W}_\mathrm{d}$ 是实数矩阵，其中包括了实部和虚部测量误差，这可能会导致在反演过程中电阻率数据的权重偏大。为了解决这个问题，Kemna（2000）开发了两阶段的反演过程。首先，使用等同于式（5.25）的复数公式求解复电阻率（其中，$\boldsymbol{W}_\mathrm{d}$、$R$ 和 α 为实数）。一旦达到收敛准则，引入最后的相位修正步骤，即保持所有参数的复电阻率的大小不变，但重新求解一遍相位角。Kemna（2000）展示了这种分步计算的方式与完整的复电阻率公式相似（如雅可比矩阵）。通过执行最后的相位修正，在反演过程可以适时地解释相位角误差。

这个过程可以有效地视为实参数和虚参数的解耦反演，从计算的角度来看，其效率低于真正的解耦反演（Commer et al.，2011）。

图 5.28 展示了根据 Mejus（2015）的数据进行的复电阻率反演的示例。在这项研究中，激发极化法用于评估区域砂岩含水层的脆弱性，重点评估覆盖层的厚度和水力性质。图 5.28 的调查是使用时间域激发极化仪（Syscal Pro，Iris Instruments）进行的，视极化率转换为等效相位，假设 1mrad=1mV/V（见 3.3.3 节）。图像显示了位于约 10m 深度清晰的砂岩边界。沿着调查剖面的固定位置进行动态探针测试显示，覆盖层沉积物（黏土、砂、砾石）的强度存在垂直变化，更接近以虚部电导率表示的电极极化的变化而不是电导率的变化。第 6 章介绍了应用于一系列问题的激发极化反演示例。

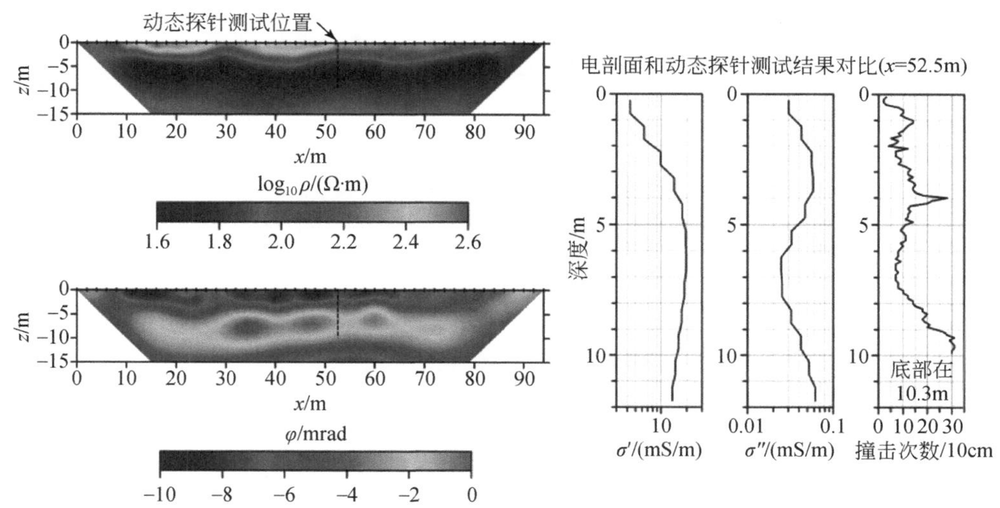

图 5.28　地表电极复电阻率数据反演（彩色图件见封底二维码）

该调查采用 48 个电极，电极间距为 2m，电极位置在图中展示。三个折线图显示了反演剖面 x=52.5m 处实部电导率、虚部电导率结果和动态探针测试结果的比较，测试的最大深度为 10.3m，即基岩顶部位置

与直流电阻率情况类似，激发极化反演模拟也可以加入先验信息优化结果。在许多环境应用中激发极化信号通常相对较弱，先验约束可以显著改善模型结果，如 Slater 和 Binley（2006）关于渗透反应墙成像的应用。Blaschek 等（2008）提出了更复杂的使用最小梯度支持函数实现复电阻率成像的方法。

如 5.2.3 节所述，测量误差的不准确评估会对反演模型产生重大影响。在激发极化建模中，由于激发极化测量的信噪比较低，这个影响更不可忽略。为了说明噪声的影响，对图5.11中的电阻率模型进行修正，加入了如图5.29所示的极化异常。阻抗幅值添加2%高斯噪声，相位噪声的标准偏差为1mrad或5mrad，然后进行复电阻率反演。反演得到的相位模型如图5.29所示，电阻率结果与如图5.19所示直流电阻率相同。对于1mrad低噪声情况，两个极化异常体都显示出来。然而，对于较大的5mrad噪声水平，如预期的一样，两个极化异常体特征模糊。对于该简单示例，添加的噪声水平与可能在现场考虑的噪声水平相近；然而，目标异常可能是更大的相位值（100mrad），因此，在对激发极化图像进行定量分析时必须谨慎选择噪声误差，特别是确定地下的物理和化学性质时。Flores Orozco 等（2012）进一步说明了测量误差对复电阻率图像的影响。

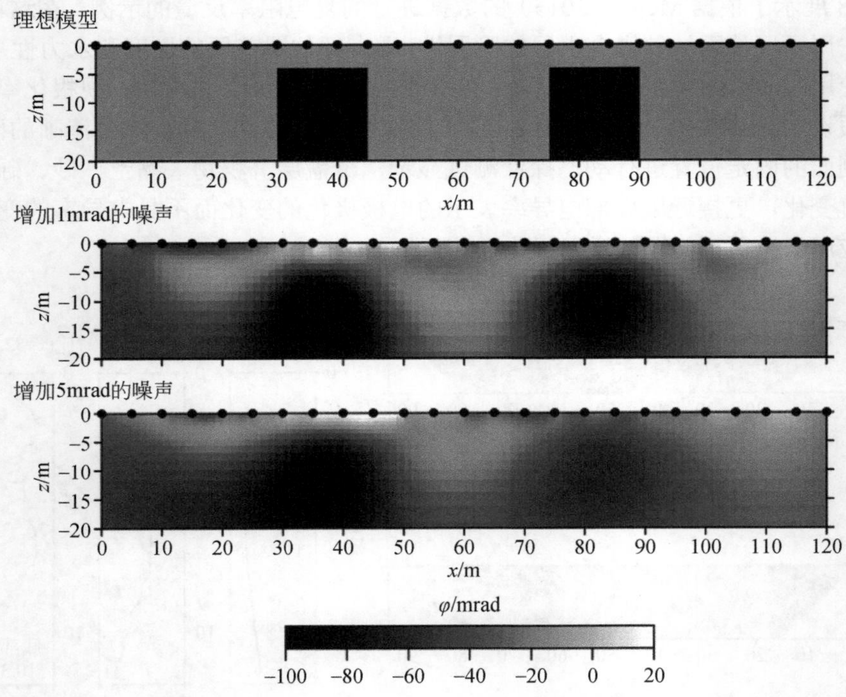

图5.29 修正后的图5.11中的复电阻率相位反演模拟结果

模型中加入两个极化异常体，下方的两幅图像显示了应用于模拟数据集不同噪声水平的反演模型

虽然以上的示例是基于二维模型，扩展到三维应用是容易实现的，尽管计算成本可能很高，对于大规模问题可能需要并行计算。例如，Binley 等（2016）举例说明了三维复电阻率成像的跨孔应用。同样地，扩展到有界问题（如实验室砂箱、砂柱等）也是相对简单的（Kemna et al.，2000）。多频阻抗成像在生物医学领域也开展了广泛应用，如呼吸系统成像（Brown et al.，1994）、神经学（Yerworth et al.，2003）等领域的应用。

5.3.6 时移反演模拟

与直流电阻率一样（见5.2.2.10节），激发极化数据可以在时间跨度框架中建模。由于从激发极化信号特征的变化中可以反映动态的地下过程，逐步发展的相关应用示例包括：水力筑堤中的流体运动（Abdulsamad et al.，2019）、植物根系与土壤相互作用（Weigand and Kemna，2019）、生物气体生成（Mendoca et al.，2015）、污染地下水修复（Williams et al.，2009；Flores Orozco et al.，2013；Sparrenbom et al.，2017）。6.2.6 节、6.2.7 节和 6.2.8 节详细阐述了案例研究。

时移激发极化数据的模拟是直流电阻率时移分析相对简单的扩展。对于时域激发极化数据，如果采用式（5.57），那么在假设导数变化很小的情况下，观测到的视极化率和真实极化率的变化之间存在线性关系：

$$\Delta M_{\mathrm{a}} = \sum_{j=1}^{M} \Delta \hat{m}_j \frac{\partial \log \rho_{\mathrm{a}}}{\partial \log \rho_j} \tag{5.61}$$

因此，应用于静态成像的相同线性反演步骤可以应用于时移数据。Kim 等（2018）已经提出了四维反演策略，该方法是直流电阻率时移反演方法的扩展。

以复电阻率形式表述的激发极化问题同样可以扩展到时移分析，复电阻率数据可以采用同样的差分反演方法［式（5.32）］，或者较简单的比值反演方法。Karaoulis 等（2013）说明了如何应用复电阻率数据的完整四维分析。

在处理时移激发极化数据时，测量误差会对反演模型的质量产生很大的影响。Flores Orozco 等（2019b）利用在地下水污染场地收集的频率域数据说明了分析时移激发极化数据质量的方法。

5.3.7　频率相关属性的反演

正如第 2 章所讨论的，电学性质与频率相关，极化的频谱特征可以揭示地下材料的基本性质和状态。到目前为止，在本章中所使用的真实极化率代表了极化的累积测量，而复电阻率代表特定频率。在某些应用中，期望确定的是地下的频谱特性。在本节中，首先展示如何从时间域或频率域的测量中确定特定属性；然后说明如何将这些概念扩展到现场勘测。

5.3.7.1　弛豫模拟

根据式（2.113），Pelton 等（1978a）所述的 Cole-Cole 弛豫模型的表达式为

$$\rho^*(\omega) = \rho_0 \left\{ 1 - \sum_{i=1}^{n_{\mathrm{r}}} \tilde{m}_i \left[1 - \frac{1}{1 + \left(\mathrm{i}\omega\tau_{0,i} \right)^{c_i}} \right] \right\} \tag{5.62}$$

式中，n_{r} 为弛豫项数；ω 为角频率（$\omega = 2\pi f$），f 为频率；ρ_0 为直流电阻率，$\tilde{m}_i$，$\tau_{0,i}$ 和 c_i 为第 i 个弛豫项的极化率、时间常数和 Cole-Cole 指数；$n_{\mathrm{r}} > 1$ 表示高频频散（如与耦合相关）（Pelton et al.，1978a）。

Kemna（2000）概述了利用 Levenberg-Marquardt 方法确定给定 $\rho^*(\omega)$ 测量谱的 $3n_{\mathrm{r}}+1$ 个参数的方法。图 5.30 为适合砂岩样品测量的复电阻率谱的示例模型（Osterman et al.，2016）。在该示例中，使用了双弛豫模型，共计七个拟合参数，其中参数 ρ_0、$\tilde{m}_1$、$\tau_{0,1}$、c_1 是重点关注的低频特性。6.2.5 节的案例研究表明，Cole-Cole 模型可用于评估频谱性质与渗透

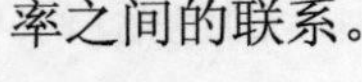
率之间的联系。

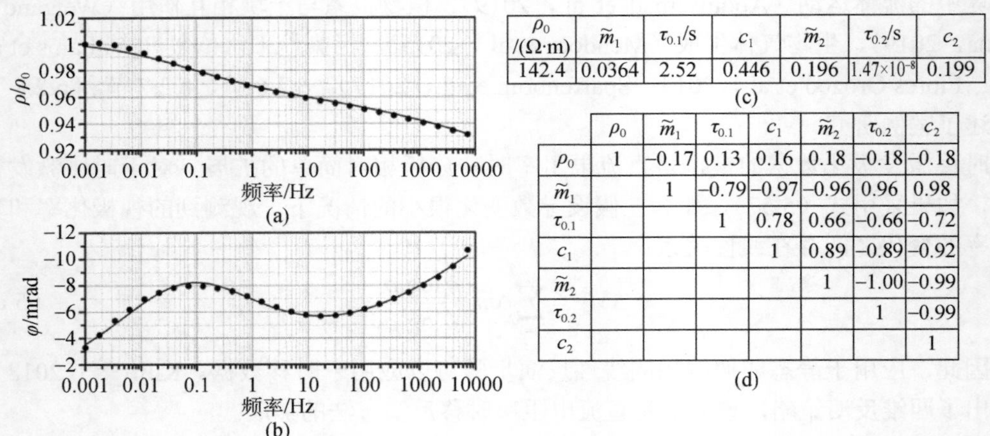

ρ_0 /(Ω·m)	$\widetilde{m}_1$	$\tau_{0.1}$/s	c_1	$\widetilde{m}_2$	$\tau_{0.2}$/s	c_2
142.4	0.0364	2.52	0.446	0.196	1.47×10^{-8}	0.199

(c)

	ρ_0	$\widetilde{m}_1$	$\tau_{0.1}$	c_1	$\widetilde{m}_2$	$\tau_{0.2}$	c_2
ρ_0	1	−0.17	0.13	0.16	0.18	−0.18	−0.18
$\widetilde{m}_1$		1	−0.79	−0.97	−0.96	0.96	0.98
$\tau_{0.1}$			1	0.78	0.66	−0.66	−0.72
c_1				1	0.89	−0.89	−0.92
$\widetilde{m}_2$					1	−1.00	−0.99
$\tau_{0.2}$						1	−0.99
c_2							1

(d)

图 5.30　Cole-Cole 模型拟合实测频谱激发极化数据示例

（a）测量值（点）和模型曲线（线）的电阻率幅值对比；（b）测量值（点）和模型曲线（线）的相位角对比；（c）拟合参数；（d）拟合参数的相关系数矩阵。模型拟合使用 Andreas Kemna 编写的 SpecFit 代码

为了评估模型的拟合情况，模型协方差矩阵 $\boldsymbol{C}_{\mathrm{m}}$（见 5.2.4.4 节）可以使用式（5.44）计算。由此，可以计算模型参数 i 与 j 之间的相关性（一维探测见 5.2.2.4 节）：

$$r_{i,j}=\frac{\boldsymbol{C}_{\mathrm{m}i,j}}{\sqrt{\boldsymbol{C}_{\mathrm{m}i,i}\boldsymbol{C}_{\mathrm{m}j,j}}} \tag{5.63}$$

图 5.30（b）为这个示例中拟合参数的相关系数矩阵。由于高频数据较少，高频项参数 $\tilde{m}_2$、τ_2、c_2 之间表现为高相关性。但这仅是为了消除高频效应，与研究对象的属性无关。然而，低频项参数 $\tilde{m}_1$、τ_1、c_1 也表现出显著的相关性，表明了参数确定的非唯一性。Xiang 等（2001）开发了直接由复电阻率谱估计 Cole-Cole 参数的方法，该方法无法评估上述的模型协方差矩阵。如前所述，基于 Gauss-Newton 的方法确定弛豫模型参数也可能高度依赖起始模型，即反演可能会陷入目标函数的局部最小值。Ghorbani 等（2007）和 Chen 等（2008）提出了基于贝叶斯理论作为量化后验模型不确定性的方法。如果使用 MCMC 采样，则与 Gauss-Newton 法相比，计算成本要高得多，但鉴于要确定的参数数量较少，计算成本并不过高。

如上所述，Pelton 等（1978a）的方法通常需要至少两个弛豫模型才可以与观测数据较好的匹配。另一种弛豫模型是基于 n_{r} 个德拜弛豫：

$$\rho^*(\omega)=\rho_0\left[1-\sum_{i=1}^{n_{\mathrm{r}}}\tilde{m}_i\left(1-\frac{1}{1+\mathrm{i}\omega\tilde{\tau}_{0,i}}\right)\right] \tag{5.64}$$

式中，n_{r} 为一个足够大的数，保证模型能够反映测量的响应。实际上，Cole-Cole 模型等价于一系列遵循时间常数 $\tilde{\tau}_{0,i}$ 对数正态分布的 Debye 模型。

根据式（5.64），总极化率 $m_{\mathrm{tot}}=\sum_{i=1}^{n}\tilde{m}_i$ 与 Cole-Cole 模型中的极化率 $\tilde{m}$ 类似。Nordsiek 和 Weller（2008）提出了一种确定 Debye 弛豫模型分布的方法（Zisser et al.，2010b），通常称为

Debye 分解。Keery 等（2012）基于贝叶斯公式和 MCMC 采样扩展了该方法，从而计算参数的不确定性估计。Weigand 和 Kemna（2016b）提出了基于正则化 Debye 分解反演时移复电阻率的方法。

到目前为止，本节主要讨论频率域测量，然而，大多数激发极化调查都是在时间域模式下进行的。在 3.3.2.3 节中，展示了如何对数字化的电流和测量电压信号在整个脉冲序列上进行傅里叶分析，得出等效的频率域测量，尽管这种分析方法不太可能提供足够广泛的频谱覆盖范围，以评估弛豫模型参数。该方法目前通常称为全波形分析。然而，在应用早期，相关学者对激发极化调查测量到的电压衰减推导弛豫参数很感兴趣（Pelton et al.，1978a；Tombs，1981；Johnson，1984）。早期的研究使用了图形解决方案（主曲线）（Tombs，1981）。考虑到参数的不确定性估计，随机反演方法得到了应用（Ghorbani et al.，2007）。Vinciguerra 等（2019）使用粒子群优化方法（参见 5.2.5.2 节）反演模拟，实现了数字化的电流和电压全波形分析。

5.3.7.2 弛豫特性的成像

在 5.3.7.1 节中，重点讨论了通过一次测量确定频谱特性，如在实验室中测定均质样品的整体特性，该方法可以扩展到成像数据分析。频率域复电阻率数据处理是上述分析的逻辑延伸。可以先对各个频率采集的数据单独反演，然后对参数单元值进行频谱和弛豫模型反演分析。Kemna（2000）首次使用 Cole-Cole 模型说明了该方法，包括 Williams 等（2009）的示例。Weigand 等（2017）比较了从多频成像中估计的 Cole-Cole 和 Deybe 弛豫模型参数。理论上，该方法可以通过在空间和频率维度上进行正则化，类似于时移反演将所有数据一起反演。

鉴于弛豫特性和时间域激发极化衰减之间的理论联系（如 5.3.7.1 节所讨论的），也可以直接使用时间域数据进行频谱特征成像。Yuval 和 Oldenburg（2017）基于式（3.10）展示了如何通过分析电压衰减中的单个时窗确定 Cole-Cole 参数的图像（Hördt et al.，2006）。Fiandaca 等（2012）利用频率域传递函数将 Cole-Cole 模型参数和电压衰减测量联系起来，并考虑了脉冲响应的叠加，即在给定有限脉冲长度的情况下，第一个周期的激发极化效应可以存在于后续周期中（Fiandaca et al.，2013）。Fiandaca 等（2018a）展示了如何将该方法应用于不同的弛豫模型，Bording 等（2019）进一步演示了该方法在跨孔应用中的效果。认识到确定性反演方法的局限性，Madsen 等（2017）在 MCMC 采样的随机框架中使用了 Fiandaca 等（2012）的正演模拟方法，以展示如何从基于现场的时间域激发极化数据中确定改进弛豫模型参数的不确定性估计。由于计算能力的限制，他们只能解决一维电测深问题，但高维度的问题无疑很快就会得到解决。

5.3.8 反演模拟评估

在 5.2.4 节中讨论的反演模拟评估方法同样适用于激发极化反演问题，尽管相关论文较少。Kemna（2000 年）展示了由累积灵敏度图反演复电阻率。Weigand 等（2017）检验了单频和多频复电阻率反演的可靠性，并提供了关于弛豫模型参数可能的不确定性。Ghorbani 等（2007）和 Madsen 等（2017）根据随机方法量化激发极化反演模型中的不确定性。如果从激发极化反演模型中提取岩石物理关系估计地下结构的属性（如第 2 章所讨论的），那么不确定性的量化显然是非常重要的。

5.4 小 结

对于大多数应用来说，直流电阻率和激发极化数据的解译涉及不同程度的模拟，通常采用反演的形式。在过去的几十年中，电法数据反演模拟的发展极大地改变了解译测量数据的能力，这些发展是以正演模拟的进步为基础的。50 年前，依赖主观的曲线匹配方法解译一维探测数据。如今，可以在个人电脑上进行三维数据集的反演，甚至可以在现场解决相对较小的问题。对于大多数应用而言，近几十年来，电法数据反演模拟原理实际上并没有改变，大多数应用利用简单稳定的高斯-牛顿梯度方法寻找与数据一致的最优模型。这些方法简单、稳定，极大地促进了直流电阻率和激发极化技术的成功应用。附录 A 包含了一系列可用于一维、二维和三维建模的代码，以及 ResIPy 的详细信息。ResIPy 是一个开源建模环境，旨在提供读者分析全书使用的数据集和正演反演模拟。

本章详细阐述了正演和反演模拟的主要内容。对于反演模型的不确定性有了越来越多的认识，并且在以概率方式表述反演问题方面取得了进展。理解正演和反演模型的数学物理理论细节对于实际应用并不是必需的，但相关学者需要理解其中的假设，以便对数据做出恰当的解译。

在第 6 章中，将提供部分案例研究，介绍电阻率和激发极化模拟的应用。在第 7 章中，将展望直流电阻率和激发极化数据模拟、仪器和岩石物理学的未来发展。

第6章 案例研究

6.1 电阻率法案例研究

6.1.1 引言

根据目前的文献资料，直流电阻率法在环境和地球科学领域得到了多个尺度的广泛应用。由于篇幅限制无法展示全部领域的应用情况，本书选取了一些典型案例来展示直流电阻率在新兴领域的应用场景，并对此前书中涉及的概念进一步诠释。案例涵盖了迄今为止的相关文献，特别关注了利用时移测量来监测动态过程。此外直流电阻率法也广泛应用于包括岩性边界识别等领域，这些应用在本书中也有涉及。更多案例研究请读者参考其他应用地球物理的书籍。

本书对每个案例研究都提供了相应的背景信息，并对大部分案例提供了进一步阅读的参考文献。部分案例中还详细介绍了数据采集和模拟方法，并通过在线补充材料（www.cambridge.org/binley）提供了模型文件，以便感兴趣的读者使用本书所附的反演代码（附录 A）处理数据。

6.1.2 考古领域：兰卡斯特罗马堡垒遗迹调查

坐落于英国兰卡斯特的城堡可以追溯至诺曼王朝时代，该城堡的地表还保留着罗马占领时期的地基和石墙遗迹。城堡位于卢恩河畔，因此得名兰卡斯特，这里建立的罗马防御工事是直通英格兰西北海岸的战略基地。20 世纪 20 年代的考古调查揭示了罗马占领的证据，并于 1950～1970 年间开展了进一步的调查。2014 年，作为兰开夏郡市议会和兰卡斯特市议会“城堡之外”（Beyond the Castle）项目的一部分，Oxford Archaeology North 机构受委托在遗址内进行了一系列地球物理调查。Wood（2017）介绍了本次调查工作的更多细节，调查方法包括电磁法、电阻率法和探地雷达法，以指导遗址内的挖掘工作。2017 年，进行了二维电阻率成像调查，在 2014 年调查工作的基础上确定了目标区域。

Oxford Archaeology North 机构在 2014 年使用二极阵列在城堡和卢恩河之间的牧师庄园进行了调查，电阻率勘探结果如图 6.1（a）所示。本次测量工作使用了间距为 0.5m 二极阵列，测线间距为 1m，测量间距也为 1m，Gaffney 和 Gater（2003）称 0.5m 的二极阵列探测深度最深达 0.75m。调查工作在 30m×30m 的网格上通过 RM15-D（Geoscan Research，英国）电阻率仪完成。原始电阻数据删除了波动较大的异常读数，并采用滤波方法删除由于遗址内地质变化引起的大尺度趋势数据。由于二极阵列的无穷远电极在每个 30m 的网格中都有所变化，采用滤波方法校正了无穷远电极位置的影响，绘制了拼接电阻分布图。4.2.2.2 节曾介绍考古物理学家通常使用转移电阻来展示二极阵列测量的结果，因此本次调查并未使用视电阻率结果。

二极阵列的电阻率调查结果［图 6.1（a）］显示：遗址内电阻显著变化，一个呈直角的高阻特征非常明显。Wood（2017）认为这是一堵坚固城墙的地基，是三个连续堡垒边界中年代最新的一个。2016 年的挖掘工作证实了此处存在一道 4m 宽的石头和黏土墙地基，照片见 Wood（2017），此处还发现了几枚罗马晚期的硬币。2017 年，兰卡斯特大学使用 Syscal Pro（Iris Instruments，法国）仪器对此处进行了二维电阻率成像调查，共使用 96 个电极，极距为 1m，采用偶极-偶极阵列，偶极间距 a=1m、2m 和 3m，n=1～11。采集的数据通过 R2 代码进行反演（附录 A.2），图 6.1（b）、（c）展示了图 6.1（a）中标注的两条测线的电阻率反演剖面图。两个剖面都显示了一个高阻异常（约 1000Ω·m）区域，位于土壤层上方，厚度约 1m，宽度达几米。两个剖面的异常区位于同样的高度上，位置接近图 6.1（a）刻画的罗马堡垒 3 城墙处，为遗址历史上建筑物的存在提供了进一步的地球物理证据。

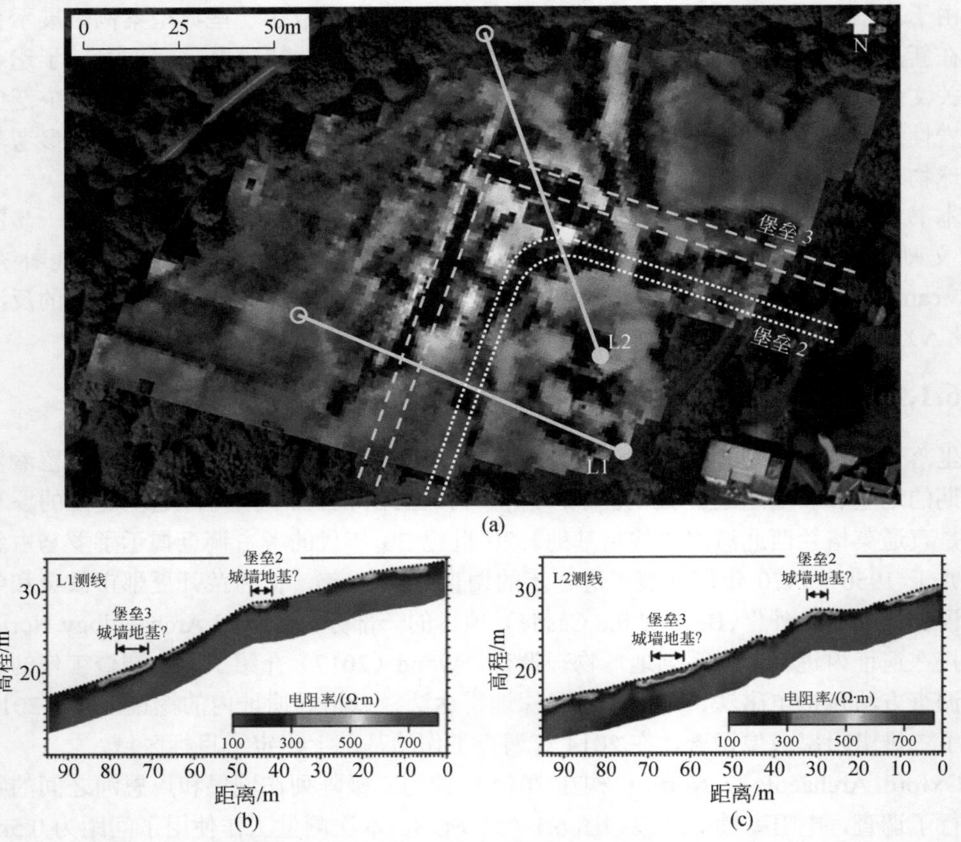

图 6.1　兰卡斯特牧师庄园遗址地球物理调查（彩色图件见封底二维码）

（a）复合二极阵列电阻率调查（白色：低电阻，黑色：高电阻），两个罗马堡垒城墙地基的解译位置（据 Wood，2017）以及两条二维电阻率剖面测线的位置（实心圆表示每条线上的零距离）；（b）L1 测线的二维电阻率结果；（c）L2 测线的结果。（b）和（c）中的垂直比例尺不同，高程比例尺基准是平均海平面

沿着测线还存在其他的电阻率异常区域，表明了场地中进一步的局部特征。Wood（2017）提到该遗址经历了罗马堡垒的一系列更替过程，随着占领的延续，规模不断扩大。

L1 和 L2 剖面上约 28m 高度的位置，电阻率特征与 Wood（2017）提到的较早堡垒 2 城墙的位置相吻合，这一结论是基于遗址的补充调查得到的。后续进行了与 L1 测线平行的短测线调查，结果表明：L1 测线上约 45m 处的电阻率高阻异常继续向北延伸。

此案例展示的地球物理结果在解译过程中会受到其他因素的影响，因此，需综合其他观测结果做进一步验证。在兰卡斯特遗址，地球物理调查及一系列其他方面的调查工作仍在继续进行，以期更清晰的刻画罗马帝国占领该地区的规模和目的，揭示该遗址对罗马帝国的战略意义。

6.1.3　水文地质领域：地下水-地表水交界面成像

在含水层与河流以及其他地表水体的交界面处，地下结构控制着地下水与地表水之间的交互。这种交互控制了水在两个系统之间运动，并影响溶质运移。例如，在地下水补给的河流中，河底沉积物的物理特征（如渗透率）会影响生物地球化学循环，这对维持河流的生态健康至关重要。

常规钻探很难在水中进行，而且可能会对河道产生影响而禁止钻探。钻探方法获取的是局部信息，无法提供连续的空间分布信息，地球物理电法可以进一步提供水下沉积物的结构（Butler，2009；McLachlan et al.，2017）。电阻率测量可以使用漂浮在水面上的拖曳式电缆阵列（见 4.2.2.5 节）或将电极布置在水底河床上，前者可以进行长测线的调查工作（Rucker et al.，2011）。Crook 等（2008）阐述了两种电阻率成像方法的应用效果，证明了电极布置在水底时得到的灵敏度更高（Day-Lewis et al.，2006）。

本案例展示了英国某白垩系集水区低地的电阻率调查结果。白垩系是英国的主要含水层，在一些地区白垩纪河流受到地下水过度开采和水质恶化的威胁。从 20 世纪 50 年代过度使用氮肥开始，这些肥料正缓慢地通过含水层流入河流。本次研究工作在泰晤士河流域的兰伯恩河进行电阻率调查，同时进行其他传统的调查工作，以构建兰伯恩集水区的概念模型，该模型可用于提升对河道的管理和保护。

在大谢福德村附近穿过兰伯恩河的电阻率成像调查结果如图 6.2 所示。此次调查布置了 32 个电极，极距为 1m，其中八个电极布置在河道内，测量阵列选用了温纳阵列（Crook et al.，2006）。分别使用常规反演方法和先验约束反演方法得到电阻率分布剖面图，图 6.2（a）展示了附录 A.2 的 R2 常规反演方法得到的结果，图 6.2（b）展示了将水体电阻率 20Ω·m 作为先验信息代入反演进程的结果。两个剖面图中的不透明区域代表由式（5.41）计算累计灵敏度得到的低灵敏度区域。代入水体先验信息的反演结果更清晰地刻画了地下结构，特别是冲积砾石层。钻探数据验证了电法结果的准确性，但电法无法清晰地刻画砾石和白垩纪基岩的界面信息。

在本案例研究中，将水体电阻率作为先验信息可以改善反演结果。但 Day-Lewis 等（2006）指出，错误的水体电阻率先验信息会使反演结果出现显著偏差。由于流体电导率的测量很容易进行，因此为水体先验信息赋正确的数值相对简单。然而，需要注意水体的电阻率可能会随着深度变化，并受到河流植被的影响，特别是对于深而缓的河流。此外，在势能较高的山区河流中，复杂的河床地形在反演过程中也应予以考虑（McLachlan，2020）。

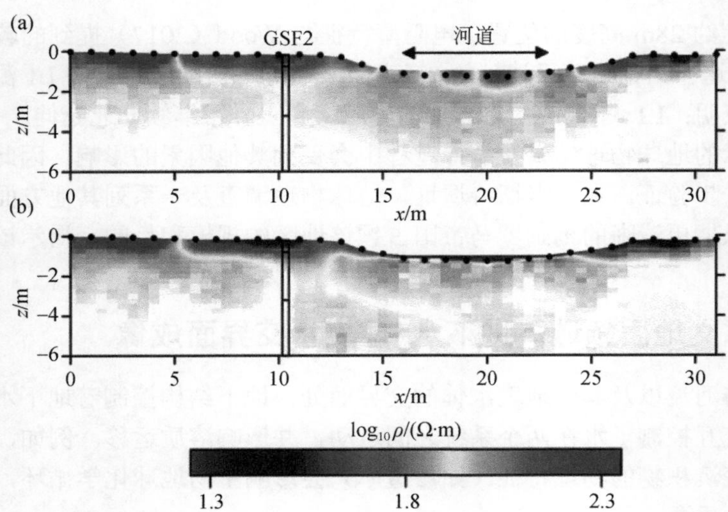

图 6.2 32 电极温纳阵列穿过兰伯恩河上的电阻率成像（电极位置由实心点表示；彩色图件见封底二维码）
（a）未考虑水体的反演模型；（b）将水体中单元的电阻率固定为测量值（20Ω·m）的反演模型。图像展示了河边浅钻井的位置，根据式（5.41）得到的累积灵敏度分布用于在电阻率图像中突出低灵敏度区域的不透明度

跨孔调查也可以用于刻画河道以下的地下结构。Crook 等（2008）在兰伯恩河畔的博克斯福德村附近进行了调查工作，此处位于大谢福德场地的下游数千米处。本次调查将电极布置在河流两岸的两个钻井中，共 32 个电极，电极间距为 0.5m；同时，一条地表测线穿过河流连通两个钻井，地表电极为 32 个，电极间距为 1m。使用二极阵列进行测量，无穷远电极距离河道 100m 左右。该测量布置无法满足 4.2.2.7 节提到的间距比 2：1 的理想钻井阵列长度，但穿过河流的地表测线一定程度上提高了河床下的灵敏度。利用 4.2.2.1 节介绍的误差分析方法对数据集分析可知本次调查互惠误差较低（图 6.3）。再次使用 R2 反演方法进行反演成像（图 6.4）。钻孔电极的使用使得砾石-白垩界面更清晰，此处的砾石层比上游的大谢福德场地更厚，图 6.4 的结果也与 Chambers 等在 2014 年进行的大尺度调查结果一致。

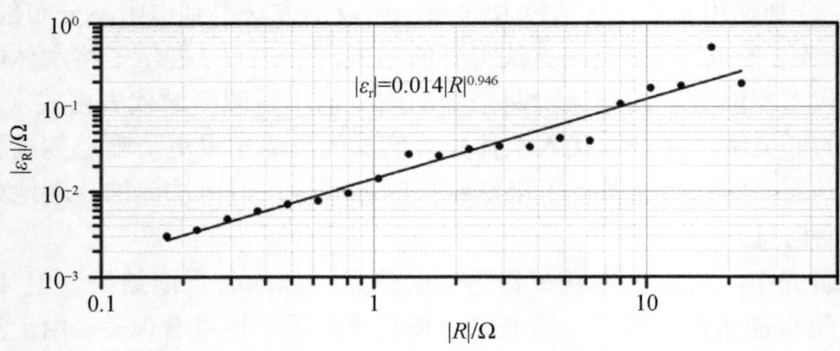

图 6.3 跨孔电阻率调查互惠误差随转移电阻的变化（据 Crook et al.，2008）
符号表示根据 4.2.2.1 节描述的程序计算分组样本得到的平均互惠误差，实线表示误差趋势与转移电阻的最佳拟合线

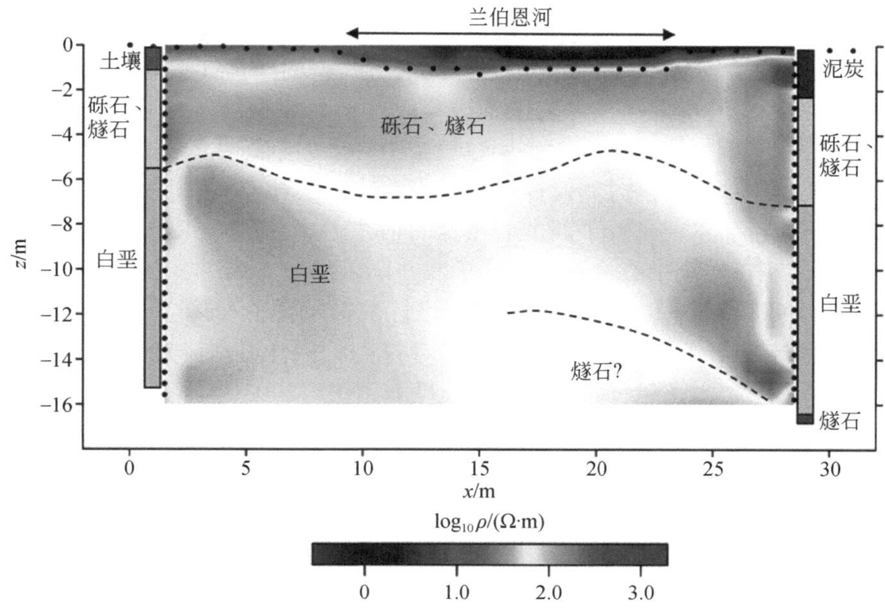

图 6.4　兰伯恩河下方跨孔电阻率成像结果（彩色图件见封底二维码）

数据来源自 Crook et al.，2008。累积灵敏度分布［式（5.41）］用于在电阻率图像中突出低灵敏度区域的不透明度，电极位置由实心点表示，钻井数据展示在图中以进行对比

上述案例侧重于地下结构的刻画，此外电阻率成像也广泛应用于湖泊渗漏探测中（Mitchell et al.，2008；Nyquist et al.，2009）。Nyquist 等（2009）通过对比四个月间隔的电阻率调查结果推断出河床的地下水渗漏区域。时移电阻率测量也用于监测上游河水中注入导电示踪剂的运移情况（Nyquist et al.，2010；Ward et al.，2010，2012；Toran et al.，2012），这种调查在确定河流和河床沉积物（潜流带）之间溶质运移以及制定河流修复方案方面是行之有效的。然而，为了保护水质和生态健康，一般禁止在河流中注入含盐示踪剂，因此常常在已受到威胁的水体中采用此方法进行调查。需要注意的是，激发极化法很少用于水上调查，但激发极化法方法可以用来刻画河床或湖床沉积物的分布情况（Slater et al.，2010；Benoit et al.，2019）。

6.1.4　水文地质领域：包气带溶质运移的时移三维成像

对包气带以及地下水位以上的部分饱和区域中溶质运移进行精确刻画，有助于含水层对于地表污染物的脆弱性评估。由于传统的吸入式采样器不能从多孔介质的所有孔隙中提取水样，并且其测量承载体积（测量所涉及的体积）也受限。因此，传统的水文方法在非饱和带应用受限，很难对地下水位以上的孔隙水进行取样，在裂隙系统中取样则更为困难。

地球物理方法为监测包气带中水流运动和溶质运移提供了诸多便利，时移电阻率成像尤其适用于孔隙水含量或溶质浓度变化引起电导率变化的情形。Park（1998）使用地表电极的测量刻画了包气带注入流体的运动过程，该研究中在 200m×200m 的区域内注入了 397m^3 的水并进行监测。6.1.6 节的案例表明地表电极可以有效监测浅层土壤含水量的细微变化，而对于较深的探测目标，由于灵敏度的需求，基于钻井电极的测量更为合适。Asch 和 Morrison（1989）展示了地表-钻井联合探测的方式来刻画包气带流体的运移；Daily 等（1992）则首次应用跨孔电阻率成像实现了这一目的。

本案例基于在英国舍伍德砂岩含水层包气带中开展的示踪试验，通过野外试验评估溶质从地表运移至地下水位所需时间，探究溶质浓度的变化对公共供水井的影响。1998 年，在英国约克郡的哈特菲尔德布置了四个 13m 深的钻井，每个钻井安装 16 个电极。根据 Binley 等（2002b）描述，在地块中心位置新布置了浅井，以便在 3.5m 的深度直接向砂岩中注入示踪剂(图 6.5)。1998 年 10 月，将水作为示踪剂进行了第一次注入试验(Binley et al., 2002b)，利用跨孔电阻率方法监测示踪剂的运移。1999 年 2 月，同样将水作为示踪剂进行了类似的试验，试验结果表明，水在包气带中的迁移速度非常快。2003 年，将盐水作为示踪剂进行了最后一次试验（Winship et al.，2006），该试验目的是评估作为示踪剂的盐水与之前存在的地下水对深部电阻率的影响。为了实现这一目标，Winship 等（2006）采用了跨孔电阻率和探地雷达相结合的方法：首先利用介电常数的变化来评估含水量的变化，再用电阻率的时移图像来确定孔隙水盐度的变化情况。

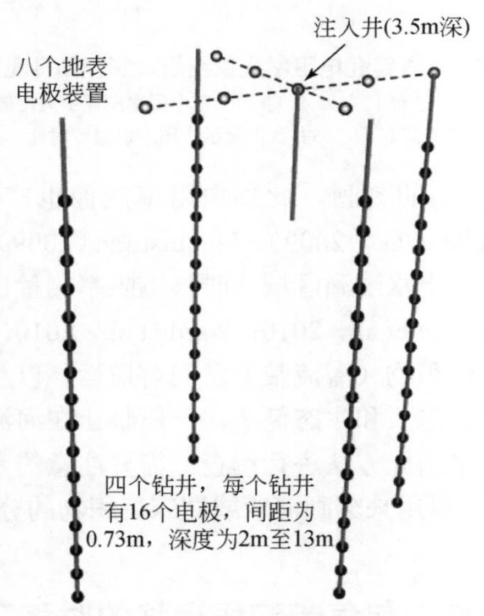

图 6.5　哈特菲尔德实验电极阵列

Winship 等（2006）采用如图 6.5 所示的电极阵列进行了跨孔和地表-钻井联合测量，使用六通道 Geoserve RESECS 仪器在约 2.5h 内采集了包括互惠测量在内的 6372 个数据。为了提高钻井中心位置示踪剂的灵敏度，同时获取信噪比高的数据，设计了用于跨孔测量的四极阵列，将供电偶极和测量偶极水平分布，且垂直距离不超过 4.4m。示踪剂为 1200L 电导率为 2200μS/cm（天然孔隙水电导率的三倍）的 NaCl 溶液，示踪剂在 2003 年 3 月 14～17 日三天的时间内匀速注入。在示踪剂注入之前，进行了两次背景值的电阻率调查，注入后进行了为期一个月的电阻率监测，Winship 等（2006）使用早期版本的 R3t（附录 A.2）建立六面体网格分析了电阻率数据。

图 6.6 展示了试验期间电阻率的变化情况。前两个电阻率分布清晰展示了示踪剂在注入过程中的扩散情况，后面的结果显示了示踪剂逐渐向下运移的过程。示踪剂注入七天后在垂直方向的运移受到了阻碍，在 8～9m 的深度开始横向扩散，这与该地细砂岩的分层情况一致（Binley et al.，2001）。Winship 等（2006）指出尽管示踪剂垂直运移的速度很快，但浅层的电阻率仍长时间保持较低的水平。通过地质雷达和电阻率数据联合分析表明，浅部电阻率降低的部分原因是含水量的增加，而不是盐度的改变，这些增加的水来自于之前地下水的迁移。因此，本次试验为包气带中潜在污染物防控的运移机理提供了新见解。

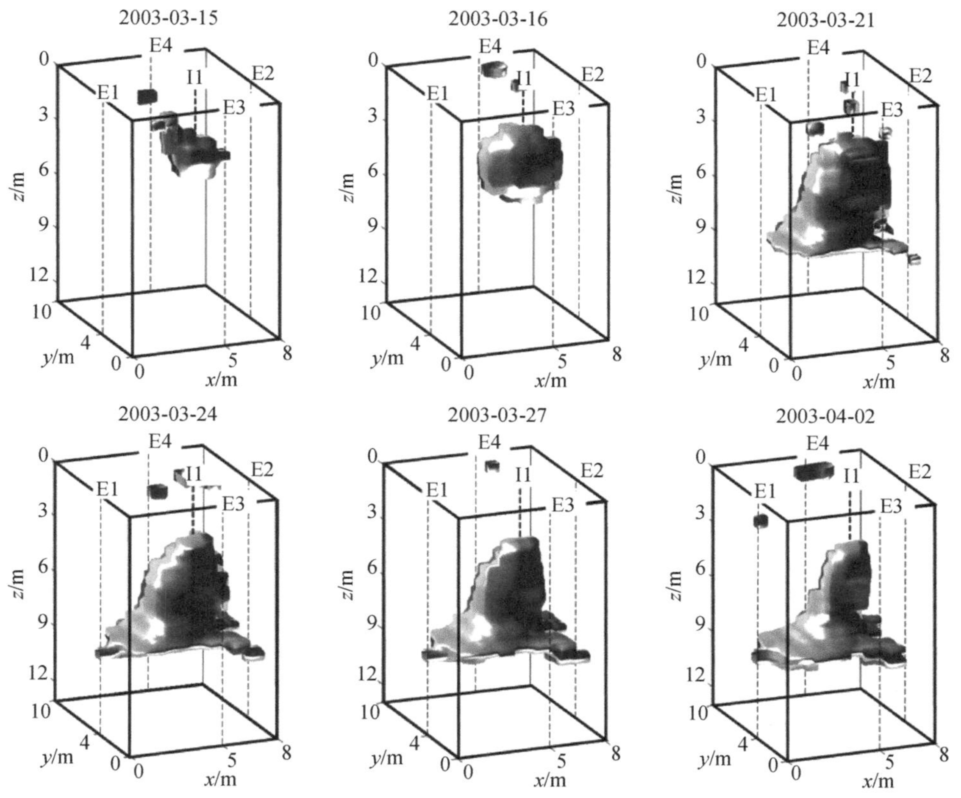

图 6.6 哈特菲尔德 2003 年实验中由于注入示踪剂导致的电阻率变化（修改自 Winship et al.，2006）
示踪剂于 2003 年 3 月 14～17 日注入，E1、E2、E3、E4 钻孔中布置电极，井 I1 为注入位置。图中显示，与注入示踪剂之前相比，电阻率等值面变化了 7.5%

哈特菲尔德试验的另一个创新之处在于使用水文学模型解释了地球物理结果。此外，Binley 等（2002b）通过示踪剂地球物理数据集校正了非饱和地下水流模型，并指出由于电阻率测量的灵敏度较低，电阻率反演结果计算出的含水量变化仅为真实变化的 50%，尤其在成像区域的中心处，其他学者随后也注意到了类似的质量平衡误差（Singha and Gorelick，2005）。虽然也有一些类似的研究结合了包气带中地球物理电法数据和水文模型（Looms et al.，2008），但大多数研究仍停留在模拟实验阶段。

哈特菲尔德这样的野外实验提供了有价值的示范工作，但地块规模较小在一定程度上限制了研究的推广。然而这种试验可以用来检验相关过程的假设，也可以用来解决局部尺度的问题，如修复技术的监测。Tso 等（2019）重新分析了 Winship 等（2006）在哈特菲尔德的实验数据，评估了岩石物理模型的不确定性，并从时移电阻率结果中推断了地层含水量的变化。该研究中强调了时移电阻率成像中不确定性的重要性，但目前不确定性在野外和模拟研究中常常被忽视。

6.1.5　土壤科学领域：土壤样品的溶质运移成像

土壤砂柱和岩心广泛应用于实验室内的溶质运移研究中，特别应用于扩散机制的观测与验证。大部分自然土壤存在特定的结构特征，会出现快速流和慢速流两种状态。传统的研究方法是将岩心置于稳定的水流系统中，并在系统的流入端加入溶质，然后对流出端溶质的穿透曲线进行测量和模拟，以确定岩心的总体特征。在理想的多孔介质中，溶质浓度的穿透曲线应遵循高斯上升或下降，而对于存在特定结构特征的介质，将表现出更复杂的曲线特征。穿透曲线的测量值可以使用数值模拟的方法进行研究（Beven et al.，1993），但仍需对样本内部的运移过程开展更深入的了解。对样品进行染料染色是一种常用的方法，但该方法具有破坏性，因此无法研究溶质在不同流动条件下的运移机制。

针对以上传统方法的局限，Binley 等（1996a）提出使用电阻率成像来刻画高电导率溶质运移的方法，并记录了实验室研究得到的数据，本书将对数据进行总结并进行进一步分析。Henry-Poulter（1996）记录了本实验更多的细节，Binley 等（1996b）记录了相关实验的配套研究。

Binley 等（1996a）在一个完整的土壤结构周围进行挖掘，提取未受扰动的土壤样品，样品直径为 34cm、长度为 46cm，采用玻璃纤维包裹后从现场取出。实验室中对样品进行处理，周围进行四个环形电极的剖面布置，每个平面由 16 个电极组成（图 6.7），样品置于多孔板之上，可以由底座注入流体。Binley 等（1996a）使用两种四极阵列（图 6.7）进行直流电阻率测量，每个剖面采集 200 个数据，并进行完整的互惠测量以评估误差情况。该实验于 1995 年进行，当时多通道直流电阻率仪器已经投入使用，但数据采集速度较慢，大多数仪器每小时可以测量约 400 个四极阵列。对于四个剖面，完整的数据采集周期需要 4h，无法满足快速过程的探测需求。为了解决这一问题，Binley 等（1996a）使用了 Wang 等（1993）为层析成像过程开发的高速 UMIST Mk1b 数据采集系统。该系统通过降低速度来确保更多的堆栈数据以便于提高精度，即使如此每个剖面的数据采集时间也仅为两分钟。该仪器的不足是在电阻率高的环境中应用效果不佳，为了解决这个问题，电导率较高的流体（2.5mS/cm）以稳定的流速注入样品的底部，直至出流位置电导率与注入流体相同为止。而后以相同的流速注入更高电导率（6mS/cm）的示踪剂，持续 97h，之后将流体更换为电导率较低的溶液。

在为期 212h 的监测期间，测量了四个剖面的 278 组数据，并使用 R2（附录 A.2）的比值反演（5.2.2.10 节）对二维剖面进行分析。案例实验得到时移图像见图 6.8，准确刻画了溶质非均质运移的路径，并在实验结束后通过染色剂得到验证（Binley et al.，1996a）。

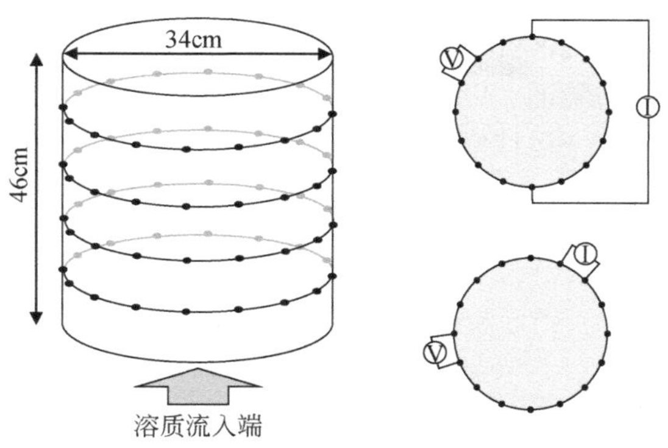

图 6.7　砂柱设置与 Binley 等（1996a）的测量序列

砂柱壁上安装了四个 16 个电极的环形测线，柱底部的流入端注入溶质，右边两个示意图展示了四个平面中每个平面的测量阵列示例

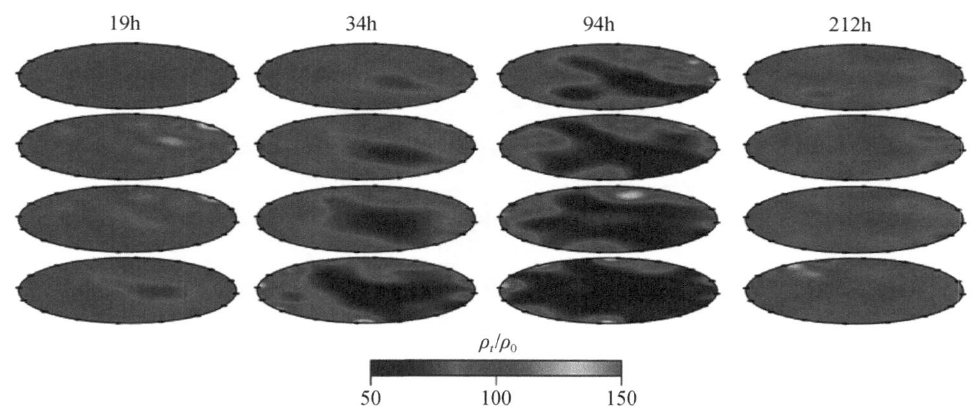

图 6.8　时移反演示例（彩色图件见封底二维码）

数据来源自 Binley 等，1996a；四个平面按照图 6.7 中相同布局展示，实验开始 97h 后，溶质浓度降低

虽然在进行该实验的前几年就出现了时移电阻率成像实验（Daily et al.，1992），但此次实验收集的数据量远超以前学者的研究。此外，Binley 等（1996a）介绍了像素穿透曲线的概念，使用每个像素的相对溶质浓度为度量值。

$$C_{\mathrm{r}}=\left(\frac{\rho_0}{\rho_t}-1\right)\bigg/\left(\frac{\mathrm{EC}_0}{\mathrm{EC}_1}-1\right) \tag{6.1}$$

式中，ρ_0/ρ_t 为背景电阻率与 t 时刻的电阻率之比；EC_0 为背景溶液的电导率；EC_1 为示踪剂的电导率。图 6.9 展示了测量阵列上部剖面的情况，图 6.9（b）的结果显示出不同像素点有着不同的表现，如像素 33 在停止注入示踪剂后浓度立即衰减，而其他两个像素点的浓度在较晚的时刻出现峰值。

Binley 等（1996a）没有对像素穿透响应进行模拟，但是 Olsen 等（1999）在后续研究中将转移函数的方法应用于三维成像实验中。Binley 等（1996a）的实验主要关注饱和条件的响应，避免了由于土壤湿度变化引起的解译复杂性。Koestel 等（2008）对非饱和土壤样品中溶质的非稳定行为开展进一步三维成像研究，在岩心中布置了传感器用于测定土壤湿度的变化。Koestel 等（2009a，2009b）使用溶质运移模型分析了实验数据，Koestel 等（2009c）进一步开展了染色剂实验的验证。Wehrer 等（2016）进一步开发了相应的方法，通过电阻率成像分析了硝酸盐的反应—运移模型。

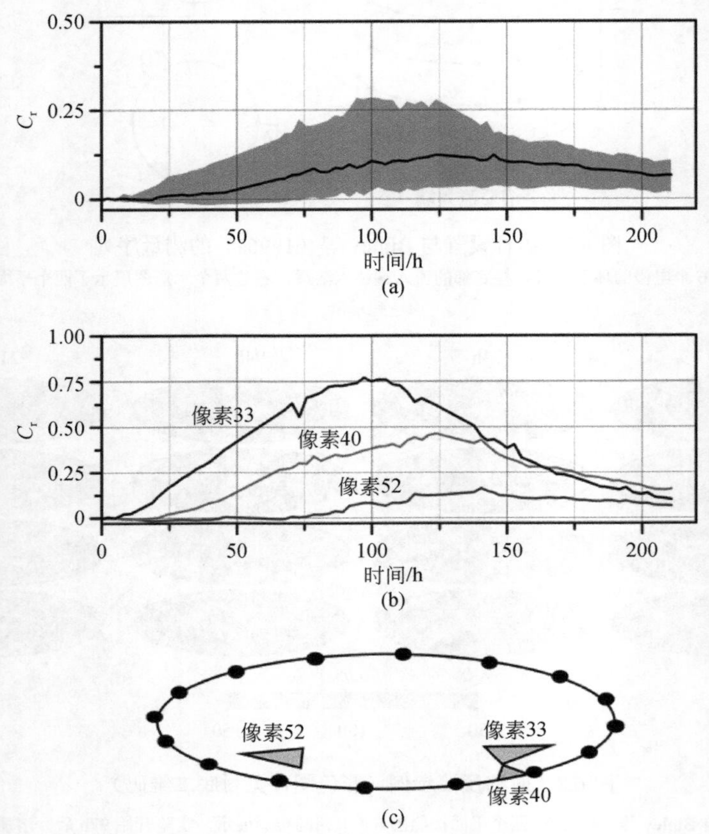

图 6.9　上层平面（距注入源 36cm）的像素突破曲线

（a）所有 104 个像素的中位数响应（实线）及第一和第三的四分位数范围（阴影区域）；（b）像素穿透曲线示例；（c）图像平面中示例像素的位置。示踪剂在 97h 后关闭，数据来源自 Binley et al.，1996a

土壤样品中溶质运移的电阻率成像在某些情况下为研究自然系统中复杂溶质时空变化提供了一种方法。与 CT 等其他成像技术相比，其分辨率较低，但它的优势在于对动态过程监测的便捷性和实验设置的拓展性，可以实现从小型砂柱实验到大型砂箱实验的多尺度探测（Slater et al.，2002；Fernandez et al.，2019），这使得该方法在很多研究工作中得到广泛的应用。对于时移研究，需要认真设计实验来确保每个数据集代表单个特征状态。虽然现在的多通道电法仪具备高速数据采集的能力，但很少有能够达到 Binley 等（1996a）实验采样率的程度。

6.1.6　农业领域：作物吸水过程成像

粮食安全问题是全球面临的主要挑战之一，培育可以从土壤中获取更多水分和养分的作物品种有助于提高产量。作物育种学家通常可以评估植物地表之上的性能，但缺乏根系功能的非侵入性评估方法。Meister 等（2014）指出需要高通量的植物表型技术来表征可观测的特征，该技术可以应用于大型育种平台。用来衡量根系功能的标准之一是植物在生长过程中所吸收的土壤水分。对于某些品种的植物，增加水分的吸收量可以带来更高的产量。此外，植物育种学家对作物吸水的土壤深度也有所关注，特别在培育耐旱品种作物时。传统的土壤水分测量技术（如时域反射法）可以用于监测植物下方土壤含水量的变化，但其受限于测量范围，无法应用于大型育种平台。鉴于传统方法的限制，近年来地表布置而测量土壤湿度剖面的地球物理方法逐渐得到农业环境领域的关注。

Jayawickreme 等（2008）使用电阻率成像技术监测了气候和植被对根际土壤水分的影响。Davidson 等（2011）也使用了电阻率成像技术来调查亚马孙林地旱季深度超过 11m 位置的土壤-水分吸收情况。Garre 等（2011）展示了三维电阻率成像对植物根系水分吸收方面刻画的价值。此外，时移电阻率成像也成功应用至作物灌溉的监测工作中（Michot et al., 2003）。

上述研究表明可以使用地球物理方法刻画植物根际土壤水分的分布情况，然而使用地球物理方法对比不同品种植物的研究较少。如果这些方法可以用来比较不同种类作物吸收土壤水分的差异，则可以作为植物表型工具。

基于 Shanahan 等（2015）的早期工作，Whalley 等（2017）研究了一系列基于田间冬小麦品种根系功能的表型方法。Whalley 等（2017）研究工作的野外布置情况如图 6.10 所示，电极间距为 0.3m，不同品种小麦的试验地块大小均为 7m×1.8m。

图 6.10 冬小麦研究现场布置图

研究工作来源于 Whalley et al.，2017；每个横截面范围为 13.7m×1.8m

为了评估干燥条件下的电阻率分布情况，首先测量了背景电阻率数据集，然后使用 5.2.2.10 节介绍的时移反演方法评估电阻率的变化，并在解译电阻率变化时考虑土壤温度变化的影响。

Whalley 等（2017）介绍了富含黏土的土壤时移电阻率成像案例，同一研究中富含砂土的土壤探测结果和背景电阻率的分布情况见图 6.11。此外，阐述了使用 LaBrecque 和 Yang（2001b）差分反演方法计算得到的电阻率变化图像，所有的反演都使用 R2 代码（附录 A.2）计算。时移结果显示了作物生长过程中干燥区域的演变情况，此结果同时与中间地带休耕区域进行了对比。

根据 Whalley 等（2017）的结果，电阻率成像可以有效刻画土壤中水分吸收深度的差异。为了得到更高灵敏度的结果，需要安装半永久的电极阵列，这会限制该方法在相对较小的育种平台中使用。此外，如果监测过程中孔隙水电导率保持稳定，电阻率随时间变化的原因只能是土壤水分变化。对于作物灌溉或施肥导致孔隙水电导率发生变化，则无法确定土壤水分变化对电阻率的影响。最后，Macleod 等（2013）的研究工作也值得关注，他们利用电阻率成像技术探究了草的品种对土壤固结的影响并以此筛选最优品种，以减轻草原环境中的洪水风险。综上所述，未来地球物理电法技术会在作物育种研究中得到更多应用。

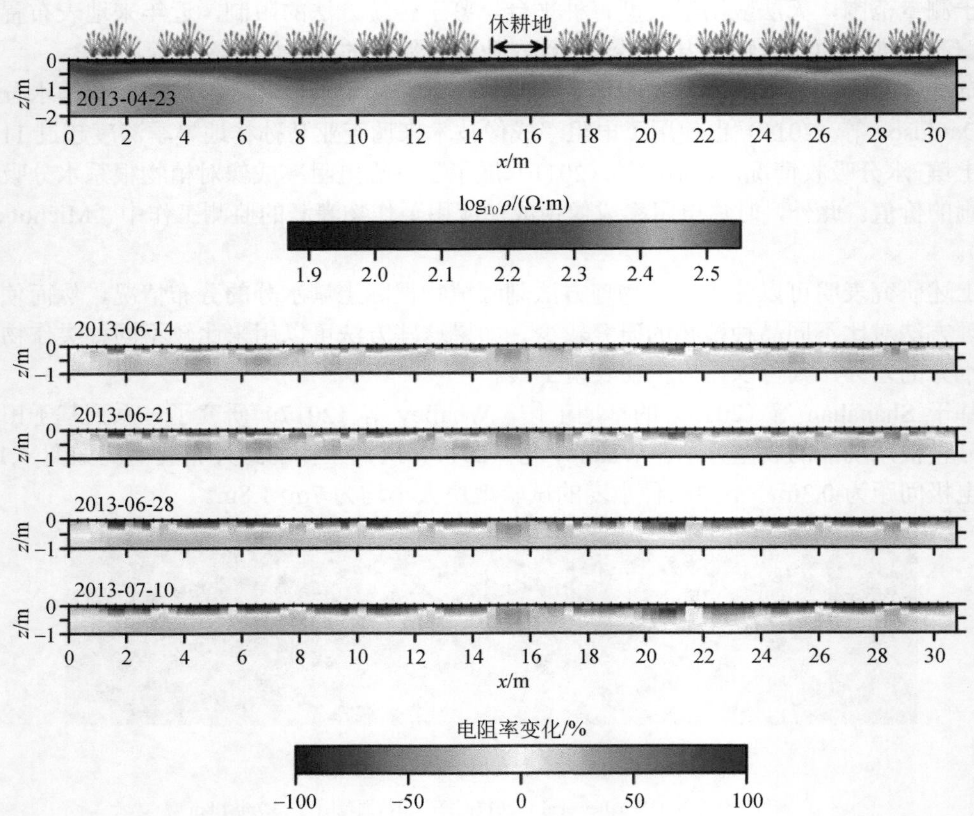

图 6.11　冬小麦吸水引起的电阻率变化监测（彩色图件见封底二维码）

沿 30m 长的横截面种植 12 种不同品种的小麦，最上图为作物生长初期的背景电阻率剖面，显示了休耕地的位置；下图显示了作物生长过程中电阻率的变化

6.1.7　工程地质领域：水致滑坡的时移三维成像

山体滑坡会对社会产生巨大影响，如破坏基础设施（建筑物、交通网络等），极端情况下还会造成人员伤亡。山体滑坡在全球范围内均有发生，而不同地区的触发机制（如地震等）会有所差异。雨水诱发滑坡是一种常见的机制，通常由于雨水的过量入渗导致土体孔隙水压力发生变化，从而导致土体抗剪强度降低（Terzaghi，1943）。对易发生滑坡的地区进行监测，需要测量土壤水分情况，鉴于山坡地层会存在显著的非均质性，常规的点式传感器无法保证足够的空间分辨率，地球物理方法则非常适用于潜在滑坡边坡稳定性的监测

工作。Bogolovsky 和 Ogilvy（1977）首次综述了地球物理方法对滑坡的研究工作，后续一些综述也相继发表（Jongmans and Garambois，2007；Perrone et al.，2014；Whiteley et al.，2019）。上述综述强调了电法在滑坡评估中的潜在价值，通常沿着斜坡进行二维电阻率测量可以评估其水文地质结构（Lapenna et al.，2005）。然而，考虑到静态电阻率法测量的不确定性，时移电阻率成像效果更佳，可以监测斜坡上水分随时间的变化情况。鉴于测量仪器和数值模拟工具的发展，较为可行的技术是时移三维电阻率法。

2005 年，英国地质调查局（BGS）在英国约克郡建立了霍林山滑坡观测站，是一个主要使用激光雷达（light detection and ranging，LiDAR）和地球物理电法技术监测滑坡过程的野外实验室。斜坡底部由 Redcar 泥岩构成，中间为 Staithes 砂岩层，上部覆盖 Whitby 泥岩和 Dogger 地层，Whitby 泥岩是该地区活动的滑坡单元。在泥岩内部存在多种破裂方式，斜坡顶部出现旋转式滑坡，而在斜坡中部出现与平移运动相关的渐进式变形。

2008 年，英国地质调查局安装了 ALERT 系统（Kuras et al.，2009）用于监测三维电阻率。该系统于 2018 年停用，英国地质调查局计划安装 PRIME 系统用于未来的监测工作（Huntley et al.，2019）。最初在场地上布置五条平行测线，测线相距为 9.5m，每条测线为 32 个电极，极距为 4.75m，覆盖的斜坡面积约为 150m×40m，用于覆盖两个活跃的滑坡区域。ALERT 系统可以实现数据的自动采集，每两天进行一次偶极-偶极阵列的电阻率数据采集，每次测量包括互惠数据在内的 2580 个数据。Uhlemann 等（2017）介绍了时移反演的详细信息，此次反演的创新之处是使用了此类研究关键的自适应有限元网格，该网格可以实现正演模拟时电极位置随时间变化（因为随着滑坡的发生，多个电极的位置会发生变化）。电极位置根据 GPS 定期测量（Uhlemann et al.，2015），也可以根据时移电阻率数据估计电极的位置（Wilkinson et al.，2016）。

图 6.12（a）为现场电极布置及 GPS 测量点的情况，图 6.12（b）为 2012 年冬季电阻率剖面图示例。示例剖面图的反演使用 R3t（附录 A.2）代码进行，另外 Uhlemann 等（2017）也使用了 E4D（Johnson et al.，2010；附录 A.1）反演了测量数据。图 6.12（b）的电阻率剖面展示了 Staithes 砂岩和 Whitby 泥岩的对比，Uhlemann 等（2017）采用 Waxman-Smits 模型（Waxman and Smits，1968）将电阻率随时间的变化转换为水分含量的变化[式（2.38）]。图 6.12（c）是使用此方法得到的结果，清晰地展示了场地内湿润区和干燥区的对比。通过电阻率数据的长期变化情况，Uhlemann 等（2017）分析了滑坡前后的趋势，并确定了土壤含水量的季节性变化（夏季干燥、冬季湿润），揭示了滑坡发生之前几个月内季节性趋势的异常情况。虽然 Neyamadpour（2019）近期的研究工作强调了电阻率变化与岩土力学性质中的土壤强度存在相关关系，但迄今为止研究的重点都是在估算含水量的变化上。

Uhlemann 等（2017）的研究展示了时移电阻率法在监测水分诱发滑坡方面的价值，鉴于低功耗自动监测系统，特别是英国地质调查局 PRIME 系统（图 3.10）的最新进展，使得这种方法可以应用于 1～2km 的监测项目。此外，通过在合适的位置对埋入地下的电缆和电极安装保护外壳，英国地质调查局已经将此系统成功应用于公共区域的探测中。大量的场地通过此系统取得了很好的效果，如铁路路堤、防洪堤等，毫无疑问，此系统未来会得到更大的发展。

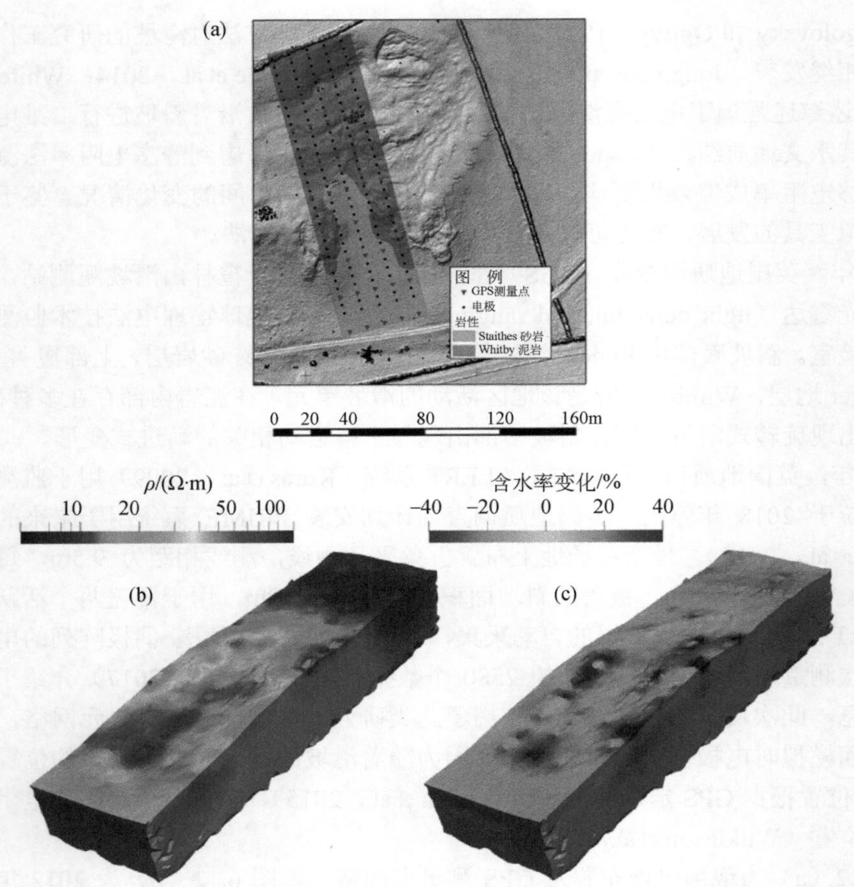

图 6.12　霍林山滑坡观测站结果示例（彩色图件见封底二维码）

（a）叠加监测阵列位置和地质信息的激光雷达图像；（b）2012 年 12 月 12 日采集数据的三维电阻率图像；（c）根据电阻率的时间变化推断的重量含水率变化的三维图像示例（2010 年 3 月 12 日至 2012 年 12 月 12 日）。反演工作由英国地质调查局的 Jimmy Boyd（BGS，兰卡斯特大学）完成

6.1.8　新兴领域：深部二氧化碳封存刻画

在过去几十年，为了应对日益增长的温室气体排放问题并减轻气候变化的影响，碳捕集与封存（carbon capture and storage，CCS）技术逐渐发展。该技术将二氧化碳（CO_2）安全地储存在枯竭的油气田或深层盐水含水层的地层中。了解封存后的 CO_2 在地下迁移情况对安全储存至关重要，由于地层的非均质性和 CO_2 与原生孔隙水相互作用时发生的反应，CO_2 的迁移路径可能会非常复杂。地球物理方法为监测其注入和迁移过程提供了可靠的技术手段，特别是当盐水被高阻的 CO_2 取代或由于 CO_2 注入后将原生盐水孔隙水挤压到淡水地下水的情况下，电阻率会出现明显的变化，这种情况下电法的效果会比较明显。对于数千米以下的深部封存情况，则需要使用基于钻井的电法技术。

为了对碳封存相关的地下工程有更好的认识，并开发合适的监测技术，一系列野外示范场地逐渐发展起来。美国密西西比州克兰菲尔德（Yang et al.，2014）和德国凯钦

（Schmidt-Hattenberger et al.，2014）的场地中已经安装了永久性的钻井电极来监测深层CO_2的封存过程。在CO_2注入和向浅层地下水迁移的同时，对浅层的相似场地也进行了电法调查（Dafflon et al.，2012；Sauer et al.，2014；Yang et al.，2015）。对场地深层进行电阻率成像仍存在很多技术难题，在此重点关注 Wagner 等（2015）在凯钦场地的研究工作，这项研究的结果分析可以直接适用于其他场地。

凯钦场地的储存区域位于地下 630～650m 处的砂岩地层，注入钻井于 2007 年布置，包含永久性的电极阵列，共 15 个电极，位于地下 590～730m 的位置。在与此钻井一定距离的位置安装了两个监测钻井，布置类似的电极阵列。由于钻井套管的材质为钢，钢环电极设计为与钻井套管分离的形式（Bergmann et al.，2017）。Bergmann 等（2012）首先展示了使用地面-钻井测量监测该场地注入的情况，而后 Bergmann 等（2017）比较了这种方法与跨孔成像的效果。

在 Wagner 等（2015）的研究工作中，评估了凯钦场地跨孔成像性能的影响因素，重点关注注入钻井 Ktzi201 和距离注入井 50m 的监测井 Ktzi200 之间的二维剖面。Wagner 等（2015）使用静态和时移电阻率数据，探究了①电极尺寸、②钻井偏差和③钻井布置等常见的影响跨孔电阻率成像结果的因素，Wagner 等（2015）还提出了降低这些影响的方法。

通过比较使用完整电极模型（Rücker and Günther，2011）和标准点电极假设情况下模拟的结果，探究了电极尺寸对结果的影响（4.2.2.8 节）。在凯钦场地电极的长度为 10cm，电极间距为 10m，通过 Wagner 等（2015）的研究发现这样的布置最多会产生 2.3%的误差，而场地测量中的互惠误差为 5%～10%，因此电极尺寸效应产生的误差可以忽略。

如果在模型中未考虑钻井的非垂直性偏差，则会对电法反演结果产生较大的影响（Oldenborger et al.，2005；Wilkinson et al.，2008）。Wagner 等（2015）通过对比凯钦场地不同钻井布置下的反演模型结果，阐述了钻井偏差对结果的影响。钻井偏差通常可以使用倾斜仪测量，对于未进行此类测量或无法测量的场地，Wagner 等（2015）建议可以在测量电阻率数据的同时采集每个电极的坐标数据，以便在反演时重新划分模型网格。

其他学者也对钻井本身对调查结果的影响进行了评估（Nimmer et al.，2008；Doetsch et al.，2010）。在凯钦场地，Wagner 等（2015）对比了 2.5 维反演（三维电流、二维电阻率）和三维反演的结果，三维反演将具有一定尺寸的钻井包含在有限元网格中。Wagner 等(2015)基于凯钦场地数据分析的结果见图 6.13，结果表明反演模型的影响显著，突出了对钻井效应进行模拟的必要性。对于时移数据的分析，这种效应的影响更大（图 6.14），可能导致结果的错误解译。

对CO_2注入过程进行电法成像可以刻画其地下分布，从而提高碳封存的安全性和有效性。Wagner 等（2015）和其他学者的研究表明，电法成像过程中应该量化几何效应对结果的影响，并在一定程度上降低这些影响，以便可以对二氧化碳封存的地下过程提供更可靠的解译结果。

6.1.9 新兴领域：冻土分布及特性成像

全球气候变暖将学者的关注集中于北极地区，该地区对气候变暖非常敏感，并在永久

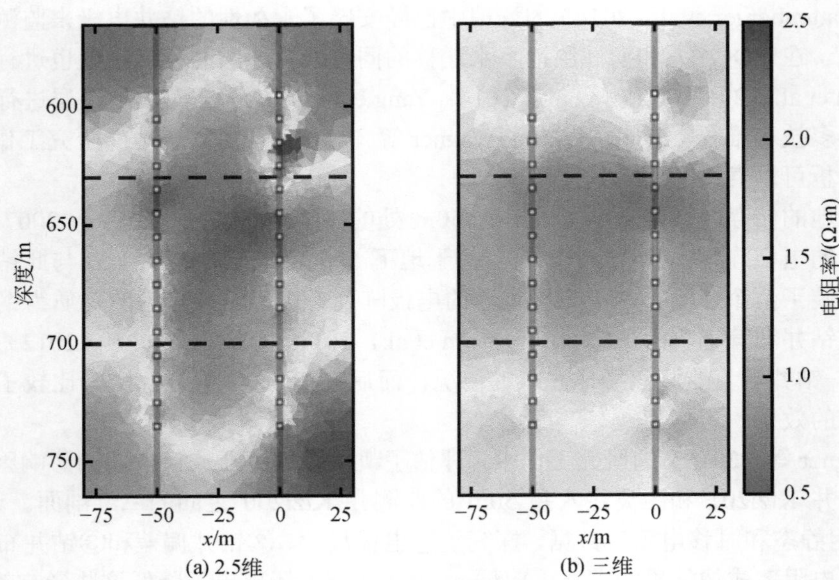

图 6.13　凯钦场地 2008 年 6 月 21 日的数据反演（据 Wagner et al.，2015；彩色图件见封底二维码）

（a）2.5 维反演；（b）考虑钻孔几何效应的三维反演。水平虚线显示了二氧化碳注入的地层

冻土（连续两年或更长时间内温度持续低于 0℃）中储存了大量的碳。浅层永久冻土的特征包括冰含量、未冻水的盐度、土壤低温结构调节活性层（位于永久冻土之上的周期性解冻层）融化速率、土壤沉降、冰楔增长或降低的速率。浅层永久冻土的特征对活跃层（未冻结层）厚度和生态系统的功能产生重要影响，特别是通过对地表微地貌的控制。此外，这些特征也会对北极地区的民用基础设施产生较大的影响。因此，需要新方法对北极的浅层永久冻土进行成像，以便刻画永久冻土的变化以及与北极地区地表地貌特征变化之间的联系。

冻土与未冻结的活跃层沉积物之间存在显著的电阻率差异，这使得电阻率法可以更为有效地刻画冻土及活跃层厚度（Hilbich et al.，2008；Lewkowicz et al.，2011）。近年来，研究的重点逐渐成为使用电阻率法调查冻土物理特性的变化，如未冻结土的含水量和盐度（2.2.4.3 节）。Dafflon 等（2016）在位于美国阿拉斯加州巴罗附近的试验场地，利用电阻率成像技术研究了活跃层厚度、浅层永久冻土的冰含量和盐度分布。场地地表呈现独特的多边形地貌，这种地貌是由形成的裂缝引起的，裂缝发展为冰锲并随着反复冻结膨胀逐渐增长。场地共布置两条 500m 的剖面和九条 27.5m 的测线来获取电阻率数据，并使用高分辨率网格对剖面进行划分，用于刻画场地地下 3m 范围内的情况。在此场地获取了高质量数据，并进行了温度校正。而后使用 2.2.4.3 节的岩石物理关系估算了冻土中未冻区水含量的变化，以及未冻土壤的初始盐度与孔隙度。Dafflon 等（2016）指出岩石物理模型的假设、反演的局限性，均会对未冻区水含量和其他参数空间变化的估算造成不确定性。

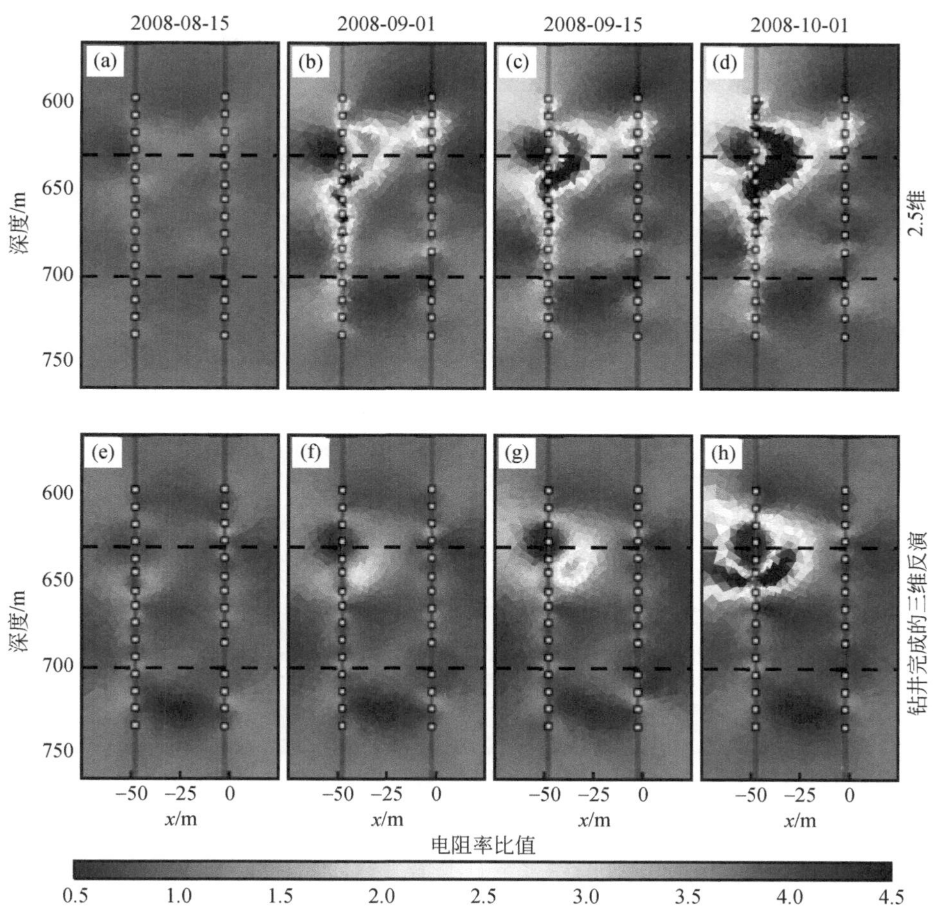

图 6.14　凯钦数据时移反演（据 Wagner et al.，2015；彩色图件见封底二维码）

（a）～（d）2.5 维反演；（e）～（h）考虑钻井几何效应的三维反演。水平虚线表示注入 CO_2 的地层，结果为相对于 2008 年 6 月 21 日模型的电阻率比值

高分辨率网格得到的三维电阻率反演结果如图 6.15（b）所示，由九条测线的二维反演结果插值得到。经切片的地下电阻率结构分布突出了永久冻土地下分布与地表地貌特征及微地形的相关性。深层的低电导率区域由地表下方的冰锲引起，地表的高电阻率区域由表层土壤饱和引起，而深层的高电导率归因于永久冻土的咸水。500m 剖面的结果解译见图 6.16，将反演的二维电阻率图与未冻结活跃层的深度进行比较，得到了根据不确定岩石物理关系估计的永久冻土物理特性。图 6.16（f）为根据现场辅助信息约束得到的电阻率图像解译，结果强调了冰锲的预测位置，以及未冻结水中含盐量较高的永久冻土区域。

本案例体现了电阻率成像在研究活跃层厚度、永久冻土物理特性、浅层地下结构与地表地貌之间的联系等方面的适用性。随着对北极这一敏感地区气候变化影响的进一步关注，此类应用将会逐渐增加，利用电阻率成像监测冻土的物理特性在短期至中期时间尺度上的变化，存在更多的应用空间。

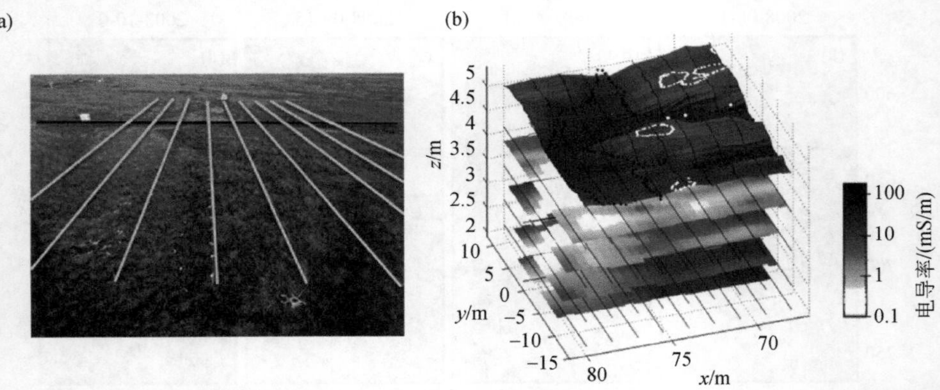

图 6.15　(a) 阿拉斯加州巴罗附近研究地块上的电阻率成像调查现场照片和 (b) 二维反演结果插值生成三维电阻率分布的水平切片 (据 Dafflon et al., 2016)

(a) 展示了高分辨率电阻率测线的位置以及地下冻土结构相关微地形引起的凹地中地表水积水情况；(b) 突出与凹地下方冰楔相关的高电阻率。表层的低电阻率由表层饱和带引起，深处的低电阻率由高盐度未冻结水引起

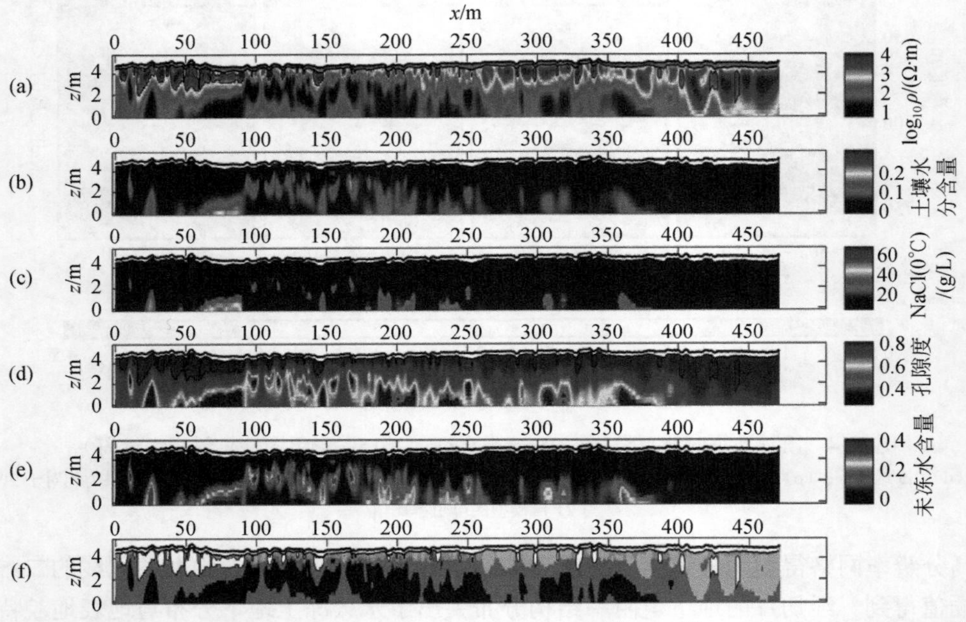

图 6.16　阿拉斯加州巴罗附近实验研究场地 500m 二维 ERI 探测结果 (据 Dafflon et al., 2016；彩色图件见封底二维码)

黑线表示直接探测活跃层深度。(a) 电阻率分布，岩石物理解译；(b) 土壤水分含量；(c) 解冻土壤的初始矿化度；(d) 孔隙度；(e) 未冻水含量；(f) 冰楔预测位置 (白色) 以及矿化度较高的冻土区域 (蓝色) 解译

6.2　激发极化法案例研究

6.2.1　引言

前文中提到激发极化法是电阻率法的延伸，如果得到适当的应用，激发极化测量可以

有效降低地下结构解译的不确定性。对于导电矿物含量低的岩石，激发极化法可以直接反映其表面电导率（见第 2 章）；对于电子导体矿物而言，激发极化法可以反映其相关结构与过程。在过去几十年中，激发极化法从经典的找矿领域逐渐扩展应用至环境领域。尽管激发极化法的应用案例比电阻率法少很多，但本书仍无法囊括全部领域的应用。本书将介绍激发极化法广泛应用的案例，并展示一些新兴领域的应用。在这些领域中，激发极化法获取了相比电阻率法更为丰富的信息。这些案例研究介绍了激发极化法使用的背景，再次为前几章的内容提供解释与支撑。需要特别关注的是，激发极化法通过解决电阻率解译过程中的不确定性，可以实现岩性分区和渗透率估算。此外，本书还会展示使用激发极化法来监测环境修复相关的生物地球化学过程等热门研究。

与电阻率研究案例类似，本书将介绍主要背景，并提供大多数案例的参考文献，以便读者进一步研究。此外，详细介绍数据测量和模拟方法，并特别强调了获取可靠数据的挑战，即第 3 章中提到的由于信号弱导致的激发极化数据测量难的问题。模型文件展示于在线补充材料中（www.cambridge.org/binley），感兴趣的读者可以使用本书提供的反演代码处理数据（附录 A）。

6.2.2 水文地质领域：水文地质条件的刻画

本案例来自 Slater 等（2010）和 Mwakanyamale 等（2012）的研究工作，案例地点位于美国能源部汉福德 300 场址。此处进行了多种方法的联合调查，激发极化探测作为调查工作的一部分。该研究旨在提高对场地水文地质条件的理解，有助于探究地表水与地下水的交互情况。场地基本的水文地质条件由上层粗粒含水层（Hanford 层）和下层低渗透性的细粒承压层（Ringold 层）构成。由于核废料处理与处置的历史遗留问题，放射性核素污染的地下水存在对邻近哥伦比亚河污染的风险。此外，Ringold 层存在的残留古河道可能作为渗漏通道，形成污染物从含水层运移至河流的优先流通道。由于放射性核素污染的风险，对此场地进行钻探的成本非常高。

对该场地进行了二维激发极化探测，探测目标为①估计整个场地 Hanford-Ringold 地层界面深度的空间分布；②识别 Ringold 层存在古河道的可能性。该场地应用激发极化的原因是 Hanford 沉积物与 Ringold 沉积物之间的表面电导率差异非常明显，粗粒的 Hanford 沉积物表现为低表面电导率响应，细粒的 Ringold 沉积物表现为高表面电导率响应。由于该场地地表水-地下水的交互会导致地下水电导率的变化，孔隙水电导率的变化会显著影响电阻率测量结果，并掩盖地层之间表面电导率的差异，因此仅靠电阻率数据的解译结果会存在不确定性。2.3.3 节中提到，在没有电子导电矿物存在的情况下，使用激发极化法测得的虚部电导率与表面电导率呈正比。

调查工作包括沿河流方向的地表成像和水上成像。地表布置一系列平行的激发极化二维测线，测线长 400～500m，电极间距为 5m 和 10m，采用温纳阵列和 $n \leqslant 3$ 的偶极-偶极阵列，确保原始电压的信号强度，从而增强激发极化数据的二次电压。采用与地表调查相同的方案，沿 3km 长的河道进行走航式测量工作。激发极化在时间域进行测量，并将归一化极化率转换为实验室频率域激发极化等效的相位角数据（见 3.3.3 节）。

地表测量得到约 40m 调查深度的虚部电导率图像，清晰地刻画了 Hanford -Ringold 地层的交界面，并得到了钻井数据的验证（图 6.17），通过电阻率分布确定了靠近河流位置存在的古河道。激发极化得到的实部电导率和虚部电导率图像有着很强的相似性（Mwakanyamale et al.，2012），表明表面电导率的量级比孔隙水电导率更大［式（2.30）］，因此仅用电阻率测量无法得到上述结论。如 2.2.3 节所述，表面电导率与虚部电导率测量直接相关，由表面积和颗粒直径共同决定。图 6.18 使用如图 6.17（a）所示的十个二维剖面刻画了 Hanford-Ringold 地层的交界面，阐述了剖面上虚部电导率有着明显的差异。结果表明：①一条关键的古河道路径，此路径与分布式温度传感器异常的位置一致，此异常显示了地表水-地下水的交互（Slater et al.，2010）；②河流沉积物中采样的高铀浓度（Williams et al.，2007）。

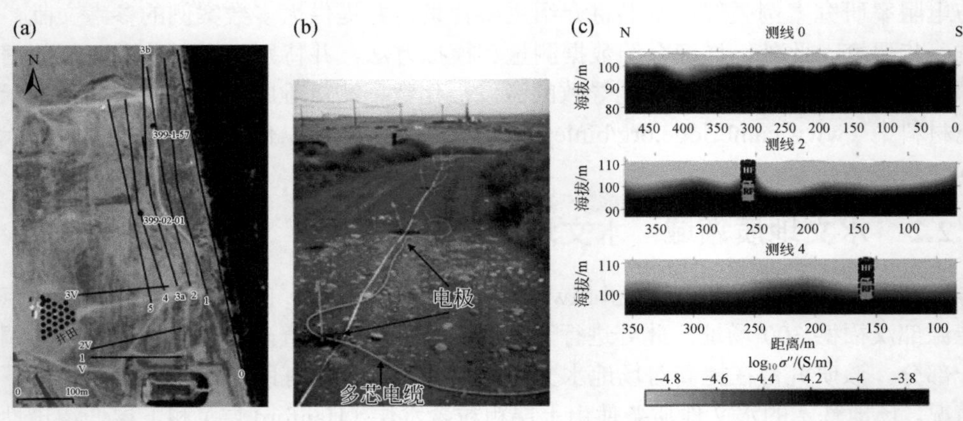

图 6.17　美国能源部汉福德 300 场址激发极化调查（据 Mwakanyamale et al.，2012）

（a）二维测线位置；（b）现场条件和多芯电缆（电极）示例；（c）十条测线中三条测线的虚部电导率（σ''）剖面图示例，清晰的刻画了 Hanford-Ringold 地层的交界面，并显示了两个钻井的位置

本研究的局限是依赖对测线二维反演结果之间的插值来刻画岩性的准三维分布，这种情况下激发极化数据反演中使用的二维假设对平行于河流的测线是合理的，因为测线之间的结构存在很强的相似性。由于最靠近河流的测线所得到的结果会受到垂直于测线的河水和河道结构的影响，该测线的结果可能会存在不确定性。现场钻探的两个钻井的结果表明，Hanford-Ringold 地层交界面的刻画深度是合理的，但平滑约束与有限分辨率限制了剖面的深部识别结果。

6.2.3　水文地质领域：地层成像

跨孔激发极化成像可以进一步刻画地下介质的岩性单元，如改进地下水管理的水文地质概念模型。与地表方法相比，跨孔成像在深部分辨率更高，可以有效刻画岩性的小尺度垂直变化，这些变化通常无法通过地表测量得到（6.2.2 节）。然而如 4.2.2.7 节所述，跨孔测量的横向灵敏度受到钻井电极阵列长度与钻井间距的高宽比限制。本案例阐述了 Kemna 等（2004）使用跨孔激发极化方法的探测工作。

研究地点位于英国西坎布里亚海岸的低放射强度固废填埋场，填埋场之前由英国核燃料公司（LLWR Ltd.是目前的运营商）运营。场地的浅层地质情况由覆盖在砂岩之上的复杂非均匀第四系沉积物组成（Sears，1998），部分区域覆盖层厚达 60m。由于场地地层非均质性强，难以对水文地质条件进行表征，因此需进行水文地质调查，以便协助对场地进行长期管理，调查工作包括低辐射风险评估与确定潜在地下水运移路径。

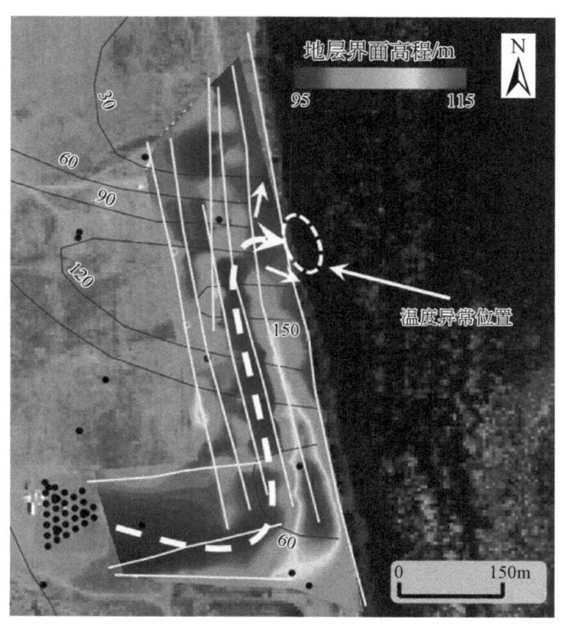

图 6.18 虚部电导率图像确定的 Hanford-Ringold 地层界面高程与显著温度异常［来自分布式温度传感（distributed temperature sensing，DTS）］的对比图（据 Mwakanyamale et al.，2012；彩色图件见封底二维码）

图中展示了①地下水-地表水交互位置、②钻孔含水层中铀浓度（mg/L）等高线

前期在场地内已经开展过一系列地球物理调查工作，本次讨论重点是关注为刻画地下水运移路径而在 2000 年进行的野外工作的一部分。两个钻井编号为 BH6124 和 BH6125，间距为 15m，使用螺旋钻技术钻至 41m 深。对钻井进行了地质与地球物理测井，地质测井显示地层分为砂、黏土、砾石等沉积物，分布于 5.3m 至 40.5m 的深度范围。每个钻井布置 45 个电极，电极间距为 0.8m。在钻井完井阶段将电极固定在永久性的塑料套管上。

2000 年 1 月 26 日，使用 RESECS（GeoServe，德国）时间域仪器进行了激发极化测量，测量使用脉冲长度为 2.048s 的方波信号，采样频率为 1ms。根据 Kemna（2000）对供电电流和测量电压波形的傅里叶分析结果，将测量数据转换为阻抗幅值和相位角。共使用了 90 个钻井电极测量了 2984 个偶极-偶极阵列数据，偶极间距为 3.2m。分别进行了正常测量与互惠测量，删除由于测量电压低引起的转移阻抗与相位角互惠误差较大的数据，剩余 1365 个测量数据进行反演。利用 cR2（见附录 A.2）代码和 L2 范数正则化进行反演，采用非结构化三角形的有限元网格，共包含 38230 个网格和 19145 个节点。由于两口钻井的地质测井数据具有很强的一致性，因此采用水平与垂直 30∶1 的各向异性正则化方法（图 6.19）。在三次迭代后收敛，最后一次迭代用于最后阶段的改进（5.3.5 节）。

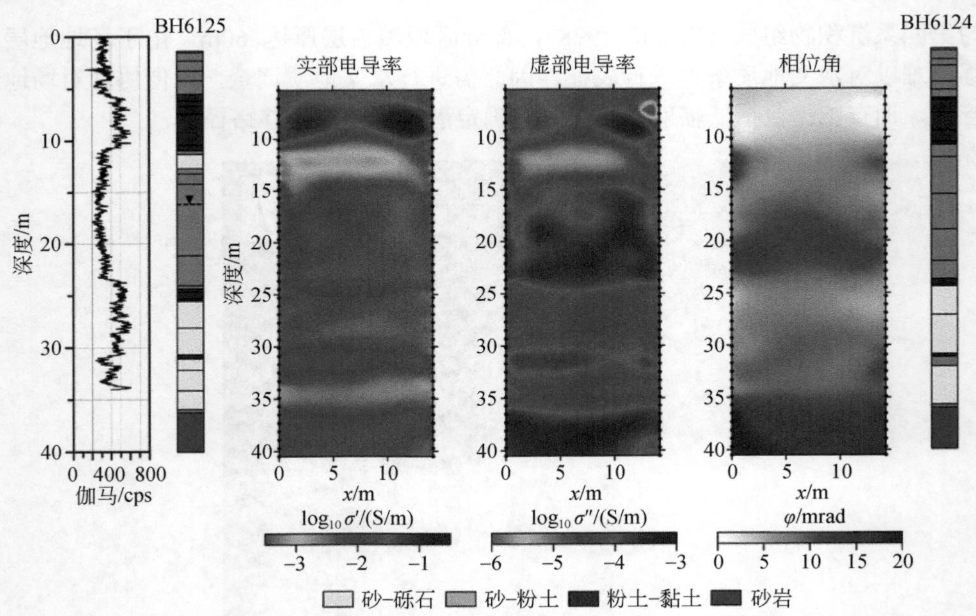

图 6.19　英国西坎布里亚海岸的低放射强度固废填埋场的激发极化成像（彩色图件见封底二维码）
每幅图位于 BH6125 和 BH6124 钻孔之间，图中显示了 BH6125 的自然伽马测井曲线，以及两口钻井的地质测井曲线，数据来源自 Kemna（2004）的图像

图 6.19 为跨孔成像与岩性测井的对比情况，并展示了 BH6125 的自然伽马测井曲线。图 6.19 的实部电导率图像与地质测井结果一致，显示了主要地质单元的横向连通性。电导率显著的差异出现在近地表黏土层和下面砂砾层之间，其他地层之间的电阻率也存在差异，如从淤泥-砂到砂-砾石的过渡区，电导率在约 25m 深度的位置略有增加。虚部电导率与实部电导率的图例比例尺相同，虚部电导率表现出与实部电导率相同的趋势，但其差异更为明显，可以更清晰的刻画岩性分布。本案例再次强调了激发极化测量的优势，可以区分表面电导率与孔隙水电导率。2.3.3 节中提到虚部电导率与表面电导率呈正比，而单一的电阻率测量无法获取上述信息。实部电导率与虚部电导率分布趋势相同，是因为本次调查结果的真实电阻率反映了岩性差异，而岩性会通过表面积的差异引起表面电导率变化。各岩性之间的虚部电导率差异更大，是因为其与岩性之间的关系更为直接，而实际电导率会受到地下水电导率等多种因素的影响。

不同的激发极化响应反映了由于沉积物来源和性质的差异，该场地地质单元之间的结构和矿物组成存在差异。砂-粉砂地质结构比砂-砾石结构表现出更高的极化率，但自然伽马测井结果显示砂-砾石结构的黏土含量更高，这种现象是由于砂-粉砂结构孔隙体积的比表面积更大。此外砂岩和砂-粉砂结构具有相似的虚部电导率值，推测原因为其粒度特征相似。图 6.19 中的相位角可以辅助刻画岩性分布，但如果不结合电导率幅值，则会存在不确定性。

如图 6.19 所示的剖面图可以划分水文地质单元，辅助建立场地的水文地质概念模型。在该案例中，为了评估场地内是否存在多个地下水流通道，需要对深部砂-砾石结构进行精细刻画。结果表明激发极化结果可以有效降低单一电阻率参数解译的不确定性，而对结果更多的定量解译需要获取岩心样本进行岩石物理分析。在该场地中使用跨孔阵列可以提高探测的分辨率。此外，由于场地地表的条件限制，地表激发极化测量无法适用该场地。

6.2.4 水文地质领域：松散沉积物的渗透率分布成像

地下水流和运移的数值模拟很大程度上依赖地下介质渗透率或渗透系数的准确刻画（2.3.6 节），传统的水文地质方法可以通过微水试验得到局部尺度渗透率的直接测量，或通过抽水试验获取代表含水层大范围的平均渗透率。因此，学者长期致力于利用电法测量来估算渗透率的空间变化，第 2 章所述土壤与岩石的电学性质与孔隙度、表面积、粒径分布、孔径分布等控制流体流动的孔隙几何特性密切相关。2.3.6 节中详细介绍了渗透率的估算模型，基于已建立的渗透率估算模型中的孔隙几何项进行替代，如毛细管束、渗透阈值等，这些孔隙几何项由激发极化技术测量而来。

虽然大部分激发极化估算渗透率的工作是在实验室尺度完成的，但已经进行了一些现场尺度的概念模型验证试验，以证明现场尺度估算渗透率的可行性（Slater and Glaser，2003；Hördt et al.，2007）。此方法应用的早期案例来自 Kemna（2000）文献，该研究旨在利用激发极化法刻画渗透率的结构分布，以评估军用坦克储存库燃油泄露运移的路径。场地地质结构由一系列冲积矿床组成，最上层为黄土层，下层为约 9m 深的砂-砾石层，地下水位附近为约 1m 厚的黏质粉土层。

Kemna（2000）在四个约 13m 深、间距约 8m 的钻井之间进行了二维跨孔频率域激发极化测量，高宽比约 1.5，符合 4.2.2.7 节介绍的跨孔成像分辨率的要求。每个钻孔布置 16 个电极，极距为 0.75m，另外在两孔之间的地表布置 10 个电极，共测量 350 个数据，并进行互惠测量评估数据误差（4.2.2.1 节）。Kemna（2000）的研究工作非常前沿，获取了 0.1～10000Hz 的频谱激发极化数据，这在当时领先于时代，其中高频数据受到电磁耦合影响误差较大（3.3.2.3 节）。Kemna（2000）探究了不同电磁耦合校正方法的效果（5.3.3.1 节），以此获取场地尺度可靠的弛豫时间分布情况。结果表明方法是有效的，得到了 Cole-Cole 模型的时间常数和 Cole-Cole 指数分布，并将其与现场沉积物的冲积层、电阻率与相图相关联（图 6.20）。

基于 Börner 等（1996）提出的方法对激发极化幅值的单一低频测量值进行处理以刻画渗透率，并使用 Pape 等（1987）推导的 PaRiS 模型［式（2.106）］将虚部电导率作为孔隙比表面积的指标，根据 Börner 等（1996）数据结果的建议，采用如下线性关系来获得式（2.106）中的 S_{por}，

$$S_{\text{por}} = 86\sigma''_{1\text{Hz}} \tag{6.2}$$

Kemna（2000）提出，式（2.106）中的地层因子可以通过低频虚部电导率 $\sigma''_{1\text{Hz}}$ 确定，而该值可以由孔隙水电导率，以及式（2.71）中描述表面电导率的实部 σ'_{surf} 和虚部 σ''_{surf} 之间的假设线性关系来确定系数 l。式（6.2）由 Börner（1992）首次提出，Weller 等（2013）使用大量的沉积物样品进行了证明。Kemna（2000）还进一步考虑了地下水位以上含水饱和度的变化，这是基于模拟含水量剖面和假定的饱和指数 n=2 来完成的。

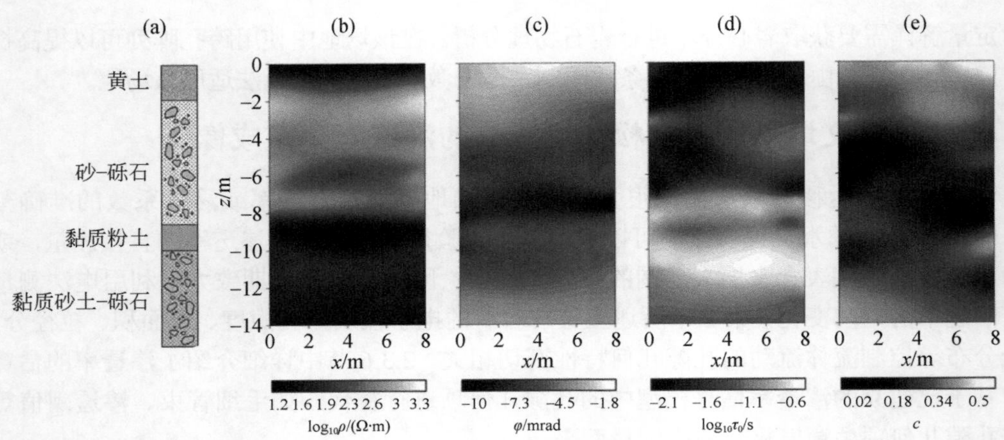

图 6.20 （a）岩性测井、（b）电阻率幅值对数、（c）相位角（在电阻率空间中绘制）、（d）Cole-Cole 时间常数和（e）Cole-Cole 指数示意图（修改自 Kemna et al.，2004）

基于受喷气燃料污染影响的冲积沉积物开展的跨孔激发极化数据，经过二维反演得到上述参数

Kemna（2000）获取了该场地钻井间渗透率结构的二维分布如图 6.21 所示，尽管对包气带地层因子等参数进行了很多假设而存在较大的不确定性，但得到的渗透率分布图像与钻井得到的沉积物测井资料岩性结构基本一致。上层黄土和地下水位以上的黏质粉土为低渗透区，估算的渗透率数值与测井识别的沉积物类型一致。鉴于近期很多岩石物理关系涉及渗透率与激发极化数据的关联（2.3.6 节），该方法将会有更多的应用场景，尤其在三维空间的应用（Binley et al.，2016）。

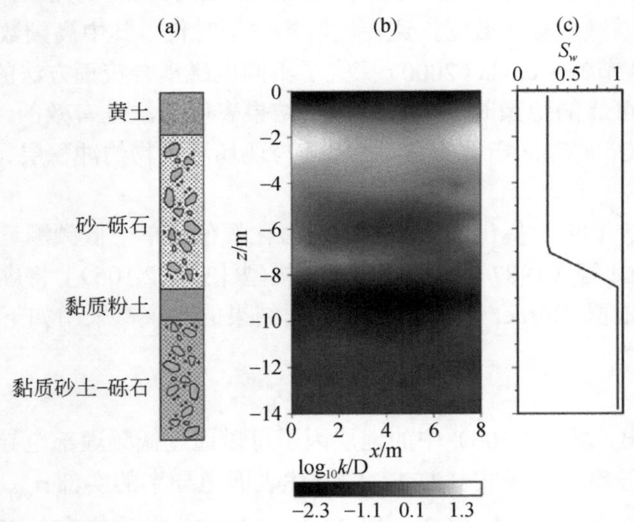

图 6.21 渗透率分布图（修改自 Kemna et al.，2004）

利用虚部电导率代替表面积与孔隙体积之比（S_{por}），对 PaRiS 方程［式（2.106）］修正后得到的。（a）岩性测井曲线；（b）重构渗透率结构图像；（c）用于计算饱和度相关地层因子的假定饱和度剖面

6.2.5　水文地质领域：频谱激发极化与渗透率之间的关系

2.3.5 节中提到控制地下水流运动的孔隙几何特性可以根据激发极化频谱形状确定，而仅使用极化率幅值无法得到其信息。Scott 和 Barker（2003）提出固结砂岩的相位谱包含在孔隙直径相关的峰值，由于孔径是控制流体流动的关键参数（Hagen-Poiseuille 定律），因此可以根据相位或弛豫时间峰值的位置与渗透率之间的相关性对其进行估算。Binley 等（2005）对上述方法在英国三叠系砂岩含水层的样品开展了应用，这项工作也是"解决农业活动造成的富营养污染相关的含水层脆弱性研究项目"的一部分。

场地的砂岩是由河流冲积形成的，包含中粒至细粒砂岩，以及少量的粉砂层。单个岩心样本从 17m 长的岩心中提取，其他的采样来自附近两个采石场。对岩心进行了大量物理性质分析，包括压汞毛细管压力（mercury injection capillary pressure，MICP）测试，以确定孔喉尺寸分布和气体渗透率，从而获得渗透率。为了在饱和状态获取样本可靠的测量数据，设计了专用砂柱进行频谱激发极化（SIP）测量。测量时通过 4%的琼脂与地下水混合以填充端盖处，确保与岩心的低接地电阻，并防止流体在毛细管力作用下进入非饱和样品。SIP 测量频率为 0.01～10000Hz，所有岩心均放置于恒温箱中以控制温度。

2.3.6 节介绍了从激发极化数据中获取多孔介质等效长度尺度的理论依据，其中长度尺度由特征时间常数乘以斯特恩层中离子的扩散系数［式（2.112)］，表明弛豫时间与孔径的平方呈正比关系。Binley 等（2005）利用 Pelton 等（1978a）的模型来拟合复电导率数据（知识点 2.8），得到时间常数 τ_0。图 6.22（a）显示了其与由 MICP 得到的特征孔喉尺寸的平方之间的经验关系，弛豫时间（τ_0）应与孔隙大小成近似线性关系。由式（2.112）可知，在一定的地层因子范围内，弛豫时间（τ_0）与渗透率（k）呈正比。然而，Binley 等（2005）发现弛豫时间与渗透系数之间的线性关系较弱，$\tau_0 \propto K^{0.26}$（图 6.22）。Zisser 等（2010b）探究了低渗透性砂岩中 Debye 分解（第 2.3.4 节）的弛豫时间中值（τ_{50}）与 k 之间的经验关系，得到 $\tau_{50} \propto k^{1.56}$。Zisser 等（2010b）同时整合了所有可用的数据集，结果表明，不同研究工作得到的砂岩和松散砂岩 τ-k 关系中 k 的指数从最小的 0.26 到最大的 1.56 不等。导致经验关系与理论不一致的一个原因可能是假设了扩散系数为一个单一值。大量研究表明随着样品矿物成分的变化，扩散系数可能会发生数量级的变化（Kruschwitz et al.，2010；Titov et al.，2010b；Weller et al.，2016）。

自 Binley 等（2005）的研究以来，其他研究进一步分析了弛豫时间常数或相位峰值频率与渗透率之间的关系（Revil and Florsch，2010；Titov et al.，2010b；Revil et al.，2015b）。虽然每个研究建立了特定经验关系，但难以使所有数据集满足式（2.112）的形式。此外，在场地尺度上获取宽频段范围内准确的频谱激发极化数据仍然是一个难点。

6.2.6　工程领域：可渗透反应墙成像

可渗透反应墙（permeable reactive barrier，PRB）常用于地下水污染修复过程中（Blowes et al.，2000），其工程挑战是原位建造符合设计预期并达成修复标准的屏障。电法成像技术作为一种富有前景的技术，可以用于研究工程结构施工后 PRB 的结构与完整性。在地下水污染的原位修复中，最成功的技术之一是零价铁（Fe^0）的 PRB，这种材料氧化性强，可以快速去除地下水中的污染物（Puls et al.，1999）。在使用电法成像技术评估充填材料为铁的PRB安装成效方面，Binley（2003）开展了案例研究，而后Slater和Binley（2006）对研究进行扩展。铁作为充填材料时，其高金属含量使得电阻率和激发极化成像技术成为刻画其结构和性能相关问题的优良技术。

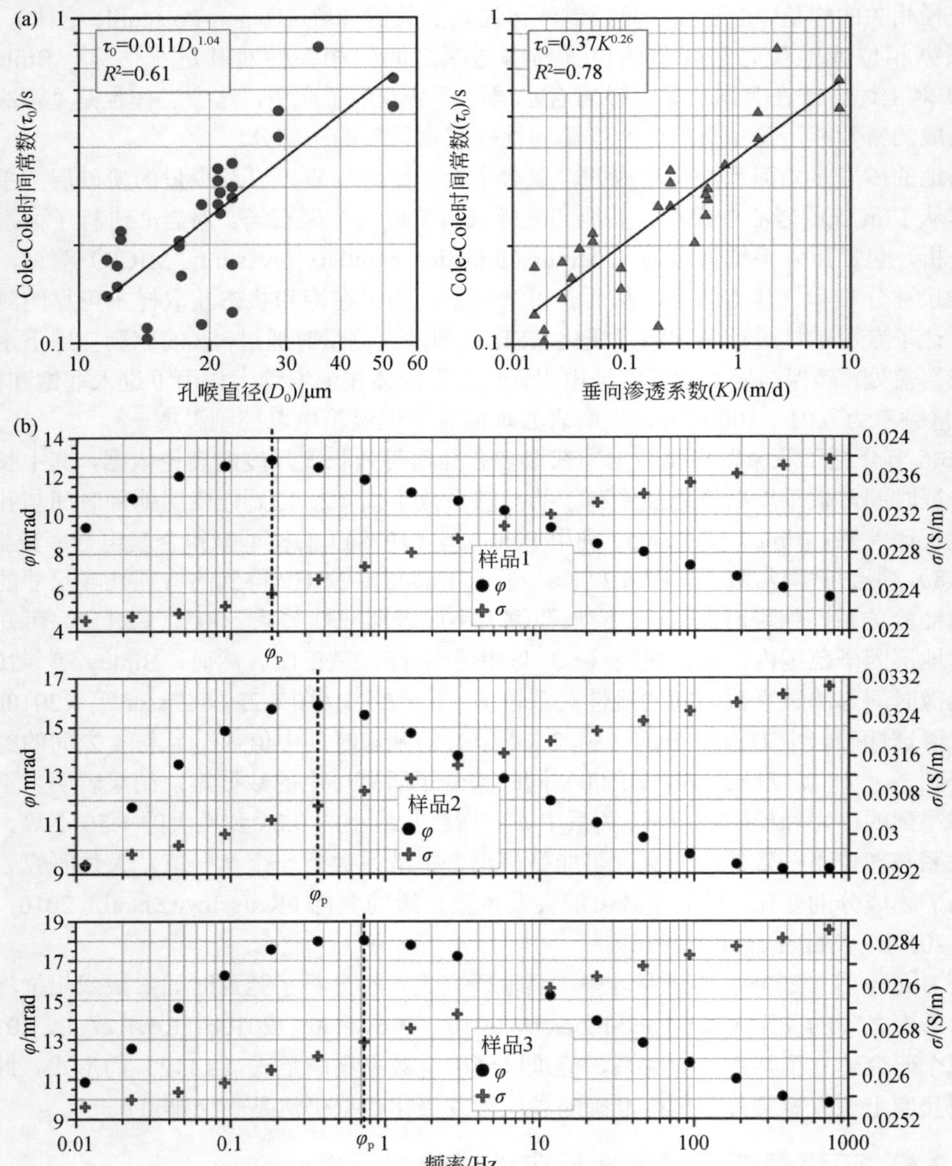

图 6.22　来源于 Pelton 等（1978a）对 Cole-Cole 模型修正的时间常数（τ_0）变化图

（a）与孔喉直径和渗透系数的关系，数据来源于 Binley 等（2005）的砂岩数据库；（b）三个数据集展示了样品间相位峰值（φ_p）的位移（电导率空间，$+\varphi$）

此案例研究的充填材料为铁的PRB位于美国密苏里州堪萨斯城的美国能源部（Department of Energy，DOE）设施中。PRB按照设计规范修建，但未能达到预期的地下水污染修复效果，推测 PRB 受到了部分损害。PRB 上部截面较薄，下部截面较厚，其设计如图 6.23（a）所示。PRB 下部较厚的区域是针对此区域渗透性较强的沉积物导致地下水流速高。PRB 的长度相对于宽度和高度使其成为横截面二维成像的合适目标，是少有的符合二维假设的案例（地质学中很少提供二维假设合理的案例）。

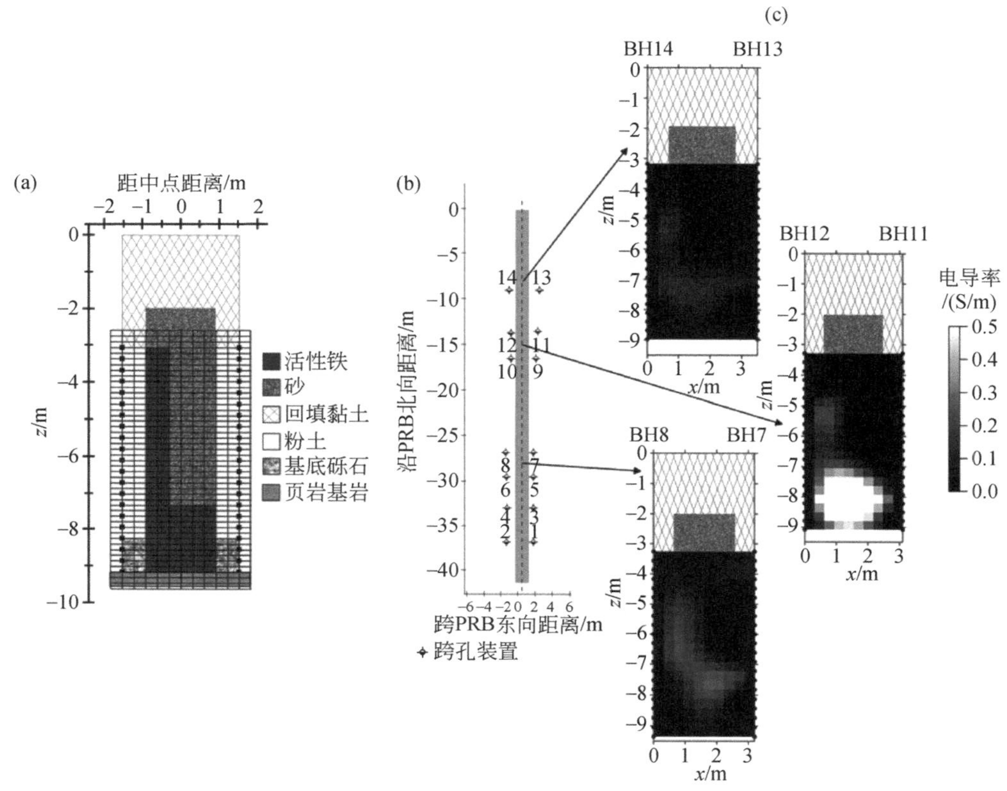

图 6.23 堪萨斯城场地理想零价铁屏障示意图（a）和跨孔测量的截面电法剖面图示例［（b）、（c）］

（a）电极位置与有限元建模网格叠加；（b）、（c）展示了 Slater 和 Binley（2003）研究的屏障不同位置的阵列估计

Slater 和 Binley（2003）在 PRB 沿线位置进行了二维电阻率测量，对比 PRB 性能良好的区域和受损的位置。根据最初的地表测量结果，需进行跨孔成像来更可靠地确定整个深度的 PRB 截面。将垂直测线布置在 PRB 两侧，沿 PRB 方向获取二维剖面分布。共测量 770 个数据，供电偶极和测量偶极分列两井之间。图 6.23（b）展示了沿 PRB 不同位置的电性参数分布情况。相对于背景沉积物，铁的 PRB 表现为高电导率响应。电性参数图像有效刻画了 PRB 沿长度完整性的变化，结果显示 PRB 北端施工存在问题，并经地下水采样验证，地下水采样结果显示 PRB 在修复北端氯代溶剂时出现问题。

在此之后，电法成像技术在零价铁 PRB 中的应用拓展到研究将零价铁颗粒注入地下时探测的有效性（Flores Orozco et al.，2015）。其原理是注入的颗粒与注入流体一起经过高渗透率的沉积物，然而相对于开挖的工程建设，此方法无法保证颗粒的均匀性，电法成像技术可以辅助评估注入地下零价铁的均匀性。图 6.24 展示了采用此方法对零价铁井壁进行的跨孔电阻率测量结果，由于 PRB 未能有效的修复现场污染物，因此进行了此次调查工作。设计规范要求在地下 6～18m 的位置建造连续的 7.5～10cm 宽的 PRB，相对于图 6.23 中开挖建设的 PRB，电性参数结果显示注入的零价铁 PRB 具有很强的非均质性，零价铁在整个 PRB 中没有完全分布。在某些区域，电法结果显示注入的零价铁接近 90cm。结果显示注入过程无法在该位置形成均匀的 PRB，导致该场地的 PRB 性能不佳。

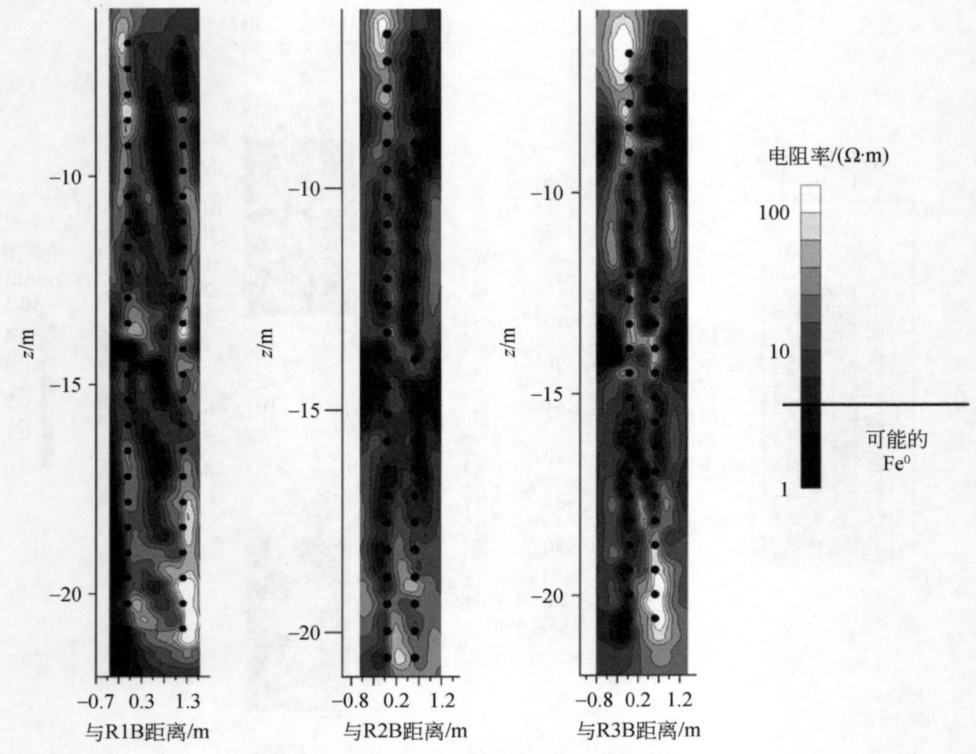

图 6.24　注射工艺安装 PRB 的跨孔图像示例

设计规范要求在地表以下 6～18m 处设置一个均匀的 7.5～10cm 宽的屏障，电法成像结果显示未能形成均匀的屏障，可能导致该屏障无法修复现场污染地下水

PRB 技术的问题之一是其修复地下水污染的效果随着其失活而降低，铁与地下水组分反应产生的铁腐蚀和矿物沉淀是导致 PRB 性能下降的主要原因。使用激发极化方法进行的实验室研究表明，未来可以实现 PRB 性能随时间变化的监测。激发极化法对矿物表面化学和铁矿物的变化有着一定的敏感性，学者已经对该方法在矿床（Bérubé et al.，2018）、尾矿（Placencia-Gómez et al.，2015）、与生物修复过程相关的金属沉淀（Ntarlagiannis et al.，2015）中的应用进行了研究。Wu 等（2006）从堪萨斯城的 PRB 中提取水平岩心，发现根据 Pelton 等（1978a）修正的 Cole-Cole 模型（知识点 2.8），PRB 上游边缘反应区的归一化极化率和电导率幅值比 PRB 内部未反应区高 2～10 倍［图 6.25（a）］。Wu 等（2006）分析了 PRB 固相组分，发现表面电性参数的增加与反应区零价铁矿物上厚腐蚀外壳相对应［图 6.25（b）］。铁矿物的表面积得到了增加，矿物复杂性也得到了增加，此结果在反应区铁氧化物、氢氧化物和其他铁矿物的沉淀中得到了验证。

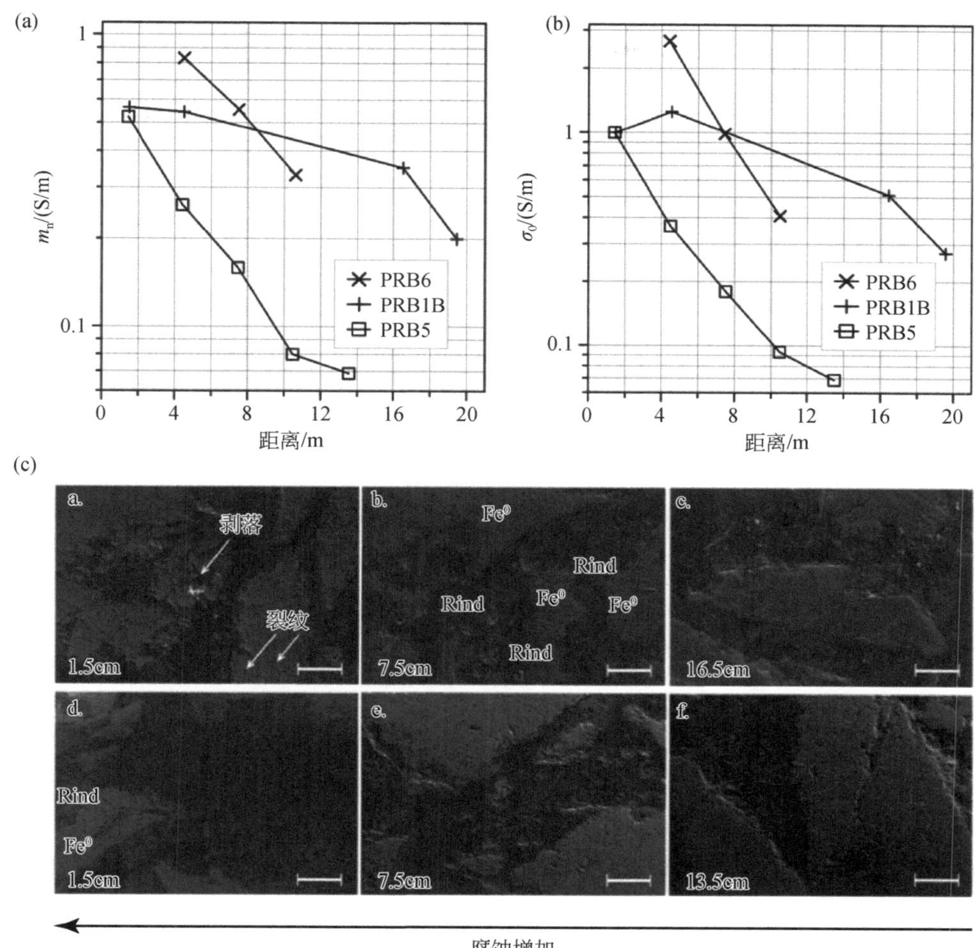

图 6.25 (a) 归一化极化率 (m_n) 和 (b) 直流电导率 (σ_0) 剖面 (修改自 Wu et al., 2006)
由 Pelton 等 (1978a) 修正的 Cole-Cole 模型计算，在堪萨斯城 PRB 上游边缘三个位置钻取的水平岩心，展示了反应区引起的导电和极化效应增加；(c) 反应区的扫描电子显微镜 (SEM) 图像，显示屏障上游方向零价铁受到几厘米厚的腐蚀

Slater 等 (2006) 在野外尺度探究了矿物学变化的影响，分析了堪萨斯城 PRB 的上游反应区关于腐蚀相关的复电导率随时间变化趋势。针对激发极化图像，为了更有效地解译 PRB 内部复电导率分布的细微变化，基于 PRB 设计规范，在有限元网格中定义了不光滑的尖锐边缘，在正则化中使用了结构约束 (5.2.2.8 节)。PRB 作为结构突变的典型案例，可以更有效的使用结构约束，图 6.26 展示了 PRB 某一截面的分析结果，实部电导率和虚部电导率在 PRB 内展现出差异，推测是由铁含量差异引起，而无法分辨比较小尺度的反应锋面。然而在 14 个月的时间跨度内，复电导率变化的时移反演结果显示 PRB 的上游一侧电导率增加了约 10%。结果表明：后续在建设 PRB 时可以同步安装电阻率和激发极化监测设施，以便对 PRB 填充材料失活过程进行长期监测。类似的应用可以监测矿山尾矿腐蚀过程 (Placencia-Gomez et al., 2015) 或更重要的监测含钢筋的基础设施老化过程 (如桥梁、隧道、建筑物等)。

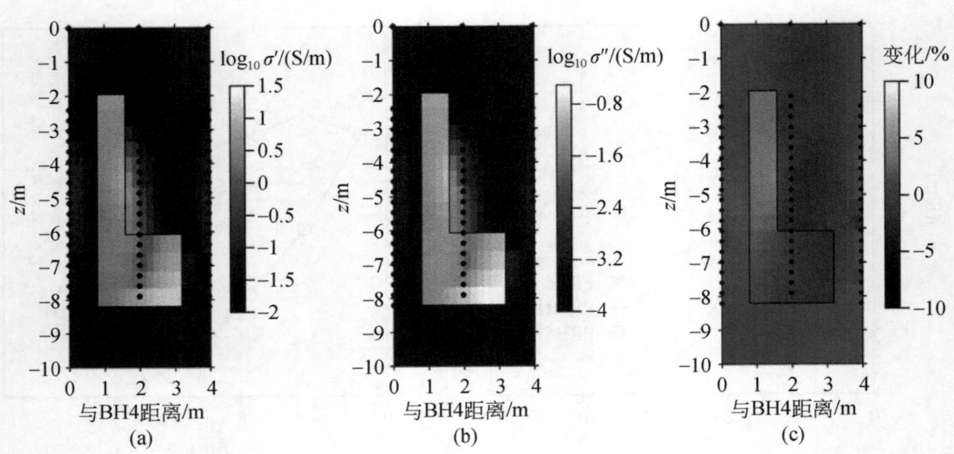

图 6.26　基于设计规范控制的正则化分离的堪萨斯城零价铁屏障复电导率反演示意图

（据 Slater and Binley，2006）

（a）实部电导率；（b）虚部电导率；（c）14 个月期间实部电导率的变化

6.2.7　工程领域：土体加固成像

微生物诱导方解石沉淀（microbial induced calcite precipitation，MICP）逐渐应用于土体和混凝土加固中（Achal et al.，2011）。与无法在高度城市化地区应用的机械压缩方法相比，此方法具备一些优势，可以避免由灌浆化学注入引起的土壤和地下水污染问题。MICP 的应用依靠促进微生物介导的二氧化碳生成，以及尿素分解的产物。在此过程中，方解石和其他碳酸盐矿物在富含 Ca^{2+}的含水层孔隙空间中沉淀（Fujita et al.，2000）。碳酸盐的生物矿化物作为强胶结剂，增强了土壤中颗粒之间的接触。与上述地下水修复方法一样，需要有效的方法来监测 MICP 在土壤加固方面的应用效果。

Saneiyan 等（2019）提出碳酸盐生物矿化导致的孔隙结构和土壤矿物组分变化会导致激发极化信号的异常响应；Wu 等（2010）在实验室尺度证实了方解石沉淀产生的激发极化响应特征，随后逐渐开发了解译激发极化信号的模型（Leroy et al.，2017）。Saneiyan 等（2019）在先前实验结果的基础上，进行了富含钙含水层的 MICP 实验研究，证明了天然存在的微生物可以促进尿素分解。为了刺激天然细菌的生长和活动，进行了注入营养物和尿素的样品实验，使得方解石在整个孔隙空间中沉淀。

在此次 MICP 试验中严格遵循了标准的数据采集流程，进行了地面电阻率和时间域激发极化数据的采集，并且利用了可以降低误差的石墨电极。该试验的重要组成部分是对测量误差进行表征并开发了适用性的误差模型，来应用于激发极化数据集的反演。根据 4.3.2 节中解释的过程进行了互惠误差模拟，使用代码 cR2（附录 A.2）对数据进行反演，取得了显著的效果。Saneiyan 等（2019）在图 6.27（b）中展示了互惠误差的分布，并分析了对高误差数据滤波后对结果的影响。

Saneiyan 等（2019）研究表明 MICP 测试随时间有着明显的极化异常出现，该异常是由生成的方解石矿物导致［图 6.27（c）］，方解石的形成由处理区生成沉积物的固相地球化学分析和渗透系数降低来表征。MICP 过程没有引起实部电导率变化，原因是低浓度下分散的方解石矿物沉淀并未显著改变电流传输的路径。然而分散的新矿物相沉淀充分改变了激发极化的界面极化过程。图 6.27（c）的相位等值线在−6mrad 和−4.5mrad 之间，虽然相位差异很小，但对误差进行详细分析可以分辨这种很小的极化变化值。因此，该案例研究提出了利用激发极化监测地下矿物形成和溶解的过程，这些过程无法通过常规的电阻率方法进行监测。

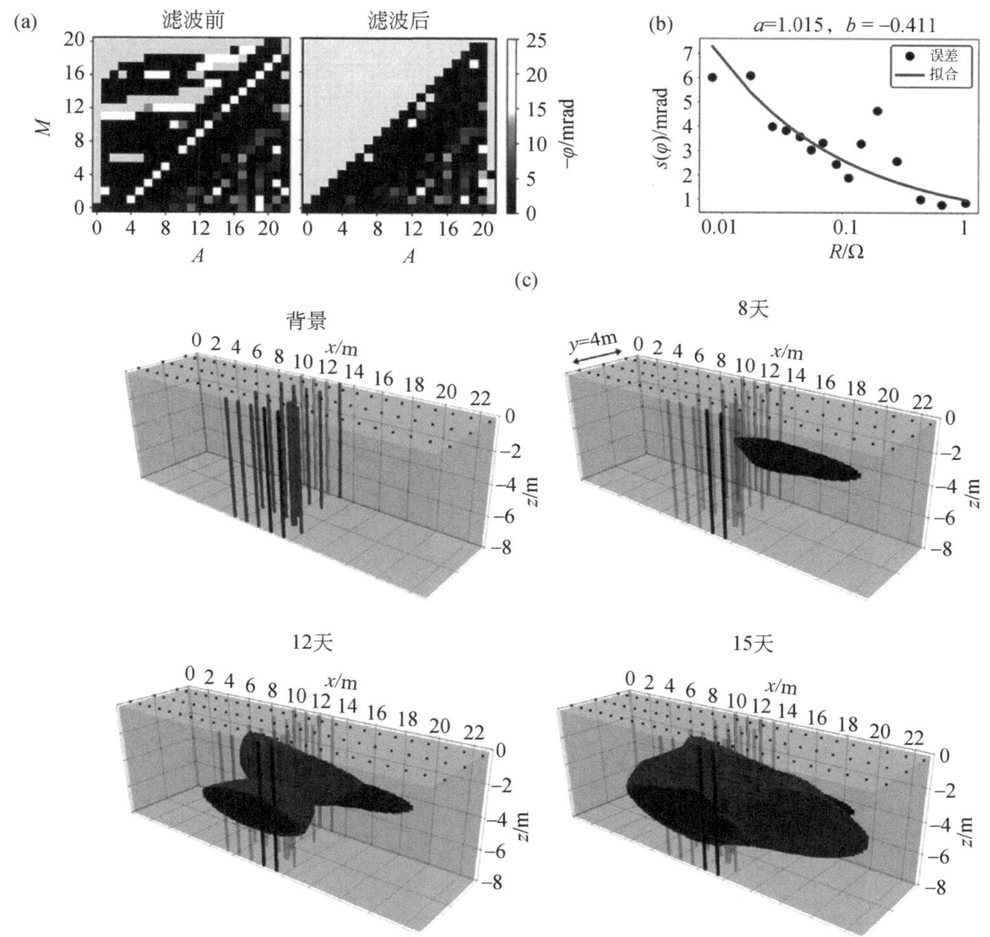

图 6.27　激发极化监测 MICP 过程的实验（修改自 Saneiyan et al.，2019）

（a）相位数据集互惠误差分析；（b）激发极化反演的相位误差模型（电导率空间，+φ）；（c）微生物诱导方解石沉淀引起的相位异常演化。尽管相位异常较小（4.5～6mrad 的等值线），但对误差精细分析可以实现 IP 方法的成功应用，垂直线表示地下水取样井 PVC 套管

6.2.8　新兴领域：修复过程中生物矿化追踪

工业活动、军事活动以及酸性矿井排水等都会导致地下水受到重金属污染，微生物修复通过将重金属转变为不溶性沉淀来实现地下水重金属污染的修复。与大多数地下水污染修复技术一样，由于缺乏可靠的方法来监测修复过程的实施和修复效果长期稳定性，因此

很难验证微生物修复方法的有效性。

可以通过地球物理方法刻画微生物活动对土壤和岩石的固相和液相的改变（Sauck，2000），因此“生物地球物理”用来定义新的地球物理领域，该领域主要研究微生物与地下介质相互作用产生的地球物理响应（Atekwana and Slater，2009）。迄今为止，电阻率法和激发极化法已经是监测微生物过程最有效的地球物理技术，在土壤或岩石相互连通的孔隙中，与微生物过程相关的重金属沉淀会产生较强的激发极化信号（Williams et al.，2005；Slater et al.，2007）。而当沉淀积累增加，形成连续的矿脉时，才能观测到电阻率信号的响应。图 6.28 展示了复电阻率法砂柱试验，在厌氧过渡期间，出现与硫酸盐还原菌相关的 FeS 生物矿化现象［图 6.28（a）］。随着砂柱恢复至好氧状态，生物矿物分解。生物矿物形成时，相位

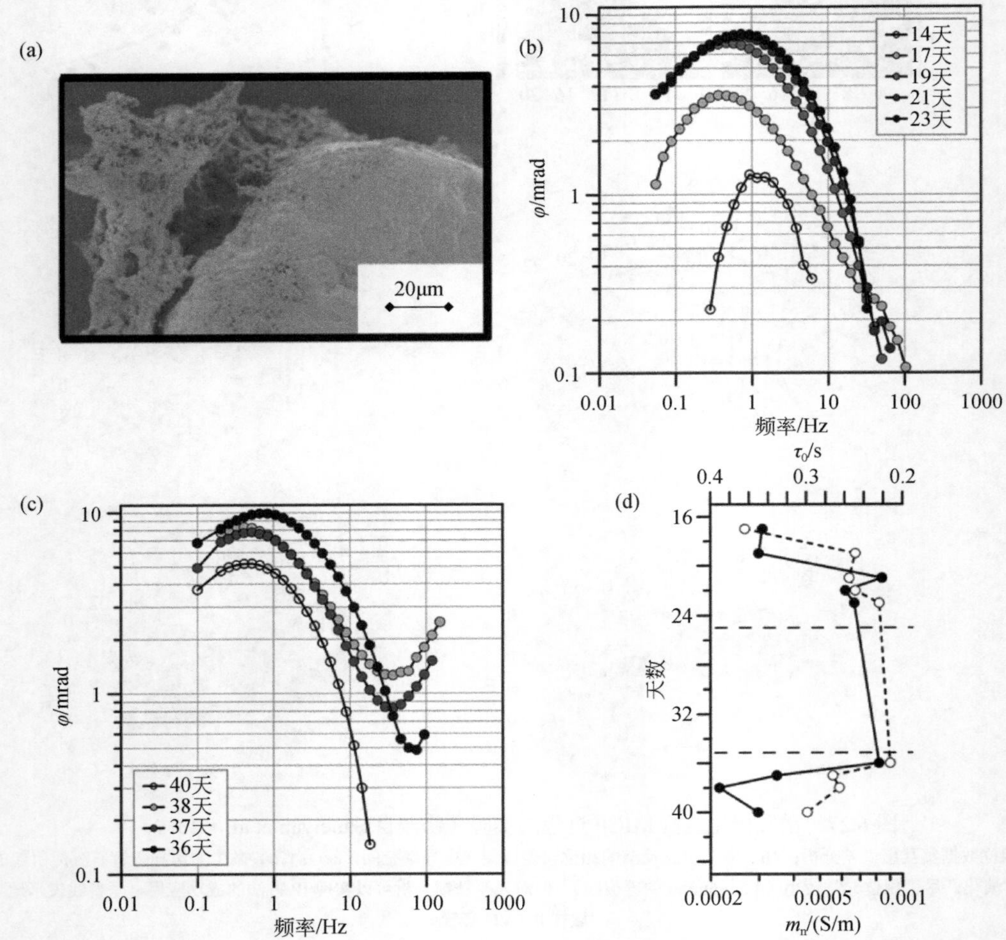

图 6.28　硫酸盐还原菌 *Desulfovibrio vulgaris* 在好氧-厌氧转变过程中引起生物矿物沉淀的实验结果（修改自 Slater et al.，2007）

（a）扫描电子显微镜图像显示 FeS 生物矿物在沙粒上形成外壳；（b）FeS 生物矿物的沉淀过程测量相位（电导率空间，$+\varphi$）随时间的变化；（c）与随后的有氧转变相关的 FeS 溶解；（d）模拟 Cole-Cole 参数 τ_0（实心圆）和 m_n（空心圆）随时间的变化

响应出现明显增长的趋势［图 6.28（b）］，随后生物矿物分解的过程中相位逐渐减少［图 6.28（c）］。在好氧—厌氧过程中，Cole-Cole 模型的弛豫时间常数也发生显著变化［图 6.28（d）］。

Williams 等（2009）采用该方法进行了场地尺度的研究工作，使用激发极化法监测重金属污染含水层中硫酸盐活化还原细菌的过程。在美国科罗拉多州西北部的步枪靶场进行了修复试验，从研究地点的上游含水层抽取地下水，通过两组通道注入含水层进行修复，修复药剂包括乙酸钠（碳和营养物质的来源），目的是硫酸盐和铁还原。在经过注入点的垂直剖面上获取地表时移二维激发极化数据，异常的激发极化信号沿地下水流梯度方向从注入点向下游延伸（图 6.29）。地球化学采样得到的微生物还原硫酸盐和铁的结果显示出明显的相关性。随后从异常相位信号的位置采样沉积物，证实了大量 FeS 沉淀物的存在。在没有微生物存在的区域，没有异常的相位信号响应。推测此处相位异常是由溶液中 Fe（II）浓度的增加引起的。Fe（II）作为氧化还原活性离子，降低了流体—矿物界面上的电荷转移电阻（2.3.7 节，Wong 模型）。铁矿物的沉淀也导致了后期电导率微弱的增加，表面矿物沉淀足够多的情况下会使得电子通过连续矿物传导。

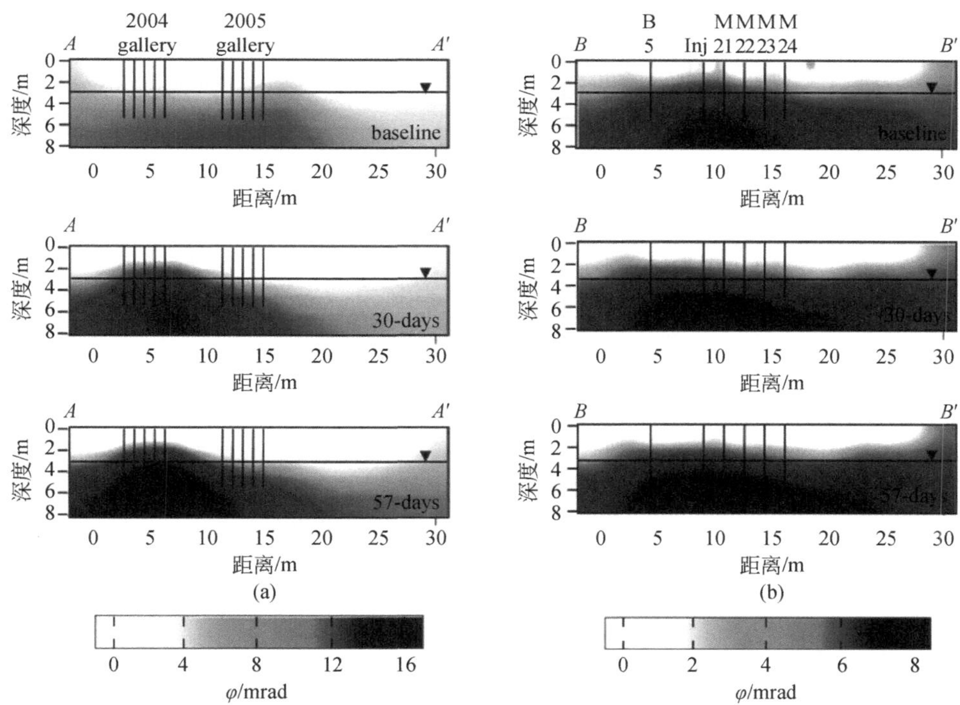

图 6.29 地表激发极化数据集（0.125Hz）的相位反演结果（电导率空间，$+\varphi$）（据 Williams et al.，2009）
数据集在两条大致正交测线的三个不同时间间隔获得，测线穿过乙酸钠注入的位置，以促进微生物诱导的硫酸盐和铁还原产生硫化铁矿物沉淀，垂直黑线表示注入和抽提乙酸钠的通道

虽然激发极化法在该领域得到了创新应用，但这种微生物相关的强激发极化响应是符合预期的。第 1 章中指出激发极化法最初作为矿物勘探方法逐渐发展而来，激发极化对岩石中存在的浸染矿非常敏感，此处监测的微生物过程实际上是在沉积物中形成新的浸染矿床，因此激发极化法可能会成为时移生物地球物理监测的最佳手段。鉴于示范案例的成功

应用，激发极化法在监测微生物修复方面会得到更为广泛的应用，并对评估重金属固化的长期稳定性做出贡献。

6.2.9 新兴领域：树木的刻画和监测

与人体的医学成像相同，需要微创技术来评估由于树皮上不明显的病变而导致的树木结构变化。树干是一种多孔的毛细管材料，具有高孔隙率和高内表面积的特征。干树干的电阻率很高，随着含水率的增加，电阻率逐渐降低。大多数树干的含水量大于 60%，干树干和健康树干之间的差异使得电阻率和激发极化技术在树干成像中得到有效的应用，但应用过程中仍有一些问题，如保证较小的接地电阻。长期以来，电阻率测量广泛应用于监测树干物理结构变化引起的电阻率变化，主要是由于树干衰败的腐朽和腐烂导致的（Stamm，1930；Skutt et al.，1972；Shigo and Shigo，1974）。然而这些研究大都是侵入性的，将电极插入树干会对树木健康造成不利影响。

近年来，学者将树干的电阻率和激发极化成像应用于对树干结构变化的非侵入性评估，树干结构变化通常是由真菌感染引起，会导致细胞壁破裂时孔隙流体的溶解，致使阳离子浓度增加（Schwarze et al.，1999）。这些增加的阳离子浓度使得电导率增加，从而使用电阻率法得以监测，树干的非侵入性成像通常通过环形电极阵列获取二维截面的电导率分布。因为树干在垂直于图像剖面方向近似无限延伸，所以树干电法成像时二维假设仍然有效。Al Hagrey（2006）使用电阻率法监测了树干外侧边材的液体流动，随后绘制了电导率变化图像，来识别边材和心材，心材是指树干内部的老化木材（Guyot et al.，2013）。Guyot 等（2013）的工作突显了电阻率成像在刻画边材和心材中的应用效果，然而对电阻率图像与树干截面进行可视化对比，发现电法成像的结果并未达到预期效果。Guyot 等（2013）提出需要一些手段来提高边界刻画的准确性，如通过使用更多电极、采集更多数据来提高分辨率等。

近年来，复电阻率测量逐渐应用至树干孔隙体积表面积、相互连通孔隙度、表面吸附特性中（Martin，2012；Martin and Günther，2013）。Martin 和 Günther（2013）利用激发极化成像技术，开展了健康橡树和真菌感染橡木的识别研究。图 6.30 展示了橡树的二维横截面分布，健康橡树的特征是环状结构，年轮在夏季和冬季有所不同。从图 6.30（a）可以看出，冬季健康橡树电阻率表现为两个环，外环为高电阻率，内环为低电阻率，相位分布也为环状结构，但有三个环分布。与之相反，受真菌腐烂破坏的橡树图像中环状结构也受到破坏，在相位图像中尤为明显［图 6.30（b）］。

未来对树木进行非侵入性电学研究的发展可能还包括基于电容的层析扫描技术（Carcangu et al.，2019），该技术的一大优势是避免电法接地电阻的问题。此外，还避免了在树干上插入电极导致树木损坏的情况。对树干基本电特性如温度依赖性的进一步研究有助于改进该方法的实施（Luo et al.，2019），以估算树木含水量变化并监测湿度随时间的动态变化。

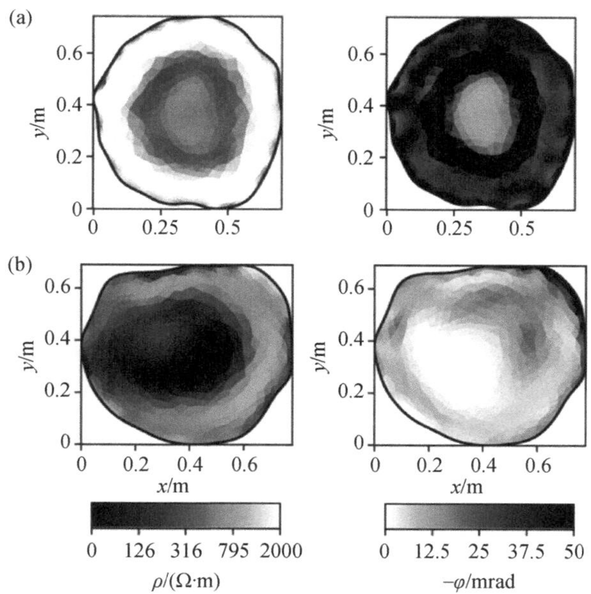

图 6.30 树干二维横截面电法成像（据 Martin and Günther，2013）

（a）健康橡树；（b）真菌感染橡树。健康树干表现出特定的环状电阻率和相位（电导率空间，+φ）分布，真菌感染树干不满足此分布特征，相位分布的差异尤为明显

第7章　未来发展趋势

一个世纪前提出的电阻率法，现已发展成为近地表应用中最广泛的地球物理方法之一，两次世界大战的爆发推动了其在矿产和石油勘探领域的发展。从最初提出电阻率方法之后，研究者不断认识到地下介质的极化现象可以提供更多物理和化学信息，特别在矿产勘探领域，激发极化法因此应运而生。在本书前述章节中介绍到，在电阻率法和激发极化法发展的关键阶段研发了许多便捷和可扩展的设备，用于解决不同领域的科学问题，包括水文学、土壤科学、生态学、法医学等，此外在考古学、土木工程、生物医学和过程工程方面也得到了同步发展。本书出版的100年前，Schlumberger（1920）在其开创性的研究中指出："……电法适应性强、范围广，完全有理由相信其在采矿业、水力学和地球物理研究人员所面临的无数问题中，某些问题将得以快速地解决"。他继续提到："目前的（电法）研究仅仅是一个开始……"。Schlumberger清楚地认识到电法的巨大机遇，但未能预见到其真正的潜力。特别是时移成像技术，开辟了许多100年前无法预见的应用领域。Schlumberger也意识到了电法的不足，称"电法过程可能永远无法给出确定和精确的结果，但它们的作用是提供部分信息作为指导……"。显然，Schlumberger这番话的背景是指勘探领域，但在过去100年里出现的很多其他领域的应用亦是如此。与所有地球物理方法一样，电阻率和激发极化技术在实际应用中不应单独地使用，可以将其作为补充调查，在某些情况下电法可以揭示传统方法无法刻画的地下过程。

本书介绍了电阻率法和激发极化法的研究现状，涵盖了电法解译的岩石物理关系、用于现场和实验室尺度测量成像以及电性测量的仪器设备，包括电极阵列优选及其对电性参数变化灵敏度的现场采集方法，将测量数据转换为地电模型和改进勘探方案设计的正演和反演模拟。此外还介绍一系列的应用领域，包括第6章中的一系列针对性的研究案例。本书引用了这些方法在发展过程中的重要参考文献，然而由于文献众多，在筛选时不可避免地忽略一些贡献。

这些方法在过去的几十年里仍不断发展，对地下介质的电法特征和物理-化学-生物特征之间关系的研究有了重大进展。此外，随着计算机技术的发展，对测量信号与地下分布之间关系的模拟方法也取得了进步。仪器设备方面也得到了发展，但这些发展往往落后于模拟方法的发展和新兴应用领域的出现。鉴于该学科领域的持续发展，本书在最后针对岩石物理关系、仪器和数值模拟三个方面提出了潜在的未来发展趋势。

7.1　岩石物理关系的发展

自Archie（1942）的经典论文发表以来，地球物理研究已经过去了几十年，阿奇定律依然用来解译电阻率数据，由此可见，阿奇研究工作的艰苦卓绝与细致入微。阿奇定律量化了地下介质电阻率、孔隙水电阻率、孔隙几何形状和饱和度之间的关系，虽然其是由经验公式推导而来，但理论上其已经在某些应用条件下得到证实（Sen et al.，1981）。然而，目前还无法准确理解阿奇定律中的胶结指数（*m*）与孔隙空间复杂结构之间的关系。最近对胶结指数的重新解释中强调了其与孔隙空间连通性的联系（Glover，2009），并提供了相对于砂岩油储层相关概念的更全面幂律指数的观点。这种观点简化了阿奇定律在包括水文地球物理学在内的更广泛领域的应用。随着计算机性能的发展，实现了土壤和岩石孔隙尺度的数值模拟，可以更好地探索胶结指数与孔隙结构之间的关系（Niu and Zhang，2018）。将阿奇定律扩展到包含不同电导率流体的多孔隙域（Glover，2010），可以有效推进电阻率法的应用，进一步获取多相系统中流动性较大和较小区域之间的物质（如离子）传输（Singha et al.，2007）。

从 Schlumberger（1920）观测极化率数据开始，激发极化原理已经得到了地球物理学家一个多世纪的关注。尽管在矿产勘探的推动下，实验室和现场研究取得了很大进展，但这一现象至今仍令地球物理学家关注和困惑。激发极化的复杂性部分原因是测量信号的电化学影响，包括矿物-液体界面的几何形状和双电层化学。地球物理学家、物理学家和电化学家联合推动了对激发极化信号的解译。由于存在导电矿物与不存在导电矿物时激发极化测量信号差异明显，土壤和岩石性质的关系也存在很大差异，因此存在的问题会更多。

在矿物勘探的激发极化关系中，基于极化粒子的稀释悬浮液极化提出了电化学模型（Wong，1979）。虽然该模型为胶体悬浮液模型，而并不是多孔介质模型，但该模型为使用激发极化来估算电子导电颗粒（如铁矿物）的体积含量和粒径分布奠定了基础。尽管 Wong 模型提出以来 30 年间未得到进一步研究，但最近此模型重新得到了关注，以推动激发极化在矿产勘探之外领域更为广泛的应用，如矿山尾矿环境调查（Placencia-Gómez et al.，2015）。关于激发极化的机理并未达成共识，部分观点认为与导电粒子周围发生的离子扩散有关，其他观点则认为包括电子扩散和离子扩散（Revil et al.，2015a）。对单个粒子极化的基本电化学方程进行数值模拟求解，为导电离子的激发极化现象提供了新的解译（Bücker et al.，2018）。该领域更多的工作将推动激发极化法的应用，以解决越来越多的勘探和环境问题，包括使用激发极化法监测生物矿化等问题（Williams et al.，2009）。

在没有电子导体粒子的情况下，背景极化最早是由 Schlumberger（1920）提出的。20 世纪 80 年代之后，逐渐认识到激发极化信号与表面电导率直接相关，而表面电导率无法通过单独的电阻率测量获取（Vinegar and Waxman，1984）。Börner（1992）首次证明了表面电导率的实部和虚部呈线性正比关系，Börner 等（1996）提出电阻率和激发极化测量相结合可以有效地估算表面导电情况下的地层因子。最近的岩石物理关系研究强调了利用激发极化测量来估算地层因子的改进方法（Weller et al.，2013），而这些研究同时也揭示了表面电导率的实部和虚部之间比例的显著变化，表明次要因素（如矿物学）起到了作用。后续需要进一步研究矿物学（如黏土矿物）如何改变连接表面电导率实部和虚部的比例常数。

通过激发极化测量很好地认识到表面电导率和孔隙几何特性的关联，包括矿物-液体界面面积在控制表面电导率大小方面的关键作用（Börner and Schön，1991；Weller et al.，2010a）。然而孔隙空间的曲折度会起到重要的作用，导致表面电导率受地层因子决定，会限制激发极化对表面积的估算，特别在细粒、低渗透岩石中（Niu et al.，2016）。此外，双电层对连接表面电导率和孔隙几何形状的比例常数的影响还需要进一步研究，并且需要进一步了解控制极化特性弛豫时间的代表性长度。当前机理模型关注孔径、粒径和宽窄孔隙的距离。为了提高基于激发极化的渗透率预测模型准确度，需改进岩石物理关系，使其比目前所证明的近似数量级有效性更高（Revil et al.，2015b；Weller et al.，2015b）。机理模型框架通过将孔隙几何结构与双电层化学联系起来，对激发极化现象的机理提供新的见解（Leroy et al.，2008）。然而，还需要对更多的岩石类型进行案例研究，如碳酸盐和泥岩等。

7.2　未来仪器的发展需求

目前，自动化、多通道仪器可以同时进行数百个电极的数据测量，普遍应用于电阻率和激发极化测量中，仪器在不同的研究深度和分辨率情况下可以通用。在过去 20 年里，这些仪器的改进受限于过去 20 年的技术研发，因为难以布置在偏远地区，未来仪器的首要发展需求就是更轻便和更易于搬运。目前，高灵敏度的电压测量阵列可以满足长期监测中低功率供电的需求（Weller et al.，2014）。第二个需求是，减少数据采集时间，这对于监测调查有着显著的优势。在生物医学电层析领域有着发展前景，其中码分多址（code-division multiple access，CDMA）方法可以实现多对电极同时供电。当只进行电阻率测量时，可以使用高频波形（如100Hz）进行测量，类似于过程层析扫描和生物医学成像中使用的波形。目前该方法正在努力提高数据采集速度。在电阻率成像的其他领域，已采用多供电电极激发来提高分辨率（Hua et al.，1991；Li et al.，2004），然而目前为止，由 Lytle 和 Dines（1978）提出的这种方法还没有在地球科学领域得到验证，因此有必要评估该方法的应用价值。

电阻率自动化监测系统仍需继续开发，该系统可以用于对引起电阻率变化的各种环境过程进行长期监测，此概念可以追溯到 20 世纪 90 年代初安装的简单非自动化系统（Park and Van，1991），英国地质调查局开发的 PRIME 系统是很好的应用案例（Chambers et al.，2015）。大多数商业地球物理仪器都不适合作为自动化监测系统，相比之下 PRIME 系统是专门设计用于离线监测技术。开源硬件和软件的快速发展使得研究和技术人员可以开发低成本监测方案来获取电阻率数据集。随着上述发展，电阻率监测和探测的常规布置可以满足大多数应用，如边坡、堤坝或路堤等。

自 20 世纪 80 年代以来，用于场地尺度的激发极化测量仪器得到了快速发展。该技术首次提出以来，测量断电后电压衰减的积分一直是该领域表征激发极化效应的主要方法。近期的发展主要关注减少电容和电磁耦合效应方面，以提高从现场尺度调查中获取可靠的激发极化频谱信息。通过使用光纤电缆实现测量电极模拟到数字信号的转换，数据质量得到了改进（Radic，2004）。其他方法侧重于优化连接电极到供电（测量端）的几何布局（Dahlin and Leroux，2012）。这些方法尚未转变为广泛应用的商业仪器，部分反映了这些仪器的市场相对较小。通过对未来仪器进行改进以减少耦合效应产生的误差，最终可以实现在场地尺度上获取宽频谱的激发极化数据。

场地尺度激发极化仪器的部分发展来自于数据处理方法，以此从时间域波形中提取更多的信息。自 20 世纪 90 年代中期首次实现全波形高频采样后，现有的很多商业仪器都可以记录完整的波形数据。一些仪器如瑞典的 ABEM 系统可以实现在供电时获取数据，加快了激发极化的数据采集速度（Olsson et al.，2015）。仪器中数据处理方法的进一步发展可以提升激发极化数据测量获取的信息量。

近年来分布式测量系统的发展满足了电阻率和激发极化勘探的需求。该系统无需将电极连接到仪器上的长电缆（Truffert et al.，2019），这一发展在难以布置电缆形成网格的崎岖地形中的探测方面展现出显著的优势。分布式系统使用时间同步接收器和发射器网络，接收器和发射器用来获取所有的三维测量数据。在崎岖地形上获取真三维数据集，可以显著提升电阻率和激发极化在流域尺度水文学以及矿产勘探方面的研究水平。在不久的将来，该技术的更广泛使用可能会使得电阻率和激发极化数据获取的范式发生改变。

7.3　未来模拟的发展需求

如上所述，在过去的 30 年中正反演模拟方法的原理没有发生显著变化，如今的改变在计算能力（处理速度和核心内存）的提升，这让我们能够解决更大的问题。第 5 章提到对于相对较小的问题，三维反演模拟现在可以在个人计算机上实现。但目前大多数应用程序仍基于单个剖面的二维分析，且会继续持续一段时间，其原因不是模拟的限制，而是进行三维勘探的人工、布线、现场时间等成本较高。在结果解译时，应考虑二维反演的局限性，因为地下介质很少是二维的，三维的电阻率变化会导致二维图像中的错误解译。三维应用会逐渐增多，尤其针对基于监测解决问题的应用。

在大量电极布置和相关测量数据的多参数网格上求解三维反演问题，目前仍会受到高性能计算的限制。对于标准的梯度法［式（5.25）］，雅可比矩阵包含 $N\times M$ 个数值，其中 N 为测量次数，M 为参数（如未知电阻率）个数。为了在计算中满足合适的精度，需要 16 字节的存储空间，涉及 100000 个参数单元网格的 50000 个测量值的问题需要 80GB 的存储空间，这远远超过了当前个人计算机的规格。随着时间的推移，计算机内存成本可能会继续下降，但非专业计算机硬件的发展将始终受到其他领域市场需求的驱动。例如，视频与游戏已经推动了一些计算机处理能力的发展。因此，该领域可以等待类似的或更大的市场驱动因素，从而可以从中受益。5.2.2.6 节提出并行计算为解决大型问题（Johnson and Wellman，2015）提供了解决方案，其中分布式内存架构更有优势，因为它可以相对容易地将基于梯度的反演问题分解为一系列离散任务。并行计算已经得到了广泛的发展，自 20 世纪 80 年代以来，利用分布式异构计算机如标准台式计算机网络的并行系统已经可以应用。主要的创新在于软件，使其更容易的适应计算机架构，此外在云计算中卓越的处理能力也可以得到更好的应用。由视频和游戏驱动的图形处理能力的进步使得图形处理单元（graphic processing unit，GPU）逐渐用于计算。Cuma 和 Zhdanov（2014）介绍了 GPU 用于电阻率问题反演模拟的方法，其他案例包括：Maet 等（2015），Anwar 和 Kistijantoro（2016）等。此类硬件的开发将在未来继续开展。

另一项发展是机器学习，这未必是新的领域，但最近在地球物理数据模拟方面颇受关注（Russell，2019），如神经网络。第 1 章提到由于计算能力的限制，无法进行基于梯度的反演模拟，Pelton 等（1978a）的反演工作是通过使用存储在磁盘上预计算的正演模型进行的。这些方法可以视为早期的机器学习方法，尽管这相当粗糙，即基于已知响应的数据来寻找最佳模型。在未来的电法应用中，避免使用雅可比矩阵和计算的内在并行特征可能会得到进一步发展。

5.2.5 节提到非梯度方法在处理地球物理电法反演问题方面也变得越来越普遍，这些方法在求解的过程中避免了局部最优现象的出现。此外，可以对最终模型进行不确定性评估，还可以包含多个数据源，如来自不同地球物理方法或非地球物理的测量数据。然而这种方法也存在一些不足，基于蒙特卡罗方法目前仅适用于一维或简单的二维问题（5.2.5 节）。这种情况在未来可能会得到改善，但需要更好的方法提高此类方法的可行性。

电法反演模拟中的不确定性估计也需要进一步发展，在电法参数的反演模型中很少提供不确定性界限，然而如果要使用这些模型，则需要进行置信度评估。Tso 等（2019）强调岩石物理模型的不确定性随着模拟过程而传递，从而导致地球物理模型的定量解释具有很高的不确定性，例如电阻率成像估计土壤含水量。

电法数据的时移反演作为一种常规手段，通常是使用时间序列数据集来完成，如 LaBrecque 和 Yang（2001b）的差分反演方法，在某些情况下可以使用多个数据集（Kim et al.，2009；Karaoulis et al.，2014），使其成为真正的四维问题。目前尚不清楚所有数据集在多大程度上依赖这种反演方法，即准四维方法可能取得同样的效果。为了获取此方法的效果，需要在这方面做进一步的工作，从而提高方法的可行性。与可以在空间+时间反演一样，同样也可以在频率域应用类似的正则化方法来实现复电阻率数据的空间+频率反演。在逻辑上可以进一步拓展至五维反演（三维空间+时间+频率）。这种方法在技术上是可行的，但计算量的需求将限制该方法只能应用于特殊场景。

人们认识到反演问题中附加信息的价值，因此联合反演和耦合反演模拟应用也得到了进一步发展，但这些应用可能会受到专业领域的限制。迄今为止，大多数应用都集中在研究场地，以验证其优势。

正演和反演模拟一般都使用静态网格，但在某些情况下可以使用自适应网格，如用以解译监测阵列中电极位置的变化（Uhlemann et al.，2017）。类似的方法也可应用于地下动态过程的时移反演，如参数网格随着过程（如溶质羽流）的演变而变化。应用于时移火山领域研究中，如果研究区域的地下性质和几何形状可能发生变化，同样也可以采用这种方法。自适应网格划分（Ren and Tang，2010）也可以有效地利用 7.2 节中讨论的新兴分布式测量技术对电势场进行模拟。

7.4 小 结

本章前三节展望了直流电阻率和激发极化法未来的发展，揭示了目前仍存在一些尚未挖掘的应用领域。随着仪器和模拟方法的不断进步，我们的目标是更好地理解和应用地下介质的电性特征。电阻率法在近地表研究中应用广泛的原因之一是数据获取和模拟方面的简便性，未来的发展将继续探索现有方法的不足。尽管学术界经常呼吁探索更复杂的解决方案，但是忽略了这样一个事实，即在某些情况下，更简化的方法可能更有效。因此，在解决实际问题中，简单的方法可能会取得更好的效果。

参 考 文 献

Abdulsamad, F., Florsch, N. and Camerlynck, C. (2017) Spectral induced polarization in a sandy medium containing semiconductor materials: experimental results and numerical modelling of the polarization mechanism, Near Surface Geophysics, 15 (6), pp. 669-683. DOI: 10.3997/1873-0604.2017052.

Abdulsamad, F., Revil, A., Soueid Ahmed, A., Coperey, A., Karaoulis, M., Nicaise, S. and Peyras, L. (2019) Induced polarization tomography applied to the detection and the monitoring of leaks in embankments, Engineering Geology, 254, pp. 89-101. DOI: 10.1016/j.enggeo.2019.04.001.

Accerboni, E. (1970) Sur la correlation existant entre porosite et fagteur de formation dans les sediments non consolides, Geophysical Prospecting, 18(4), pp. 505-515.

Achal, V., Pan, X. and Özyurt, N. (2011) Improved strength and durability of fly ash-amended concrete by microbial calcite precipitation, Ecological Engineering, 37(4), pp. 554-559.

Ahmed, A. S., Revil, A., Byrdina, S., Coperey, A., Gailler, L., Grobbe, N., Viveiros, F., Silva, C., Jougnot, D. and Ghorbani, A. (2018) 3D electrical conductivity tomography of volcanoes, Journal of Volcanology and Geothermal Research, 356, pp. 243-263.

Ahmed, A. S., Revil, A. and Gross, L. (2019) Multiscale induced polarization tomography in hydrogeophysics: a new approach, Advances in Water Resources, 134, p. 103451. DOI: 10.1016/j.advwatres.2019.103451.

Aines, R., Nitao, J., Newmark, R., Carle, S., Ramirez, A., Harris, D., Johnson, J., Johnson, V., Ermak, D. and Sugiyama, G. (2002) The stochastic engine initiative: improving prediction of behavior in geologic environments we cannot directly observe, Lawrence Livermore National Lab., CA (US). UCRL-ID-148221. DOI: 10.2172/15002143.

Aizebeokhai, A. P., Olayinka, A. I., Singh, V. S. and Uhuegbu, C. C. (2011) Effectiveness of 3D geoelectrical resistivity imaging using parallel 2D profiles, Current Science, 101(8), pp. 1036-1052.

Al Hagrey, S. A. (2006) Electrical resistivity imaging of tree trunks, Near Surface Geophysics, 4(3), pp. 179-187.

Alfano, L. (1962) Geoelectrical prospecting with underground electrodes, Geophysical Prospecting, 10(3), pp. 290-303.

Alle, I. C., Descloitres, M., Vouillamoz, J.-M., Yalo, N., Lawson, F. M. A. and Adihou, A. C. (2018) Why1Delectrical resistivity techniques can result in inaccurate siting of boreholes in hard rock aquifers and why electrical resistivity tomography must be preferred: the example of Benin,West Africa, Journal of African Earth Sciences, 139, pp. 341-353.

Allen, D. A. and Merrick, N. P. (2005) Imaging of aquifers beneath watercourses, in where waters meet, New Zealand Society of Soil Science, pp. 1-8.

Allred, B., Daniels, J. J. and Ehsani, M. R. (2008) Handbook of Agricultural Geophysics, CRC Press, Boca Raton, FL, p. 432.

Alumbaugh, D. L. and Newman, G. A. (2000) Image appraisal for 2-D and 3-D electromagnetic inversion, Geophysics, 65(5), pp. 1455-1467.

Ambegaokar, V., Halperin, B. I. and Langer, J. S. (1971) Hopping conductivity in disordered systems, Physical Review B, 4(8), p. 2612.

Andersen, K. E., Brooks, S. P. and Hansen, M. B. (2003) Bayesian inversion of geoelectrical resistivity data, Journal of the Royal Statistical Society: Series B (Statistical Methodology), 65(3), pp. 619-642.

Anderson, R. (1981) Nonlinear induced polarization spectra, PhD dissertation thesis, Department of Geology and Geophysics, University of Utah.

Anderson,W. L. (1979) Numerical integration of related Hankel transforms of orders 0 and 1 by adaptive digital filtering, Geophysics, 44(7), pp. 1287-1305.

André, F., van Leeuwen, C., Saussez, S., Van Durmen, R., Bogaert, P., Moghadas, D., de Rességuier, L., Delvaux, B., Vereecken, H. and Lambot, S. (2012) High-resolution imaging of a vineyard in south of France using ground-penetrating radar, electromagnetic induction and electrical resistivity tomography, Journal of Applied Geophysics, 78, pp. 113-122.

Angoran, Y. and Madden, T. R. (1977) Induced polarization: a preliminary of its chemical basis study, Geophysics, 42(4), pp. 788-803.

Anwar, H. and Kistijantoro, A. I. (2016) Acceleration of finite element method for 3D DC resistivity modeling using multi-GPU, in 2016 International Conference on Information Technology Systems and Innovation (ICITSI), IEEE, pp. 1-5.

Archie, G. E. (1942) The electrical resistivity log as an aid in determining some reservoir characteristics, Transactions of the American Institute of Mining, Metallurgical, and Petroleum Engineers, 146, pp. 54-62.

Archie, G. E. (1950) Introduction to petrophysics of reservoir rocks, AAPG Bulletin, American Association of Petroleum Geologists, 34(5), pp. 943-961.

Asami, K. (2002) Characterization of heterogeneous systems by dielectric spectroscopy, Progress in Polymer Science, 27(8), pp. 1617-1659.

Asch, T. and Morrison, H. F. (1989) Mapping and monitoring electrical resistivity with surface and subsurface electrode arrays, Geophysics, 54(2), pp. 235-244.

Aster, R. C., Borchers, B. and Thurber, C. H. (2018) Parameter Estimation and Inverse Problems, Elsevier, p. 383.

Atekwana, E. and Slater, L. D. (2009) Biogeophysics: a new frontier in earth science research, Reviews of Geophysics, 47(RG4004/2009), pp. 1-30. DOI: 10.1029/ 2009RG000285.

Atekwana, E. A., Sauck, W. A. and Werkema, D. D. (2000) Investigations of geoelectrical signatures at a hydrocarbon contaminated site, Journal of Applied Geophysics, 44(2-3), pp. 167-180. DOI: 10.1016/S0926-9851(98)00033-0.

Atekwana, E. A. and Atekwana, E. A. (2009) Geophysical signatures of microbial activity at hydrocarbon contaminated sites: a review, Surveys in Geophysics, 31(2), pp. 247-283. DOI: 10.1007/ s10712-009-9089-8.

Atkinson, R. J. C. (1953) Field Archaeology. Methuen, pp. 1-233.

Auken, E. and Christiansen, A. V. (2004) Layered and laterally constrained 2D inversion of resistivity data, Geophysics, 69(3), pp. 752-761.

Auken, E., Christiansen, A. V., Jacobsen, B. H., Foged, N. and Sørensen, K. I. (2005) Piecewise 1D laterally constrained inversion of resistivity data, Geophysical Prospecting, 53(4), pp. 497-506.

Backus, G. and Gilbert, F. (1970) Uniqueness in the inversion of inaccurate gross earth data, Philosophical Transactions of the Royal Society of London, Series A, Mathematical and Physical Sciences, 266(1173), pp. 123-192.

Bairlein, K., Bücker, M., Hördt, A. and Hinze, B. (2016) Temperature dependence of spectral induced polarization data: experimental results and membrane polarization theory, Geophysical Journal International, 205(1), pp. 440-453. DOI: 10.1093/gji/ggw027.

Barber, D. C. (1989) A review of image reconstruction techniques for electrical impedance tomography, Medical Physics, 16(2), pp. 162-169.

Barber, D. C. and Brown, B. H. (1984) Applied potential tomography, Journal of Physics E: Scientific Instruments, 17(9), p. 723.

Barboza, F. M., Medeiros, W. E. and Santana, J. M. (2019) A user-driven feedback approach for 2D direct current resistivity inversion based on particle swarm optimization, Geophysics, 84(2), pp. E105-E124.

Barker, R. D. (1979) Signal contribution sections and their use in resistivity studies, Geophysical Journal International, 59(1), pp. 123-129.

Barker, R. D. (1981) The offset system of electrical resistivity sounding and its use with a multicore cable, Geophysical Prospecting, 29(1), pp. 128-143. DOI: 10.1111/j.1365-2478.1981.tb01015.x.

Barton, D. C. (1927) Applied geophysical methods in America, Economic Geology, 22(7), pp. 649-668.

Barus, C. (1882) On the electrical activity of ore bodies, in Geology of the Comstock Lode and the Washoe District (Becker, G. F. ed.). U.S. Gological Survey, pp. 309-367.

Baumgartner, F. and Christensen, N. B. (1998) Analysis and application of a nonconventional underwater geoelectrical method in Lake Geneva, Switzerland, Geophysical Prospecting, 46(5), pp. 527-541.

Bayford, R. H. (2006) Bioimpedance tomography (electrical impedance tomography), Annual Review of Biomedical Engineering, 8, pp. 63-91.

Bear, J. (1972) Dynamics of Fluids in Porous Media, Elsevier Publishing Co., p. 764.

Beard, L. P., Hohmann, G.W. and Tripp, A. C. (1996) Fast resistivity/IP inversion using a low-contrast approximation, Geophysics, 61(1), pp. 169-179.

Beasley, C. W. and Ward, S. H. (1986) Three-dimensional mise-a-la-masse modeling applied to mapping fracture zones, Geophysics, 51(1), pp. 98-113.

Benoit, S., Ghysels, G., Gommers, K., Hermans, T., Nguyen, F. and Huysmans, M. (2019) Characterization of spatially variable riverbed hydraulic conductivity using electrical resistivity tomography and induced polarization, Hydrogeology Journal, 27(1), pp. 395-407.

Bergmann, P., Schmidt-Hattenberger, C., Kiessling, D., Rücker, C., Labitzke, T., Henninges, J., Baumann, G. and Schütt, H. (2012) Surface-downhole electrical resistivity tomography applied to monitoring of CO_2 storage at Ketzin, Germany, Geophysics, 77(6), pp. B253-B267.

Bergmann, P., Schmidt-Hattenberger, C., Labitzke, T.,Wagner, F. M., Just, A., Flechsig, C. and Rippe, D. (2017) Fluid injection monitoring using electrical resistivity tomography: five years of CO_2 injection at Ketzin,

Germany, Geophysical Prospecting, 65(3), pp. 859-875.

Bernabé, Y. (1995) The transport properties of networks of cracks and pores, Journal of Geophysical Research, 100(B3), pp. 4231-4241. DOI: 10.1029/94JB02986.

Bernabé, Y., Li, M. and Maineult, A. (2010) Permeability and pore connectivity: A new model based on network simulations, Journal of Geophysical Research: Solid Earth, 115(10), pp. 1-14. DOI: 10.1029/2010JB007444.

Bernabé, Y., Zamora, M., Li, M., Maineult, A. and Tang, Y. B. (2011) Pore connectivity, permeability, and electrical formation factor: a new model and comparison to experimental data, Journal of Geophysical Research: Solid Earth, 116 (11), pp. 1-15. DOI: 10.1029/2011JB008543.

Bernard, J. and Valla, P. (1991) Groundwater exploration in fissured media with electrical and VLF methods, Geoexploration, 27(1-2), pp. 81-91.

Berryman, J. G. (1995) Mixture theories for rock properties, Rock Physics and Phase Relations: A Handbook of Physical Constants, 3, pp. 205-228, DOI: 10.1029/RF003p0205.

Bertin, J. and Loeb, J. (1976) Experimental and Theoretical Aspects of Induced Polarization, Vol 1, Presentation and application of the IP method case histories, Gebrüder Borntraeger, p. 250.

Bérubé, C. L., Chouteau, M., Shamsipour, P., Enkin, R. J. and Olivo, G. R. (2017) Bayesian inference of spectral induced polarization parameters for laboratory complex resistivity measurements of rocks and soils, Computers & Geosciences, 105, pp. 51-64.

Bérubé, C. L., Olivo, G. R., Chouteau, M. and Perrouty, S. (2018) Mineralogical and textural controls on spectral induced polarization signatures of the Canadian Malartic gold deposit: applications to mineral exploration, Geophysics, 84(2), pp. 1-83. DOI: 10.1190/geo2018-0404.1.

Bevc, D. and Morrison, H. F. (1991) Borehole-to-surface electrical resistivity monitoring of a salt water injection experiment, Geophysics, 56(6), pp. 769-777.

Beven, K. J., Henderson, D. E. and Reeves, A. D. (1993) Dispersion parameters for undisturbed partially saturated soil, Journal of Hydrology, 143(1-2), pp. 19-43.

Bhattacharya, P. K. and Patra, H. P. (1968) Direct Current Geoelectric, Sounding Methods in Geochemistry and Geophysics, Elsevier, Amsterdam, p. 135.

Bhattacharya, B. B., Gupta, D., Banerjee, B. and Shalivahan (2001) Mise-a-la-masse survey for an auriferous sulfide deposit, Geophysics, 66(1), pp. 70-77.

Bibby, H. M. (1977) The apparent resistivity tensor, Geophysics, 42(6), pp. 1258-1261.

Bigelow, E. (1992) Introduction to Wireline Log Analysis, Baker Hughes Inc., Western Atlas International, p. 312.

Bing, Z. and Greenhalgh, S. A. (1997) A synthetic study on crosshole resistivity imaging using different electrode arrays, Exploration Geophysics, 28(1-2), pp. 1-5.

Bing, Z. and Greenhalgh, S. A. (2000) Cross-hole resistivity tomography using different electrode configurations, Geophysical Prospecting, 48(5), pp. 887-912.

Bing, Z. and Greenhalgh, S. A. (2001) Finite element three dimensional direct current resistivity modelling: Accuracy and efficiency considerations, Geophysical Journal International, 145(3), pp. 679-688.

Binley, A. and Daily, W. (2003) The performance of electrical methods for assessing the integrity of geomembrane liners in landfill caps and waste storage ponds, Journal of Environmental & Engineering Geophysics, 8(4), pp. 227-237.

Binley, A., Ramirez, A. and Daily, W. (1995) Regularised image reconstruction of noisy electrical resistance tomography data, in Process Tomography-1995, Proceedings of the 4th Workshop of the European Concerted Action on Process Tomography. Bergen, pp. 6-8.

Binley, A., Henry-Poulter, S. and Shaw, B. (1996a) Examination of solute transport in an undisturbed soil column using electrical resistance tomography, Water Resources Research, 32(4), pp. 763-769.

Binley, A., Shaw, B. and Henry-Poulter, S. (1996b) Flow pathways in porous media: Electrical resistance tomography and dye staining image verification, Measurement Science and Technology, 7(3), pp. 384-390. DOI: 10.1088/0957-0233/7/3/020.

Binley, A., Pinheiro, P. and Dickin, F. (1996c) Finite element based three-dimensional forward and inverse solvers for electrical impedance tomography, in Colloquium on Advances in Electrical Tomography, Computing and Control Division, IEE, Digest No. 96/143. Manchester, UK, pp. 6/1-6/3.

Binley, A., Daily,W. and Ramirez, A. (1997) Detecting leaks from environmental barriers using electrical current imaging, Journal of Environmental and Engineering Geophysics, 2(1), pp. 11-19.

Binley, A., Winship, P., Middleton, R., Pokar, M. and West, J. (2001) High-resolution characterization of vadose zone dynamics using cross-borehole radar, Water Resources Research, 37(11), pp. 2639-2652.

Binley, A., Winship, P., West, L. J., Pokar, M. and Middleton, R. (2002a) Seasonal variation of moisture content in unsaturated sandstone inferred from borehole radar and resistivity profiles, Journal of Hydrology, 267(3-4), pp. 160-172.

Binley, A., Cassiani, G., Middleton, R. and Winship, P. (2002b) Vadose zone flow model parameterisation using cross-borehole radar and resistivity imaging, Journal of Hydrology, 267 (3-4), pp. 147-159. DOI: 10.1016/S0022-1694(2)00146-4.

Binley, A., Slater, L. D., Fukes, M. and Cassiani, G. (2005) Relationship between spectral induced polarization and hydraulic properties of saturated and unsaturated sandstone, Water Resources Research, 41(12). DOI: 10.1029/2005WR004202.

Binley, A., Hubbard, S. S., Huisman, J. A., Revil, A., Robinson, D. A., Singha, K. and Slater, L. D. (2015) The emergence of hydrogeophysics for improved understanding of subsurface processes over multiple scales, Water Resources Research, 51, pp. 3837-3866. DOI: 10.1002/2015WR017016.

Binley, A., Keery, J., Slater, L., Barrash, W. and Cardiff, M. (2016) The hydrogeologic information in cross-borehole complex conductivity data from an unconsolidated conglomeratic sedimentary aquifer, Geophysics, 81(6), pp. E409-E421. DOI: 10.1190/geo2015-0608.1.

Blanchy, G., Saneiyan, S., Boyd, J., McLachlan, P., Binley, A. (2020) ResIPy, an intuitive open source software for complex geoelectrical inversion/modeling in 2D space, Computers and Geosciences, 137. DOI: 10.1016/j.cageo.2020.104423.

Blaschek, R., Hördt, A. and Kemna, A. (2008) A new sensitivity-controlled focusing regularization scheme for the inversion of induced polarization data based on the minimum gradient support, Geophysics, 73(2). DOI: 10.1190/1.2824820.

Bleil, D. F. (1953) Induced polarization: A method of geophysical prospecting, Geophysics, 18, pp. 605-635. DOI: 10.1190/1.1437917.

Blome, M., Maurer, H. and Greenhalgh, S. (2011) Geoelectric experimental design: Efficient acquisition and exploitation of complete pole-bipole data sets, Geophysics, 76(1), pp. F15-F26.

Blowes, D. W., Ptacek, C. J., Benner, S. G., McRae, C.W. T., Bennett, T. A. and Puls, R.W. (2000) Treatment of inorganic contaminants using permeable reactive barriers, Journal of Contaminant Hydrology, 45(1-2), pp. 123-137.

Bobachev A. A. (2003) Reshenie pryamyh i obratnyh zadach elektrorazvedki metodom soprotivlenij dlya slozhno-postroennyh sred (Direct and inverse problems of electrical prospecting by the resistivity method for difficult-built environments, in Russian), PhD dissertation. Moscow University, Russia.

Bodin, T. and Sambridge, M. (2009) Seismic tomography with the reversible jump algorithm, Geophysical Journal International, 178(3), pp. 1411-1436.

Bodmer, R.,Ward, S. H. and Morrison, H. F. (1968) On induced electrical polarization and groundwater, Geophysics, 33(5), pp. 805-821.

Bogoslovsky, V. A. and Ogilvy, A. A. (1977) Geophysical methods for the investigation of landslides, Geophysics, 42(3), pp. 562-571.

Bording, T. S., Fiandaca, G., Maurya, P. K., Auken, E., Christiansen, A. V., Tuxen, N., Klint, K. E. S. and Larsen, T. H. (2019) Cross-borehole tomography with full-decay spectral time-domain induced polarization for mapping of potential contaminant flow-paths, Journal of Contaminant Hydrology, 226. DOI: 10.1016/j.jconhyd. 2019 .103523.

Börner, F. D. (1992) Complex conductivity measurements of reservoir properties, Advances in Core Evaluation III (Reservoir Management), Gordon and Breach Science Publishers, London.

Börner, F. D. and Schön, J. H. (1991) A relation between the quadrature component of electrical conductivity and the specific surface area of sedimentary rocks, The Log Analyst, 32, pp. 612-613.

Börner, F. D., Gruhne, M. and Schön, J. (1993) Contamination indications derived from electrical properties in the low frequency range 1, Geophysical Prospecting, 41(1), pp. 83-98.

Börner, F. D., Schopper, J. R. and Weller, A. (1996) Evaluation of transport and storage properties in the soil and groundwater zone from induced polarization measurements, Geophysical Prospecting, 44(4), pp. 583-601. DOI: 10.1111/j.1365-2478.1996 .tb00167.x.

Boryta, D. A. and Nabighian, M. N. (1985) Method for determining a leak in a pond liner of electrically insulating sheet material, U.S. Patent 4, 543, 525.

Bouchedda, A., Chouteau, M., Binley, A. and Giroux, B. (2012) 2-D joint structural inversion of cross-hole electrical resistance and ground penetrating radar data, Journal of Applied Geophysics, 78, pp. 52-67. DOI: 10.1016/j.jappgeo.2011.10.009.

Boyd, J., Blanchy, G., Saneiyan, S., McLachlan, P., Binley, A. (2019) 3D geoelectrical problems with ResiPy, an open source graphical user interface for geoelectrical data processing, Fast Times, 24(4), pp. 85-92.

Bradbury, K. R. and Taylor, R.W. (1984) Determination of the hydrogeologic properties of lakebeds using offshore geophysical surveys, Groundwater, 22(6), pp. 690-695.

Brindt, N., Rahav, M. and Wallach, R. (2019) ERT and salinity: a method to determine whether ERT-detected preferential pathways in brackish water-irrigated soils are water-induced or an artifact of salinity, Journal of Hydrology, 574, pp. 35-45.

Brown, B. H. (2001) Medical impedance tomography and process impedance tomography: a brief review, Measurement Science and Technology, 12(8), p. 991.

Brown, B. H., Barber, D. C., Wang, W., Lu, L., Leathard, A. D., Smallwood, R. H., Hampshire, A. R., Mackay, R. and Hatzigalanis, K. (1994) Multi-frequency imaging and modelling of respiratory related electrical impedance changes, Physiological Measurement, 15(2A), p. A1.

Brown, F. H. (1900) Process of locating metallic minerals or buried treasures, U.S. Patent 645, 910.

Brown, F. H. (1901) Process of locating metallic minerals, U.S. Patent 672, 309.

Brown, S. R., Lesmes, D., Fourkas, J. and Sorenson, J. R. (2003) Complex Electrical Resistivity for Monitoring DNAPL Contamination, New England Research Inc. (US), p. 29.

Bruggeman, V. D. A. G. (1935) Berechnung verschiedener physikalischer Konstanten vonheterogenen Substanzen. I. Dielektrizitätskonstanten und Leitfähigkeiten der Mischkörper aus isotropen Substanzen, Annalen der Physik, 416(7), pp. 636-664.

Brunauer, S., Emmett, P. H. and Teller, E. (1938) Adsorption of gases in multimolecular layers, Journal of the American Chemical Society, 60(2), pp. 309-319.

Bücker, M. and Hördt, A. (2013a) Analytical modelling of membrane polarization with explicit parametrization of pore radii and the electrical double layer, Geophysical Journal International, 194 (2), pp. 804-813. DOI: 10.1093/gji/ggt136.

Bücker, M. and Hördt, A. (2013b) Long and short narrow pore models for membrane polarization, Geophysics, 78(6), pp. E299-E314. DOI: 10.1190/geo2012-0548.1.

Bücker, M., Bairlein, K., Bielefeld, A., Kuhn, E., Nordsiek, S. and Stebner, H. (2016) The dependence of induced polarization on fluid salinity and pH, studied with an extended model of membrane polarization, Journal of Applied Geophysics, 135, pp. 408-417. DOI: 10.1016/j.jappgeo.2016.02.007.

Bücker, M., Orozco, A. F. and Kemna, A. (2018) Electrochemical polarization around metallic particles - Part 1: The role of diffuse-layer and volume-diffusion relaxation, Geophysics, 83(4), pp. E203-E217. DOI: 10.1190/geo2017-0401.1.

Bücker, M., Orozco, A. F., Undorf, S. and Kemna, A. (2019) On the role of Stern- and diffuse-layer polarization mechanisms in porous media, Journal of Geophysical Research: Solid Earth, 124 (6), pp. 5656-5677. DOI: 10.1029/2019JB017679.

Butler, K. E. (2009) Trends in waterborne electrical and EM induction methods for high resolution sub-bottom imaging, Near Surface Geophysics, 7(4), pp. 241-246.

Cai, J., Wei, W., Hu, X. and Wood, D. A. (2017) Electrical conductivity models in saturated porous media: a review, Earth-Science Reviews. pp. 419-433. DOI: 10.1016/j. earscirev.2017.06.013.

Calderón-Macías, C., Sen, M. K. and Stoffa, P. L. (2000) Artificial neural networks for parameter estimation in geophysics, Geophysical Prospecting, 48(1), pp. 21-47.

Candansayar, M. E. (2008) Two-dimensional individual and joint inversion of three-and four-electrode array dc resistivity data, Journal of Geophysics and Engineering, 5(3), pp. 290-300.

Carcangiu, S., Fanni, A. and Montisci, A. (2019) Electric capacitance tomography for nondestructive testing of standing trees, International Journal of Numerical Modelling: Electronic Networks, Devices and Fields, 32 (4), pp. 1-10. DOI: 10.1002/jnm.2252.

Carman, P. C. (1939) Permeability of saturated sands, soils and clays, The Journal of Agricultural Science, 29(2), pp. 262-273.

Carpenter, E. W. (1955) Some notes concerning the Wenner configuration, Geophysical Prospecting, 3(4), pp. 388-402.

Carpenter, E. W. and Habberjam, G. M. (1956) A tri-potential method of resistivity prospecting, Geophysics, 21(2), pp. 455-469.

Cassiani, G., Binley, A., Kemna, A., Wehrer, M., Orozco, A. F., Deiana, R., Boaga, J., Rossi, M., Dietrich, P., Werban, U., Zschornack, L., Godio, A., JafarGandomi, A. and Deidda, G. P. (2014) Noninvasive characterization of the Trecate (Italy) crude-oil contaminated site: links between contamination and geophysical signals, Environmental Science and Pollution Research, 21(15), pp. 8914-8931. DOI: 10.1007/s11356-014-2494-7.

Caterina, D., Beaujean, J., Robert, T. and Nguyen, F. (2013) A comparison study of different image appraisal tools for electrical resistivity tomography, Near Surface Geophysics, 11(6), pp. 639-657. DOI: 10.3997/1873-0604.2013022.

Chambers, J. E., Ogilvy, R., Kuras, O., Cripps, J. and Meldrum, P. (2002) 3D electrical imaging of known targets at a controlled environmental test site, Environmental Geology, 41(6), pp. 690-704.

Chambers, J. E., Meldrum, P. I., Ogilvy, R. D. and Wilkinson, P. B. (2005) Characterisation of a NAPL-contaminated former quarry site using electrical impedance tomography, Near Surface Geophysics, 3(2), pp. 81-92. DOI: 10.3997/1873-0604.2005003.

Chambers, J. E., Wilkinson, P. B., Wardrop, D., Hameed, A., Hill, I., Jeffrey, C., Loke, M. H., Meldrum, P. I., Kuras, O., Cave, M. and Gunn, D. A. (2012) Bedrock detection beneath river terrace deposits using three-dimensional electrical resistivity tomography, Geomorphology, 177-178, pp. 17-25. DOI: 10.1016/j. geomorph. 2012. 03.034.

Chambers, J. E., Gunn, D. A., Wilkinson, P. B., Meldrum, P. I., Haslam, E., Holyoake, S., Kirkham, M., Kuras, O., Merritt, A. and Wragg, J. (2014a) 4D electrical resistivity tomography monitoring of soil moisture dynamics in an operational railway embankment, Near Surface Geophysics, 12(1), pp. 61-72.

Chambers, J. E., Wilkinson, P. B., Uhlemann, S., Sorensen, J. P. R., Roberts, C., Newell, A. J., Ward, W. O. C., Binley, A., Williams, P. J., Gooddy, D. C., Old, G. and Bai, L. (2014b) Derivation of lowland riparian wetland deposit architecture using geophysical image analysis and interface detection, Water Resources Research, 50 (7), pp. 5886-5905. DOI: 10.1002/2014WR015643.

Chambers, J., Meldrum, P., Gunn, D.,Wilkinson, P., Uhlemann, S., Kuras, O. and Swift, R. (2015) Proactive infrastructure monitoring and evaluation (PRIME): a new electrical resistivity tomography system for remotely monitoring the internal condition of geotechnical infrastructure assets, in 3rd International Workshop on Geoelectrical Monitoring (GELMON).

Chave, A. D., Constable, S. C. and Edwards, R. N. (1991) Electrical exploration methods for the seafloor, in Electromagnetic Methods in Applied Geophysics: Volume 2, Application, Parts A and B. Society of Exploration Geophysicists, pp. 931-966.

Chelidze, T. L. and Gueguen, Y. (1999) Electrical spectroscopy of porous rocks: a review-I. Theoretical models, Geophysical Journal International, 137(1), pp. 1-15. DOI: 10.1046/j.1365-246X.1999.00799.x.

Chelidze, T. L., Guéguen, Y. and Ruffet, C. (1999) Electrical spectroscopy of porous rocks: a review- II. experimental results and interpretation, Geophysical Journal International, 137, pp. 16-34.

Chen, J., Kemna, A. and Hubbard, S. S. (2008) A comparison between Gauss-Newton and Markov-chain Monte Carlo-based methods for inverting spectral induced-polarization data for Cole-Cole parameters, Geophysics, 73(6). DOI: 10.1190/1.2976115.

Chen, Q., Pardo, D., Li, H. and Wang, F. (2011) New post-processing method for interpretation of through casing resistivity (TCR) measurements, Journal of Applied Geophysics, 74(1), pp. 19-25.

Cheng, Q., Chen, X., Tao, M. and Binley, A. (2019a) Characterization of karst structures using quasi-3D electrical resistivity tomography, Environmental Earth Sciences, 78 (9). DOI: 10.1007/s12665-019-8284-2.

Cheng, Q., Tao, M., Chen, X. and Binley, A. (2019b) Evaluation of electrical resistivity tomography (ERT) for mapping the soil-rock interface in karstic environments, Environmental Earth Sciences, 78(15), p. 439.

Cho, Y., Sudduth, K. A. and Chung, S.-O. (2016) Soil physical property estimation from soil strength and apparent electrical conductivity sensor data, Biosystems Engineering, 152, pp. 68-78.

Christensen, N. B. (1990) Optimized fast Hankel transform filters 1, Geophysical Prospecting, 38(5), pp. 545-568.

Christensen, N. B. and Sørensen, K. (2001) Pulled array continuous electrical sounding with an additional inductive source: An experimental design study, Geophysical Prospecting, 49(2), pp. 241-254.

Chuprinko, D. and Titov, K. (2017) Influence of mineral composition on spectral induced polarization in sediments, Geophysical Journal International, pp. 186-191. DOI: 10.1093/GJI/GGX018.

Claerbout, J. F. and Muir, F. (1973) Robust modeling with erratic data, Geophysics, 38(5), pp. 826-844.

Clark, A. R. (1990) Seeing Beneath the Soil: Prospecting Methods in Archaeology, Routledge, p. 176.

Clark, A. R. and Salt, D. J. (1951) The investigation of earth resistivities in the vicinity of a diamond drill hole, Geophysics, 16(4), pp. 659-665.

Clavier, C., Coates, G. and Dumanoir, J. (1984) Theoretical and experimental bases for the dual-water model for interpretation of shaly sands, Society of Petroleum Engineers Journal, 24(2), pp. 153-168.

Cockett, R., Kang, S., Heagy, L. J., Pidlisecky, A. and Oldenburg, D. W. (2015) SimPEG: An open source framework for simulation and gradient based parameter estimation in geophysical applications, Computers & Geosciences, 85, pp. 142-154.

Coggon, J. H. (1971) Electromagnetic and electrical modeling by the finite element method, Geophysics, 36(1), pp. 132-155.

Cole, K. S. and Cole, R. H. (1941) Dispersion and absorption in dielectrics I. Alternating current characteristics, The Journal of Chemical Physics, 9(4), pp. 341-351.

Colton, D. L. and Kress, R. (1992) Inverse Acoustic and Electromagnetic Scattering Theory, Springer-Verlag

(Applied Mathematical Sciences), p. 334.

Commer, M., Newman, G. A., Williams, K. H. and Hubbard, S. S. (2011) 3D induced-polarization data inversion for complex resistivity, Geophysics, 76(3). DOI: 10.1190/1.3560156.

Constable, S. C., Parker, R. L. and Constable, C. G. (1987) Occam's inversion: a practical algorithm for generating smooth models from electromagnetic sounding data, Geophysics, 52(3), pp. 289-300.

Crestani, E., Camporese, M. and Salandin, P. (2015) Assessment of hydraulic conductivity distributions through assimilation of travel time data from ERT-monitored tracer tests, Advances in Water Resources, 84, pp. 23-36.

Crook, N., Musgrave, H. and Binley, A. (2006) Geophysical characterisation of the riparian zone in groundwater fed catchments, in 19th Symposium on the Application of Geophysics to Engineering and Environmental Problems, SAGEEP 2006. Geophysical Applications for Environmental and Engineering Hazards - Advances and Constraints.

Crook, N., Binley, A., Knight, R., Robinson, D. A., Zarnetske, J. and Haggerty, R. (2008) Electrical resistivity imaging of the architecture of substream sediments, Water Resources Research, 44, W00D13, DOI:10.1029/2008WR006968.

Čuma, M. and Zhdanov, M. S. (2014) Massively parallel regularized 3D inversion of potential fields on CPUs and GPUs, Computers & Geosciences, 62, pp. 80-87.

Dafflon, B., Wu, Y., Hubbard, S. S., Birkholzer, J. T., Daley, T. M., Pugh, J. D., Peterson, J. E. and Trautz, R. C. (2012) Monitoring CO_2 intrusion and associated geochemical transformations in a shallow groundwater system using complex electrical methods, Environmental Science & Technology, 47(1), pp. 314-321.

Dafflon, B., Hubbard, S.,Wainwright, H., Kneafsey, T. J., Ulrich, C., Peterson, J. and Wu, Y. (2016) Geophysical estimation of shallow permafrost distribution and properties in an ice-wedge polygon-dominated Arctic tundra region, Geophysics, 81 (1), pp. WA247-WA263. DOI: 10.1190/geo2015-0175.1.

Daft, L. andWilliams, A. (1906) Apparatus for detecting and localizing mineral deposits, U.S. Patent 817, 736.

Dahlin, T. (1995) On the automation of 2D resistivity surveying for engineering and environmental applications, PhD thesis, Lund University, Sweden, p. 187.

Dahlin, T. (2000) Short note on electrode charge-up effects in DC resistivity data acquisition using multi-electrode arrays, Geophysical Prospecting, 48(1), pp. 181-187.

Dahlin, T. and Leroux, V. (2012) Improvement in time-domain induced polarization data quality with multi-electrode systems by separating current and potential cables, Near Surface Geophysics, 10(6), pp. 545-565. DOI: 10.3997/1873-0604.2012028.

Dahlin, T. and Loke, M. H. (1997) Quasi-3D resistivity imaging-mapping of three dimensional structures using two dimensional DC resistivity techniques, in 3rd EEGS Meeting, European Association of Geoscientists & Engineers (EAGE). DOI: 10.3997/2214-4609.201407298.

Dahlin, T. and Loke, M. H. (2015) Negative apparent chargeability in time-domain induced polarisation data, Journal of Applied Geophysics, 123, pp. 322-332.

Dahlin, T. and Zhou, B. (2006) Multiple-gradient array measurements for multichannel 2D resistivity imaging, Near Surface Geophysics, 4(2), pp. 113-123.

Dahlin, T., Bernstone, C. and Loke, M. H. (2002a) A 3-D resistivity investigation of a contaminated site at

Lernacken, Sweden, Geophysics, 67(6), pp. 1692-1700.

Dahlin, T., Leroux, V. and Nissen, J. (2002b) Measuring techniques in induced polarization imaging, Journal of Applied Geophysics, 50(3), pp. 279-298. DOI: 10.1016/S0926-9851(02)00148-9.

Daily, W. and Owen, E. (1991) Cross-borehole resistivity tomography, Geophysics, 56(8), pp. 1228-1235.

Daily, W. and Ramirez, A. (1995) Electrical resistance tomography during in-situ trichloroethylene remediation at the Savannah River Site, Journal of Applied Geophysics, 33 (4), pp. 239-249.

Daily, W. and Ramirez, A. L. (1999) Electrical resistance tomography using steel cased boreholes as electrodes, U.S. Patent 5, 914, 603.

Daily, W. and Ramirez, A. L. (2000) Electrical imaging of engineered hydraulic barriers, Geophysics, 65(1), pp. 83-94.

Daily, W., Ramirez, A., LaBrecque, D. and Nitao, J. (1992) Electrical resistivity tomography of vadose water movement, Water Resources Research, 28(5), pp. 1429-1442.

Daily, W., Ramirez, A. and Binley, A. (2004) Remote monitoring of leaks in storage tanks using electrical resistance tomography: Application at the Hanford Site, Journal of Environmental and Engineering Geophysics, 9(1), pp. 11-24.

Daniels, J. J. (1977) Three-dimensional resistivity and induced-polarization modeling using buried electrodes, Geophysics, 42(5), pp. 1006-1019.

Davidson, D.W. and Cole, R. H. (1951) Dielectric relaxation in glycerol, propylene glycol, and n-propanol, The Journal of Chemical Physics, 19(12), pp. 1484-1490. DOI: 10.1063/1.1748105.

Davidson, E., Lefebvre, P. A., Brando, P. M., Ray, D. M., Trumbore, S. E., Solorzano, L. A., Ferreira, J. N., Bustamante, M. M. da C. and Nepstad, D. C. (2011) Carbon inputs and water uptake in deep soils of an eastern Amazon forest, Forest Science, 57(1), pp. 51-58.

Davis, J. A., James, R. O. and Leckie, J. O. (1978) Surface ionization and complexation at the oxide/water interface: I. computation of electrical double layer properties in simple electrolytes, Journal of Colloid and Interface Science, 63(3), pp. 480-499. DOI: https://DOI.org/10.1016/S0021-9797(78)80009-5.

Day-Lewis, F. D., Singha, K. and Binley, A. M. (2005) Applying petrophysical models to radar travel time and electrical resistivity tomograms: Resolution-dependent limitations, Journal of Geophysical Research: Solid Earth, 110(8), pp. 1-17. DOI: 10.1029/2004JB003569.

Day-Lewis, F. D., White, E. A., Johnson, C. D., Lane Jr, J. W. and Belaval, M. (2006) Continuous resistivity profiling to delineate submarine groundwater discharge: Examples and limitations, The Leading Edge, 25(6), pp. 724-728.

Day-Lewis, F. D., Linde, N., Haggerty, R., Singha, K. and Briggs, M. A. (2017) Pore network modeling of the electrical signature of solute transport in dual-domain media, Geophysical Research Letters, 44(10), pp. 4908-4916. DOI: 10.1002/ 2017GL073326.

De Donno, G. and Cardarelli, E. (2011) Assessment of errors from different electrode materials and configurations for electrical resistivity and time-domain IP data on laboratory models, Bollettino di Geofisica Teorica ed Applicata, 52(2), pp. 211-223.

de Sosa, L. L., Glanville, H. C., Marshall, M. R., Schnepf, A., Cooper, D. M., Hill, P. W., Binley, A. and Jones, D.

L. (2018) Stoichiometric constraints on the microbial processing of carbon with soil depth along a riparian hillslope, Biology and Fertility of Soils. 54(8), pp. 949-963. DOI: 10.1007/s00374-018-1317-2.

De Witt, G. W. (1979) Parametric studies of induced polarization data, MS dissertation thesis, University of Utah, p. 178.

Deceuster, J. and Kaufmann, O. (2012) Improving the delineation of hydrocarbon-impacted soils and water through induced polarization (IP) tomographies: a field study at an industrial waste land, Journal of Contaminant Hydrology, 136, pp. 25-42.

Deceuster, J., Etienne, A., Robert, T., Nguyen, F. and Kaufmann, O. (2014) A modified DOI-based method to statistically estimate the depth of investigation of dc resistivity surveys, Journal of Applied Geophysics, 103, pp. 172-185. DOI: 10.1016/j. jappgeo.2014.01.018.

deGroot-Hedlin, C. (1990) Occam's inversion to generate smooth, two-dimensional models from magnetotelluric data, Geophysics, 55 (12), pp. 1613-1624. DOI: 10.1190/ 1.1442813.

Demirel, C. and Candansayar, M. E. (2017) Two-dimensional joint inversions of cross-hole resistivity data and resolution analysis of combined arrays, Geophysical Prospecting, 65(3), pp. 876-890. DOI: 10.1111/1365-2478.12432.

Dey, A. and Morrison, H. F. (1973) Electromagnetic coupling in frequency and time-domain induced-polarization surveys over a multilayered earth, Geophysics, 38(2), pp. 380-405.

Dey, A. and Morrison, H. F. (1979) Resistivity modeling for arbitrarily shaped three-dimensional structures, Geophysics, 44(4), pp. 753-780.

Dias, C. A. (1972) Analytical model for a polarizable medium at radio and lower frequencies, Journal of Geophysical Research, 77(26), pp. 4945-4956. DOI: 10.1029/jb077i026p04945.

Dias, C. A. (2000) Developments in a model to describe low-frequency electrical polarization of rocks, Geophysics, 65(2), pp. 437-451. DOI: 10.1190/1.1444738.

Dickin, F. and Wang, M. (1996) Electrical resistance tomography for process applications, Measurement Science and Technology, 7(3), p. 247.

Dissado, L. A. and Hill, R. M. (1984) Anomalous low-frequency dispersion. Near direct current conductivity in disordered low-dimensional materials, Journal of the Chemical Society, Faraday Transactions 2: Molecular and Chemical Physics,80(3), pp. 291-319.

Doetsch, J., Coscia, I., Greenhalgh, S., Linde, N., Green, A. and Günther, T. (2010a) The borehole-fluid effect in electrical resistivity imaging, Geophysics, 75 (4), pp. F107-F114.

Doetsch, J., Linde, N., Coscia, I., Greenhalgh, S. A. and Green, A. G. (2010b) Zonation for 3D aquifer characterization based on joint inversions of multimethod crosshole geophysical data, Geophysics, 75(6). DOI: 10.1190/1.3496476.

Doetsch, J., Linde, N., Vogt, T., Binley, A. and Green, A. G. (2012a) Imaging and quantifying salt-tracer transport in a riparian groundwater system by means of 3D ERT monitoring, Geophysics, 77(5). DOI: 10.1190/geo2012-0046.1.

Doetsch, J., Linde, N., Pessognelli, M., Green, A. G. and Günther, T. (2012b) Constraining 3-D electrical resistance tomography with GPR reflection data for improved aquifer characterization, Journal of Applied

Geophysics, 78, pp. 68-76.

Dosso, S. E. and Oldenburg, D. W. (1989) Linear and non-linear appraisal using extremal models of bounded variation, Geophysical Journal International, 99(3), pp. 483-495.

Draskovits, P. and Fejes, I. (1994) Geophysical methods in drinkwater protection of near-surface reservoirs, Journal of Applied Geophysics, 31(1-4), pp. 53-63.

Draskovits, P., Hobot, J., Vero, L. and Smith, B. D. (1990) Induced-polarization surveys applied to evaluation of groundwater resources, Pannonian Basin, Hungary, Induced Polarization: Applications and Case Histories, Investigations in Geophysics, 4, pp. 379-410.

Duckworth, K. and Calvert, H. T. (1995) An examination of the relationship between time-domain integral chargeability and the Cole-Cole impedance model, Geophysics, 60(4), pp. 1249-1252.

Dukhin, S. S. and Shilov, V. N. (1974) Dielectric Phenomena and the Double Layer in Disperse Systems and Polyelectrolytes， Naukova Duma, Kiev, p. 206.

Dunlap, H. F. and Hawthorne, R. R. (1951) The calculation of water resistivities from chemical analyses, Journal of Petroleum Technology, 3(3), p. 17.

Edwards, L. S. (1977) A modified pseudosection for resistivity and IP, Geophysics, 42(5), pp. 1020-1036.

Efron, B. and Tibshirani, R. J. (1994) An Introduction to the Bootstrap, CRC Press, p. 456.

Ekinci, Y. L. and Demirci, A. (2008) A damped least-squares inversion program for the interpretation of Schlumberger sounding curves, Journal of Applied Sciences, 8(22), pp. 4070-4078.

Ellis, D. V. and Singer, J. M. (2008)Well Logging for Earth Scientists, Springer Science and Business Media, p. 708.

Everett, M. E. (2013) Near-Surface Applied Geophysics, Cambridge University Press, p. 400.

Evjen, H. M. (1938) Depth factors and resolving power of electrical measurements, Geophysics, 3(2), pp. 78-95.

Farias, V. J. da C., Maranhão, C. H. de M., da Rocha, B. R. P. and de Andrade, N. de P. O. (2010) Induced polarization forward modelling using finite element method and the fractal model, Applied Mathematical Modelling, 34(7), pp. 1849-1860.

Farquharson, C. G. and Oldenburg, D. W. (1998) Non-linear inversion using general measures of data misfit and model structure, Geophysical Journal International, 134(1), pp. 213-227.

Fatt, I. (1956) The network model of porous media, Petroleum Transactions, AIME, Volume 207, pp. 144-181.

Fernandez, P. M., Bloem, E., Binley, A., Philippe, R. S. B. A. and French, H. K. (2019) Monitoring redox sensitive conditions at the groundwater interface using electrical resistivity and self-potential, Journal of Contaminant Hydrology, 226, p. 103517.

Fernández-Muñiz, Z., Khaniani, H. and Fernández-Martínez, J. L. (2019) Data kit inversion and uncertainty analysis, Journal of Applied Geophysics, 161, pp. 228-238. DOI: 10.1016/j.jappgeo.2018.12.022.

Ferré, T., Bentley, L., Binley, A., Linde, N., Kemna, A., Singha, K., Holliger, K., Huisman, J. A. and Minsley, B. (2009) Critical steps for the continuing advancement of hydrogeophysics, Eos, Transactions American Geophysical Union, 90(23), p. 200.

Fiandaca, G., Auken, E., Christiansen, A. V. and Gazoty, A. (2012) Time-domain-induced polarization: full-decay forward modeling and 1D laterally constrained inversion of Cole-Cole parameters, Geophysics, 77(3), pp.

E213-E225. DOI: 10.1190/geo2011-0217.1.

Fiandaca, G., Ramm, J., Binley, A., Gazoty, A., Christiansen, A. V. and Auken, E. (2013) Resolving spectral information from time domain induced polarization data through 2-D inversion, Geophysical Journal International, 192(2), pp. 631-646. DOI: 10.1093/gji/ggs060.

Fiandaca, G., Madsen, L. M. and Maurya, P. K. (2018a) Re-parameterisations of the Cole-Cole model for improved spectral inversion of induced polarization data, Near Surface Geophysics, 16(4), pp. 385-399. DOI: 10.3997/1873-0604.2017065.

Fiandaca, G., Maurya, P. K., Balbarini, N., Hördt, A., Christiansen, A. V., Foged, N., Bjerg, P. L. and Auken, E. (2018b) Permeability estimation directly from logging-while-drilling induced polarization data, Water Resources Research, 54(4), pp. 2851-2870. DOI: 10.1002/2017WR022411.

Fixman, M. (1980) Charged macromolecules in external fields. I. The sphere, The Journal of Chemical Physics, 72(9), pp. 5177-5186. DOI: 10.1063/1.439753.

Flathe, H. (1955) A practical method of calculating geoelectrical model graphs for horizontally stratified media, Geophysical Prospecting, 3(3), pp. 268-294. DOI: 10.1111/j.1365-2478.1955.tb01377.x.

Flis, M. F., Newman, G. A. and Hohmann, G. W. (1989) Induced-polarization effects in time-domain electromagnetic measurements, Geophysics, 54(4), pp. 514-523.

Flores Orozco, A., Kemna, A. and Zimmermann, E. (2012) Data error quantification in spectral induced polarization imaging, Geophysics, 77(3). DOI: 10.1190/geo2010-0194.1.

Flores Orozco, A., Williams, K. H. and Kemna, A. (2013) Time-lapse spectral induced polarization imaging of stimulated uranium bioremediation, Near Surface Geophysics, 11(5), pp. 531-544. DOI: 10.3997/1873-0604.2013020.

Flores Orozco, A., Velimirovic, M., Tosco, T., Kemna, A., Sapion, H., Klaas, N., Sethi, R. and Bastiaens, L. (2015) Monitoring the injection of microscale zerovalent iron particles for groundwater remediation by means of complex electrical conductivity imaging, Environmental Science and Technology, 49(9), pp. 5593-5600. DOI: 10.1021/acs.est.5b00208.

Flores Orozco, A., Micić, V., Bücker, M., Gallistl, J., Hofmann, T. and Nguyen, F. (2019a) Complex- conductivity monitoring to delineate aquifer pore clogging during nanoparticles injection, Geophysical Journal International, 218(3), pp. 1838-1852. DOI: 10.1093/gji/ggz255.

Flores Orozco, A., Kemna, A., Binley, A. and Cassiani, G. (2019b) Analysis of time-lapse data error in complex conductivity imaging to alleviate anthropogenic noise for site characterization, Geophysics, 84(2), pp. B181-B193. DOI: 10.1190/ GEO2017-0755.1.

Florsch, N. and Muhlach, F. (2017) Everyday Applied Geophysics. 1: Electrical Methods, Elsevier, p. 202.

Frangos, W. (1997) Electrical detection of leaks in lined waste disposal ponds, Geophysics, 62(6), pp. 1737-1744.

Freedman, R. and Vogiatzis, J. P. (1986) Theory of induced-polarization logging in a borehole, Geophysics, 51(9), pp. 1830-1849.

Fujita, Y., Ferris, F. G., Lawson, R. D., Colwell, F. S. and Smith, R. W. (2000) Subscribed content calcium carbonate precipitation by ureolytic subsurface bacteria, Geomicrobiology Journal, 17(4), pp. 305-318.

Fuller, B. D. and Ward, S. H. (1970) Linear system description of the electrical parameters of rocks, IEEE

Transactions on Geoscience Electronics, 8(1), pp. 7-18.

Fuoss, R. M. and Kirkwood, J. G. (1941) Electrical properties of solids. VIII. Dipole moments in polyvinyl chloride-diphenyl systems, Journal of the American Chemical Society, 63(2), pp. 385-394. DOI: 10.1021/ja01847a013.

Furman, A., Ferré, T. P. and Heath, G. L. (2007) Spatial focusing of electrical resistivity surveys considering geologic and hydrologic layering, Geophysics, 72(2), pp. F65-F73.

Gaffney, C. F. and Gater, J. (2003) Revealing the Buried Past: Geophysics for Archaeologists, Tempus, p. 192.

Gaffney, C., Harris, C., Pope-Carter, F., Bonsall, J., Fry, R. and Parkyn, A. (2015) Still searching for graves: an analytical strategy for interpreting geophysical data used in the search for "unmarked" graves, Near Surface Geophysics, 13(6), pp. 557-569.

Galetti, E. and Curtis, A. (2018) Transdimensional electrical resistivity tomography, Journal of Geophysical Research: Solid Earth, 123(8), pp. 6347-6377.

Gallardo, L. A. and Meju, M. A. (2003) Characterization of heterogeneous near-surface materials by joint 2D inversion of dc resistivity and seismic data, Geophysical Research Letters, 30(13). DOI: 10.1029/2003GL017370.

Gallardo, L. A. and Meju, M. A. (2011) Structure-coupled multiphysics imaging in geophysical sciences, Reviews of Geophysics, 49(1). DOI: 10.1029/ 2010RG000330.

Gan, F., Han, K., Lan, F., Chen, Y. and Zhang,W. (2017) Multi-geophysical approaches to detect karst channels underground: a case study in Mengzi of Yunnan Province, China, Journal of Applied Geophysics, 136, pp. 91-98.

Gardner, F. D. (1897) The electrical method of moisture determination in soils: results and modifications in 1897, in Bulletin No. 12. U.S. Department of Agriculture, Division of Soils, Washington, D.C., p. 24.

Gardner, F. D. (1898) The Electrical Method of Moisture Determination in Soils, Results and Modifications in 1897. US Government Printing Office, p. 38.

Garré, S., Javaux, M., Vanderborght, J. and Vereecken, H. (2011) Three-dimensional electrical resistivity tomography to monitor root zone water dynamics, Vadose Zone Journal, 10(1), pp. 412-424.

Gazoty, A., Fiandaca, G., Pedersen, J., Auken, E., Christiansen, A. V. and Pedersen, J. K. (2012) Application of time domain induced polarization to the mapping of lithotypes in a landfill site, Hydrology and Earth System Sciences, 16(6), pp. 1793-1804. DOI: 10.5194/hess-16-1793-2012.

Gazoty, A., Fiandaca, G., Pedersen, J., Auken, E. and Christiansen, A. V. (2013) Data repeatability and acquisition techniques for Time-Domain spectral Induced Polarization, Near Surface Geophysics, 11(1983), pp. 391-406. DOI: 10.3997/1873-0604.2013013.

Gebbers, R., Lück, E., Dabas, M. and Domsch, H. (2009) Comparison of instruments for geoelectrical soil mapping at the field scale, Near Surface Geophysics, 7(3), pp. 179-190.

Gelman, A. and Rubin, D. B. (1992) Inference from iterative simulation using multiple sequences, Statistical Science, 7(4), pp. 457-472.

Geometrics (2001) Ohm Mapper TR1 29005-01 REV.F Operation Manual, Geometrics Inc.

Gernez, S., Bouchedda, A., Gloaguen, E. and Paradis, D. (2020) AIM4RES, an open-source 2.5D finite differences MATLAB library for anisotropic electrical resistivity modeling, Computers and Geosciences, 135, p. 104401. DOI: 10.1016/j.cageo.2019.104401.

Geselowitz, D. B. (1971) An application of electrocardiographic lead theory to impedance plethysmography, IEEE Transactions on Biomedical Engineering, 1, pp. 38-41.

Geuzaine, C. and Remacle, J. (2009) Gmsh: A 3-D finite element mesh generator with built-in pre-and post-processing facilities, International Journal for Numerical Methods in Engineering, 79(11), pp. 1309-1331.

Ghorbani, A., Camerlynck, C., Florsch, N., Cosenza, P. and Revil, A. (2007) Bayesian inference of the Cole-Cole parameters from time-and frequency-domain induced polarization, Geophysical Prospecting, 55(4), pp. 589-605.

Ghorbani, A., Camerlynck, C. and Florsch, N. (2009) CR1Dinv: a Matlab program to invert 1D spectral induced polarization data for the Cole-Cole model including electromagnetic effects, Computers & Geosciences, 35(2), pp. 255-266.

Ghosh, D. P. (1971a) Inverse filter coefficients for the computation of apparent resistivity standard curves for a horizontally stratified earth, Geophysical Prospecting, 19(4), pp. 769-775.

Ghosh, D. P. (1971b) The application of linear filter theory to the direct interpretation of geoelectrical resistivity sounding measurements, Geophysical Prospecting, 19(2), pp. 192-217.

Gish, O. H. and Rooney, W. J. (1925) Measurement of resistivity of large masses of undisturbed earth, Terrestrial Magnetism and Atmospheric Electricity, 30(4), pp. 161-188.

Gisser, D. G., Isaacson, D. and Newell, J. C. (1987) Current topics in impedance imaging, Clinical Physics and Physiological Measurement, 8(4A), pp. 39-46. DOI: 10.1088/ 0143-0815/8/4A/005.

Glover, P. W. J. (2009) What is the cementation exponent? A new interpretation, The Leading Edge, 28(1), pp. 82-85.

Glover, P. W. J. (2010) A generalized Archies law for n phases, Geophysics, 75(6), pp. E247-E265.

Glover, P.W. J. (2015) Geophysical properties of the near surface earth: electrical properties, in Treatise on Geophysics (G. Schubert ed.), Elsevier B.V. DOI: 10.1016/B978-0-444-53802-4.00189-5.

Glover, P. W. J. (2016) Archies law: A reappraisal, Solid Earth, 7(4), pp. 1157-1169. DOI: 10.5194/se-7-1157-2016.

Gómez-Treviño, E. and Esparza, F. J. (2014) What is the depth of investigation of a resistivity measurement?, Geophysics, 79(2), pp. W1-W10.

Grahame, D. C. (1952) Mathematical theory of the faradaic admittance, Journal of the Electrochemical Society, 99(12), pp. 370-385.

Green, P. J. (1995) Reversible jump Markov chain Monte Carlo computation and Bayesian model determination, Biometrika, 82(4), pp. 711-732.

Greenberg, R. J. and Brace, W. F. (1969) Archies law for rocks modeled by simple networks, Journal of Geophysical Research, 74(8), pp. 2099-2102. DOI: 10.1029/JB074i008p02099.

Greenhalgh, S. A., Zhou, B., Greenhalgh, M., Marescot, L. and Wiese, T. (2009) Explicit expressions for the Fréchet derivatives in 3D anisotropic resistivity inversion, Geophysics, 74(3), pp. F31-F43.

Greenhalgh, S., Wiese, T. and Marescot, L. (2010) Comparison of DC sensitivity patterns for anisotropic and isotropic media, Journal of Applied Geophysics, 70(2), pp. 103-112.

Griffiths, D. H. and Turnbull, J. (1985) A multi-electrode array for resistivity surveying, First Break, 3(7), pp. 16-20.

Griffiths, D. H., Turnbull, J. and Olayinka, A. I. (1990) Two-dimensional resistivity mapping with a computer-controlled array, First Break, 8(4), pp. 121-129.

Guillemoteau, J., Lück, E. and Tronicke, J. (2017) 1D inversion of direct current data acquired with a rolling electrode system, Journal of Applied Geophysics, 146, pp. 167-177.

Günther, T., Rücker, C. and Spitzer, K. (2006) Three-dimensional modelling and inversion of dc resistivity data incorporating topography-II. inversion, Geophysical Journal International, 166(2), pp. 506-517. DOI: 10.1111/j.1365-246X.2006.03011.x.

Gupta, P. K., Niwas, S. and Gaur, V. K. (1997) Straightforward inversion of vertical electrical sounding data, Geophysics, 62(3), pp. 775-785.

Guptasarma, D. (1982) Optimization of short digital linear filters for increased accuracy, Geophysical Prospecting, 30(4), pp. 501-514.

Gurin, G., Ilyin, Y., Nilov, S., Ivanov, D., Kozlov, E. and Titov, K. (2018) Induced polarization of rocks containing pyrite: Interpretation based on X-ray computed tomography, Journal of Applied Geophysics, 154, pp. 50-63. DOI: 10.1016/j. jappgeo.2018.04.019.

Gurin, G., Tarasov, A., Ilyin, Y. and Titov, K. (2013) Time domain spectral induced polarization of disseminated electronic conductors: laboratory data analysis through the Debye decomposition approach, Journal of Applied Geophysics, 98, pp. 44-53. DOI: 10.1016/j.jappgeo.2013.07.008.

Gurin, G., Titov, K., Ilyin, Y. and Tarasov, A. (2015) Induced polarization of disseminated electronically conductive minerals: a semi-empirical model, Geophysical Journal International, 200, pp. 1555-1565. DOI: 10.1093/gji/ggu490.

Guyot, A., Ostergaard, K. T., Lenkopane, M., Fan, J. and Lockington, D. A. (2013) Using electrical resistivity tomography to differentiate sapwood from heartwood: application to conifers, Tree Physiology, 33(2), pp. 187-194. DOI: 10.1093/treephys/tps128.

Habberjam, G. M. (1972) The effects of anisotropy on square array resistivity measurements, Geophysical Prospecting, 20(2), pp. 249-266.

Hallbauer-Zadorozhnaya, V., Santarato, G. and Abu Zeid, N. (2015) Non-linear behaviour of electrical parameters in porous, water-saturated rocks: a model to predict pore size distribution, Geophysical Journal International, 202(2), pp. 871-886. DOI: 10.1093/gji/ggv161.

Hallof, P. G. (1957) On the interpretation of resistivity and induced polarization field measurements. PhD dissertation thesis, Massachusetts Institute of Technology, p. 200.

Hamdan, H. A. and Vafidis, A. (2013) Joint inversion of 2D resistivity and seismic travel time data to image saltwater intrusion over karstic areas, Environmental Earth Sciences, 68(7), pp. 1877-1885. DOI: 10.1007/s12665-012-1875-9.

Hanai, T. (1960) Theory of the dielectric dispersion due to the interfacial polarization and its application to emulsions, Kolloid-Zeitschrift, 171(1), pp. 23-31.

Hanai, T. (1968) Electrical properties of emulsions, in Emulsion Science (P. Sherman ed.), Academic Press, New York.

Hansen, P. C. (1992) Analysis of discrete ill-posed problems by means of the L-curve, SIAM Review, 34(4), pp. 561-580.

Hao, N., Moysey, S. M. J., Powell, B. A. and Ntarlagiannis, D. (2015) Evaluation of surface sorption processes using spectral induced polarization and a 22 Na tracer, Environmental Science & Technology, 49(16), pp. 9866-9873. DOI: 10.1021/acs.est.5b01327.

Hauck, C. and Kneisel, C. (2006) Application of capacitively-coupled and DC electrical resistivity imaging for mountain permafrost studies, Permafrost and Periglacial Processes, 17(2), pp. 169-177. DOI: 10.1002/ppp.555.

Hayley, K., Pidlisecky, A. and Bentley, L. R. (2011) Simultaneous time-lapse electrical resistivity inversion, Journal of Applied Geophysics, 75(2), pp. 401-411.

Heenan, J., Slater, L., Ntarlagiannis, D., Atekwana, E. A., Fathepure, B. Z., Dalvi, S., Ross, C., Werkema, D. D. and Atekwana, Estella, E. A. (2014) Electrical resistivity imaging for long-term autonomous monitoring of hydrocarbon degradation: lessons from the Deepwater Horizon oil spill, Geophysics, 80(1), pp. B1-B11. DOI: 10.1190/geo2013-0468.1.

Henderson, R. D., Day-Lewis, F. D., Abarca, E., Harvey, C. F., Karam, H. N., Liu, L. and Lane, J. W. (2010) Marine electrical resistivity imaging of submarine groundwater discharge: sensitivity analysis and application in Waquoit Bay, Massachusetts, USA, Hydrogeology Journal, 18(1), pp. 173-185.

Hennig, T., Weller, A. and Möller, M. (2008) Object orientated focussing of geoelectrical multielectrode measurements, Journal of Applied Geophysics, 65(2), pp. 57-64.

Henry-Poulter, S. (1996) An investigation of transport properties in natural soils using electrical resistance tomography, PhD thesis, Lancaster University, UK, p. 237.

Hering, A., Misiek, R., Gyulai, A., Ormos, T., Dobroka, M. and Dresen, L. (1995) A joint inversion algorithm to process geoelectric and surface wave seismic data. Part I: basic ideas, Geophysical Prospecting, 43(2), pp. 135-156. DOI: 10.1111/j.1365-2478.1995.tb00128.x.

Herwanger, J. V., Worthington, M. H., Lubbe, R., Binley, A. and Khazanehdari, J. (2004a) A comparison of cross-hole electrical and seismic data in fractured rock, Geophysical Prospecting, 52(2), pp. 109-121.

Herwanger, J. V., Pain, C. C., Binley, A., De Oliveira, C. R. E. and Worthington, M. H. (2004b) Anisotropic resistivity tomography, Geophysical Journal International, 158(2), pp. 409-425.

Hilbich, C., Hauck, C., Hoelzle, M., Scherler, M., Schudel, L., Völksch, I., Vonder Mühll, D. and Mäusbacher, R. (2008) Monitoring mountain permafrost evolution using electrical resistivity tomography: a 7-year study of seasonal, annual, and long-term variations at Schilthorn, Swiss Alps, Journal of Geophysical Research: Earth Surface, 113 (1), pp. 1-12. DOI: 10.1029/2007JF000799.

Hilbich, C., Marescot, L., Hauck, C., Loke, M. H. and Mausbacher, R. (2009) Applicability of electrical resistivity tomography monitoring to coarse blocky and ice-rich permafrost landforms, Permafrost and Periglacial Processes, 20(3), pp. 269-284. DOI: 10.1002/ppp.652.

Hilchie, D. W. (1984) A new water resistivity versus temperature equation; Technical notes, The Log Analyst, 25 (4). SPWLA-1984-vXXVn4a3.

Hill, H. J. and Milburn, J. D. (1956) Effect of clay and water salinity on electrochemical behavior of reservoir rocks, Transactions, AIME, 207, pp. 65-72.

Hinnell, A. C., Ferré, T. P. A., Vrugt, J. A., Huisman, J. A., Moysey, S., Rings, J. and Kowalsky, M. B. (2010) Improved extraction of hydrologic information from geophysical data through coupled hydrogeophysical inversion, Water Resources Research, 46, W00D40. DOI:10.1029/2008WR007060.

Hohmann, G. W. (1973) Electromagnetic coupling between grounded wires at the surface of a two-layer earth, Geophysics, 38(5), pp. 854-863.

Hohmann, G. W. (1975) Three-dimensional induced polarization and electromagnetic modeling, Geophysics, 40(2), pp. 309-324.

Hohmann, G.W. (1988) Numerical modeling for electromagnetic methods of geophysics, Electromagnetic Methods in Applied Geophysics, 1, pp. 313-363.

Hördt, A., Hanstein, T., Hönig, M. and Neubauer, F. M. (2006) Efficient spectral IP-modelling in the time domain, Journal of Applied Geophysics, 59(2), pp. 152-161. DOI: 10.1016/j.jappgeo.2005.09.003.

Hördt, A., Blaschek, R., Kemna, A. and Zisser, N. (2007) Hydraulic conductivity estimation from induced polarisation data at the field scale: the Krauthausen case history, Journal of Applied Geophysics, 62(1), pp. 33-46.

Hua, P., Woo, E. J., Webster, J. G. and Tompkins, W. J. (1991) Iterative reconstruction methods using regularization and optimal current patterns in electrical impedance tomography, IEEE Transactions on Medical Imaging, 10(4), pp. 621-628.

Huisman, J. A., Rings, J., Vrugt, J. A., Sorg, J. and Vereecken, H. (2010) Hydraulic properties of a model dike from coupled Bayesian and multi-criteria hydrogeophysical inversion, Journal of Hydrology, 380(1-2), pp. 62-73. DOI: 10.1016/j. jhydrol.2009.10.023.

Hunkel, H. (1924) Verfahren zur Feststellung und Lokalisierung von Koerpern im Untergrunde, German Patent 442,832.

Huntley, D. (1986) Relations between permeability and electrical resistivity in granular aquifers, Groundwater, 24(4), pp. 466-474.

Huntley, D., Bobrowsky, P., Hendry, M., Macciotta, R., Elwood, D., Sattler, K., Best, M., Chambers, J. and Meldrum, P. (2019) Application of multi-dimensional electrical resistivity tomography datasets to investigate a very slow-moving landslide near Ashcroft, British Columbia, Canada, Landslides, 16, pp. 1033-1042.

Hupfer, S., Martin, T., Weller, A., Günther, T., Kuhn, K., Djotsa Nguimeya Ngninjio, V. and Noell, U. (2016) Polarization effects of unconsolidated sulphide-sand-mixtures, Journal of Applied Geophysics, 135, pp. 456-465. DOI: 10.1016/j.jappgeo.2015.12.003.

Ingeman-Nielsen, T. and Baumgartner, F. (2006) CR1Dmod: a Matlab program to model 1D complex resistivity effects in electrical and electromagnetic surveys, Computers & Geosciences, 32(9), pp. 1411-1419.

Inman, Jr, J. R. (1975) Resistivity inversion with ridge regression, Geophysics, 40(5), pp. 798-817.

Inman, Jr, J. R., Ryu, J. and Ward, S. H. (1973) Resistivity inversion, Geophysics, 38 (6), pp. 1088-1108.

Iseki, S. and Shima, H. (1992) Induced-polarization tomography: a crosshole imaging technique using chargeability and resistivity, in SEG Technical Program Expanded Abstracts 1992. Society of Exploration

Geophysicists, pp. 439-442.

Ishizu, K., Goto, T., Ohta, Y., Kasaya, T., Iwamoto, H., Vachiratienchai, C., Siripunvaraporn, W., Tsuji, T., Kumagai, H. and Koike, K. (2019) Internal structure of a seafloor massive sulfide deposit by electrical resistivity tomography, Okinawa Trough, Geophysical Research Letters, 46(20), pp. 11025-11034.

Jackson, P., Smith, D. and Stanford, P. (1978) Resistivity-porosity-particle shape relationships for marine sands, Geophysics, 43(6), pp. 1250-1268. DOI: 10.1190/1.1440891.

JafarGandomi, A. and Binley, A. (2013) A Bayesian trans-dimensional approach for the fusion of multiple geophysical datasets, Journal of Applied Geophysics, 96, pp. 38-54. DOI: 10.1016/j.jappgeo.2013.06.004.

Jayawickreme, D. H., Van Dam, R. L. and Hyndman, D.W. (2008) Subsurface imaging of vegetation, climate, and root-zone moisture interactions, Geophysical Research Letters, L18404. DOI:10.1029/2008GL034690.

Jha, M. K., Kumar, S. and Chowdhury, A. (2008) Vertical electrical sounding survey and resistivity inversion using genetic algorithm optimization technique, Journal of Hydrology, 359(1-2), pp. 71-87.

Johansen, H. K. (1975) An interactive computer/graphic-display-terminal system for interpretation of resistivity soundings, Geophysical Prospecting, 23(3), pp. 449-458.

Johansen, H. K. (1977) A man/computer interpretation system for resistivity soundings over a horizontally stratified earth, Geophysical Prospecting, 25(4), pp. 667-691.

Johansen, H. K. and Sørensen, K. (1979) Fast hankel transforms, Geophysical Prospecting, 27(4), pp. 876-901.

Johnson, D. L., Koplik, J. and Schwartz, L. M. (1986) New pore-size parameter characterizing transport in porous media, Physical Review Letters, 57(20), pp. 2564-2567. DOI: 10.1103/PhysRevLett.57.2564.

Johnson, H. M. (1962) A history of well logging, Geophysics, 27(4), pp. 507-527.

Johnson, I. M. (1984) Spectral induced polarization parameters as determined through time-domain measurements, Geophysics, 49(11), pp. 1993-2003.

Johnson, T. C. and Wellman, D. (2015) Accurate modelling and inversion of electrical resistivity data in the presence of metallic infrastructure with known location and dimension, Geophysical Journal International, 202(2), pp. 1096-1108. DOI: 10.1093/gji/ggv206.

Johnson, T. C. and Thomle, J. (2018) 3-D decoupled inversion of complex conductivity data in the real number domain, Geophysical Journal International, 212(1), pp. 284-296. DOI: 10.1093/gji/ggx416.

Johnson, T. C., Versteeg, R. J., Huang, H. and Routh, P. S. (2009) Data-domain correlation approach for joint hydrogeologic inversion of time-lapse hydrogeologic and geophysical data, Geophysics, 74(6). DOI: 10.1190/1.3237087.

Johnson, T. C., Versteeg, R. J.,Ward, A., Day-Lewis, F. D. and Revil, A. (2010) Improved hydrogeophysical characterization and monitoring through parallel modeling and inversion of time-domain resistivity and induced-polarization data, Geophysics, 75 (4), pp. WA27-WA41.

Johnson, T. C., Slater, L. D., Ntarlagiannis, D., Day-Lewis, F. D. and Elwaseif, M. (2012a) Monitoring groundwater-surface water interaction using time-series and time-frequency analysis of transient three-dimensional electrical resistivity changes,Water Resources Research, 48(7), pp. 1-13. DOI: 10.1029/2012WR011893.

Johnson, T. C., Versteeg, R. J., Rockhold, M., Slater, L. D., Ntarlagiannis, D., Greenwood, W. J. and Zachara, J.

(2012b) Characterization of a contaminated wellfield using 3D electrical resistivity tomography implemented with geostatistical, discontinuous boundary, and known conductivity constraints, Geophysics, 77 (6), pp. EN85-EN96.

Johnson, T. C., Versteeg, R. J., Day-Lewis, F. D., Major, W. and Lane, J. W. (2015). Timelapse electrical geophysical monitoring of amendment-based biostimulation, Groundwater, 53(6), pp. 920-932.

Johnson, T. C., Hammond, G. E. and Chen, X. (2017) PFLOTRAN-E4D: a parallel open source PFLOTRAN module for simulating time-lapse electrical resistivity data, Computers and Geosciences, 99, pp. 72-80. DOI: 10.1016/j.cageo.2016.09.006.

Jol, H. M. (2008) Ground Penetrating Radar Theory and Applications, Elsevier, p. 544.

Jongmans, D. and Garambois, S. (2007) Geophysical investigation of landslides: a review, Bulletin de la Société géologique de France, 178(2), pp. 101-112.

Kaipio, J. P., Kolehmainen, V., Somersalo, E. and Vauhkonen, M. (2000) Statistical inversion and Monte Carlo sampling methods in electrical impedance tomography, Inverse Problems, 16(5), p. 1487. DOI: 10.1088/0266-5611/16/5/321.

Kang, X., Shi, X., Revil, A., Cao, Z., Li, L., Lan, T. and Wu, J. (2019) Coupled hydrogeophysical inversion to identify non-Gaussian hydraulic conductivity field by jointly assimilating geochemical and time-lapse geophysical data, Journal of Hydrology, 578, p. 124092. DOI: /10.1016/j.jhydrol.2019.124092.

Karaoulis, M. C., Kim, J.-H. and Tsourlos, P. I. (2011) 4D active time constrained resistivity inversion, Journal of Applied Geophysics, 73(1), pp. 25-34.

Karaoulis, M., Revil, A., Zhang, J. and Werkema, D. D. (2012) Time-lapse joint inversion of crosswell DC resistivity and seismic data: a numerical investigation, Geophysics, 77(4). DOI: 10.1190/geo2012-0011.1.

Karaoulis, M., Revil, A., Tsourlos, P., Werkema, D. D. and Minsley, B. J. (2013) IP4DI: a software for time-lapse 2D/3D DC-resistivity and induced polarization tomography, Computers and Geosciences, 54, pp. 164-170. DOI: 10.1016/j. cageo.2013.01.008.

Karaoulis, M., Tsourlos, P., Kim, J.-H. and Revil, A. (2014) 4D time-lapse ERT inversion: introducing combined time and space constraints, Near Surface Geophysics, 12(1), pp. 25-34.

Karhunen, K., Seppänen, A., Lehikoinen, A., Monteiro, P. J. M. and Kaipio, J. P. (2010) Electrical resistance tomography imaging of concrete, Cement and Concrete Research, 40(1), pp. 137-145.

Katz, A. J. and Thompson, A. H. (1986) Quantitative prediction of permeability in porous rock, Physical Review B, 34(11), pp. 8179-8181. DOI: 10.1103/PhysRevB.34.8179.

Katz, A. J. and Thompson, A. H. (1987) Prediction of rock electrical-conductivity from mercury injection measurements, Journal of Geophysical Research-Solid Earth and Planets, 92(B1), pp. 599-607. DOI: 10.1029/JB092iB01p00599.

Kauahikaua, J., Mattice, M. and Jackson, D. (1980) Mise-a-la-masse mapping of the HGPA geothermal reservoir, Hawaii, Proc. Geothermal Resources Council 1980 Annual Meeting, September 9-11,1980, Salt Lake City, Utah. Vol. 4. pp. 65-68.

Kaufman, A. A. and Wightman, W. E. (1993) A transmission-line model for electrical logging through casing, Geophysics, 58(12), pp. 1739-1747.

Kaufman, A. A., Alekseev, D. and Oristaglio, M. (2014) Principles of Electromagnetic Methods in Surface Geophysics, Newnes, p. 794.

Keery, J., Binley, A., Elshenawy, A. and Clifford, J. (2012) Markov-chain Monte Carlo estimation of distributed Debye relaxations in spectral induced polarization, Geophysics, 77(2). DOI: 10.1190/geo2011-0244.1.

Keller, C. (2012) Hydro-geologic spatial resolution using flexible Liners, The Professional Geologist, 49(3), pp. 45-51.

Keller, G. V. and Frischknecht, F. C. (1966) Electrical Methods in Geophysical Prospecting. Pergamon Press, Oxford, p. 517.

Kelter, M., Huisman, J. A., Zimmermann, E., Kemna, A. and Vereecken, H. (2015) Quantitative imaging of spectral electrical properties of variably saturated soil columns, Journal of Applied Geophysics, 123, pp. 333-344. DOI: 10.1016/j. jappgeo.2015.09.001.

Kelter, M., Huisman, J. A., Zimmermann, E. and Vereecken, H. (2018) Field evaluation of broadband spectral electrical imaging for soil and aquifer characterization, Journal of Applied Geophysics, 159, pp. 484-496.

Kemna, A. (2000) Tomographic Inversion of Complex Resistivity: Theory and Application, Der Andere Verlag Osnabrück, p. 196.

Kemna, A., Rakers, E. and Binley, A. (1997) Application of complex resistivity tomography to field data from a kerosene-contaminated site, in Environmental and Engineering Geophysics (EEGS). European Section, pp. 151-154.

Kemna, A., Binley, A., Ramirez, A. and Daily, W. (2000) Complex resistivity tomography for environmental applications, Chemical Engineering Journal, 77(1-2), pp. 11-18.

Kemna, A., Vanderborght, J., Kulessa, B. and Vereecken, H. (2002) Imaging and characterization of subsurface solute transport using electrical resistivity tomography (ERT) and equivalent transport models, Journal of Hydrology, 267(3-4), pp. 125-146.

Kemna, A., Binley, A. and Slater, L. (2004) Crosshole IP imaging for engineering and environmental applications, Geophysics, 69(1), pp. 97-107. DOI: 10.1190/1.1649379.

Kemna, A., Binley, A., Cassiani, G., Niederleithinger, E., Revil, A., Slater, L., Williams, K. H., Orozco, A. F., Haegel, F. H., Hördt, A., Kruschwitz, S., Leroux, V., Titov, K. and Zimmermann, E. (2012) An overview of the spectral induced polarization method for near-surface applications, Near Surface Geophysics, 10(6), pp. 453-468. DOI: 10.3997/1873-0604.2012027.

Kenkel, J., Hördt, A. and Kemna, A. (2012) 2D modelling of induced polarization data with anisotropic complex conductivities, Near Surface Geophysics, 10(6), pp. 533-544.

Ketola, M. (1972) Some points of view concerning mise-a-la-masse measurements, Geoexploration, 10(1), pp. 1-21.

Key, K. T. (1977) Nuclear Waste Tank and Pipeline External Leak Detection Systems, Atlantic Richfield Hanford Co., Richland, WA, p. 144.

Keys,W. S. (1989) Borehole Geophysics Applied to Ground-Water Investigations, National Water Well Association Dublin, OH, p. 150.

Kiessling, D., Schmidt-Hattenberger, C., Schuett, H., Schilling, F., Krueger, K., Schoebel, B., Danckwardt, E.,

Kummerow, J. and Group, C. (2010) Geoelectrical methods for monitoring geological CO_2 storage: first results from cross-hole and surface-downhole measurements from the CO_2SINK test site at Ketzin (Germany), International Journal of Greenhouse Gas Control, 4(5), pp. 816-826.

Kiflai, M. E., Whitman, D., Ogurcak, D. E. and Ross, M. (2019) The effect of Hurricane Irma storm surge on the freshwater lens in Big Pine Key, Florida, using electrical resistivity tomography, Estuaries and Coasts, DOI: 10.1007/s12237-019-00666-3.

Kim, B., Nam, M. J. and Kim, H. J. (2018) Inversion of time-domain induced polarization data based on time-lapse concept, Journal of Applied Geophysics, 152, pp. 26-37. DOI: 10.1016/j.jappgeo.2018.03.010.

Kim, J.-H., Yi, M.-J., Cho, S.-J., Son, J.-S. and Song, W.-K. (2006) Anisotropic crosshole resistivity tomography for ground safety analysis of a high-storied building over an abandoned mine, Journal of Environmental & Engineering Geophysics, 11(4), pp. 225-235.

Kim, J.-H., Yi, M.-J., Park, S.-G. and Kim, J. G. (2009) 4-D inversion of DC resistivity monitoring data acquired over a dynamically changing earth model, Journal of Applied Geophysics, 68(4), pp. 522-532.

King, M. S., Zimmerman, R.W. and Corwin, R. F. (1988) Seismic and electrical properties of unconsolidated permafrost, Geophysical Prospecting, 36(4), pp. 349-364. DOI: 10.1111/j.1365-2478.1988.tb02168.x.

Kirkpatrick, S., Gelatt, C. D. and Vecchi, M. P. (1983) Optimization by simulated annealing, Science, 220(4598), pp. 671-680.

Klein, J. D. and Sill,W. R. (1982) Electrical properties of artificial clay-bearing sandstone, Geophysics, 47(11), pp. 1593-1605. DOI: 10.1190/1.1441310.

Klein, J. D., Biegler, T. and Horne, M. D. (1984) Mineral interfacial processes in the method of induced polarization, Geophysics, 49(7), pp. 1105-1114.

Knight, R. J. and Nur, A. (1987) The dielectric constant of sandstones, 60 kHz to 4 MHz, Geophysics, 52(5), pp. 644-654.

Koefoed, O. (1970) A fast method for determining the layer distribution from the raised kernel function in geoelegtrical sounding, Geophysical Prospecting, 18(4), pp. 564-570.

Koefoed, O. (1979) Geosounding Principles, 1, Resistivity Sounding Measurements, Elsevier, p. 276.

Koestel, J., Kemna, A., Javaux, M., Binley, A. and Vereecken, H. (2008) Quantitative imaging of solute transport in an unsaturated and undisturbed soil monolith with 3-D ERT and TDR, Water Resources Research, 44(12), pp. 1-17. DOI: 10.1029/2007WR006755.

Koestel, J., Vanderborght, J., Javaux, M., Kemna, A., Binley, A. and Vereecken, H. (2009a) Noninvasive 3-D transport characterization in a sandy soil using ERT: 1. investigating the validity of ERT-derived transport parameters, Vadose Zone Journal, 8(3), pp. 711-722.

Koestel, J., Vanderborght, J., Javaux, M., Kemna, A., Binley, A. and Vereecken, H. (2009b) Noninvasive 3-D transport characterization in a sandy soil using ERT: 2. transport process inference, Vadose Zone Journal, 8(3), pp. 723-734.

Koestel, J., Kasteel, R., Kemna, A., Esser, O., Javaux, M., Binley, A. and Vereecken, H. (2009c) Imaging brilliant blue stained soil by means of electrical resistivity tomography, Vadose Zone Journal, 8(4), pp. 963-975.

Komarov, V. A. (1980) Electrical Prospecting with the Induced Polarization Method, Nedra, Leningrad, p. 391.

Kormiltsev, V. V. (1963) O vozbuzdenii i spade vyzvannoi polarizatsii v kapillarnoi srede (On excitation and decay of induced polarization in capillary medium). Izvestia AN SSSR, Seria Geofizicheskaya, 11, pp. 1658-1666.

Kosinski, W. K. and Kelly, W. E. (1981) Geoelectric soundings for predicting aquifer properties, Groundwater, 19(2), pp. 163-171.

Kowalsky, M. B., Finsterle, S. and Rubin, Y. (2004) Estimating flow parameter distributions using ground-penetrating radar and hydrological measurements during transient flow in the vadose zone, Advances in Water Resources, 27(6), pp. 583-599. DOI: 10.1016/j.advwatres.2004.03.003.

Kruschwitz, S. and Yaramanci, U. (2004) Detection and characterization of the disturbed rock zone in claystone with the complex resistivity method, Journal of Applied Geophysics, 57(1), pp. 63-79.

Kruschwitz, S., Binley, A., Lesmes, D. and Elshenawy, A. (2010) Textural controls on low-frequency electrical spectra of porous media, Geophysics, 75(4), pp. WA113-WA123.

Kuras, O., Meldrum, P. I., Beamish, D., Ogilvy, R. D. and Lala, D. (2007) Capacitive resistivity imaging with towed arrays, Journal of Environmental and Engineering Geophysics, 12(3), pp. 267-279. DOI: 10.2113/JEEG12.3.267.

Kuras, O., Pritchard, J. D., Meldrum, P. I., Chambers, J. E., Wilkinson, P. B., Ogilvy, R. D. and Wealthall, G. P. (2009) Monitoring hydraulic processes with automated time-lapse electrical resistivity tomography (ALERT), Comptes Rendus Geoscience, 341(10-11), pp. 868-885.

LaBrecque, D. J. (1991) IP tomography, in SEG Technical Program Expanded Abstracts 1991, Society of Exploration Geophysicists, pp. 413-416.

LaBrecque, D. J. and Daily, W. (2008) Assessment of measurement errors for galvanic-resistivity electrodes of different composition, Geophysics, 73(2), p. F55. DOI: 10.1190/1.2823457.

LaBrecque, D. J. and Ward, S. H. (1990) Two-dimensional cross-borehole resistivity model fitting, in Geotechnical and Environmental Geophysics. Society of Exploration Geophysicists: Tulsa, OK, 1, pp. 51-57.

LaBrecque, D. J. and Yang, X. (2001a), The effects of anisotropy on ERT images for Vadose Zone monitoring, in Symposium on the Application of Geophysics to Engineering and Environmental Problems 2001. Society of Exploration Geophysicists. pp. VZC2-VZC2.

LaBrecque, D. J. and Yang, X. (2001b) Difference inversion of ERT data: a fast inversion method for 3-D in situ monitoring, Journal of Environmental & Engineering Geophysics, 6(2), pp. 83-89.

LaBrecque, D. J., Ramirez, A. L., Daily, W. D., Binley, A. M. and Schima, S. A. (1996a) ERT monitoring of environmental remediation processes, Measurement Science and Technology, 7(3), p. 375.

LaBrecque, D. J., Miletto, M., Daily, W., Ramirez, A. and Owen, E. (1996b) The effects of noise on Occam's inversion of resistivity tomography data, Geophysics, 61(2), pp. 538-548.

LaBrecque, D. J., Morelli, G., Daily, W., Ramirez, A. and Lundegard, P. (1999) Occams inversion of 3-D electrical resistivity tomography, in Three-Dimensional Electromagnetics. Society of Exploration Geophysicists, pp. 575-590.

LaBrecque, D. J., Heath, G., Sharpe, R. and Versteeg, R. (2004) Autonomous monitoring of fluid movement using 3-D electrical resistivity tomography, Journal of Environmental & Engineering Geophysics, 9(3), pp. 167-176.

Lagabrielle, R. (1983) The effect of water on direct current resistivity measurement from the sea, river or lake floor, Geoexploration, 21(2), pp. 165-170.

Laloy, E., Hérault, R., Jacques, D. and Linde, N. (2018) Training-image based geostatistical inversion using a spatial generative adversarial neural network,Water Resources Research, 54(1), pp. 381-406.

Landauer, R. (1952) The electrical resistance of binary metallic mixtures, Journal of Applied Physics, 23(7), pp. 779-784.

Lane Jr, J. W., Haeni, F. P. and Watson, W. M. (1995) Use of a square-array direct-current resistivity method to detect fractures in crystalline bedrock in New Hampshire, Groundwater, 33(3), pp. 476-485.

Lapenna, V., Lorenzo, P., Perrone, A., Piscitelli, S., Rizzo, E. and Sdao, F. (2005) 2D electrical resistivity imaging of some complex landslides in Lucanian Apennine chain, southern Italy, Geophysics, 70(3), pp. B11-B18.

Leroy, P. and Revil, A. (2004) A triple-layer model of the surface electrochemical properties of clay minerals, Journal of Colloid and Interface Science, 270(2), pp. 371-380. DOI: 10.1016/j.jcis.2003.08.007.

Leroy, P. and Revil, A. (2009) A mechanistic model for the spectral induced polarization of clay materials, Journal of Geophysical Research: Solid Earth, 114 (10), pp. 1-21. DOI: 10.1029/2008JB006114.

Leroy, P., Revil, A., Kemna, A., Cosenza, P. and Ghorbani, A. (2008) Complex conductivity of water-saturated packs of glass beads, Journal of Colloid and Interface Science, 321(1), pp. 103-17. DOI: 10.1016/j.jcis.2007. 12.031.

Leroy, P., Li, S., Jougnot, D., Revil, A. and Wu, Y. (2017) Modelling the evolution of complex conductivity during calcite precipitation on glass beads, Geophysical Journal International, 209(1), pp. 123-140. DOI: 10.1093/gji/ggx001.

Leroy, P., Hördt, A., Gaboreau, S., Zimmermann, E., Claret, F., Bücker, M., Stebner, H. and Huisman, J. A. (2019) Spectral induced polarization of low-pH cement and concrete, Cement and Concrete Composites, p. 103397. DOI: 10.1016/j.cemconcomp.2019 .103397.

Lesmes, D. P. (1993) Electrical impedance spectroscopy of sedimentary rocks. PhD dissertation thesis, Texas A&M University, p. 168.

Lesmes, D. P. and Morgan, F. D. (2001) Dielectric spectroscopy of sedimentary rocks, Journal of Geophysical Research-Solid Earth, 106(B7), 13329-13346. DOI:10.1029/2000JB900402.

Lesmes, P. and Frye, M. (2001) Influence of pore fluid chemistry on the complex conductivity and induced polarization responses of Berea sandstone, Journal of Geophysical Research, 106(2000), pp. 4079-4090.

Lesparre, N., Nguyen, F., Kemna, A., Robert, T., Hermans, T., Daoudi, M. and Flores-Orozco, A. (2017) A new approach for time-lapse data weighting in electrical resistivity tomography, Geophysics, 82(6), pp. E325-E333.

Lesur, V., Cuer, M. and Straub, A. (1999) 2-D and 3-D interpretation of electrical tomography measurements, Part 1: the forward problem, Geophysics, 64(2), pp. 386-395.

Lévy, L., Gibert, B., Sigmundsson, F., Flóvenz, Ó. G., Hersir, G. P., Briole, P. and Pezard, P. A. (2018) The role of smectites in the electrical conductivity of active hydrothermal systems: electrical properties of core samples from Krafla volcano, Iceland, Geophysical Journal International, 215(3), pp. 1558-1582. DOI: 10.1093/gji/ggy342.

Lewkowicz, A. G., Etzelmüller, B. and Smith, S. L. (2011) Characteristics of discontinuous permafrost based on ground temperature measurements and electrical resistivity tomography, Southern Yukon, Canada, Permafrost and Periglacial Processes, 22 (4), pp. 320-342. DOI: 10.1002/ppp.703.

Li, T., Isaacson, D., Newell, J. C. and Saulnier, G. J. (2014) Adaptive techniques in electrical impedance tomography reconstruction, Physiological Measurement, 35 (6), pp. 1111-1124.

Li, Y. and Oldenburg, D. W. (1999) 3-D inversion of DC resistivity data using an L-curve criterion, in SEG Technical Program Expanded Abstracts 1999. Society of Exploration Geophysicists, pp. 251-254.

Li, Y. and Oldenburg, D. W. (2000) 3-D inversion of induced polarization data, Geophysics, 65(6), pp. 1931-1945.

Lichtenecker, K. and Rother, K. (1931) Die Herleitung des logarithmischen Mischungsgesetzes aus allgemeinen Prinzipien der stationaren Stromung, Physikalische Zeitschrift, 32, pp. 255-260.

Lima, O. A. L. De and Sharma, M. M. (1992) A generalized Maxwell-Wagner theory for membrane polarization in shaly sands, Geophysics, 57(3), pp. 431-440.

Linde, N., Binley, A., Tryggvason, A., Pedersen, L. B. and Revil, A. (2006) Improved hydrogeophysical characterization using joint inversion of cross-hole electrical resistance and ground-penetrating radar traveltime data, Water Resources Research, 42, W12404. DOI:10.1029/2006WR005131.

Lionheart, W. R. B. (2004) EIT reconstruction algorithms: pitfalls, challenges and recent developments, Physiological Measurement, 25(1), p. 125. DOI: 10.1088/0967-3334/25/1/021.

Lippmann, R. P. (1987) An introduction to computing with neural nets, IEEE ASSP Magazine, 4(2), pp. 4-22.

Liu, B., Li, S. C., Nie, L. C., Wang, J., L. X. and Zhang, Q. S. (2012) 3D resistivity inversion using an improved Genetic Algorithm based on control method of mutation direction, Journal of Applied Geophysics, 87, pp. 1-8. DOI: 10.1016/j.jappgeo .2012.08.002.

LoCoco, J. (2018) Advances in slimline borehole geophysical logging, in Symposium on the Application of Geophysics to Engineering and Environmental Problems 2018. Society of Exploration Geophysicists and Environment and Engineering, pp. 221-222.

Loke, M. H. and Barker, R. D. (1995) Least-squares deconvolution of apparent resistivity pseudosections, Geophysics, 60(6), pp. 1682-1690.

Loke, M. H. and Barker, R. D. (1996a) Practical techniques for 3D resistivity surveys and data inversion1, Geophysical Prospecting, 44(3), pp. 499-523.

Loke, M. H. and Barker, R. D. (1996b) Rapid least-squares inversion of apparent resistivity pseudosections by a quasi-Newton method, Geophysical Prospecting, 44(1), pp. 131-152.

Loke, M. H., Acworth, I. and Dahlin, T. (2003) A comparison of smooth and blocky inversion methods in 2D electrical imaging surveys, Exploration Geophysics, 34(3), pp. 182-187.

Loke, M. H., Wilkinson, P. B. and Chambers, J. E. (2010) Fast computation of optimized electrode arrays for 2D resistivity surveys, Computers & Geosciences, 36(11), pp. 1414-1426.

Loke, M. H., Wilkinson, P. B., Uhlemann, S. S., Chambers, J. E. and Oxby, L. S. (2014a) Computation of optimized arrays for 3-D electrical imaging surveys, Geophysical Journal International, 199(3), pp. 1751-1764.

Loke, M. H.,Wilkinson, P. B., Chambers, J. E. and Strutt, M. (2014b) Optimized arrays for 2D cross-borehole electrical tomography surveys, Geophysical Prospecting, 62(1), pp. 172-189.

Looms, M. C., Binley, A., Jensen, K. H., Nielsen, L. and Hansen, T. M. (2008) Identifying unsaturated hydraulic parameters using an integrated data fusion approach on cross-borehole geophysical data, Vadose Zone Journal, 7(1), p. 238. DOI: 10.2136/vzj2007.0087.

Lowry, T., Allen, M. B. and Shive, P. N. (1989) Singularity removal: a refinement of resistivity modeling techniques, Geophysics, 54(6), pp. 766-774.

Lück, E. and Rühlmann, J. (2013) Resistivity mapping with GEOPHILUS ELECTRICUS: information about lateral and vertical soil heterogeneity, Geoderma, 199, pp. 2-11.

Lund, E. D., Christy, C. D. and Drummond, P. E. (1999) Practical applications of soil electrical conductivity mapping, Precision Agriculture, 99, pp. 771-779.

Lundegard, P. D. and LaBrecque, D. (1995) Air sparging in a sandy aquifer (Florence, Oregon, USA): actual and apparent radius of influence, Journal of Contaminant Hydrology, 19(1), pp. 1-27.

Luo, Z., Guan, H. and Zhang, X. (2019) The temperature effect and correction models for using electrical resistivity to estimate wood moisture variations, Journal of Hydrology, p. 124022. DOI: 10.1016/j.jhydrol. 2019.124022.

Lytle, R. J. and Dines, K. A. (1978) Impedance camera: a system for determining the spatial variation of electrical conductivity, Report No. UCRL-52413. Lawrence Livermore Lab., 1978. p. 11.

Ma, H., Tan, H. and Guo, Y. (2015) Three-dimensional induced polarization parallel inversion using nonlinear conjugate gradients method, in Mathematical Problems in Engineering. Hindawi, 2015. DOI: 10.1155/2015/ 464793.

MacDonald, A. M., Davies, J. and Peart, R. J. (2001) Geophysical methods for locating groundwater in low permeability sedimentary rocks: examples from southeast Nigeria, Journal of African Earth Sciences, 32(1), pp. 115-131.

Macleod, C. J. A., Humphreys, M.W., Whalley,W. R., Turner, L., Binley, A.,Watts, C.W., Skøt, L., Joynes, A., Hawkins, S. and King, I. P. (2013) A novel grass hybrid to reduce flood generation in temperate regions. Scientific Reports, 3, DOI: 10.1038/srep01683.

Macnae, J. (2016) Quantifying Airborne Induced Polarization effects in helicopter time domain electromagnetics, Journal of Applied Geophysics, 135, pp. 495-502. DOI: 10.1016/j.jappgeo.2015.10.016.

Macnae, J. (2015) Comment on: Tarasov, A. & Titov, K., 2013, On the use of the Cole-Cole equations in spectral induced polarization, Geophys. J. Int., 195, 352-356, Geophysical Journal International, 202(1), pp. 529-532.

Madden, T. R. (1972) Transmission systems and network analogies to geophysical forward and inverse problems, Department of Defense report, p. 52.

Madsen, L. M., Fiandaca, G., Auken, E. and Christiansen, A. V. (2017) Time-domain induced polarization: an analysis of Cole-Cole parameter resolution and correlation using Markov ChainMonte Carlo inversion, Geophysical Journal International, 211 (3), pp. 1341-1353. DOI: 10.1093/gji/ggx355.

Maineult, A., Revil, A., Camerlynck, C., Florsch, N. and Titov, K. (2017a) Upscaling of spectral induced polarization response using random tube networks, Geophysical Journal International, 209(2), pp. 948-960. DOI: 10.1093/gji/ggx066.

Maineult, A., Jougnot, D. and Revil, A. (2017b) Variations of petrophysical properties and spectral induced polarization in response to drainage and imbibition: a study on a correlated random tube network, Geophysical Journal International, pp. 1398-1411. DOI: 10.1093/gji/ggx474.

Major, J. and Silic, J. (1981) Restrictions on the use of Cole-Cole dispersion models in complex resistivity interpretation, Geophysics, 46(6), pp. 916-931.

Mansinha, L. and Mwenifumbo, C. J. (1983) A mise-a-la-masse study of the Cavendish geophysical test site, Geophysics, 48(9), pp. 1252-1257.

Mansoor, N. and Slater, L. (2007) Aquatic electrical resistivity imaging of shallow-water wetlands, Geophysics, 72(5), p. F211. DOI: 10.1190/1.2750667.

Mansoor, N., Slater, L., Artigas, F. and Auken, E. (2006) High-resolution geophysical characterization of shallow-water wetlands, Geophysics, 71(4). DOI: 10.1190/1.2210307.

Mares, R., Barnard, H. R., Mao, D., Revil, A. and Singha, K. (2016) Examining diel patterns of soil and xylem moisture using electrical resistivity imaging, Journal of Hydrology. 536, pp. 327-338.

Marescot, L., Lopes, S. P., Lagabrielle, R. and Chapellier, D. (2002) Designing surface-to-borehole electrical resisitivity tomography surveys using the frechet derivative, Proceedings of 8th Meeting of the Environmental and Engineering Geophysical Society, European Section, pp. 289-292.

Marescot, L., Loke, M. H., Chapellier, D., Delaloye, R., Lambiel, C. and Reynard, E. (2003) Assessing reliability of 2D resistivity imaging in mountain permafrost studies using the depth of investigation index method, Near Surface Geophysics, 1(2), pp. 57-67.

Marshall, D. J. and Madden, T. R. (1959) Induced polarization, a study of its causes, Geophysics, 24(4), pp. 790-816. DOI: 10.1190/1.1438659.

Martin, T. (2012) Complex resistivity measurements on oak, European Journal of Wood and Wood Products, 70(1-3), pp. 45-53. DOI: 10.1007/s00107-010-0493-z.

Martin, T. and Günther, T. (2013) Complex resistivity tomography (CRT) for fungus detection on standing oak trees, European Journal of Forest Research, 132(5-6), pp. 765-776. DOI: 10.1007/s10342-013-0711-4.

Mary, B., Peruzzo, L., Boaga, J., Schmutz, M., Wu, Y., Hubbard, S. S. and Cassiani, G. (2018) Small-scale characterization of vine plant root water uptake via 3-D electrical resistivity tomography and mise-à-la-masse method, Hydrology and Earth System Sciences, 22(10), pp. 5427-5444. DOI: 10.5194/hess-22-5427-2018.

Maurya, P. K., Fiandaca, G., Weigand, M., Kemna, A., Christiansen, A. V. and Auken, E. (2017) Comparison of frequency-domain and time-domain spectral induced polarization methods at field scale, 23rd European Meeting of Environmental and Engineering Geophysics, (September 2017). DOI: 10.3997/2214-4609.201701977.

Maurya, P. K., Balbarini, N., Møller, I., Rønde, V., Christiansen, A. V., Bjerg, P. L., Auken, E. and Fiandaca, G. (2018) Subsurface imaging of water electrical conductivity, hydraulic permeability and lithology at contaminated sites by induced polarization, Geophysical Journal International, 213(2), pp. 770-785. DOI: 10.1093/gji/ggy018.

Mboh, C. M., Huisman, J. A., Van Gaelen, N., Rings, J. and Vereecken, H. (2012) Coupled hydrogeophysical inversion of electrical resistances and inflow measurements for topsoil hydraulic properties under constant head infiltration, Near Surface Geophysics, 10(5), pp. 413-426. DOI: 10.3997/1873-0604.2012009.

McClatchey, A. (1901a) Apparatus for locating metals, minerals, ores, etc., U.S. Patent 681,654.

McClatchey, A. (1901b) Electric prospecting apparatus, U.S. Patent 681,654.

McCollum, B. and Logan, K. H. (1915) Earth resistance and its relation to electrolysis of underground structures. Technical Papers of the Bureau of Standards, U.S. Dept. Commerse, p. 48.

McCulloch,W. S. and Pitts,W. (1943) A logical calculus of the ideas immanent in nervous activity, The Bulletin of Mathematical Biophysics, 5(4), pp. 115-133.

McLachlan, P. J. (2020) Geophysical characterisation of the groundwater-surface water interface, PhD thesis, Lancaster University, UK.

McLachlan, P. J., Chambers, J. E., Uhlemann, S. S. and Binley, A. (2017) Geophysical characterisation of the groundwater-surface water interface, Advances in Water Resources, 109. DOI: 10.1016/j.advwatres.2017.09.016.

McNeil, J. D. (1980) Electromagnetic terrain conductivity measurement at low induction numbers: technical Note TN-6. GEONICS Limited, Ontario, Canada, p. 15.

Meister, R., Rajani, M. S., Ruzicka, D. and Schachtman, D. P. (2014) Challenges of modifying root traits in crops for agriculture, Trends in Plant Science, 19(12), pp. 779-788.

Mejus, L. (2015) Using multiple geophysical techniques for improved assessment of aquifer vulnerability. PhD thesis, Lancaster University, UK, p. 307.

Melo, A. and Li, Y. (2016) Geological characterization applying k-means clustering to 3D magnetic, gravity gradient, and DC resistivity inversions: A case study at an iron oxide copper gold (IOCG) deposit, SEG Technical Program Expanded Abstracts. September 2016, pp. 2180-2184.

Mendelson, K. S. and Cohen, M. H. (1982) The effect of grain anisotropy on the electrical properties of sedimentary rocks, Geophysics, 47(2), pp. 257-263.

Mendonça, C. A., Doherty, R., Amaral, N. D., McPolin, B., Larkin, M. J. and Ustra, A. (2015) Resistivity and induced polarization monitoring of biogas combined with microbial ecology at a brownfield site, Interpretation, 3(4), pp. SAB43-SAB56.

Menke, W. (2015) Review of the generalized least squares method, Surveys in Geophysics, 36(1), pp. 1-25.

Mester, A., van der Kruk, J., Zimmermann, E. and Vereecken, H. (2011) Quantitative two-layer conductivity inversion of multi-configuration electromagnetic induction measurements, Vadose Zone Journal, 10(4), pp. 1319-1330.

Metherall, P., Barber, D. C., Smallwood, R. H. and Brown, B. H. (1996) Three-dimensional electrical impedance tomography, Nature, 380(6574), p. 509.

Metropolis, N., Rosenbluth, A. W., Rosenbluth, M. N., Teller, A. H. and Teller, E. (1953) Equation of state calculations by fast computing machines, The Journal of Chemical Physics. 21(6), pp. 1087-1092.

Michot, D., Benderitter, Y., Dorigny, A., Nicoullaud, B., King, D. and Tabbagh, A. (2003) Spatial and temporal monitoring of soil water content with an irrigated corn crop cover using surface electrical resistivity tomography, Water Resources Research, 39, 1138, DOI:10.1029/2002WR001581.

Miller, C. R. and Routh, P. S. (2007) Resolution analysis of geophysical images: comparison between point spread function and region of data influence measures, Geophysical Prospecting, 55(6), pp. 835-852.

Millett F. B., Jr. (1967) Electromagnetic coupling of collinear dipoles on a uniform halfspace, in Mining Geophysics Vol. II (Hansen, D. A. et al. eds.). Society of Exploration Geophysicists, pp. 401-419.

Minsley, B. J., Sogade, J. and Morgan, F. D. (2007) Three-dimensional source inversion of self-potential data, Journal of Geophysical Research: Solid Earth, 112(2), B02202. DOI: 10.1029/2006JB004262.

Misiek, R., Liebig, A., Gyulai, A., Ormos, T., Dobroka, M. and Dresen, L. (1997) A joint inversion algorithm to process geoelectric and surface wave seismic data. Part II: applications, Geophysical Prospecting, 43(2), pp. 135-156.

Misra, S., Torres-Verdín, C., Revil, A., Rasmus, J. and Homan, D. (2016) Interfacial polarization of disseminated conductive minerals in absence of redox-active species-Part 1: mechanistic model and validation, Geophysics, 81(2), pp. E139-E157. DOI: 10.1190/geo2015-0346.1.

Mitchell, N., Nyquist, J. E., Toran, L., Rosenberry, D. O. and Mikochik, J. S. (2008) Electrical resistivity as a tool for identifying geologic heterogeneities which control seepage at Mirror Lake, NH, in Symposium on the Application of Geophysics to Engineering and Environmental Problems 2008. Society of Exploration Geophysicists, pp. 749-759.

Monteiro Santos, F. A., Andrade Afonso, A. R. and Dupis, A. (2007) 2D joint inversion of dc and scalar audio-magnetotelluric data in the evaluation of low enthalpy geothermal fields, Journal of Geophysics and Engineering, 4(1), pp. 53-62. DOI: 10.1088/1742-2132/4/1/007.

Morelli, G. and LaBrecque, D. J. (1996) Advances in ERT inverse modelling, European Journal of Environmental and Engineering Geophysics, 1(2), pp. 171-186.

Morris, G., Binley, A. M. and Ogilvy, R. D. (2004) Comparison of different electrode materials for induced polarization measurements, in Proceedings of the 2004 Symposium on the Application of Geophysics to Engineering and Environmental Problems. Environmental and Engineering Geophysical Society (EEGS), p. 4.

Mosteller, F. and Tukey, J. W. (1977) Data analysis and regression: a second course in statistics, Addison-Wesley Series in Behavioral Science: Quantitative Methods, p. 588.

Mualem, Y. and Friedman, S. P. (1991) Theoretical prediction of electrical conductivity in saturated and unsaturated soil, Water Resources Research, 27(10), pp. 2771-2777. DOI: 10.1029/91WR01095.

Mudler, J., Hördt, A., Przyklenk, A., Fiandaca, G., Kumar Maurya, P. and Hauck, C. (2019) Two-dimensional inversion of wideband spectral data from the capacitively coupled resistivity method: First applications in periglacial environments, Cryosphere, 13(9), pp. 2439-2456. DOI: 10.5194/tc-13-2439-2019.

Musgrave, H. and Binley, A. (2011) Revealing the temporal dynamics of subsurface temperature in a wetland using time-lapse geophysics, Journal of Hydrology, 396 (3-4), pp. 258-266. DOI: 10.1016/j.jhydrol. 2010.11.008.

Mustopa, E. J., Srigutomo, W. and Sutarno, D. (2011) Resistivity imaging of mataloko geothermal field by Mise-Á-La-Masse method, Indonesian Journal of Physics, 22 (2), pp. 45-51.

Mwakanyamale, K., Slater, L., Binley, A. and Ntarlagiannis, D. (2012) Lithologic imaging using complex conductivity: lessons learned from the Hanford 300 Area, Geophysics, 77(6), p. E397. DOI: 10.1190/ geo2011-0407.1.

Nabighian, M. N. and Elliot, C. L. (1976) Negative induced-polarization effects from layered media, Geophysics,

41(6), pp. 1236-1255.

Nabighian, M. N. and Macnae, J. C. (1991) Time domain electromagnetic prospecting methods, Electromagnetic Methods in Applied Geophysics, 2 (Part A), pp. 427-509.

Nadler, A. and Frenkel, H. (1980) Determination of soil solution electrical conductivity from bulk soil electrical conductivity measurements by the four-electrode method1, Soil Science Society of America Journal, 44, pp. 1216-1221. DOI: 10.2136/sssaj1980.03615995004400060017x.

Nagy, V., Milics, G., Smuk, N., Kovács, A. J., Balla, I., Jolánkai, M., Deákvári, J., Szalay, K. D., Fenyvesi, L. and Štekauerová, V. (2013) Continuous field soil moisture content mapping by means of apparent electrical conductivity (ECa) measurement, Journal of Hydrology and Hydromechanics, 61(4), pp. 305-312.

Nath, S. K., Shahid, S. and Dewangan, P. (2000) SEISRES: avisual C++ program for the sequential inversion of seismic refraction and geoelectric data, Computers & Geosciences, 26(2), pp. 177-200.

Newman, G. A. and Alumbaugh, D. L. (1997) Three-dimensional massively parallel electromagnetic inversion - I. theory, Geophysical Journal International, 128(2), pp. 345-354.

Neyamadpour, A. (2019) 3D electrical resistivity tomography as an aid in investigating gravimetric water content and shear strength parameters, Environmental Earth Sciences, Springer, 78(19), p. 583.

Neyamadpour, A., Abdullah, W. A. T. W., Taib, S. and Niamadpour, D. (2010) 3D inversion of DC data using artificial neural networks, Studia Geophysica et Geodaetica, 54(3), pp. 465-485.

Nguyen, F., Garambois, S., Jongmans, D., Pirard, E. and Loke, M. H. (2005) Image processing of 2D resistivity data for imaging faults, Journal of Applied Geophysics, 57(4), pp. 260-277.

Nguyen, F., Kemna, A., Robert, T. and Hermans, T. (2016) Data-driven selection of the minimum-gradient support parameter in time-lapse focused electric imaging, Geophysics, 81(1), pp. A1-A5.

Nimmer, R. E. and Osiensky, J. L. (2002) Using mise-a-la-masse to delineate the migration of a conductive tracer in partially saturated basalt, Environmental Geosciences, 9(2), pp. 81-87.

Nimmer, R. E., Osiensky, J. L., Binley, A.M. andWilliams, B. C. (2008) Three-dimensional effects causing artifacts in two-dimensional, cross-borehole, electrical imaging, Journal of Hydrology, 359(1-2), pp. 59-70. DOI: 10.1016/j.jhydrol.2008.06.022.

Niu, Q. and Revil, A. (2016) Connecting complex conductivity spectra to mercury porosimetry of sedimentary rocks, Geophysics, 81(1), pp. E17-E32. DOI: 10.1190/geo2015-0072.1.

Niu, Q. and Zhang, C. (2018) Physical explanation of Archies porosity exponent in granular materials: a process-based, pore-scale numerical study, Geophysical Research Letters, 45 (4), pp. 1870-1877. DOI: 10.1002/2017GL076751.

Niu, Q., Prasad, M., Revil, A. and Saidian, M. (2016a) Textural control on the quadrature conductivity of porous media, Geophysics, 81(5), pp. E297-E309. DOI: 10.1190/geo2015-0715.1.

Niu, Q., Revil, A. and Saidian, M. (2016b) Salinity dependence of the complex surface conductivity of the Portland sandstone, Geophysics, 81 (2). DOI: 10.1190/geo2015-0426.1.

Niwas, S. and Israil, M. (1986) Computation of apparent resistivities using an exponential approximation of kernel functions, Geophysics, 51(8), pp. 1594-1602.

Nordsiek, S. and Weller, A. (2008) A new approach to fitting induced-polarization spectra, Geophysics, 73(6), pp.

F235-F245. DOI: 10.1190/1.2987412.

Ntarlagiannis, D., Yee, N. and Slater, L. (2005a) On the low-frequency electrical polarization of bacterial cells in sands, Geophysical Research Letters, 32(24), pp. 1-4. DOI: 10.1029/2005GL024751.

Ntarlagiannis, D., Williams, K. H., Slater, L. and Hubbard, S. (2005b) Low-frequency electrical response to microbial induced sulfide precipitation, Journal of Geophysical Research, 110(G2), pp. 1-12. DOI: 10.1029/2005JG000024.

Nunn, K. R., Barker, R. D. and Bamford, D. (1983) In situ seismic and electrical measurements of fracture anisotropy in the Lincolnshire Chalk, Quarterly Journal of Engineering Geology and Hydrogeology, 16(3), pp. 187-195.

Nyquist, J. E. and Roth, M. J. S. (2005) Improved 3D pole-dipole resistivity surveys using radial measurement pairs, Geophysical Research Letters, 32, L21416. DOI:10.1029/2005GL024153.

Nyquist, J. E., Heaney, M. J. and Toran, L. (2009) Characterizing lakebed seepage and geologic heterogeneity using resistivity imaging and temperature measurements, Near Surface Geophysics, 7(5-6), pp. 487-498.

Nyquist, J. E., Toran, L., Fang, A. C., Ryan, R. J. and Rosenberry, D. O. (2010) Tracking tracer breakthrough in the hyporheic zone using time-lapse DC resistivity, Crabby Creek, Pennsylvania, in 23rd EEGS Symposium on the Application of Geophysics to Engineering and Environmental Problems.

O'Neill, D. J. (1975) Improved linear filter coefficients for application in apparent resistivity computations, Exploration Geophysics, 6(4), pp. 104-109.

Ochs, J. and Klitzsch, N. (2020) Considerations regarding small-scale surface and borehole-to-surface electrical resistivity tomography, Journal of Applied Geophysics, 172, p. 103862. DOI: 10.1016/j.jappgeo.2019.103862.

Okay, G., Leroy, P., Ghorbani, A., Cosenza, P., Camerlynck, C., Cabrera, J., Florsch, N. and Revil, A. (2014) Spectral induced polarization of clay-sand mixtures: experiments and modeling, Geophysics, 79(6), pp. E353-375.

Oldenborger, G. A. and LeBlanc, A. M. (2018) Monitoring changes in unfrozen water content with electrical resistivity surveys in cold continuous permafrost, Geophysical Journal International, 215(2), pp. 965-977. DOI: 10.1093/GJI/GGY321.

Oldenborger, G. A. and Routh, P. S. (2009) The point-spread function measure of resolution for the 3-D electrical resistivity experiment, Geophysical Journal International, 176(2), pp. 405-414. DOI: 10.1111/j. 1365-246X. 2008.04003.x.

Oldenborger, G. A., Routh, P. S. and Knoll, M. D. (2005) Sensitivity of electrical resistivity tomography data to electrode position errors, Geophysical Journal International, UK, 163(1), pp. 1-9.

Oldenborger, G. A., Routh, P. S. and Knoll, M. D. (2007) Model reliability for 3D electrical resistivity tomography: application of the volume of investigation index to a time-lapse monitoring experiment, Geophysics, 72(4). DOI: 10.1190/1.2732550.

Oldenburg, D.W. and Li, Y. (1994) Inversion of induced polarization data, Geophysics, 59 (9), pp. 1327-1341.

Oldenburg, D. W. and Li, Y. (1999) Estimating depth of investigation in dc resistivity and IP surveys, Geophysics, 64(2), pp. 403-416.

Oldenburg, D.W., Mcgillivray, P. R. and Ellis, R. G. (1993) Generalized subspace methods for large-scale inverse problems, Geophysical Journal International, 114(1), pp. 12-20. DOI: 10.1111/j.1365-246X. 1993. tb01462.x.

Olhoeft, G. R. (1974) Electrical properties of rocks, Physical Properties of Rocks and Minerals, 2, pp. 257-297.

Olhoeft, G. R. (1979) Nonlinear electrical properties, in Nonlinear Behavior of Molecules, Atoms and Ions in Electric, Magnetic, or Electromagnetic Fields (Neel, L. ed.). Elsevier Science Publishing Co, pp. 395-410.

Olhoeft, G. R. (1985) Low-frequency electrical properties, Geophysics, 50(12), pp. 2492-2503. DOI: 10.1190/1.1441880.

Olsen, P. A., Binley, A., Henry-Poulter, S. and Tych, W. (1999) Characterizing solute transport in undisturbed soil cores using electrical and X-ray tomographic methods, Hydrological Processes, 13(2), pp. 211-221.

Olsson, P. I., Fiandaca, G., Larsen, J. J., Dahlin, T. and Auken, E. (2016) Doubling the spectrum of time-domain induced polarization by harmonic de-noising, drift correction, spike removal, tapered gating and data uncertainty estimation, Geophysical Journal International, 207(2), pp. 774-784. DOI: 10.1093/gji/ggw260.

Olsson, P. I., Dahlin, T., Fiandaca, G. and Auken, E. (2015) Measuring time-domain spectral induced polarization in the on-time: decreasing acquisition time and increasing signal-to-noise ratio, Journal of Applied Geophysics, 123, pp. 6-11. DOI: 10.1016/j.jappgeo.2015.08.009.

Orlando, L. (2013) Some considerations on electrical resistivity imaging for characterization of waterbed sediments, Journal of Applied Geophysics, 95, pp. 77-89.

Osiensky, J. L., Nimmer, R. and Binley, A. M. (2004) Borehole cylindrical noise during hole-surface and hole-hole resistivity measurements, Journal of Hydrology, 289(1-4), pp. 78-94. DOI: 10.1016/j.jhydrol.2003. 11.003.

Osterman, G., Keating, K., Binley, A. and Slater, L. (2016) A laboratory study to estimate pore geometric parameters of sandstones using complex conductivity and nuclear magnetic resonance for permeability prediction, Water Resources Research, 52(6), pp. 4321-4337. DOI: 10.1002/2015WR018472.

Osterman, G., Sugand, M., Keating, K., Binley, A. and Slater, L. (2019) Effect of clay content and distribution on hydraulic and geophysical properties of synthetic sand-clay mixtures, Geophysics, 84(4), pp. E239-E253.

Oware, E. K., Moysey, S. M. J. and Khan, T. (2013) Physically based regularization of hydrogeophysical inverse problems for improved imaging of process-driven systems, Water Resources Research, 49(10), pp. 6238-6247. DOI: 10.1002/wrcr.20462.

Pandit, B. I. and King, M. S. (1979) A study of the effects of pore-water salinity on some physical properties of sedimentary rocks at permafrost temperatures, Canadian Journal of Earth Sciences, 16(8), pp. 1566-1580. DOI: 10.1139/e79-143.

Panissod, C., Dabas, M., Hesse, A., Jolivet, A., Tabbagh, J. and Tabbagh, A. (1998) Recent developments in shallow-depth electrical and electrostatic prospecting using mobile arrays, Geophysics, 63(5), pp. 1542-1550.

Pape, H., Clauser, C. and Iffland, J. (1999) Permeability prediction based on fractal pore-space geometry, Geophysics, 64(5), pp. 1447-1460.

Pape, H., Riepe, L. and Schopper, J. R. (1987) Theory of self-similar network structures in sedimentary and igneous rocks and their investigation with microscopical and physical methods, Journal of Microscopy, 148(2), pp. 121-147. DOI: 10.1111/j.1365-2818.1987.tb02861.x.

Parasnis, D. S. (1967) Three-dimensional electric mise-a-la-masse survey of an irregular lead-zinc-copper deposit in central Sweden, Geophysical Prospecting, 15(3), pp. 407-437.

Parasnis, D. S. (1988) Reciprocity theorems in geoelectric and geoelectromagnetic work, Geoexploration, 25(3), pp. 177-198.

Park, S. K (1998) Fluid migration in the vadose zone from 3-D inversion of resistivity monitoring data, Geophysics, 63(1), pp. 41-51.

Park, S. K. and Fitterman, D. V. (1990) Sensitivity of the telluric monitoring array in Parkfield, California, to changes of resistivity, Journal of Geophysical Research: Solid Earth, 95(B10), pp. 15557-15571.

Park, S. K. and Van, G. P. (1991) Inversion of pole-pole data for 3-D resistivity structure beneath arrays of electrodes, Geophysics, 56(7), pp. 951-960.

Parra, J. O. (1988) Electrical response of a leak in a geomembrane liner, Geophysics, 53 (11), pp. 1445-1452.

Parsekian, A. D., Claes, N., Singha, K., Minsley, B. J., Carr, B., Voytek, E., Harmon, R., Kass, A., Carey, A. and Thayer, D. (2017) Comparing measurement response and inverted results of electrical resistivity tomography instruments, Journal of Environmental and Engineering Geophysics, 22(3), pp. 249-266.

Passaro, S. (2010) Marine electrical resistivity tomography for shipwreck detection in very shallow water: a case study from Agropoli (Salerno, southern Italy), Journal of Archaeological Science, 37(8), pp. 1989-1998.

Patella, D. (1972) An interpretation theory for induced polarization vertical soundings (time-domain), Geophysical Prospecting, 20(3), pp. 561-579.

Pelton,W. H., Rijo, L. and Swift Jr, C. M. (1978a) Inversion of two-dimensional resistivity and induced-polarization data, Geophysics, 43(4), pp. 788-803.

Pelton, W. H., Ward, S. H., Hallof, P. G., Sill, W. R. and Nelson, P. H. (1978b) Mineral discrimination and removal of inductive coupling with multifrequency IP, Geophysics, 43(3), pp. 588-609.

Perri, M. T., De Vita, P., Masciale, R., Portoghese, I., Chirico, G. B. and Cassiani, G. (2018) Time-lapse Mise-à-la-Masse measurements and modeling for tracer test monitoring in a shallow aquifer, Journal of Hydrology, 561, pp. 461-477.

Perrone, A., Lapenna, V. and Piscitelli, S. (2014) Electrical resistivity tomography technique for landslide investigation: A review, Earth-Science Reviews, 135, pp. 65-82.

Pessel, M. and Gibert, D. (2003) Multiscale electrical impedance tomography, Journal of Geophysical Research, 108, p. 2054, DOI:10.1029/2001JB000233, B1.

Petiau, G. (2000) Second generation of lead-lead chloride electrodes for geophysical applications, Pure and Applied Geophysics, 157(3), pp. 357-382. DOI: 10.1007/s000240050004.

Phuong Tran, A., Dafflon, B., Hubbard, S. S., Kowalsky, M. B., Long, P., Tokunaga, T. K. and Williams, K. H. (2016) Quantifying shallow subsurface water and heat dynamics using coupled hydrological-thermal-geophysical inversion, Hydrology and Earth System Sciences, 20(9), pp. 3477-3491.

Pidlisecky, A. and Knight, R. (2008) FW2_5D: a MATLAB 2.5-D electrical resistivity modeling code, Computers & Geosciences, 34(12), pp. 1645-1654.

Pidlisecky, A., Haber, E. and Knight, R. (2007) RESINVM3D: a 3D resistivity inversion package, Geophysics, 72(2), pp. H1-H10.

Pidlisecky, A., Rowan Cockett, A. and Knight, R. (2013) Electrical conductivity probes for studying vadose zone processes: advances in data acquisition and analysis, Vadose Zone Journal, 12(1), pp. 1-12. DOI: 10.2136/vzj2012.0073.

Pinheiro, P. A. T., Loh, W. W. and Dickin, F. J. (1998) Optimal sized electrodes for electrical resistance tomography, Electronics Letters, 34(1), pp. 69-70.

Placencia-Gómez, E., Parviainen, A., Slater, L. and Leveinen, J. (2015) Spectral induced polarization (SIP) response of mine tailings, Journal of Contaminant Hydrology, 173, pp. 8-24. DOI: 10.1016/j.jconhyd. 2014.12.002.

Portniaguine, O. and Zhdanov, M. S. (1999) Focusing geophysical inversion images, Geophysics, 64(3), pp. 874-887.

Potapenko, G. (1940) Method of determining the presence of oil, U.S. Patent 2,190,320.

Powell, H. M., Barber, D. C. and Freeston, I. L. (1987) Impedance imaging using linear electrode arrays, Clinical Physics and Physiological Measurement, 8(4A), p. 109.

Power, C., Tsourlos, P., Ramasamy, M., Nivorlis, A. and Mkandawire, M. (2018), Combined DC resistivity and induced polarization (DC-IP) for mapping the internal composition of a mine waste rock pile in Nova Scotia, Canada, Journal of Applied Geophysics, 150, pp. 40-51.

Pride, S. (1994) Governing equations for the coupled electromagnetics and acoustics of porous media, Physical Review B, 50(21), p. 15678.

Pridmore, D. F., Hohmann, G. W., Ward, S. H. and Sill, W. R. (1981) An investigation of finite-element modeling for electrical and electromagnetic data in three dimensions, Geophysics, 46(7), pp. 1009-1024.

Prodan, C. and Bot, C. (2009) Correcting the polarization effect in very low frequency dielectric spectroscopy, Journal of Physics D: Applied Physics, 42(17), p. 175505.

Pullen, M.W. (1929) Tentative Method for Making Resistivity Measurements of Drill Cores and Hand Specimens of Rocks and Ores, US Department of Commerce, Bureau of Mines.

Puls, R. W., Paul, C. J. and Powell, R. M. (1999) The application of in situ permeable reactive (zero-valent iron) barrier technology for the remediation of chromate-contaminated groundwater: a field test, Applied Geochemistry, 14(8), pp. 989-1000.

Purvance, D. T. and Andricevic, R. (2000) On the electrical-hydraulic conductivity correlation in aquifers, Water Resources Research, 36(10), pp. 2905-2913.

Qing, C., Pardo, D., Hong-bin, L. and Fu-rong,W. (2017) New post-processing method for interpretation of through casing resistivity (TCR) measurements, Journal of Applied Geophysics, 74, pp. 19-25.

Radic, T. (2004) Elimination of cable effects while multi-channel SIP measurements, Near Surface 2004-10th EAGE European Meeting of Environmental and Engineering Geophysics, pp. 1-4.

Radic, T. and Klitzsch, N. (2012) Compensation technique to minimize capacitive cable coupling effects in multi-channel IP systems, Near Surface Geoscience 2012, (September 2012), pp. 3-5. DOI: 10.3997/2214-4609.20143487.

Radic, T., Kretzschmar, D. and Niederleithinger, E. (1998) Improved characterization of unconsolidated sediments under field conditions based on complex resistivity measurements, in Proceedings of the 4th Environmental and Engineering Geophysical Society (EEGS) Meeting.

Raffelli, G., Previati, M., Canone, D., Gisolo, D., Bevilacqua, I., Capello, G., Biddoccu, M., Cavallo, E., Deiana, R. and Cassiani, G. (2017) Local-and plot-scale measurements of soil moisture: Time and spatially resolved field techniques in plain, hill and mountain sites, Water, 9(9), p. 706.

Ramirez, A. L. and Daily, W. (2001) Electrical imaging at the large block test: Yucca Mountain, Nevada, Journal of Applied Geophysics, 46(2), pp. 85-100.

Ramirez, A. L., Nitao, J. J., Hanley, W. G., Aines, R., Glaser, R. E., Sengupta, S. K., Dyer, K. M., Hickling, T. L. and Daily,W. D. (2005) Stochastic inversion of electrical resistivity changes using a Markov Chain Monte Carlo approach, Journal of Geophysical Research, 110, B02101. DOI:10.1029/2004JB003449.

Ramirez, A. L., Daily, W., Binley, A., LaBrecque, D. and Roelant, D. (1996) Detection of leaks in underground storage tanks using electrical resistance methods, Journal of Environmental and Engineering Geophysics, 1(3), pp. 189-203.

Ramirez, A. L., Daily, W., LaBrecque, D., Owen, E. and Chesnut, D. (1993) Monitoring an underground steam injection process using electrical resistance tomography, Water Resources Research, 29(1), pp. 73-87.

Randles, J. E. B. (1947) Kinetics of rapid electrode reactions, Discussions of the Faraday Society, 1, pp. 11-19.

Ray, A. and Myer, D. (2019) Bayesian geophysical inversion with trans-dimensional Gaussian process machine learning, Geophysical Journal International, 217(3), pp. 1706-1726.

Razavirad, F., Schmutz, M. and Binley, A. (2018) Estimation of the permeability of hydrocarbon reservoir samples using induced polarization (IP) and nuclear magnetic resonance (NMR) methods, Geophysics, pp. 1-76. DOI: 10.1190/geo2017-0745.1.

Ren, Z. and Tang, J. (2010) 3D direct current resistivity modeling with unstructured mesh by adaptive finite-element method, Geophysics, 75(1), pp H1-H17. DOI: 10.1190/1. 3298690.

Revil, A. (2012) Spectral induced polarization of shaly sands: influence of the electrical double layer, Water Resources Research, 48(2). DOI: 10.1029/2011WR011260.

Revil, A. (2013) On charge accumulation in heterogeneous porous rocks under the influence of an external electric field, Geophysics, 78(4), pp. D271-D291.

Revil, A. and Florsch, N. (2010) Determination of permeability from spectral induced polarization in granular media, Geophysical Journal International, 181(3), pp. 1480-1498. DOI: 10.1111/j.1365-246X.2010.04573.x.

Revil, A. and Glover, P. W. J. (1997) Theory of ionic-surface electrical conduction in porous media, Physical Review B, 55(3), p. 1757.

Revil, A. and Glover, P. W. J. (1998) Nature of surface electrical conductivity in natural sands, sandstones, and clays, Geophysical Research Letters, 25(5), pp. 691-694.

Revil, A. and Jardani, A. (2013) The Self-Potential Method: Theory and Applications in Environmental Geosciences, Cambridge University Press, p. 369.

Revil, A. and Skold, M. (2011) Salinity dependence of spectral induced polarization in sands and sandstones, Geophysical Journal International, 187(2), pp. 813-824. DOI: 10.1111/j.1365-246X.2011.05181.x.

Revil, A., Johnson, T. C. and Finizola, A. (2010) Three-dimensional resistivity tomography of Vulcan's forge, Vulcano Island, southern Italy, Geophysical Research Letters, 37(15).

Revil, A., Florsch, N. and Camerlynck, C. (2014) Spectral induced piorosimetry, Geophysical Journal

International, pp. 1016-1033. DOI: 10.1093/gji/ggu180.

Revil, A., Florsch, N. and Mao, D. (2015a) Induced polarization response of porous media with metallic particles-Part 1: a theory for disseminated semiconductors, Geophysics, 80(5), D525-D538.

Revil, A., Abdel Aal, G. Z., Atekwana, E. A., Mao, D. and Florsch, N. (2015c) Induced polarization response of porous media with metallic particles-Part 2: comparison with a broad database of experimental data, Geophysics, 80(5), pp. D539-D552. DOI: 10.1190/geo2014-0578.1.

Revil, A., Binley, A., Mejus, L. and Kessouri, P. (2015b) Predicting permeability from the characteristic relaxation time and intrinsic formation factor of complex conductivity spectra, Water Resources Research, 51(8). DOI: 10.1002/ 2015WR017074.

Revil, A., Coperey, A., Shao, Z., Florsch, N., Fabricius, I. L., Deng, Y., Delsman, J. R., Pauw, P. S., Karaoulis, M., de Louw, P. G. B., van Baaren, E. S., Dabekaussen, W., Menkovic, A. and Gunnink, J. L. (2017a) Complex conductivity of soils, Water Resources Research, 53(8), pp. 7121-7147. DOI: 10.1002/2017WR020655.

Revil, A., Murugesu, M., Prasad, M. and Le Breton, M. (2017b) Alteration of volcanic rocks: a new non-intrusive indicator based on induced polarization measurements, Journal of Volcanology and Geothermal Research, 341, pp. 351-362. DOI: 10.1016/j .jvolgeores.2017.06.016.

Revil, A., Coperey, A., Mao, D., Abdulsamad, F., Ghorbani, A., Rossi, M. and Gasquet, D. (2018a) Induced polarization response of porous media with metallic particles-Part 8. influence of temperature and salinity, Geophysics, 83(6), pp. 1-78. DOI: 10.1190/geo2018-0089.1.

Revil, A., Qi, Y., Ghorbani, A., Soueid Ahmed, A., Ricci, T. and Labazuy, P. (2018b) Electrical conductivity and induced polarization investigations at Krafla volcano, Iceland, Journal of Volcanology and Geothermal Research, 368, pp. 73-90. DOI: 10.1016/j.jvolgeores.2018.11.008.

Rhoades, J. D., Manthegi, N. A., Shouse, P. J. and Alves, W. J. (1989) Soil electrical conductivity and soil salinity: new formulations and falibrations, Soil Science Society of America Journal, 53(2), pp. 433-439.

Rhoades, J. D., Ratts, P. A. C. and Prather, R. J. (1976) Effects of liquid-phase electrical conductivity, water content and surface conductivity on bulk electrical conductivity, Soil Science Society of America Journal, 40, pp. 651-655.

Rink, M. and Schopper, J. R. (1974) Interface conductivity and its implications to electric logging, Transactions of the SPWLA 15th Annual Logging Symposium, 15, p. 15.

Robinson, J., Slater, L., Johnson, T., Shapiro, A., Tiedeman, C., Ntarlagiannis, D., Johnson, C., Day-Lewis, F., Lacombe, P., Imbrigiotta, T. and Lane, J. (2016) Imaging pathways in fractured rock using three-dimensional electrical resistivity tomography, Groundwater, 54(2). DOI: 10.1111/gwat.12356.

Robinson, J., Slater, L., Weller, A., Keating, K., Robinson, T., Rose, C. and Parker, B. (2018) On permeability prediction from complex conductivity measurements using polarization magnitude and relaxation time, Water Resources Research, 54(5), pp. 3436-3452. DOI: 10.1002/2017WR022034.

Rödder, A. and Junge, A. (2016) The influence of anisotropy on the apparent resistivity tensor: a model study, Journal of Applied Geophysics, 135, pp. 270-280.

Routh, P. S. and Oldenburg, D. W. (2001) Electromagnetic coupling in frequency-domain induced polarization data: a method for removal, Geophysical Journal International, 145(1), pp. 59-76.

Roy, A. and Apparao, A. (1971) Depth of investigation in direct current methods, Geophysics, 36(5), pp. 943-959.

Roy, K. K. and Elliott, H. M. (1980) Resistivity and IP survey for delineating saline water and fresh water zones, Geoexploration, 18(2), pp. 145-162.

Rücker, C. and Günther, T. (2011) The simulation of finite ERT electrodes using the complete electrode model, Geophysics, 76(4), pp. F227-F238.

Rücker, C., Günther, T. and Spitzer, K. (2006) Three-dimensional modelling and inversion of DC resistivity data incorporating topography-I. modelling, Geophysical Journal International, 166(2), pp. 495-505. DOI: 10.1111/j.1365-246X.2006.03010.x.

Rücker, C., Günther, T. and Wagner, F. M. (2017) pyGIMLi: an open-source library for modelling and inversion in geophysics, Computers & Geosciences, 109, pp. 106-123.

Rucker, D. F., Fink, J. B. and Loke, M. H. (2011) Environmental monitoring of leaks using time-lapsed long electrode electrical resistivity, Journal of Applied Geophysics, 74 (4), pp. 242-254.

Rucker, D. F., Loke, M. H., Levitt, M. T. and Noonan, G. E. (2010) Electrical-resistivity characterization of an industrial site using long electrodes, Geophysics, 75(4), pp. WA95-WA104.

Rucker, D. F., Noonan, G. E. and Greenwood,W. J. (2011) Electrical resistivity in support of geological mapping along the Panama Canal, Engineering Geology, 117(1-2), pp. 121-133.

Russell, B. (2019) Machine learning and geophysical inversion: a numerical study, Leading Edge, 38(7), pp. 512-519. DOI: 10.1190/tle38070512.1.

Rust Jr,W. M. (1938) A historical review of electrical prospecting methods, Geophysics, 3 (1), pp. 1-6.

Sambuelli, L., Comina, C., Bava, S. and Piatti, C. (2011) Magnetic, electrical, and GPR waterborne surveys of moraine deposits beneath a lake: a case history from Turin, Italy, Geophysics, 76(6), pp. B213-B224.

Samouëlian, A., Richard, G., Cousin, I., Guerin, R., Bruand, A. and Tabbagh, A. (2004) Three-dimensional crack monitoring by electrical resistivity measurement, European Journal of Soil Science, 55(4), pp. 751-762.

Saneiyan, S., Ntarlagiannis, D., Ohan, J., Lee, J., Colwell, F. and Burns, S. (2019) Induced polarization as a monitoring tool for in-situ microbial induced carbonate precipitation (MICP) processes, Ecological Engineering, 127, pp. 36-47. DOI: 10.1016/j .ecoleng.2018.11.010.

Santini, R. and Zambrano, R. (1981) A numerical method of calculating the kernel function from Schlumberger apparent resistivity data, Geophysical Prospecting, 29(1), pp. 108-127. DOI: 10.1111/j.1365-2478.1981.tb01014.x.

Sasaki, Y. (1989) Two-dimensional joint inversion of magnetotelluric and dipole-dipole resistivity data, Geophysics, 54(2), pp. 254-262.

Sasaki, Y. (1992) Resolution of resistivity tomography inferred from numerical simulation, Geophysical Prospecting, 40(4), pp. 453-463.

Sasaki, Y. (1993) Surface-to-tunnel resistivity tomography at the Kamaishi Mine, Butsuri-Tansa, Geophysics, 46, pp. 128-134.

Sasaki, Y. (1994) 3-D resistivity inversion using the finite-element method, Geophysics, 59(12), pp. 1839-1848.

Sauck, W. A. (2000) A model for the resistivity structure of LNAPL plumes and their environs in sandy sediments, Journal of Applied Geophysics, 44(2-3), pp. 151-165. DOI: 10.1016/S0926-9851(99)00021-X.

Sauer, U., Watanabe, N., Singh, A., Dietrich, P., Kolditz, O. and Schütze, C. (2014) Joint interpretation of geoelectrical and soil-gas measurements for monitoring CO_2 releases at a natural analogue, Near Surface Geophysics, 12(1), pp. 165-187.

Schenkel, C. J. (1991) The electrical resistivity method in cased boreholes. PhD thesis, University of California.

Schenkel, C. J. (1994) DC resistivity imaging using a steel cased well, in SEG Technical Program Expanded Abstracts 1994. Society of Exploration Geophysicists, pp. 403-406.

Schenkel, C. J. and Morrison, H. F. (1990) Effects of well casing on potential field measurements using downhole current sources, Geophysical Prospecting, 38(6), pp. 663-686.

Schima, S., LaBrecque, D. J. and Lundegard, P. D. (1993) Monitoring air sparging using resistivity tomography, Groundwater Monitoring & Remediation, 16(2), pp. 131-138.

Schlumberger, C. (1912) Verfahren zur Bestimmung der Beshaffenheit des Erbodens mittels Elektrizität, German Patent 269, 928.

Schlumberger, C. (1915) Process for determining the nature of the subsoil by the aid of electricity, U.S. Patent 1,163,468.

Schlumberger, C. (1920) Etude sur la prospection electrique du sous-sol, Gauthier-Villars.

Schlumberger, C. (1926) Method for the location of oil bearing formation, U.S. Patent 1, 719, 786.

Schlumberger, C. (1933) Electrical process for the geological investigation of the porous strata traversed by drill holes, U.S. Patent 1, 913, 293.

Schlumberger, C. (1939) Method and apparatus for identifying the nature of the formations in a borehole, U.S. Patent 2, 165, 013.

Schlumberger, C., Schlumberger, M. and Leonardon, E. G. (1934) Electrical exploration of water-covered areas, Transactions of the American Institute of Mining and Metallurgical Engineers, 110, pp. 122-134.

Schmidt-Hattenberger, C., Bergmann, P., Labitzke, T. and Wagner, F. (2014) CO_2 migration monitoring by means of electrical resistivity tomography (ERT)-review on five years of operation of a permanent ERT system at the Ketzin pilot site, Energy Procedia, 63, pp. 4366-4373.

Schmutz, M., Revil, A., Vaudelet, P., Batzle, M., Viñao, P. F. and Werkema, D. D. (2010) Influence of oil saturation upon spectral induced polarization of oil-bearing sands, Geophysical Journal International, 183(1), pp. 211-224. DOI: 10.1111/j.1365-246X.2010.04751.x.

Schnaidt, S. and Heinson, G. (2015) Bootstrap resampling as a tool for uncertainty analysis in 2-D magnetotelluric inversion modelling, Geophysical Journal International, 203 (1), pp. 92-106. DOI: 10.1093/gji/ggv264.

Schön, J. H. (2011) Physical Properties of Rocks: A Workbook, Elsevier B.V., p. 494.

Schulmeister, M. K., Butler Jr, J. J., Healey, J. M., Zheng, L., Wysocki, D. A. and McCall, G. W. (2003) Direct-push electrical conductivity logging for high-resolution hydrostratigraphic characterization, Groundwater Monitoring& Remediation, 23(3), pp. 52-62.

Schurr, J. M. (1964) On the theory of the dielectric dispersion of spherical colloidal particles in electrolyte solution, Journal of Physical Chemistry, 68(9), pp. 2407-2413. DOI: 10.1021/j100791a004.

Schwarz, G. (1962) A theory of the low-frequency dielectric dispersion of colloidal particles in electrolyte solution 1,2, The Journal of Physical Chemistry, 66(12), pp. 2636-2642. DOI: 10.1021/j100818a067.

Schwarz, H. R. (1991) FORTRAN-Programme zur Methode der finiten Elemente. Springer, p. 224.

Schwarzbach, C., Börner, R.-U. and Spitzer, K. (2005) Two-dimensional inversion of direct current resistivity data using a parallel, multi-objective genetic algorithm, Geophysical Journal International, 162(3), pp. 685-695.

Schwarze, F., Engels, J., Mattheck, C. and others (1999) Holzzersetzende Pilze in Baumen-Strategien der Holzzersetzung, Rombach Verlag.

Scott, J. B. T. and Barker, R. D. (2003) Determining pore-throat size in Permo-Triassic sandstones from low-frequency electrical spectroscopy, Geophysical Research Letters, 30(9), p. 1450. DOI: 10.1029/2003 GL016951.

Scott,W. J., Sellmann, P. and Hunter, J. A. (1990) Geophysics in the study of permafrost, in Geotechnical and Environmental Geophysics (Ward, S. ed.), Society of Exploration Geophysicists, 1, pp. 355-384.

Searle, G. F. C. (1911) On resistances with current and potential terminals, Electrician, 66, p. 999.

Sears, R. (1998) The British Nuclear Fuels Drigg low-level waste site characterization programme, Geological Society, London, Special Publications, 130(1), pp. 37-46.

Segesman, F. F. (1980) Well-logging method, Geophysics, 45(11), pp. 1667-1684.

Seigel, H. O. (1949) Theoretical and experimental investigations into the applications of the phenomenon of overvoltage to geophysical prospecting, Toronto, Unpublished doctoral dissertation, University of Toronto.

Seigel, H. O. (1959) Mathematical formulation and type curves for induced polarization, Geophysics, 24(3), pp. 547-565.

Seigel, H. O., et al. (2007a) The early history of the induced polarization method, The Leading Edge, 26(3), pp. 312-321.

Seigel, H. O., Nabighian, M., Parasnis, D. S. and Vozoff, K. (2007b) The early history of the induced polarization method, The Leading Edge, 26(3), pp. 312-321.

Sen, M. K. and Stoffa, P. L. (2013) Global Optimization Methods in Geophysical Inversion, Cambridge University Press, p. 279.

Sen, M. K., Bhattacharya, B. B. and Stoffa, P. L. (1993) Nonlinear inversion of resistivity sounding data, Geophysics, 58(4), pp. 496-507.

Sen, P. N. (1984) Grain shape effects on dielectric and electrical properties of rocks, Geophysics, 49(5), pp. 586-587.

Sen, P. N. and Goode, P. A. (1992) Influence of temperature on electrical conductivity on shaly sands, Geophysics, 57(1), pp. 89-96.

Sen, P. N., Scala, C. and Cohen, M. H. (1981) A self-similar model for sedimentary rocks with application to the dielectric constant of fused glass beads, Geophysics, 46(5), pp. 781-795.

Shah, P. H. and Singh, D. N. (2005) Generalized Archie's law for estimation of soil electrical conductivity, Journal of ASTM International, 2(5), pp. 1-20.

Shanahan, P. W., Binley, A., Whalley, W. R. and Watts, C. W. (2015) The use of electromagnetic induction to monitor changes in soil moisture profiles beneath different wheat genotypes, Soil Science Society of America

Journal, 79(2). DOI: 10.2136/sssaj2014.09.0360.

Shaw, R. and Srivastava, S. (2007) Particle swarm optimization: A new tool to invert geophysical data, Geophysics, 72(2). DOI: 10.1190/1.2432481.

Sheriff, S. D. (1992) Spreadsheet modeling of electrical sounding experiments, Groundwater, 30(6), pp. 971-974.

Sherrod, L., Sauck, W. and Werkema, D. D. J. (2012) A low-cost, in situ resistivity and temperature monitoring system, Groundwater Monitoring and Remediation, 32(2), pp. 31-39. DOI: 10.1111/j1745.

Shigo, A. L. and Shigo, A. (1974) Detection of discoloration and decay in living trees and utility poles, Res. Pap. NE-294. Upper Darby, PA: US Department of Agriculture, Forest Service, Northeastern Forest Experiment Station. 11p.

Shima, H. (1990) Two-dimensional automatic resistivity inversion technique using alpha centers, Geophysics, 55(6), pp. 682-694.

Shima, H. (1992) 2-D and 3-D resistivity image reconstruction using crosshole data, Geophysics, 57(10), pp. 1270-1281.

Simms, J. E. and Morgan, F. D. (1992) Comparison of four least-squares inversion schemes for studying equivalence in one-dimensional resistivity interpretation, Geophysics, 57(10), pp. 1282-1293.

Simpson, D., Van Meirvenne,M., Lück, E., Bourgeois, J. and Rühlmann, J. (2010) Prospection of two circular Bronze Age ditches with multi-receiver electrical conductivity sensors (North Belgium), Journal of Archaeological Science, 37(9), pp. 2198-2206.

Simyrdanis, K., Tsourlos, P., Soupios, P. and Tsokas, G. (2016) Simulation of ERT surface-to-tunnel measurements, Bulletin of the Geological Society of Greece, 47 (3), p. 1251. DOI: 10.12681/bgsg.10981.

Singha, K. and Gorelick, S. M. (2005) Saline tracer visualized with three-dimensional electrical resistivity tomography: field-scale spatial moment analysis, Water Resources Research, 41(5).

Singha, K., Day-Lewis, F. D. and Lane, J. W. (2007) Geoelectrical evidence of bicontinuum transport in groundwater, Geophysical Research Letters, 34(12), pp. 1-5. DOI: 10.1029/2007GL030019.

Skutt, H. R., Shigo, A. L. and Lessard, R. A. (1972) Detection of discolored and decayed wood in living trees using a pulsed electric current, Canadian Journal of Forest Research, 2(1), pp. 54-56.

Slater, L. D. and Binley, A. M. (2003) Evaluation of permeable reactive barrier (PRB) integrity using electrical imaging methods, Geophysics, 68(3), pp. 911-921.

Slater, L. D. and Binley, A. M. (2006) Synthetic and field-based electrical imaging of a zerovalent iron barrier: implications for monitoring long-term barrier performance, Geophysics, 71(5). DOI: 10.1190/1.2235931.

Slater, L. D. and Glaser, D. R. (2003) Controls on induced polarization in sandy unconsolidated sediments and application to aquifer characterization, Geophysics, 68(5), pp. 1547-1558. DOI: 10.1190/1.1620628.

Slater, L. and Lesmes, D. D. (2002a) IP interpretation in environmental investigations, Geophysics, 67(1), pp. 77-88. DOI: 10.1190/1.1451353.

Slater, L. D. and Lesmes, D. P. (2002b) Electrical-hydraulic relationships observed for unconsolidated sediments, Water Resources Research, 38(10), pp. 1-13. DOI: 10.1029/2001WR001075.

Slater, L. D., Brown, D. and Binley, A. M. (1996) Determination of hydraulically conductive pathways in fractured limestone using cross-borehole electrical resistivity tomography, European Journal of Environmental and Engineering Geophysics, 1 (1), pp. 35-52.

Slater, L. D., Ntarlagiannis, D., Personna, Y. R. and Hubbard, S. (2007) Pore-scale spectral induced polarization signatures associated with FeS biomineral transformations, Geophysical Research Letters, 34(21), pp. 3-7. DOI: 10.1029/2007GL031840.

Slater, L. D., Binley, A. M. and Brown, D. (1997a) Electrical imaging of fractures using ground-water salinity change, Ground Water, 35(3), pp. 436-442. DOI: 10.1111/j.1745-6584.1997.tb00103.x.

Slater, L. D., Zaidman, M. D., Binley, A. M. and West, L. J. (1997b) Electrical imaging of saline tracer migration for the investigation of unsaturated zone transport mechanisms, Hydrology and Earth System Sciences, 1(2), pp. 291-302.

Slater, L. D., Binley, A. M., Daily,W. and Johnson, R. (2000) Cross-hole electrical imaging of a controlled saline tracer injection, Journal of Applied Geophysics, 44(2-3), pp. 85-102.

Slater, L. D., Binley, A. M, Versteeg, R., Cassiani, G., Birken, R. and Sandberg, S. (2002) A 3D ERT study of solute transport in a large experimental tank, Journal of Applied Geophysics, 49(4), pp. 211-229. DOI: 10.1016/S0926-9851(02)00124-6.

Slater, L. D., Choi, J. and Wu, Y. (2005) Electrical properties of iron-sand columns: implications for induced polarization investigation and performance monitoring of iron-wall barriers, Geophysics, 70(4), p. G87. DOI: 10.1190/1.1990218.

Slater, L. D., Ntarlagiannis, D., Yee, N., O'Brien, M., Zhang, C. and Williams, K. H. (2008) Electrodic voltages in the presence of dissolved sulfide: implications for monitoring natural microbial activity, Geophysics, 73(2). DOI: 10.1190/1.2828977.

Slater, L. D., Ntarlagiannis, D., Day-Lewis, F. D., Mwakanyamale, K., Versteeg, R. J., Ward, A., Strickland, C., Johnson, C. D., Lane Jr., J. W. and Lane, J.W. (2010) Use of electrical imaging and distributed temperature sensing methods to characterize surface water-groundwater exchange regulating uranium transport at the Hanford 300 Area, Washington, Water Resources Research, 46(10), pp. 1-13. DOI: 10.1029/2010WR009110.

Slater, L. D., Barrash, W., Montrey, J. and Binley, A. M. (2014) Electrical-hydraulic relationships observed for unconsolidated sediments in the presence of a cobble framework,Water Resources Research, 50(7), pp. 5721-5742. DOI: 10.1002/2013WR014631.

Slichter, L. B. (1933) The interpretation of the resistivity prospecting method for horizontal structures, Physics, 4(9), pp. 307-322.

Smith, R. S. and Klein, J. (1996) A special circumstance of airborne induced-polarization measurements, Geophysics, 61(1), pp. 66-73.

Snyder, D. D. and Merkel, R. M. (1973) Analytic models for the interpretation of electrical surveys using buried current electrodes, Geophysics, 38(3), pp. 513-529.

Song, L. (1984) A new IP decoupling scheme, Exploration Geophysics, 15(2), pp. 99-112.

Sørensen, K. (1996) Pulled array continuous electrical profiling, First Break, 14(3), pp. 85-90. DOI: 10.3997/1365-2397.1996005.

Sparacino, M. S., Rathburn, S. L., Covino, T. P., Singha, K. and Ronayne, M. J. (2019) Form-based river restoration decreases wetland hyporheic exchange: Lessons learned from the Upper Colorado River, Earth

Surface Processes and Landforms, 44(1), pp. 191-203.

Sparrenbom, C. J., Åkesson, S., Johansson, S., Hagerberg, D. and Dahlin, T. (2017) Investigation of chlorinated solvent pollution with resistivity and induced polarization, Science of the Total Environment, 575, pp. 767-778. DOI: 10.1016/j .scitotenv.2016.09.117.

Stamm, A. J. (1930) An electrical conductivity method for determining the moisture content of wood, Industrial & Engineering Chemistry Analytical Edition, 2(3), pp. 240-244.

Stefanesco, S., Schlumberger, C. and Schlumberger, M. (1930) Sur la distribution électrique potentielle autour dune prise de terre ponctuelle dans un terrain à couches horizontales, homogènes et isotropes, Journal de Physique et le Radium. Société Française de Physique, 1(4), pp. 132-140.

Stummer, P., Maurer, H., Horstmeyer, H. and Green, A. G. (2002) Optimization of DC resistivity data acquisition: real-time experimental design and a new multielectrode system, IEEE Transactions on Geoscience and Remote Sensing, 40(12), pp. 2727-2735.

Stummer, P., Maurer, H. and Green, A. G. (2004) Experimental design: Electrical resistivity data sets that provide optimum subsurface information, Geophysics, 69(1), pp. 120-139.

Sudduth, K. A., Kitchen, N. R., Bollero, G. A., Bullock, D. G. and Wiebold, W. J. (2003) Comparison of electromagnetic induction and direct sensing of soil electrical conductivity, Agronomy Journal, 95(3), pp. 472-482.

Suman, R. J. and Knight, R. J. (1997) Effects of pore structure and wettability on the electrical resistivity of partially saturated rocks: a network study, Geophysics, 62(4), pp. 1151-1162. DOI: 10.1190/1.1444216.

Sumner, J. S. (1976) Principles of Induced Polarization for Geophysical Exploration, Elsevier Scientific Publishing Company, p. 277.

Sundberg, K. (1932) Effect of impregnating waters on electrical conductivity of soil and rocks, Trans. Am. Inst. Mining Metall. Petrol. Eng., 97, pp. 367-391.

Swift Jr, C. M. (1973) The L/M parameter of time-domain IP measurements: a computational analysis, Geophysics, 38(1), pp. 61-67.

Szalai, S. and Szarka, L. (2008) On the classification of surface geoelectric arrays, Geophysical Prospecting, 56(2), pp. 159-175.

Tarasov, A. and Titov, K. (2007) Relaxation time distribution from time domain induced polarization measurements, Geophysical Journal International, 170(1), pp. 31-43.

Tarasov, A. and Titov, K. (2013) On the use of the Cole-Cole equations in spectral induced: polarization, Geophysical Journal International, 195(1), pp. 352-356. DOI: 10.1093/gji/ggt251.

Taylor, R. W. and Fleming, A. H. (1988) Characterizing jointed systems by azimuthal resistivity surveys, Groundwater, 26(4), pp. 464-474.

Taylor, S. and Barker, R. (2002) Resistivity of partially saturated Triassic sandstone, Geophysical Prospecting, 50(6), pp. 603-613.

Telford, W. M., Geldart, L. P. and Sheriff, R. E. (1990) Applied Geophysics. 2nd edn, Cambridge: Cambridge University Press.

Terrón, J. M., Mayoral, V., Salgado, J. Á., Galea, F. A., Pérez, V. H., Odriozola, C., Mateos, P. and Pizzo, A.

(2015) Use of soil apparent electrical resistivity contact sensors for the extensive study of archaeological sites, Archaeological Prospection, 22(4), pp. 269-281.

Terzaghi, K. (1943) Theoretical Soil Mechanics, John Wiley & Sons, New York, pp. 11-15.

Thomas, E. C. (1992) 50th anniversary of the Archie equation: Archie left more than just an equation, The Log Analyst (May–June 1992), 199.

Thomsen, R., Søndergaard, V. H. and Sørensen, K. I. (2004) Hydrogeological mapping as a basis for establishing site-specific groundwater protection zones in Denmark, Hydrogeology Journal, 12(5), pp. 550-562.

Tikhonov, A. N. and Arsenin, V. I. (1977) Solutions of Ill-Posed Problems, Winston, Washington, DC, p. 258.

Titov, K., Komarov, V., Tarasov, V. and Levitski, A. (2002) Theoretical and experimental study of time domain-induced polarization in water-saturated sands, Journal of Applied Geophysics, 50(4), pp. 417-433. DOI: 10.1016/S0926-9851(02)00168-4.

Titov, K., Kemna, A., Tarasov, A. and Vereecken, H. (2010a) Induced polarization of unsaturated sands determined through time domain measurements, Vadose Zone Journal, 3(4), p. 1160. DOI: 10.2136/vzj 2004.1160.

Titov, K., Tarasov, A., Ilyin, Y., Seleznev, N. and Boyd, A. (2010b) Relationships between induced polarization relaxation time and hydraulic properties of sandstone, Geophysical Journal International, 180(3), pp. 1095-1106. DOI: 10.1111/j.1365-246X.2009.04465.x.

Tombs, J. M. C. (1981) The feasibility of making spectral IP measurements in the time domain, Geoexploration, 19(2), pp. 91-102. DOI: 10.1016/0016-7142(81)90022-3.

Tong, M., Li, L., Wang, W. and Jiang, Y. (2006) Determining capillary-pressure curve, pore-size distribution, and permeability from induced polarization of shaley sand, Geophysics, 71(3), pp. N33-N40.

Toran, L., Hughes, B., Nyquist, J. and Ryan, R. (2012) Using hydrogeophysics to monitor change in hyporheic flow around stream restoration structures, Environmental & Engineering Geoscience, 18(1), pp. 83-97.

Truffert, C., Gance, J., Leite, O. and Texier, B. (2019) New instrumentation for large 3D electrical resistivity tomography and induced polarization surveys, pp. 124-127. DOI: 10.1190/gem2019-032.1.

Ts, M.-E., Lee, E., Zhou, L., Lee, K. H. and Seo, J. K. (2016) Remote real time monitoring for underground contamination in Mongolia using electrical impedance tomography, Journal of Nondestructive Evaluation, 35(1), p. 8.

Tso, C. H. M., Kuras, O., Wilkinson, P. B., Uhlemann, S., Chambers, J. E., Meldrum, P. I., Graham, J., Sherlock, E. F. and Binley, A. (2017) Improved characterisation and modelling of measurement errors in electrical resistivity tomography (ERT) surveys, Journal of Applied Geophysics, 146, pp. 103-119. DOI: 10.1016/j.jappgeo .2017.09.009.

Tso, C. H. M., Kuras, O. and Binley, A. (2019) On the field estimation of moisture content using electrical geophysics: the impact of petrophysical model uncertainty, Water Resources Research, 55(8), pp. 7196-7211. DOI: 10.1029/2019WR024964.

Tsokas, G. N., Tsourlos, P. I. and Szymanski, J. E. (1997) Square array resistivity anomalies and inhomogeneity ratio calculated by the finite-element method, Geophysics, 62(2), pp. 426-435.

Tsourlos, P., Ogilvy, R., Meldrum, P. and Williams, G. (2003) Time-lapse monitoring in single boreholes using electrical resistivity tomography, Journal of Environmental & Engineering Geophysics, 8(1), pp. 1-14.

Tsourlos, P., Ogilvy, R., Papazachos, C. and Meldrum, P. (2011) Measurement and inversion schemes for single borehole-to-surface electrical resistivity tomography surveys, Journal of Geophysics and Engineering, 8(4), pp. 487-497.

Udphuay, S., Günther, T., Everett, M. E., Warden, R. R. and Briaud, J.-L. (2011) Three-dimensional resistivity tomography in extreme coastal terrain amidst dense cultural signals: application to cliff stability assessment at the historic D-Day site, Geophysical Journal International, UK, 185(1), pp. 201-220.

Uhlemann, S. (2018) Geoelectrical monitoring of moisture driven processes in natural and engineered slopes. PhD thesis, ETH Zurich, Switzerland. p. 446.

Uhlemann, S., Chambers, J.,Wilkinson, P., Maurer, H., Merritt, A., Meldrum, P., Kuras, O., Gunn, D., Smith, A. and Dijkstra, T. (2017) Four-dimensional imaging of moisture dynamics during landslide reactivation, Journal of Geophysical Research: Earth Surface, 122 (1), pp. 398-418. DOI: 10.1002/2016JF003983.

Uhlemann, S., Wilkinson, P. B., Chambers, J. E., Maurer, H., Merritt, A. J., Gunn, D. A. and Meldrum, P. I. (2015) Interpolation of landslide movements to improve the accuracy of 4D geoelectrical monitoring, Journal of Applied Geophysics, 121, pp. 93-105.

Ulrich, C. and Slater, L. (2004) Induced polarization measurements on unsaturated, unconsolidated sands, Geophysics, 69(3), p. 762. DOI: 10.1190/1.1759462.

Ulrych, T. J., Sacchi, M. D. and Woodbury, A. (2001) A Bayes tour of inversion: a tutorial, Geophysics, 66(1), pp. 55-69.

Ustra, A., Mendonça, Carlos Alberto, Ntarlagiannis, D. and Slater, L. D. (2015) Relaxation time distribution obtained from a Debye decomposition of spectral induced polarization data, Geophysics, 81(2). DOI: 10.1190/GEO2015-0095.1.

Vacquier, V. et al. (1957) Prospecting for ground water by induced electrical polarization, Geophysics, 22(3), pp. 660-687.

Van der Baan, M. and Jutten, C. (2000) Neural networks in geophysical applications, Geophysics, 65(4), pp. 1032-1047.

Vanella, D., Consoli, S., Cassiani, G., Busato, L., Boaga, J., Barbagallo, S. and Binley, A. (2018) The use of small scale electrical resistivity tomography to identify trees root water uptake patterns, Journal of Hydrology, 556, pp 310-324.

Van, G. P., Park, S. K. and Hamilton, P. (1991) Monitoring leaks from storage ponds using resistivity methods, Geophysics, 56(8), pp. 1267-1270.

Vanhala, H. and Soininen, H. (1995) Laboratory technique for measurement of spectral induced polarization (SIP) response of soil samples, Geophysical Prospecting, 43, pp. 655-676.

Van Nostrand, R. G. and Cook, K. L. (1966) Interpretation of resistivity data, Geological Survey Professional Paper, 499, p. 310.

Van Schoor, M. and Binley, A. (2010) In-mine (tunnel-to-tunnel) electrical resistance tomography in South African platinum mines, Near Surface Geophysics, 8(6), pp. 563-574.

Vaudelet, P., Revil, A., Schmutz, M., Franceschi, M. and Bégassat, P. (2011) Induced polarization signatures of cations exhibiting differential sorption behaviors in saturated sands, Water Resources Research, 47(2), pp. 1-21. DOI: 10.1029/2010WR009310.

Veeken P. C., Legeydo P. J., Davidenko Y. A., Kudryavceva E. O., Ivanov S. A., Chuvaev A. (2009) Benefits of the induced polarization geoelectric method to hydrocarbon exploration, Geophysics, 74(2), pp. B47-B59.

Verdet, C., Anguy, Y., Sirieix, C., Clément, R. and Gaborieau, C. (2018) On the effect of electrode finiteness in small-scale electrical resistivity imaging, Geophysics, 83(6), pp. EN39-EN52.

Vernon, R. W. (2008) Alfred Williams, Leo Daft and "The Electrical Ore-Finding Company Limited", British Mining, 86, pp. 4-30.

Vinciguerra, A., Aleardi, M. and Costantini, P. (2019) Full-waveform inversion of complex resistivity IP spectra: sensitivity analysis and inversion tests using local and global optimization strategies on synthetic datasets: Sensitivity, Near Surface Geophysics, 17(2), pp. 109-125. DOI: 10.1002/nsg.12034.

Vinegar, H. andWaxman, M. (1984) Induced polarization of shaly sands, Geophysics, 49 (8), pp. 1267-1287. DOI: 10.1190/1.1441755.

Wagner, F. M., Bergmann, P., Rücker, C.,Wiese, B., Labitzke, T., Schmidt-Hattenberger, C. and Maurer, H. (2015) Impact and mitigation of borehole related effects in permanent crosshole resistivity imaging: An example from the Ketzin CO_2 storage site, Journal of Applied Geophysics, 123, pp. 102-111.

Wainwright, H. M., Flores Orozco, A., Bücker, M., Dafflon, B., Chen, J., Hubbard, S. S. and Williams, K. H. (2016) Hierarchical Bayesian method for mapping biogeochemical hot spots using induced polarization imaging, Water Resources Research, 52(1), pp. 533-551. DOI: 10.1002/2015WR017763.

Wait, J. R. and Gruszka, T. P. (1986) On electromagnetic coupling "removal" from induced polarization surveys, Geoexploration, 24(1), pp. 21-27.

Walker, J. P. and Houser, P. R. (2002) Evaluation of the Ohm Mapper instrument for soil moisture measurement, Soil Science Society of America Journal, 66(3), pp. 728-734.

Walker, S. E. (2008) Should we care about negative transients in helicopter TEM data?, in SEG Technical Program Expanded Abstracts 2008. Society of Exploration Geophysicists, pp. 1103-1107.

Wang, C. and Slater, L. D. (2019) Extending accurate spectral induced polarization measurements into the kHz range: modelling and removal of errors from interactions between the parasitic capacitive coupling and the sample holder, Geophysical Journal International, 218(2), pp. 895-912. DOI: 10.1093/gji/ggz199.

Wang, M. (2015) Electrical impedance tomography, in Industrial Tomography (Wang, M. ed.).Woodhead Publishing, pp. 23-59. DOI: https://DOI.org/10.1016/B978-1-78242-118-4.00002-2.

Wang, M., Dickin, F. J. and Beck, M. S. (1993) Improved electrical impedance tomography data collection system and measurement protocols, in Tomographic Techniques for Process Design and Operation. Computational Mechanics, Billerica, MA, pp. 75-88.

Ward, A. S., Gooseff, M. N. and Singha, K. (2010) Imaging hyporheic zone solute transport using electrical resistivity, Hydrological Processes, 24(7), pp. 948-953.

Ward, A. S., Fitzgerald, M., Gooseff, M. N.,Voltz, T. J., Binley, A. M. and Singha, K. (2012) Hydrologic and geomorphic controls on hyporheic exchange during baseflow recession in a headwater mountain stream, Water Resources Research, 48, W04513.

Ward, A. S., Kurz, M. J., Schmadel, N. M., Knapp, J. L. A., Blaen, P. J., Harman, C. J., Drummond, J. D., Hannah, D. M., Krause, S. and Li, A. (2019) Solute transport and transformation in an intermittent, headwater mountain stream with diurnal discharge fluctuations, Water, 11(11), p. 2208.

Ward, S. H. (1980) Electrical, electromagnetic, and magnetotelluric methods, Geophysics, 45(11), pp. 1659-1666. DOI: 10.1190/1.1441056.

Ward, S. H. and Fraser, D. C. (1967) Part B: Conduction of electricity in rocks, Mining Geophysics, 2, pp. 197-223.

Ward, S. H., Sternberg, B. K., LaBrecque, D. J. and Poulton, M. M. (1995) Recommendations for IP research, The Leading Edge, 14(April), p. 243. DOI: 10.1190/1.1437120.

Watson, K. A. and Barker, R. D. (1999) Differentiating anisotropy and lateral effects using azimuthal resistivity offset Wenner soundings, Geophysics, 64(3), pp. 739-745.

Waxman, M. H. and Smits, L. J. M. (1968) Electrical conductivities in oil-bearing shaly sands, Society of Petroleum Engineers Journal, 8(2), pp. 107-122.

Webster, J. G. (1990) Electrical Impedance Tomography. Taylor & Francis Group, p. 224.

Wehrer, M. and Slater, L. D. (2015) Characterization of water content dynamics and tracer breakthrough by 3-D electrical resistivity tomography (ERT) under transient unsaturated conditions, Water Resources Research, 51, 97-124. DOI:10.1002/2014WR016131.

Wehrer, M., Binley, A. and Slater, L. D. (2016) Characterization of reactive transport by 3-D electrical resistivity tomography (ERT) under unsaturated conditions, Water Resources Research, 52(10). DOI: 10.1002/2016 WR019300.

Weigand, M. and Kemna, A. (2016a) Debye decomposition of time-lapse spectral induced polarisation data, Computers and Geosciences, 86, pp. 34-45. DOI: 10.1016/j .cageo.2015.09.021.

Weigand, M. and Kemna, A. (2016b) Relationship between Cole-Cole model parameters and spectral decomposition parameters derived from SIP data, Geophysical Journal International, 205(3), pp. 1414-1419. DOI: 10.1093/gji/ggw099.

Weigand, M. and Kemna, A. (2017) Multi-frequency electrical impedance tomography as a non-invasive tool to characterize and monitor crop root systems, Biogeosciences, 14 (4), pp. 921-939. DOI: 10.5194/bg-14-921-2017.

Weigand, M. and Kemna, A. (2019) Imaging and functional characterization of crop root systems using spectroscopic electrical impedance measurements, Plant and Soil, 435 (1-2), pp. 201-224. DOI: 10.1007/s11104-018-3867-3.

Weigand, M., Orozco, A. F. and Kemna, A. (2017) Reconstruction quality of SIP parameters in multi-frequency complex resistivity imaging, Near Surface Geophysics, 15 (2), pp. 187-199. DOI: 10.3997/1873- 0604. 2016050.

Weiss, O. (1933) The limitations of geophysical methods and the new possibilities opened up by an electrochemical method for determining geological formations at great depths, in Proceeding of the 1st World Petroleum Congress. London.

Weller, A. and Slater, L. (2012) Salinity dependence of complex conductivity of unconsolidated and consolidated materials: Comparisons with electrical double layer models, Geophysics, 77(5), pp. 185-198. DOI: 10.1190/geo2012-0030.1.

Weller, A. and Slater, L. (2019) Permeability estimation from induced polarization: An evaluation of geophysical length scales using an effective hydraulic radius concept, Near Surface Geophysics, pp. 1-14. DOI: 10.1002/nsg.12071.

Weller, A., Seichter, M. and Kampke, A. (1996a) Induced-polarization modelling using complex electrical conductivities, Geophysical Journal International, 127(2), pp. 387-398. DOI: 10.1111/j.1365-246X.1996.tb04728.x.

Weller, A., Gruhne, M., Seichter, M. and Börner, F. D. (1996b), Monitoring hydraulic experiments by complex conductivity tomography, European Journal of Environmental and Engineering Geophysics, 1, pp. 209-228.

Weller, A., Slater, L., Nordsiek, S. and Ntarlagiannis, D. (2010a) On the estimation of specific surface per unit pore volume from induced polarization: A robust empirical relation fits multiple data sets, Geophysics, 75 (4), pp. WA105-WA112. DOI: 10.1190/1.3471577.

Weller, A., Nordsiek, S. and Debschütz, W. (2010b) Estimating permeability of sandstone samples by nuclear magnetic resonance and spectral-induced polarization, Geophysics, 75(6), pp. E215-E226. DOI: 10.1190/1.3507304.

Weller, A., Breede, K., Slater, L. and Nordsiek, S. (2011) Effect of changing water salinity on complex conductivity spectra of sandstones, Geophysics, 76(5), p. F315. DOI: 10.1190/geo2011-0072.1.

Weller, A. Slater, L. and Nordsiek, S. (2013) On the relationship between induced polarization and surface conductivity: Implications for petrophysical interpretation of electrical measurements, Geophysics, 78(5), pp. 315-325. DOI: 10.1190/geo2013-0076.1.

Weller, A., Lewis, R., Canh, T., Möller, M. and Scholz, B. (2014) Geotechnical and geophysical long-term monitoring at a levee of Red River in Vietnam, Journal of Environmental and Engineering Geophysics, 19(3), pp. 183-192.

Weller, A., Zhang, Z. and Slater, L. (2015a) High-salinity polarization of sandstones, Geophysics, 80(3), pp. 1-10. DOI: 10.1190/GEO2014-0483.1.

Weller, A., Slater, L., Binley, A., Nordsiek, S. and Xu, S. (2015b) Permeability prediction based on induced polarization: Insights from measurements on sandstone and unconsolidated samples spanning a wide permeability range, Geophysics, 80(2), pp. D161-D173. DOI: 10.1190/GEO2014-0368.1.

Weller,A., Zhang, Z., Slater, L.,Kruschwitz, S. and Halisch,M. (2016) Induced polarization and pore radius: A discussion, Geophysics, 81(5). DOI: 10.1190/GEO2016-0135.1.

Wenner, F. (1912a) Characteristics and applications of vibration galvanometers, Proceedings of the American Institute of Electrical Engineers. IEEE, 31(6), pp. 1073-1084.

Wenner, F. (1912b) The four-terminal conductor and the Thomson bridge, Bulletin of the Bureau of Standards, 8, pp. 559-610.

Wenner, F. (1915) A method for measuring Earth resistivity, Journal of the Washington Academy of Sciences, 5(16), pp. 561-563.

West, S. S. (1940) Three-layer resistivity curves for the Eltran electrode configuration, Geophysics, 5(1), pp.

43-46.

Wetzel, W. W. and McMurry, H. V (1937) A set of curves to assist in the interpretation of the three layer resistivity problem, Geophysics, 2(4), pp. 329-341.

Wexler, A., Fry, B. and Neuman, M. R. (1985) Impedance-computed tomography algorithm and system, Applied Optics, 24(23), pp. 3985-3992.

Whalley, W. R., Binley, A., Watts, C. W., Shanahan, P., Dodd, I. C., Ober, E. S., Ashton, R. W., Webster, C. P., White, R. P. and Hawkesford, M. J. (2017) Methods to estimate changes in soil water for phenotyping root activity in the field, Plant and Soil, 415 (1-2). DOI: 10.1007/s11104-016-3161-1.

White, C. C. and Barker, R. D. (1997) Electrical leak detection system for landfill liners: A case history, Groundwater Monitoring & Remediation, 17(3), pp. 153-159.

Whiteley, J. S., Chambers, J. E., Uhlemann, S., Wilkinson, P. B. and Kendall, J. M. (2019) Geophysical monitoring of moisture-induced landslides: A review, Reviews of Geophysics, 57(1), pp. 106-145.

Whitney, W., Gardner, F. D. and Briggs, L. J. (1897) An Electrical Method of Determining the Moisture Content of Arable Soils, Bulletin No.6. U.S. Department of Agriculture, Washington, D.C.

Wilkinson, P. B., Fromhold, T. M., Tench, C. R., Taylor, R. P. and Micolich, A. P. (2001) Compact fourth-order finite difference method for solving differential equations, Physical Review E: Statistical Physics, Plasmas, Fluids, and Related Interdisciplinary Topics, 64 (4), p. 4. DOI: 10.1103/PhysRevE.64.047701.

Wilkinson, P. B., Chambers, J. E., Meldrum, P. I., Ogilvy, R. D. and Caunt, S. (2006a) Optimization of array configurations and panel combinations for the detection and imaging of abandoned mineshafts using 3D cross-hole electrical resistivity tomography, Journal of Environmental & Engineering Geophysics, 11(3), pp. 213-221.

Wilkinson, P. B., Meldrum, P. I., Chambers, J. E., Kuras, O. and Ogilvy, R. D. (2006b) Improved strategies for the automatic selection of optimized sets of electrical resistivity tomography measurement configurations, Geophysical Journal International, 167(3), pp. 1119-1126.

Wilkinson, P. B., Chambers, J. E., Lelliott, M., Wealthall, G. P. and Ogilvy, R. D. (2008) Extreme sensitivity of crosshole electrical resistivity tomography measurements to geometric errors, Geophysical Journal International, 173(1), pp. 49-62.

Wilkinson, P. B., Meldrum, P. I., Kuras, O., Chambers, J. E., Holyoake, S. J. and Ogilvy, R. D. (2010) High-resolution electrical resistivity tomography monitoring of a tracer test in a confined aquifer, Journal of Applied Geophysics, 70(4), pp. 268-276.

Wilkinson, P. B., Loke, M. H., Meldrum, P. I., Chambers, J. E., Kuras, O., Gunn, D. A. and Ogilvy, R. D. (2012) Practical aspects of applied optimized survey design for electrical resistivity tomography, Geophysical Journal International, 189(1), pp. 428-440.

Wilkinson, P. B., Uhlemann, S., Meldrum, P. I., Chambers, J. E., Carrière, S., Oxby, L. S. and Loke, M. H. (2015) Adaptive time-lapse optimized survey design for electrical resistivity tomography monitoring, Geophysical Journal International, 203(1), pp. 755-766.

Wilkinson, P. B., Chambers, J., Uhlemann, S., Meldrum, P., Smith, A., Dixon, N. and Loke, M. H. (2016) Reconstruction of landslide movements by inversion of 4-D electrical resistivity tomography monitoring data,

Geophysical Research Letters, 43 (3), pp. 1166-1174.

Williams, B. A., Brown, C. F., Um, W., Nimmons, M. J., Peterson, R. E., Bjornstad, B. N., Lanigan, D. C., Serne, R. J., Spane, F. A. and Rockhold, M. L. (2007) Limited field investigation report for uranium contamination in the 300 Area, 300-FF-5 operable unit, Hanford Site, Washington, Report PNNL-16435.

Williams, K. H, Ntarlagiannis, D., Slater, L. D, Dohnalkova, A., Hubbard, S. S. and Banfield, J. F. (2005) Geophysical imaging of stimulated microbial biomineralization, Environmental Science & Technology, 39(19), pp. 7592-600. DOI: 10.1021/es0504035.

Williams, K. H., Kemna, A., Wilkins, M. J., Druhan, J., Arntzen, E., NGuessan, A. L., Long, P. E., Hubbard, S. S. and Banfield, J. F. (2009) Geophysical monitoring of coupled microbial and geochemical processes during stimulated subsurface bioremediation, Environmental Science and Technology, 43(17), pp. 6717-6723. DOI: 10.1021/es900855j.

Winsauer, W. O., Shearin Jr, H. M., Masson, P. H. and Williams, M. (1952) Resistivity of brine-saturated sands in relation to pore geometry, AAPG Bulletin, 36(2), pp. 253-277.

Winship, P., Binley, A. and Gomez, D. (2006) Flow and transport in the unsaturated Sherwood sandstone: Characterization using cross-borehole geophysical methods, Geological Society, London, Special Publications, 263(1), pp. 219-231.

Wong, J. (1979) An electrochemical model of the induced-polarization phenomenon in disseminated sulfide ores, Geophysics, 44(7), pp. 1245-1265. DOI: 10.1190/1.1441005.

Wong, J. and Strangway, D. W. (1981) Induced polarization in disseminated sulfide ores containing elongated mineralization, Geophysics, 46(9), pp. 1258-1268.

Wood, J. (2017) Roman Lancaster: The archaeology of Castle Hill, British Archaeology, Nov-Dec 2017, pp. 38-45.

Worthington, P. F. (1993) The uses and abuses of the Archie equations, 1: The formation factor-porosity relationship, Journal of Applied Geophysics, 30(3), pp. 215-228. DOI: 10.1016/0926-9851(93)90028-W.

Wu, Y., Hubbard, S., Williams, K. H. and Ajo-Franklin, J. (2010) On the complex conductivity signatures of calcite precipitation, Journal of Geophysical Research, 115, p. G00G04. DOI: 10.1029/2009JG001129.

Wu, Y., Slater, L. D. and Korte, N. (2006) Low frequency electrical properties of corroded iron barrier cores, Environmental Science & Technology, 40(7), pp. 2254-2261.

Wyllie, M. R. J. and Rose, W. D. (1950) Some theoretical considerations related to the quantitative evaluation of the physical characteristics of reservoir rock from electrical log data, Journal of Petroleum Technology, 2(04), pp. 105-118.

Wyllie, M. R. J. and Southwick, P. F. (1954) An experimental investigation of the SP and resistivity phenomena in dirty sands, Journal of Petroleum Technology, 6(2), pp. 44-57.

Xiang, J., Jones, N. B., Cheng, D. and Schlindwein, F. S. (2001) Direct inversion of the apparent complex-resistivity spectrum, Geophysics, 66(5), pp. 1399-1404.

Xu, B. and Noel, M. (1993) On the completeness of data sets with multielectrode systems for electrical resistivity survey, Geophysical Prospecting, 41(6), pp. 791-801.

Yamashita, Y. and Lebert, François (2015a) The characteristic and practical issue of resistivity measurement by multiple-current injection based on CDMA technique, in Proceedings of the 12th SEGJ International Symposium. Tokyo, Japan, 18-20 November 2015, pp. 9-12. DOI: 10.1190/segj122015-003.

Yamashita, Y. and Lebert, Francois (2015b) The characteristic of multiple current resistivity profile using Code-Division Multiple-Access technique regarding data quality, in Near-Surface Asia Pacific Conference, Waikoloa, Hawaii, 7-10 July 2015, pp. 367-370.

Yamashita, Y. Y., Lebert, F., Gourry, J. C., Bourgeois, B. and Texier, B. (2014) A method to calculate chargeability on multiple-transmission resistivity profile using Code-Division Multiple-Access, Society of Exploration Geophysicists International Exposition and 84th Annual Meeting SEG 2014, (2), pp. 3892-3897. DOI: 10.1190/SEG-2014-1270.pdf.

Yamashita, Y. Y., Kobayashi, T., Saito, H. S., Sugii, T., Kodaka, T.,Maeda, K.M. and Cui, Y. C. (2017) 3D ERTmonitoring of levee flooding experiment usingmulti-current transmission technique, 23rd European Meeting of Environmental and Engineering Geophysics, (September 2017), pp. 3-7. DOI: 10.3997/2214-4609.201701980.

Yang, X., Chen, X., Carrigan, C. R. and Ramirez, A. L. (2014) Uncertainty quantification of CO_2 saturation estimated from electrical resistance tomography data at the Cranfield site, International Journal of Greenhouse Gas Control, 27, pp. 59-68. DOI: 10.1016/j.ijggc.2014.05.006.

Yang, X., Lassen, R. N., Jensen, K. H. and Looms, M. C. (2015) Monitoring CO_2 migration in a shallow sand aquifer using 3D crosshole electrical resistivity tomography, International Journal of Greenhouse Gas Control, 42, pp. 534-544.

Yerworth, R. J., Bayford, R. H., Brown, B., Milnes, P., Conway, M. and Holder, D. S. (2003) Electrical impedance tomography spectroscopy (EITS) for human head imaging, Physiological Measurement, 24(2), p. 477.

Yi, M.-J., Kim, J.-H. and Chung, S.-H. (2003) Enhancing the resolving power of least-squares inversion with active constraint balancing, Geophysics, 68(3), pp. 931-941.

Yukselen, Y. and Kaya, A. (2008) Suitability of the methylene blue test for surface area, cation exchange capacity and swell potential determination of clayey soils, Engineering Geology, 102(1-2), pp. 38-45. DOI: 10.1016/j.enggeo.2008.07.002.

Yuval, D. and Oldenburg, D W. (1996) DC resistivity and IP methods in acid mine drainage problems: Results from the Copper Cliff mine tailings impoundments, Journal of Applied Geophysics, 34(3), pp. 187-198.

Yuval, D. and Oldenburg, D. W. (1997) Computation of Cole-Cole parameters from IP data, Geophysics, 62(2), pp. 436-448.

Zaidman, M. D., Middleton, R. T., West, L. J. and Binley, A. M. (1999) Geophysical investigation of unsaturated zone transport in the Chalk in Yorkshire, Quarterly Journal of Engineering Geology and Hydrogeology, 32(2), pp. 185-198.

Zarif, F., Kessouri, P. and Slater, L. (2017) Recommendations for field-scale Induced Polarization (IP) data acquisition and interpretation, Journal of Environmental and Engineering Geophysics, 22(4). DOI: 10.2113/JEEG22.4.395.

Zarif, F., Slater, L., Mabrouk, M., Youssef, A., Al-Temamy, A., Mousa, S., Farag, K. and Robinson, J. (2018)

Groundwater resources evaluation in calcareous limestone using geoelectrical and VLF-EM surveys (El Salloum Basin, Egypt), Hydrogeology Journal, 26(4), pp. 1169-1185.

Zhang, C., Revil, A., Fujita, Y., Munakata-Marr, J. and Redden, G. (2014) Quadrature conductivity: a quantitative indicator of bacterial abundance in porous media, Geophysics, 79(6), pp. D363-D375. DOI: 10.1190/geo2014-0107.1.

Zhang, J. and Revil, A. (2015) Cross-well 4-D resistivity tomography localizes the oil-water encroachment front during water flooding, Geophysical Journal International, 201(1), pp. 343-354.

Zhang, J., Mackie, R. L. and Madden, T. R. (1995) 3-D resistivity forward modeling and inversion using conjugate gradients, Geophysics, 60(5), pp. 1313-1325.

Zhao, S. and Yedlin, M. J. (1996) Some refinements on the finite-difference method for 3-D dc resistivity modeling, Geophysics, 61(5), pp. 1301-1307.

Zhao, Y., Zimmermann, E., Huisman, J. A., Treichel, A., Wolters, B., van Waasen, S. and Kemna, A. (2013) Broadband EIT borehole measurements with high phase accuracy using numerical corrections of electromagnetic coupling effects, Measurement Science and Technology, 24(8), p. 85005.

Zhao, Y., Zimmermann, E., Huisman, J. A., Treichel, A., Wolters, B., van Waasen, S. and Kemna, A. (2014) Phase correction of electromagnetic coupling effects in cross-borehole EIT measurements, Measurement Science and Technology, 26(1), p. 15801. DOI: 10.1088/0957-0233/26/1/015801.

Zhou, B. and Greenhalgh, S. A. (2002) Rapid 2-D/3-D crosshole resistivity imaging using the analytic sensitivity function, Geophysics, 67(3), pp. 755-765. DOI: 10.1190/1.1484518.

Zhou, B., Greenhalgh, M. and Greenhalgh, S. A. (2009) 2.5-D/3-D resistivity modelling in anisotropic media using Gaussian quadrature grids, Geophysical Journal International, 176(1), pp. 63-80.

Zhou, J., Revil, A., Karaoulis, M., Hale, D., Doetsch, J. and Cuttler, S. (2014) Imageguided inversion of electrical resistivity data, Geophysical Journal International, 197(1), pp. 292-309.

Zhou, Q. Y. (2007) A sensitivity analysis of DC resistivity prospecting on finite, homogeneous blocks and columns, Geophysics, 72(6), pp. F237-F247.

Zhou, X., Bhat, P., Ouyang, H. and Yu, J. (2017) Localization of cracks in cementitious materials under uniaxial tension with electrical resistance tomography, Construction and Building Materials, 138, pp. 45-55.

Zimmermann, E., Kemna, a, Berwix, J., Glaas, W., Münch, H. M. and Huisman, J. A. (2008a) A high-accuracy impedance spectrometer for measuring sediments with low polarizability, Measurement Science and Technology, 19 (10), p. 105603. DOI: 10.1088/0957-0233/19/10/105603.

Zimmermann, E., Kemna, A., Berwix, J., Glaas, W. and Vereecken, H. (2008b) EIT measurement system with high phase accuracy for the imaging of spectral induced polarization properties of soils and sediments, Measurement Science and Technology, 19 (9), p. 094010. DOI: 10.1088/0957-0233/19/9/094010.

Zisser, N., Kemna, A. and Nover, G. (2010a) Dependence of spectral-induced polarization response of sandstone on temperature and its relevance to permeability estimation, Journal of Geophysical Research: Solid Earth, 115 (9), pp. 1-15. DOI: 10.1029/2010JB007526.

Zisser, N., Kemna, A. and Nover, G. (2010b) Relationship between low-frequency electrical properties and hydraulic permeability of low-permeability sandstones, Geophysics, 75 (3). DOI: 10.1190/1.3413260.

Zohdy, A. A. R. (1975) Automatic interpretation of Schlumberger sounding curves, using modified Dar Zarrouk functions. US Geological Survey Bulletin 1313-E. US Govt. Print. Off., p. 39. DOI: 10.3133/b1313E.

Zohdy, A. A. R. (1989) A new method for the automatic interpretation of Schlumberger and Wenner sounding curves, Geophysics, 54(2), pp. 245-253.

Zonge, K. L. and Wynn, J. C. (1975) Recent advances and applications in complex resistivity measurements, Geophysics, 40(5), pp. 851-864. DOI: 10.1190/1.1440572.

Zonge, K. L., Sauck, W. A. and Sumner, J. S. (1972) Comparison of time, frequency, and phase measurements in induced polarization, Geophysical Prospecting, 20(3), pp. 626-648. DOI: 10.1111/j.1365-2478.1972.tb00658.x.

Zonge, K. L., Wynn, J. C. and Urquhart, S. (2005) Resistivity, induced polarization, and complex resistivity, in Near-Surface Geophysics (Butler, D. K. ed.). Society of Exploration Geophysicists, pp. 265-300.

附录A 模拟工具

第 5 章详细介绍了电阻率和激发极化数据正演和反演模拟的数学基础。本书的大部分内容均使用了第一作者的代码（详见本附录），还可以使用很多其他代码来进行这种模拟。在此将这些软件分为商业软件（付费软件）和非商业软件（免费软件），有些非商业软件可能作为商业软件用于盈利。商业软件通常以演示的形式免费提供，例如限制可以分析的问题的大小或禁用某些功能。有些非商业软件是开源的，而有些则仅以可执行形式提供。一些非商业软件都提供最新版本，只适合研究工作。因此，根据用户的需求、预算和预期的应用效果，可以进行一系列的选择。

本附录列出了一些可用的软件工具，同时还提供了本书中使用的第一作者代码的详细信息，最后提供了开源图形界面，可以帮助有兴趣的读者使用这些模拟工具。其中界面 ResIPy 是专门为本书开发的，目的是为读者提供一个模拟环境来处理书中涉及的许多数据集，包括第 6 章中的案例研究，并将类似的方法应用于自己采集的数据。通过将 ResIPy 开源，读者也可以进一步修改和开发，并希望在线分享这些改进。

A.1 可用模拟工具

表 A.1 列出了一系列可供使用的模拟工具，并提供了网站链接，其中一些链接可能不是永久的。一些软件可以通过学术期刊获得，对于这种情况提供了参考。

A.2 R 系列软件

第一作者开发了一系列反演电阻率和激发极化数据的代码。自 20 世纪 90 年代初以来，这些代码一直在发展，并且已经以可执行的形式用于非商业用途（表 A.1 的链接）。这些代码设计的目的是让用户在没有商业软件预算的情况下，进行正演和反演模拟。它们不包括可视界面（A.3 节），但可以利用免费的软件生成网格（Gmsh，http：//gmsh.info）和展示二维和三维图像（ParaView，www.paraview.org），这些代码已被广泛应用，最近的案例包括：Kiflai 等（2019）、Ward 等（2019）、Sparacino 等（2019）、Brindt 等（2019）、Cheng 等（2019a，2019b）、Zarif 等（2018）、Vanella 等（2018）、Perri 等（2018）、Parsekian 等（2017）、Zarif 等（2017）、Raffelli 等（2017）、Mares 等（2016）和 Wehrer 等（2016）。这些代码构成了本书中使用的很多模拟案例的基础。

这些代码基于在结构化和非结构化网格中使用有限元方法进行电场模拟，网格包括二维三角形和四边形、三维四面体和三角棱镜，二维模拟中假设电流为三维分布［式（5.7)］。模拟区域由用户定义，不施加无限半空间条件，允许对有界区域进行分析（图 5.14）。电极可以布置在模拟区域的任何地方，如在表示地面的直线或平面上，或在表示钻孔阵列的孔中。反演基于L2范数正则化，也具有模拟存在明显边界的正则化方法（图5.20）。在所有代码中，都可以应用鲁棒反演（5.2.3.1节）。电阻率数据作为转移电阻输入，激发极化数据作为转移阻抗（幅值和相位角）输入。激发极化法在频率域进行，即作为复电阻率（5.3.5节）。任何反演的输出都带有累积灵敏度矩阵［式（5.41）］，从而可以反映数据覆盖范围（图5.23）。

表A.1 选择建模工具（来源意味着可以获得源代码）

名称	免费*	来源	简述	文献或网址
IPI2WIN	√		一维电阻率和激发极化	http://geophys.geol.msu.ru/ipi2win.htm
Sensing 1D	√		一维电阻率和激发极化	www.harbourdom.de/sensiv1d.htm
VES1dinv	√	√	一维电阻率，可获取MATLAB®源代码	Ekinci and Demirci, 2008
EarthImager 1D			一维电阻率，商业软件	www.agiusa.com/agi-earthimager-1d-ves
SPIA			一维垂直电测深模拟，可作为Aarhus Workbench的一部分使用	https://hgg.au.dk/software/spia-ves/
ZONDIP1D			一维电阻率和激发极化	http://zond-geo.com/english/zond-software/ert-and-ves/zondip1d/
1X1Dv3			一维电阻率和激发极化	www.interpex.com/ix1dv3/ix1dv3.htm
CR1Dinv	√	√	一维电阻率和激发极化弛豫时间模拟，可获取MATLAB®源代码	Ghorbani et al., 2009
SEISRES	√	√	地震折射反演引导的一维和二维电阻率模拟，Visual C++代码	Nath et al., 2000; www.iamg.org/documents/oldftp/VOL26/v26-2–5.zip
FW2_5D	√	√	二维电阻率，可获取MATLAB®源代码	Pidlidesky and Knight, 2008
R2，cR2	√		二维电阻率和频谱激发极化	www.es.lancs.ac.uk/people/amb/Freeware/Freeware.htm See also Section A.2
DCIP2D	√		二维电阻率和时间域激发极化	https://dcip2d.readthedocs.io/en/latest/
EarthImager 2D			二维电阻率，商业软件	www.agiusa.com/agi-earthimager-2d
X2IPI			二维电阻率和时间域激发极化	http://x2ipi.ru/en
ZONDRES2D			二维电阻率和时间域-频谱激发极化	http://zond-geo.com/english/zond-software/ert-and-ves/zondres2d/
Res2DInv			常用的二维电阻率和激发极化，商业软件	www.geotomosoft.com/index.php
Aarhus Workbench			商业模拟平台，包括二维电阻率和时间域激发极化等一系列应用	https://hgg.au.dk/software/aarhus-workbench/
E4D	√		三维电阻率和频谱激发极化，适用于大量数据的并行计算问题	https://e4d.pnnl.gov/Pages/Home.aspx
IP4DI	√	√	二维和三维电阻率及时间域-频谱激发极化，可获取MATLAB®源代码	Karaoulis et al.，2013
RESINVM3D	√	√	三维电阻率，可获取MATLAB®源代码	Pidlisecky et al.，2007; https://software.seg.org/2007/0001/

名称	免费*	来源	简述	文献或网址
AIM4RES	√	√	二维各向异性电阻率反演代码，可获取 MATLAB®源代码	Gernez et al.，2020：https://github.com/Simoger/AIM4RES
DCIP3D	√		三维电阻率和时间域激发极化	https://dcip3d.readthedocs.io/en/latest/
EarthImager 3D			三维电阻率和时间域激发极化，商业软件	www.agiusa.com/agi-earthimager-3d
BERT	√	√	二维和三维电阻率及频谱激发极化	https://gitlab.com/resistivity-net/bert；Günther et al.，2006 和 pyGIMLi
pyGIMLi	√	√	多维反演代码包，可获取 Python 源代码	Rucker et al.，2017：www.pygimli.org/ and BERT above.
Eidors	√	√	针对生物医学领域的二维和三维电阻率，可获取 MATLAB®源代码	http://eidors3d.sourceforge.net/
R3t，cR3t	√		三维电阻率和频谱激发极化	www.es.lancs.ac.uk/people/amb/Freeware/Freeware.htm；A.2 节
Res3DInv			常用的三维电阻率和激发极化，商业软件	www.geotomosoft.com/index.php
ERTLab64			三维电阻率和激发极化，商业软件	http://ertlab64.com/
Geccoinv	√	√	基于德拜分解的时移频谱激发极化弛豫时间模拟，可获取 Python 源代码	Weigand and Kemna，2016a；https://github.com/m-weigand/Debye_Decomposition_Tools
BISIP	√	√	基于马尔可夫链蒙特卡罗方法的频谱激发极化弛豫时间模拟，可获取 Python 源代码	Bérubé et al.，2017；https://github.com/clberube/bisip
SimPEG	√	√	基于模拟和梯度法的地球物理参数估计，可获取 Python 源代码	Cockett et al.，2015；https://simpeg.xyz/
ResIPy	√	√	二维和三维电阻率和激发极化数据分析与反演，可获取 Python 源代码	Boyd et al.，2019，Blanchy et al.，2020；A.3 节

* 在某些情况下，将受许可协议的约束。

核心代码为 R2，为二维电阻率正反演模拟程序。在激发极化模拟中，cR2 是 R2 的复电阻率版本。R3t 是三维电阻率正反演模拟程序，添加“t”后缀是为了区分 R3t 与早期（现已过时）基于六面体网格的代码 R3。cR3t 是 R3t 的复电阻率版本，用于三维激发极化模拟。所有代码都有类似的数据结构要求，R2、cR2、R3t、cR3t 构成 R 系列软件。本书在线资料（www.cambridge.org/binley）提供了访问代码和文档的链接。

A.3 ResIPy

A.2 节中提到的代码可以作为独立软件执行反演工作。为了给读者提供更为友好的工具来应用这些代码，编写了 ResIPy 界面（https：//gitlab.com/hkex/resipy）。Blanchy 等（2020）介绍了代码结构并提供了示例，说明了它的用途；Boyd 等（2019）说明了 ResIPy 在三维模拟中的应用。该代码可以实现电阻率和激发极化数据的正演和反演模拟。在这两种情况下，用户均可定义问题的几何形状，然后设计二维或三维模拟网格。非结构化网格划分是由 ResIPy 调用 Gmsh（http://gmsh.info）完成的，模拟可以辅助勘探方案的设计，并分析不同测量阵列的灵敏度。应用互惠测量时，ReslPy 中的反演模拟包括数据质量检查和误差模型的构建（图 4.15）。ResIPy 包括反演结果的可视化输出，但对于三维模拟，建议用户使用功能强大且免费提供的 ParaView 环境（www.paraview.org）进行可视化。ResIPy 可以提供源代码，也可以提供单独的可执行文件。前者允许用户自定义界面。ResIPy 的独立可执行文件适用于 Windows、macOS、Linux，包括 R 系列代码（R2、cR2、R3t、cR3t）。

ResIPy 由三层组成，底层包含可执行文件（R2、cR2、R3t、cR3t、Gmsh），中间层由 Python 应用程序编程接口（application programming interface，API）组成，该接口包含一组函数，可以将输入文件写入可执行文件并读取其输出。Python API 还包含特定的处理案例，如用于数据滤波和误差模型的构建。可以从 Jupyter Notebooks 中使用的 pypi（https://pypi.org/project/resipy/）独立下载，这对于自动化操作非常有用。ReslPy 的顶层由可视化工具组成，这些工具为用户提供可视化环境。

ResIPy 可以对电阻率和激发极化数据进行二维正演和二维或三维反演模拟。第一阶段是定义模型的几何形状（地形、电极位置）并设计网格。在二维模式下，网格可以是结构化（四边形）或非结构化（三角形）网格，在三维模式下使用非结构化（四面体单元）网格。非结构化网格的细化是通过定义特征长度（电极附近的间距）和增长因子（远离电极的网格尺寸的增长率）来实现的。自定义网格也可以导入封闭或更复杂的几何形状。

对于二维正演模拟，用户可以在网格内设计电阻率和激发极化区域的几何排列，这可以通过选择矩形、多边形或直线（作为水平无限层的垂直边界）来定义几何形状实现（图 A.1）。接下来需选择电极阵列，四极阵列结构灵活性较大，用户可以选择预定义的标准方阵列（温纳、偶极-偶极、施伦伯格），也可以组合它们或导入自定义阵列。在选择测量阵

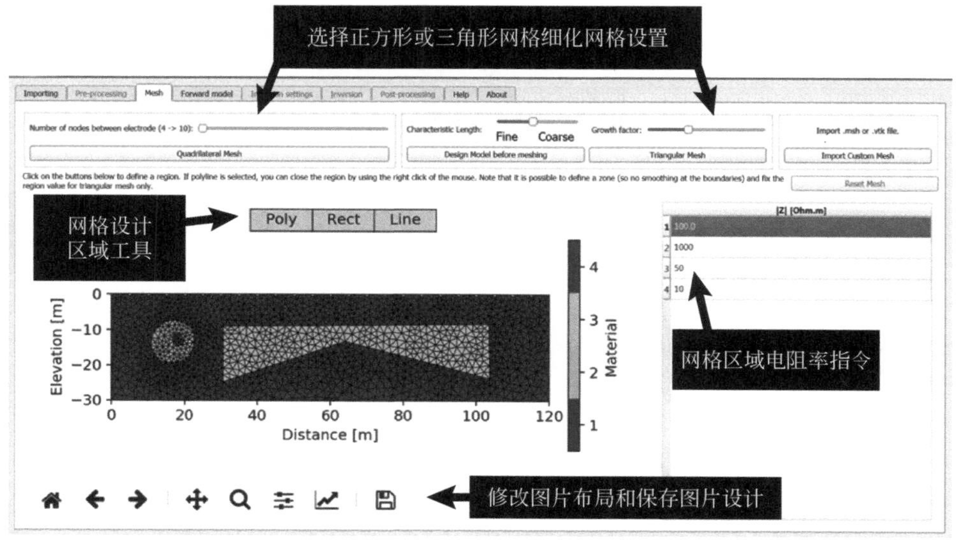

图 A.1 ResIPy 截图：展示了正演模拟的网格划分和电阻率结构指令（彩色图件见封底二维码）

列后，计算正演模型，其图形显示为视剖面。可以将高斯噪声添加到数据响应率的相对误差和相位角的绝对误差，用户可以运行反演模型并评估测量值对所选电阻率和激发极化几何形状的灵敏度（图 A.2）。

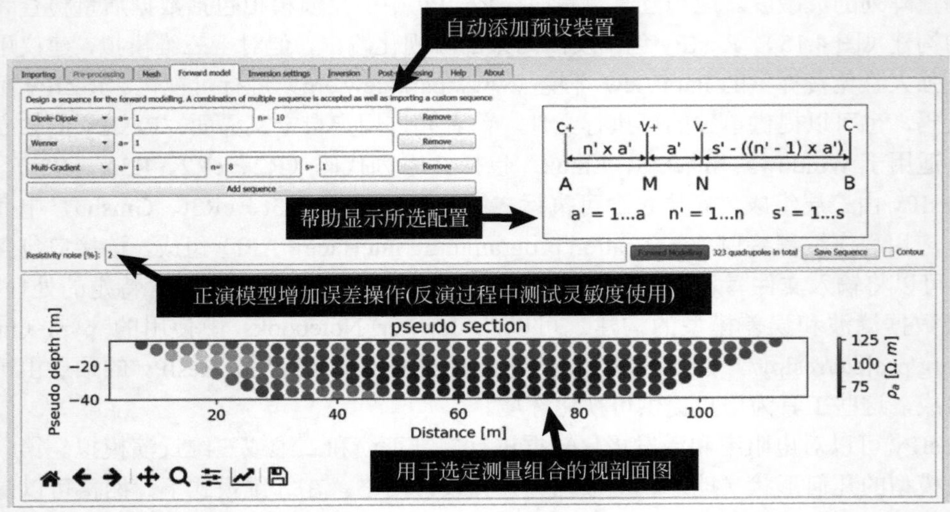

图 A.2　ResIPy 截图：展示了正演建模阶段后的测量序列的设计和视剖面图绘制（彩色图件见封底二维码）

对于二维和三维反演模拟，测量数据首先与电极排列一起导入。二维数据集可以显示为视剖面，可以删除任何明显的异常值。如果进行了互惠测量，则可以对其进行分析生成误差模型，如直流电阻率图 4.15 或激发极化图 4.41。然后像正演模拟阶段一样设计网格（图 A.1），在定义反演参数（如正则化选项的选择）后，运行反演。图 A.3 展示了一个现场数据反演的示例截图。然后可以对模型进行后处理，如研究单个模型误差的分布（图 5.15）。对于正演

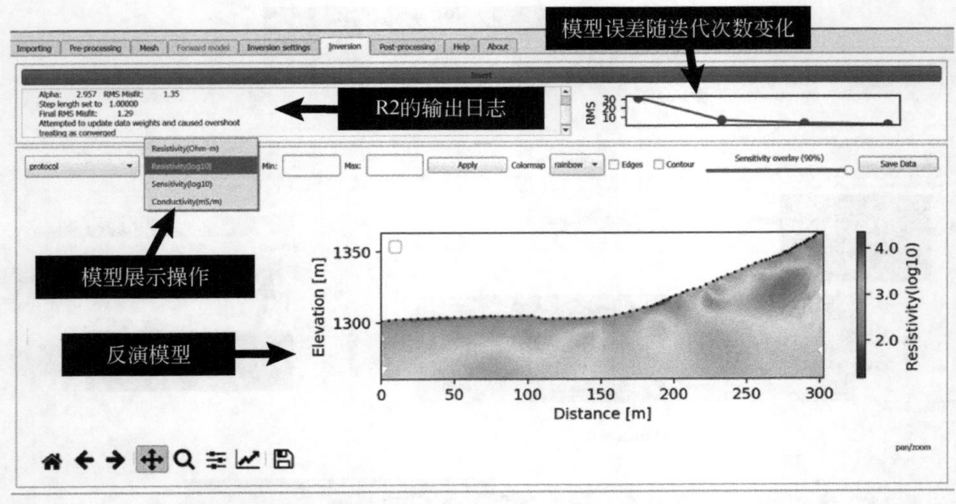

图 A.3　ResIPy 的屏幕截图：显示了一个现场数据集的反演模型

和反演模型，结果都可以存储，如以 vtk 格式，这对三维反演模拟特别有用，可以在 ParaView 中显示模型结果。

本书附带的在线资料（www.cambridge.org/binley）提供了 ResIPy 的一个版本、本书中使用的案例数据集、说明具体使用的 Jupyter Notebook 文档以及关于 ResIPy 使用的更详细的指南和教程。ResIPy 仍在开发中，因此在线资料中提供了链接，以引导感兴趣的读者了解最新版本。安装后有互联网的情况下 ResIPy 将自动更新。